首批国家级一流课程配套教材
信息环境下大学数学课程改革系列教材
高等学校应用型创新型人才培养系列教材
高等学校公共基础课系列教材

线性代数及应用

（第二版）

高淑萍　杨　威
张乐友　田　阗　编著

西安电子科技大学出版社

内 容 简 介

本书是依托教育部“用信息技术工具改造基础课程”项目中的“用 MATLAB 和建模实践改造线性代数课程”的研究成果，结合作者多年的教学实践编写而成的。该成果获陕西省高等学校教学成果一等奖。

本书针对线性代数抽象难学的问题，注重概念定理的几何意义及应用背景的诠释，重点突出，难点分散；注重培养学生的数学建模应用与科学计算的能力，以适应信息时代创新型应用型人才培养的需要。

本书内容包括矩阵及应用、行列式与线性方程组、n 维向量与向量空间、相似矩阵与二次型、线性空间与线性变换，以及丰富的实际应用案例，各章配有习题及解答。特别地，每章配有教学视频（重点难点讲授、典型例题、知识的补充与拓展、应用案例等）。与本书配套的还有三门 MOOC、《线性代数练习册（第二版）》及《线性代数疑难释义》（西安电子科技大学出版社）辅导书。

本书及配套的学习资源构成了适应信息时代学生学习的立体化学习平台。

本书可作为高等院校理工类教材或参考书，尤其适合以创新型应用型人才为培养目标的高等院校，也可供自学者和科技工作者阅读。

图书在版编目(CIP)数据

线性代数及应用/高淑萍等编著. —2 版.
—西安：西安电子科技大学出版社，2020.8(2024.1 重印)
ISBN 978 - 7 - 5606 - 5857 - 5

Ⅰ. ①线…　Ⅱ. ①高…　Ⅲ. ①线性代数　Ⅳ. ①O151.2

中国版本图书馆 CIP 数据核字(2020)第 148883 号

策　　划　毛红兵
责任编辑　刘玉芳
出版发行　西安电子科技大学出版社(西安市太白南路 2 号)
电　　话　(029)88202421　88201467　　邮　　编　710071
网　　址　www.xduph.com　　电子邮箱　xdupfxb001@163.com
经　　销　新华书店
印刷单位　咸阳华盛印务有限责任公司
版　　次　2020 年 8 月第 2 版　2024 年 1 月第 13 次印刷
开　　本　787 毫米×1092 毫米　1/16　印张 15.5
字　　数　328 千字
定　　价　43.80 元
ISBN 978 - 7 - 5606 - 5857 - 5/O
XDUP 6159002 - 13
＊＊＊如有印装问题可调换＊＊＊

前　　言

数学能提供观察世界的方法和解决问题的手段，这是数学对大学生的主要价值。对于提升逻辑思维和抽象思维能力来说，学习线性代数比学习微积分更加有效。西安电子科技大学线性代数教学团队编著的教材《线性代数及应用(第二版)》，符合党和国家的路线、方针与政策，遵循教育教学发展规律，凝聚团队多年来教育教学研究的先进成果，满足信息时代创新人才培养的需求，适应信息时代在线教育背景下的教材建设需要。

信息时代背景下，科学与工程面临问题的复杂性远远超过前几个世纪，线性代数的重要性随着计算机能力的提升而与日俱增。作者将信息技术与线性代数课程深度融合，构建“一主二辅”教学资源(一主：教材；二辅：纸质教辅和线上 MOOC 学习)。本书是新形态教材，其教学视频内容包括课程的重点与难点、典型例题选讲、知识的补充与拓展、应用案例等。纸质教辅《线性代数疑难释义》从不同角度诠释了线性代数的重点与难点，配套的新形态教辅《线性代数练习册(第二版)》题目丰富，特色突出，满足个性化需求。线上 MOOC 学习包括三门不同层次的中国大学 MOOC 平台课程，其中“线性代数精讲与应用案例”与“实用大众线性代数(MATLAB 版)”被评为国家精品在线课程，“满分线性代数”面向考研学生，MOOC 既能与传统课堂教学有效互补，又能满足信息社会多样化创新人才的培养需求。作者团队自主研发了“基于碎片化教学视频的智能化线性代数学习平台”，用于线性代数课程的章节测试及个性化学习指导。本书借助现代化、信息化的手段揭示线性代数课程的本质，引导读者思考、探索，加深读者对数学思想与方法的深入理解，培养读者对所学线性代数知识的应用能力与融会贯通能力；知识拓展内容弥补了线性代数传统内容与时代发展、后续课程及科研需求脱节的不足。

本书编写严谨规范，层次清楚，取材适当，深度适宜，难点分散，拓展知识，案例丰富，富有启发性，有利于激发读者学习的兴趣，培养读者的数学素养和创新潜能，贯彻引导读者形成正确的价值观与人生观，弘扬科学精神，坚持知识体系与人格培养的有机结合，强化线性代数理论学习并关注应用前沿，提升线性代数课程的高阶性、创新性和挑战度。

本书是国家精品在线课程的配套教材，适用于高校学生在线学习及教师进行线上线下混合式教学。

本书由西安电子科技大学高淑萍教授、杨威教授、张乐友教授、田阒教授编著，由高淑萍教授统稿。

本书得到教育部高等数学校大学数学课程教指委、高等学校大学数学教学研究与发展中心项目资助(CMC20200210).

作者力求使本书成为一本优秀教材，但限于学识与能力，书中难免存在不妥之处，恳请同行与读者批评指正。

作者
2020 年 7 月

第一版前言

一、信息时代为大学数学改革提供了新机遇

2009 年教育部数学教指委重新修订后的大学数学基础课程教学基本要求：“数学不仅是一种工具，而且是一种思维模式；不仅是一种知识，而且是一种素养；不仅是一种科学，而且是一种文化，能否运用数学观念定量思维是衡量民族科学文化素质的一个重要标志。数学教育在培养高素质科学技术人才中具有独特的、不可替代的重要作用。”并提出了“知识、素质、能力”三位一体的教育理念。

大学数学教育是培养学生科学素质与创新能力的关键环节。改革是永恒的话题，信息化为教学改革提供了难得的机遇。随着计算机的迅猛发展，对大规模海量数据进行处理的需求日益剧增，因此对理工、经管各专业的线性代数课程的传统教学内容、教学方法等提出了挑战。面对需求的巨大变化，美国的线性代数课程从 1990 年起发生了革命性的变革，其主要特征是使用软件和面向应用。

正是在这样的背景下，西安电子科技大学项目组主要成员(本书的作者)在原副校长陈怀琛教授倡导下，从 2004 年起高度关注国外线性代数课程改革的研究动态，研读了大量的国外优秀原版教材和教学改革论著，进行了线性代数在后续课程中的应用调研工作，对线性代数课程教学内容、教学方法、考核方式、教材建设等方面进行了多年改革试探索与实践。2009 年教育部设立教育教学专项“用信息技术工具改造基础课程”，西安电子科技大学主持(也称牵头院校)“用 MATLAB 和建模实践改造工科线性代数课程”项目(数学类全国仅此一项)。按照教育部的要求，为使项目的研究成果具有更好的示范性和辐射性，特从理工、综合、财经、师范类中遴选出 18 所合作院校：西安交通大学、东南大学、北京航空航天大学、华南理工大学、东北大学、哈尔滨工程大学、西北大学、对外经济贸易大学、陕西师范大学、桂林电子科技大学、福建师范大学、西安理工大学、西安科技大学、西安石油大学、陕西理工学院等共同进行线性代数课程改革的探索，取得了突出的示范性与辐射性成果，为我国线性代数课程的改革与其他大学数学课程的改革提供借鉴。信息化教育教学改革与建设永远在路上。

西安电子科技大学已建成线性代数两门慕课：“实用大众线性代数”获首届国家精品在线课程，“线性代数精讲与应用案例”获第三届国家精品在线课程。

二、新教学目标下的大学数学系列教材的编著

目前高校大学数学课程教材中存在不适应问题。主要表现在：理论内容呈现几十年甚至上百年的一贯制；课程内容未能适应新的社会需求，重理论轻实践，与时代及应用需求

脱节；剥离了概念、原理和范例的几何背景与现实意义，导致内容过于抽象；不利于与其他课程及学生自身专业的衔接，进而造成了学生“学不会，用不了”的尴尬局面。教育部数学基础课程教指委分委原主任清华大学数学系冯克勤教授指出：“数学教育的关键是彻底转变观念。大学数学教育改革的目标一是深化教学内容和教材体系的改革，二是积极推进大学数学教育的信息化建设。”因此，信息时代大学数学教育培养新目标下的新型教材建设迫在眉睫，用信息技术工具改革大学数学课程系列教材应运而生，“需求牵引”和“技术推动”是该系列教材的指导思想。

本书作者总结了十多年线性代数改革取得的经验和成果，吸取国外同类优秀教材之长，编著了高等学校理工类《线性代数及应用》创新型教材，以适应信息化背景下创新型应用型科技与工程人才的需要。

三、本书特色

本书及配套的学习资源构成了适应于信息时代学生的综合学习平台。

(1) 将数学建模、丰富的应用案例、数学软件融入线性代数课程内容。

(2) 与传统内容相比，如增加了矛盾线性方程组(即超定线性方程组)的最小二乘解，给出了常见的矩阵分解方法等，满足后续专业课程需求，对主要的术语给出了英文表示，方便学生阅读外文教材。

(3) 每章配有教学视频(微课)，其内容包括重点难点讲授、典型例题、数学发展史简介、知识的补充与拓展、应用案例等，方便学生适时学习。

(4) 注重学习过程的考核与管理，研发了“线性代数在线作业与测试系统”，实现了章节在线考核、系统自动阅卷并进行试卷分析。

(5) 配套辅导书《线性代数疑难释义》从不同角度讲授了线性代数的重点、难点。

(6) 中国大学 MOOC 平台的“线性代数精讲与应用案例”与本教材有效互补。

目前“线性代数在线作业与测试系统”只针对西安电子科技大学本校学生使用。其他院校若有需求，请与西安电子科技大学出版社联系。

在《线性代数及应用》成书之际，诚挚感谢我校领导、教务处多年来对线性代数课题组的大力支持与指导！对西安电子科技大学出版社领导及毛红兵副总编给予的支持与帮助表示衷心感谢！

本书由西安电子科技大学高淑萍教授、马建荣教授、张鹏鸽副教授、杨威副教授编著，由高淑萍教授统稿。高淑萍教授是校线性代数课程首席教授，杨威副教授是线性代数课程负责人。

限于编者水平，书中难免存在不足之处，恳请读者批评指正。

作者

2019 年 12 月

目　　录

第1章

矩阵及应用

矩阵是线性代数的主要研究对象之一，它在自然科学、工程技术、经济管理、社会科学等各领域都具有广泛的应用. 本章从实际问题出发，引出矩阵的概念，并讨论矩阵的各种运算及一般线性方程组的求解问题.

1.1 高斯消元法

引例 某食品公司收到某种食品的订单，要求该食品由甲、乙、丙、丁四种原料合成，且该食品中含蛋白质、脂肪和碳水化合物的比例分别为15%、5%和12%. 其中甲、乙、丙、丁原料中含蛋白质、脂肪和碳水化合物的百分比由表1.1给出.

表1.1 原料成分

	甲	乙	丙	丁	成品
蛋白质(%)	20	16	10	15	15
脂肪(%)	3	8	2	5	5
碳水化合物(%)	10	25	20	5	12

那么，如何用这四种原料配置出符合要求的食品呢？

分析：设所需要的原料甲、乙、丙、丁占食品的百分比分别为 x_1，x_2，x_3，x_4，根据题意可以得到方程组

$$\begin{cases} x_1+x_2+x_3+x_4=1 \\ 20x_1+16x_2+10x_3+15x_4=15 \\ 3x_1+8x_2+2x_3+5x_4=5 \\ 10x_1+25x_2+20x_3+5x_4=12 \end{cases} \tag{1-1}$$

在方程组(1-1)中每一个方程的左端是未知量 x_1，x_2，x_3，x_4 的一次齐次式，右端是常数，这样的方程组称为**线性方程组**(linear equations).

关于线性方程组解的情况，可以通过图1.1来表述.

方程组(1-1)如何求解？在此，不妨以 m 个方程 n 个未知量的线性方程组为例进行讨论. 设 m 个方程 n 个未知量的线性方程组的一般形式如下：

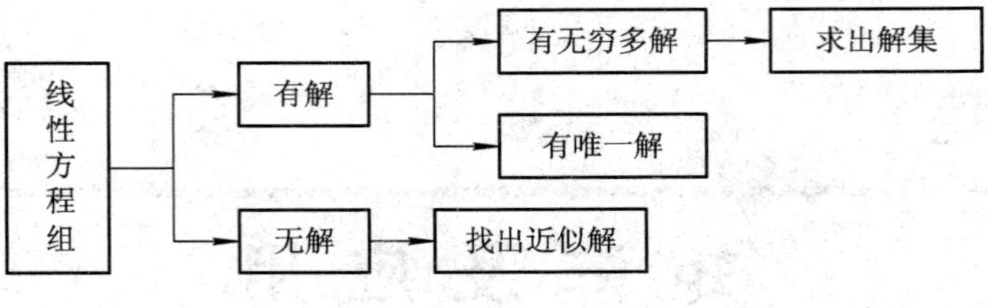

图 1.1　线性方程组解

$$\begin{cases} a_{11}x_1 + a_{12}x_2 + \cdots + a_{1n}x_n = b_1 \\ a_{21}x_1 + a_{22}x_2 + \cdots + a_{2n}x_n = b_2 \\ \quad\vdots \\ a_{m1}x_1 + a_{m2}x_2 + \cdots + a_{mn}x_n = b_m \end{cases} \tag{1-2}$$

式(1-2)称为 ***n* 元线性方程组**(linear equations in n unknowns)，其中 x_1，x_2，…，x_n 是未知量；m 是方程个数；a_{ij}($i=1$，2，…，m；$j=1$，2，…，n)称为方程组的系数；b_j($j=1$，2，…，m)称为方程组的常数项. 系数 a_{ij} 的第一个下标表示它在第 i 个方程；第二个下标 j 表示它是未知量 x_j 的系数. 一般情况下，n 与 m 不一定相等.

线性方程组(1-2)中解的全体构成的集合称为解集合. 解方程组就是求其全部解，亦即求出解集合. 如果两个方程组有相同的解集合，则称它们**同解**.

在中学已讲到了用消元法(也称高斯消元法)求解线性方程组. 消元法的基本思想是：通过消元变换把方程组化为容易求解的同解方程组. 下面通过一个例子来复习消元法.

例 1　求解线性方程组

$$\begin{cases} 2x_1 - 2x_2 \qquad\quad + 6x_4 = -2 \\ 2x_1 - x_2 + 2x_3 + 4x_4 = -2 \\ 3x_1 - x_2 + 4x_3 + 4x_4 = -3 \\ x_1 + x_2 + x_3 + 8x_4 = 2 \end{cases} \tag{1-3}$$

解　将式(1-3)中的第一个方程两端分别乘以-1、-1.5、-0.5，加到第二、三、四个方程，从而可消去第二、三、四个方程中的未知量 x_1，得

$$\begin{cases} 2x_1 - 2x_2 \qquad\quad + 6x_4 = -2 \\ \qquad x_2 + 2x_3 - 2x_4 = 0 \\ \qquad 2x_2 + 4x_3 - 5x_4 = 0 \\ \qquad 2x_2 + x_3 + 5x_3 = 3 \end{cases} \tag{1-4}$$

将式(1-4)中的第二个方程两端分别乘以-2，加到第三、四个方程中可消去 x_2，得

$$\begin{cases} 2x_1 - 2x_2 \qquad\quad + 6x_4 = -2 \\ \qquad x_2 + 2x_3 - 2x_4 = 0 \\ \qquad\qquad\qquad - x_4 = 0 \\ \qquad\qquad -3x_3 + 9x_4 = 3 \end{cases} \tag{1-5}$$

把式(1-5)中第三个方程和第四个方程交换位置，得

$$\begin{cases} 2x_1-2x_2 \qquad +6x_4=-2 \\ x_2+2x_3-2x_4=0 \\ -3x_3+9x_4=3 \\ -x_4=0 \end{cases} \tag{1-6}$$

形如式(1-6)的方程组称为**行阶梯形方程组**(row-echelon form equations). 再将式(1-6)中第一个方程两端乘以0.5，第三个方程两端乘以$-\frac{1}{3}$，第四个方程两端乘以-1，得到下面的行阶梯形方程组：

$$\begin{cases} x_1-x_2 \qquad +3x_4=-1 \\ x_2+2x_3-2x_4=0 \\ x_3-3x_4=-1 \\ x_4=0 \end{cases} \tag{1-7}$$

显然，方程组(1-7)很容易求出其解.

综上，方程组(1-7)是对原方程组(1-3)施行下列三种变换而得到的：

(1) 互换两个方程的位置；

(2) 某个方程两端乘以一个非零常数；

(3) 将一个方程的k倍加到另一个方程上.

这三种变换称为线性方程组的**初等行变换**. 因为对方程组而言，这些变换不会改变方程组的解，故方程组(1-7)与原方程组(1-3)同解，这三种变换也称为线性方程组的**同解变换**.

进一步对方程组(1-7)进行回代：由(1-7)中第四个方程知$x_4=0$，将其回代到第三个方程得$x_3=-1$，再将x_4，x_3回代到第二、第一个方程中，分别得$x_2=2$，$x_1=1$. 所以，原方程组(1-3)的解为

$$\begin{cases} x_1=1 \\ x_2=2 \\ x_3=-1 \\ x_4=0 \end{cases} \tag{1-8}$$

这样的方程组称为最简阶梯形方程组，得到它就等于求出了方程组的解.

从上述解题过程可以看出，用高斯消元法解线性方程组可分为两步：① 经过若干次初等行变换后得到一个阶梯形方程组；② 用回代法由后向前逐次求出各个未知量.

1.2 矩阵的定义与运算

例1 某车间有三个工作小组，他们在去年四个季度的产量如表1.2所示.

表 1.2　产量统计(单位：台)

	第一季度	第二季度	第三季度	第四季度
第一组	0	200	400	550
第二组	300	150	300	280
第三组	400	300	150	360

我们可以把表 1.2 简化成一个 3 行 4 列的矩形数表，为了表明它的整体性，常给它加一对括号，如下所示，其中第 i 行表示第 i 组，第 j 列表示第 j 季度的产量.

$$\begin{bmatrix} 0 & 200 & 400 & 550 \\ 300 & 150 & 300 & 280 \\ 400 & 300 & 150 & 360 \end{bmatrix}$$

同样，将 1.1 节的线性方程组(1-3)中的系数和常数“提取”出来可写成数表

$$\begin{bmatrix} 2 & -2 & 0 & 6 & -2 \\ 2 & -1 & 2 & 4 & -2 \\ 3 & -1 & 4 & 4 & -3 \\ 1 & 1 & 1 & 8 & 2 \end{bmatrix}$$

于是，我们就可以通过该数表来研究线性方程组.

以上讨论的各种矩形数表就称为矩阵. 学习线性代数的目标之一就是要学会利用矩阵这个工具去解决各种问题.

1.2.1　矩阵的定义

定义 1.1　由 $m\times n$ 个数 $a_{ij}(i=1, 2, \cdots, m;\ j=1, 2, \cdots, n)$ 排成的 m 行 n 列的矩形数表

$$\boldsymbol{A}=\begin{bmatrix} a_{11} & a_{12} & \cdots & a_{1n} \\ a_{21} & a_{22} & \cdots & a_{2n} \\ \vdots & \vdots & & \vdots \\ a_{m1} & a_{m2} & \cdots & a_{mn} \end{bmatrix}$$

称为 m 行 n 列**矩阵**($m\times n$ matrix)，简称 $m\times n$ 矩阵，通常用大写字母 $\boldsymbol{A}$，$\boldsymbol{B}$，$\boldsymbol{C}$，…或 $\boldsymbol{A}_{m\times n}$，$\boldsymbol{B}_{m\times n}$，$\boldsymbol{C}_{m\times n}$，…来表示，也记作 $\boldsymbol{A}=(a_{ij})_{m\times n}$. a_{ij} 称为矩阵 $\boldsymbol{A}$ 的元素，表示位于矩阵 $\boldsymbol{A}$ 的第 i 行第 j 列的元素. 元素全是实数的矩阵称为实矩阵；元素全是复数的矩阵称为复矩阵.

如例 1 中产量统计表是 3×4 矩阵. 矩阵这一概念是由 19 世纪英国数学家凯利首先提出的.

1.2.2　几种特殊矩阵

下面我们介绍几种常见的特殊矩阵.

只有一行的矩阵

$$A = [a_1 \quad a_2 \quad \cdots \quad a_n]$$

称为**行矩阵**(row matrix)，又称为**行向量**(row vector). 为避免元素间混淆，行向量常常记为

$$A = [a_1, a_2, \cdots, a_n]$$

只有一列的矩阵

$$B = \begin{bmatrix} b_1 \\ b_2 \\ \vdots \\ b_m \end{bmatrix}$$

称为**列矩阵**(column matrix)，又称为**列向量**(column vector).

如果两个矩阵的行数与列数对应相等，则称它们为同型矩阵.

若 A、B 是同型矩阵，且所有对应元素值均相等，则称矩阵 A 与 B **相等**，记为 $A=B$.

元素都是零的矩阵称为**零矩阵**(zero matrix)，记作 O.

行数与列数相同的矩阵 $A_{n\times n}$ 称为 **n 阶矩阵**($(n\times n)$ matrix)，或称为 **n 阶方阵**($(n\times n)$ square matrix)，简记为 A_n. 一个 n 阶方阵的左上角与右下角之间的连线称为它的主对角线.

主对角线以下的元素全为零的方阵称为**上三角矩阵**(upper triangular matrix)，即

$$A_n = \begin{bmatrix} a_{11} & a_{12} & \cdots & a_{1n} \\ 0 & a_{22} & \cdots & a_{2n} \\ \vdots & \vdots & & \vdots \\ 0 & 0 & \cdots & a_{nn} \end{bmatrix}$$

主对角线以上的元素全为零的方阵称为**下三角矩阵**(lower triangular matrix)，即

$$A_n = \begin{bmatrix} a_{11} & 0 & \cdots & 0 \\ a_{21} & a_{22} & \cdots & 0 \\ \vdots & \vdots & & \vdots \\ a_{n1} & a_{n2} & \cdots & a_{nn} \end{bmatrix}$$

主对角线以外的元素全为零的方阵称为**对角阵**(diagonal matrix)，即

$$A_n = \begin{bmatrix} a_{11} & & & \\ & a_{22} & & \\ & & \ddots & \\ & & & a_{nn} \end{bmatrix}$$

矩阵中未写出的元素表示为零，对角矩阵常记为 Λ 或 $\mathrm{diag}(a_{11}, a_{22}, \cdots, a_{nn})$. 主对角线上全为 1 的 n 阶对角矩阵称为**单位矩阵**(unit matrix)，记作 E_n，即

$$E_n = \begin{bmatrix} 1 & 0 & \cdots & 0 \\ 0 & 1 & \cdots & 0 \\ \vdots & \vdots & & \vdots \\ 0 & 0 & \cdots & 1 \end{bmatrix}$$

从1.1节线性方程组(1-3)的求解过程中可以看出，利用方程组的初等变换进行消元时，只是对方程组的系数和常数项进行运算，所以我们可以把线性方程组的系数和常数项“提取”出来，用矩阵的形式来描述线性方程组，这样线性方程组就与矩阵一一对应起来.

线性方程组所有系数所构成的矩阵称为线性方程组的**系数矩阵**(coefficient matrix). 如线性方程组(1-3)的系数矩阵为

$$A = \begin{bmatrix} 2 & -2 & 0 & 6 \\ 2 & -1 & 2 & 4 \\ 3 & -1 & 4 & 4 \\ 1 & 1 & 1 & 8 \end{bmatrix}$$

由线性方程组所有系数和常数项所构成的矩阵称为线性方程组的**增广矩阵**(augmented matrix)，并记为$\widetilde{A}=(A, b)$或$\widetilde{A}=[A, b]$，它可以反映出线性方程组的全部特性. 如线性方程组(1-3)的增广矩阵为

$$\widetilde{A} = [A, b] = \begin{bmatrix} 2 & -2 & 0 & 6 & -2 \\ 2 & -1 & 2 & 4 & -2 \\ 3 & -1 & 4 & 4 & -3 \\ 1 & 1 & 1 & 8 & 2 \end{bmatrix}$$

其中最后一列b表示常数项，也称b为常向量.

1.2.3 矩阵的运算

定义1.2 设有两个同型矩阵$A=(a_{ij})_{m\times n}$，$B=(b_{ij})_{m\times n}$，A与B的和(sum)记作$A+B$，规定：

$$A+B = \begin{bmatrix} a_{11}+b_{11} & a_{12}+b_{12} & \cdots & a_{1n}+b_{1n} \\ a_{21}+b_{21} & a_{22}+b_{22} & \cdots & a_{2n}+b_{2n} \\ \vdots & \vdots & & \vdots \\ a_{m1}+b_{m1} & a_{m2}+b_{m2} & \cdots & a_{mn}+b_{mn} \end{bmatrix}$$

若$A=(a_{ij})_{m\times n}$，把$(-a_{ij})_{m\times n}$记作$-A$，称为A的负矩阵，显然有$A+(-A)=O$.

由此可定义矩阵的减法为：$A-B=A+(-B)$.

定义1.3 数λ与矩阵$A=(a_{ij})_{m\times n}$的乘积，简称**数乘**(scalar-multiplication)，记作λA，规定

$$\lambda \boldsymbol{A}=\begin{bmatrix}\lambda a_{11} & \lambda a_{12} & \cdots & \lambda a_{1n}\\ \lambda a_{21} & \lambda a_{22} & \cdots & \lambda a_{2n}\\ \vdots & \vdots & & \vdots\\ \lambda a_{m1} & \lambda a_{m2} & \cdots & \lambda a_{mn}\end{bmatrix}.$$

矩阵的**加法**(addition)和**数乘**统称为矩阵的**线性运算**(linear operation). 不难验证，矩阵的线性运算满足下列运算规律($\boldsymbol{A}$、$\boldsymbol{B}$、$\boldsymbol{C}$ 是同型矩阵，λ、μ 是数).

(1) $\boldsymbol{A}+\boldsymbol{B}=\boldsymbol{B}+\boldsymbol{A}$；

(2) $(\boldsymbol{A}+\boldsymbol{B})+\boldsymbol{C}=\boldsymbol{A}+(\boldsymbol{B}+\boldsymbol{C})$；

(3) $\boldsymbol{A}+\boldsymbol{O}=\boldsymbol{A}$；

(4) $\boldsymbol{A}+(-\boldsymbol{A})=\boldsymbol{O}$；

(5) $1\boldsymbol{A}=\boldsymbol{A}$；

(6) $(\lambda\mu)\boldsymbol{A}=\lambda(\mu\boldsymbol{A})=\mu(\lambda\boldsymbol{A})$；

(7) $(\lambda+\mu)\boldsymbol{A}=\lambda\boldsymbol{A}+\mu\boldsymbol{A}$；

(8) $\lambda(\boldsymbol{A}+\boldsymbol{B})=\lambda\boldsymbol{A}+\lambda\boldsymbol{B}$.

例 2　甲、乙、丙三位学生在期末考试中，4 门课程的成绩分别由表 1.3 给出，而他们的平时成绩则由表 1.4 给出，若期末考试成绩占总成绩的 90%，而平时成绩占 10%，请用矩阵运算来表述这三名同学各门课程的总成绩.

表 1.3　期末考试成绩(单位:分)

	英语	高数	大学物理	线性代数
甲	85	85	65	98
乙	75	95	70	95
丙	80	70	76	92

表 1.4　平时成绩

	英语	高数	大学物理	线性代数
甲	90	70	80	92
乙	80	90	82	92
丙	85	75	90	90

解　用矩阵 $\boldsymbol{A}$ 来表示期末考试成绩：

$$\boldsymbol{A}=\begin{bmatrix}85 & 85 & 65 & 98\\ 75 & 95 & 70 & 95\\ 80 & 70 & 76 & 92\end{bmatrix}$$

用矩阵 $\boldsymbol{B}$ 来表示平时成绩：

$$\boldsymbol{B}=\begin{bmatrix}90 & 70 & 80 & 92\\ 80 & 90 & 82 & 92\\ 85 & 75 & 90 & 90\end{bmatrix}$$

根据题意知，三名同学的总成绩可以用矩阵 $\boldsymbol{C}$ 来表示，具体运算如下：

$$\boldsymbol{C}=0.9\boldsymbol{A}+0.1\boldsymbol{B}=\begin{bmatrix}85\times 0.9 & 85\times 0.9 & 65\times 0.9 & 98\times 0.9\\ 75\times 0.9 & 95\times 0.9 & 70\times 0.9 & 95\times 0.9\\ 80\times 0.9 & 70\times 0.9 & 76\times 0.9 & 92\times 0.9\end{bmatrix}$$

$$+\begin{bmatrix}90\times 0.1 & 70\times 0.1 & 80\times 0.1 & 92\times 0.1\\ 80\times 0.1 & 90\times 0.1 & 82\times 0.1 & 92\times 0.1\\ 85\times 0.1 & 75\times 0.1 & 90\times 0.1 & 90\times 0.1\end{bmatrix}$$

$$=\begin{bmatrix}85.5 & 83.5 & 66.5 & 97.4\\ 75.5 & 94.5 & 71.2 & 94.7\\ 80.5 & 70.5 & 77.4 & 91.8\end{bmatrix}$$

从矩阵 $\boldsymbol{C}$ 中第一行可知学生甲的英语、高数、大学物理、线性代数的总成绩分别为 85.5 分、83.5 分、66.5 分、97.4 分.

定义 1.4 设矩阵 $\boldsymbol{A}=(a_{ij})_{m\times s}$，矩阵 $\boldsymbol{B}=(b_{ij})_{s\times n}$，规定 $\boldsymbol{A}$ 和 $\boldsymbol{B}$ 的**乘积**(matrix multiplication)是一个 $m\times n$ 矩阵，记为 $\boldsymbol{C}=(c_{ij})_{m\times n}$，其中

$$c_{ij}=\sum_{k=1}^{s}a_{ik}b_{kj}=a_{i1}b_{1j}+a_{i2}b_{2j}+\cdots+a_{is}b_{sj}$$
$$(i=1,2,\cdots,m;\ j=1,2,\cdots,n)$$

记作 $\boldsymbol{C}=\boldsymbol{AB}$.

由定义 1.4 知，**只有左边矩阵的列数等于右边矩阵的行数时，两个矩阵才能相乘.** 乘积矩阵 $\boldsymbol{C}$ 的第 i 行第 j 列元素 c_{ij} 等于左边矩阵 $\boldsymbol{A}$ 的第 i 行元素与右边矩阵 $\boldsymbol{B}$ 的第 j 列元素对应乘积之和，即

$$\boldsymbol{AB}=i\text{行}\begin{bmatrix}a_{11} & a_{12} & \cdots & a_{1s}\\ \vdots & \vdots & & \vdots\\ a_{i1} & a_{i2} & \cdots & a_{is}\\ \vdots & \vdots & & \vdots\\ a_{m1} & a_{m2} & \cdots & a_{ms}\end{bmatrix}\overset{j\text{列}}{\begin{bmatrix}b_{11} & \cdots & b_{1j} & \cdots & b_{1n}\\ b_{21} & \cdots & b_{2j} & \cdots & b_{2n}\\ \vdots & & \vdots & & \vdots\\ b_{s1} & \cdots & b_{sj} & \cdots & s_{sn}\end{bmatrix}}$$

$$=\overset{j\text{列}}{\begin{bmatrix}c_{11} & \cdots & c_{1j} & \cdots & c_{1n}\\ \vdots & & \vdots & & \vdots\\ c_{i1} & \cdots & c_{ij} & \cdots & c_{in}\\ \vdots & & \vdots & & \vdots\\ c_{m1} & \cdots & c_{mj} & \vdots & c_{mn}\end{bmatrix}}i\text{行}=\boldsymbol{C}$$

例 3 已知 $\boldsymbol{A}=\begin{bmatrix}1 & 2 & -1\\ 3 & 4 & 0\\ -2 & 5 & 6\end{bmatrix}$，$\boldsymbol{B}=\begin{bmatrix}10 & 20\\ -10 & 30\\ -5 & 8\end{bmatrix}$，求 $\boldsymbol{AB}$ 及 $\boldsymbol{BA}$.

解 根据矩阵乘法定义：

$$\boldsymbol{AB}=\begin{bmatrix}1&2&-1\\3&4&0\\-2&5&6\end{bmatrix}\begin{bmatrix}10&20\\-10&30\\-5&8\end{bmatrix}$$

$$=\begin{bmatrix}1\times10+2\times(-10)+(-1)\times(-5) & 1\times20+2\times30+(-1)\times8\\3\times10+4\times(-10)+0\times(-5) & 3\times20+4\times30+0\times8\\(-2)\times10+5\times(-10)+6\times(-5) & (-2)\times20+5\times30+6\times8\end{bmatrix}$$

$$=\begin{bmatrix}-5&72\\-10&180\\-100&158\end{bmatrix}$$

由于矩阵 $\boldsymbol{B}$ 有 2 列，矩阵 $\boldsymbol{A}$ 有 3 行，所以 $\boldsymbol{BA}$ 无意义.

例 4 已知 $\boldsymbol{A}=[1, 2, 3]$，$\boldsymbol{B}=\begin{bmatrix}4\\5\\6\end{bmatrix}$，求 $\boldsymbol{AB}$ 及 $\boldsymbol{BA}$.

解

$$\boldsymbol{AB}=[1, 2, 3]\begin{bmatrix}4\\5\\6\end{bmatrix}=1\times4+2\times5+3\times6=32$$

当矩阵只有一行一列时，我们往往省去括号，即可以理解为一个数.

$$\boldsymbol{BA}=\begin{bmatrix}4\\5\\6\end{bmatrix}[1, 2, 3]=\begin{bmatrix}4&8&12\\5&10&15\\6&12&18\end{bmatrix}$$

由例 3、例 4 可知，$\boldsymbol{AB}\neq\boldsymbol{BA}$. 在一般情况下，下式也不成立(读者自行证明).

$$(\boldsymbol{A}+\boldsymbol{B})^2\neq\boldsymbol{A}^2+2\boldsymbol{AB}+\boldsymbol{B}^2$$

$$(\boldsymbol{A}+\boldsymbol{B})(\boldsymbol{A}-\boldsymbol{B})\neq\boldsymbol{A}^2-\boldsymbol{B}^2$$

根据矩阵乘法定义，可以定义方阵的方幂：$\boldsymbol{A}^k=\underbrace{\boldsymbol{AA}\cdots\boldsymbol{A}}_{k个}$，其中 $\boldsymbol{A}$ 为方阵.

可以验证，矩阵乘法满足下列运算规律：

(1) $(\boldsymbol{AB})\boldsymbol{C}=\boldsymbol{A}(\boldsymbol{BC})$；

(2) $\boldsymbol{A}(\boldsymbol{B}+\boldsymbol{C})=\boldsymbol{AB}+\boldsymbol{AC}$，$(\boldsymbol{A}+\boldsymbol{B})\boldsymbol{C}=\boldsymbol{AC}+\boldsymbol{BC}$ ；

(3) $\lambda(\boldsymbol{AB})=(\lambda\boldsymbol{A})\boldsymbol{B}=\boldsymbol{A}(\lambda\boldsymbol{B})$，$\lambda$ 为数；

(4) $\boldsymbol{A}_{m\times n}\boldsymbol{E}_n=\boldsymbol{E}_m\boldsymbol{A}_{m\times n}=\boldsymbol{A}_{m\times n}$；

(5) $\boldsymbol{A}^k\boldsymbol{A}^l=\boldsymbol{A}^{k+l}$，$(\boldsymbol{A}^k)^l=\boldsymbol{A}^{kl}$，其中 k，l 为正整数.

注意，由于矩阵乘法不满足交换律，故一般情况下，$(\boldsymbol{AB})^k\neq\boldsymbol{A}^k\boldsymbol{B}^k$.

定义 1.5 对于变量 y_1，y_2，…，y_m，若它们均能由变量 x_1，x_2，…，x_n 线性表示，即有：

$$\begin{cases} y_1 = a_{11}x_1 + a_{12}x_2 + \cdots + a_{1n}x_n \\ y_2 = a_{21}x_1 + a_{22}x_2 + \cdots + a_{2n}x_n \\ \qquad \vdots \\ y_m = a_{m1}x_1 + a_{m2}x_2 + \cdots + a_{mn}x_n \end{cases}$$

则称此关系式为变量 x_1，x_2，…，x_n 到变量 y_1，y_2，…，y_m 的**线性变换**(linear transformation)，可以用矩阵乘积表示：

$$\boldsymbol{y} = \begin{bmatrix} y_1 \\ y_2 \\ \vdots \\ y_m \end{bmatrix} = \begin{bmatrix} a_{11} & a_{12} & \cdots & a_{1n} \\ a_{21} & a_{22} & \cdots & a_{2n} \\ \vdots & \vdots & & \vdots \\ a_{m1} & a_{m2} & \cdots & a_{mn} \end{bmatrix} \begin{bmatrix} x_1 \\ x_2 \\ \vdots \\ x_n \end{bmatrix} = \boldsymbol{Ax}$$

例 5 已知变量 x_1，x_2，x_3 到变量 y_1，y_2 的线性变换由式(1-9)给出，变量 t_1，t_2 到变量 x_1，x_2，x_3 的线性变换由式(1-10)给出，请写出变量 t_1，t_2 到变量 y_1，y_2 的线性变换.

$$\begin{cases} y_1 = a_{11}x_1 + a_{12}x_2 + a_{13}x_3 \\ y_2 = a_{21}x_1 + a_{22}x_2 + a_{23}x_3 \end{cases} \tag{1-9}$$

$$\begin{cases} x_1 = b_{11}t_1 + b_{12}t_2 \\ x_2 = b_{21}t_1 + b_{22}t_2 \\ x_3 = b_{31}t_1 + b_{32}t_2 \end{cases} \tag{1-10}$$

解 方法一：代换法. 将式(1-10)代入式(1-9)中，得

$$\begin{cases} y_1 = (a_{11}b_{11} + a_{12}b_{21} + a_{13}b_{31})t_1 + (a_{11}b_{12} + a_{12}b_{22} + a_{13}b_{32})t_2 \\ y_2 = (a_{21}b_{11} + a_{22}b_{21} + a_{23}b_{31})t_1 + (a_{21}b_{12} + a_{22}b_{22} + a_{23}b_{32})t_2 \end{cases} \tag{1-11}$$

方法二：利用矩阵乘法. 根据矩阵乘法的定义，可以把式(1-9)和式(1-10)分别写为矩阵等式：

$$\begin{bmatrix} y_1 \\ y_2 \end{bmatrix} = \begin{bmatrix} a_{11} & a_{12} & a_{13} \\ a_{21} & a_{22} & a_{23} \end{bmatrix} \begin{bmatrix} x_1 \\ x_2 \\ x_3 \end{bmatrix} \tag{1-12}$$

$$\begin{bmatrix} x_1 \\ x_2 \\ x_3 \end{bmatrix} = \begin{bmatrix} b_{11} & b_{12} \\ b_{21} & b_{22} \\ b_{31} & b_{32} \end{bmatrix} \begin{bmatrix} t_1 \\ t_2 \end{bmatrix} \tag{1-13}$$

将式(1-13)代入式(1-12)中，得

$$\begin{bmatrix} y_1 \\ y_2 \end{bmatrix} = \begin{bmatrix} a_{11} & a_{12} & a_{13} \\ a_{21} & a_{22} & a_{23} \end{bmatrix} \begin{bmatrix} b_{11} & b_{12} \\ b_{21} & b_{22} \\ b_{31} & b_{32} \end{bmatrix} \begin{bmatrix} t_1 \\ t_2 \end{bmatrix}$$

$$\begin{bmatrix} y_1 \\ y_2 \end{bmatrix} = \begin{bmatrix} a_{11}b_{11} + a_{12}b_{21} + a_{13}b_{31} & a_{11}b_{12} + a_{12}b_{22} + a_{13}b_{32} \\ a_{21}b_{11} + a_{22}b_{21} + a_{23}b_{31} & a_{21}b_{12} + a_{22}b_{22} + a_{23}b_{32} \end{bmatrix} \begin{bmatrix} t_1 \\ t_2 \end{bmatrix} \tag{1-14}$$

式(1-14)与式(1-11)相同. 通过这个例子可以看出矩阵乘法在线性变换中的运用.

利用矩阵乘法的定义，可以把一般的线性方程组(1－2)写为矩阵形式：

$$\begin{bmatrix} a_{11} & a_{12} & \cdots & a_{1n} \\ a_{21} & a_{22} & \cdots & a_{2n} \\ \vdots & \vdots & & \vdots \\ a_{m1} & a_{m2} & \cdots & a_{mn} \end{bmatrix} \begin{bmatrix} x_1 \\ x_2 \\ \vdots \\ x_n \end{bmatrix} = \begin{bmatrix} b_1 \\ b_2 \\ \vdots \\ b_m \end{bmatrix} \tag{1-15}$$

用 $\boldsymbol{A}$ 表示系数矩阵，$\boldsymbol{x}$ 表示由未知量构成的向量，$\boldsymbol{b}$ 表示由常数项构成的向量，则式(1－15)可以表示为

$$\boldsymbol{Ax} = \boldsymbol{b} \tag{1-16}$$

式(1－16)亦称为线性方程组的矩阵形式，这种表示法将在后续章节中频繁出现.

定义 1.6 将矩阵 $\boldsymbol{A}$ 中的行换成同序数的列而得到的矩阵，称为 **$\boldsymbol{A}$ 的转置矩阵**(transpose of matrix)，记作 $\boldsymbol{A}^{\mathrm{T}}$ 或 $\boldsymbol{A}'$，即若

$$\boldsymbol{A} = \begin{bmatrix} a_{11} & a_{12} & \cdots & a_{1n} \\ a_{21} & a_{22} & \cdots & a_{2n} \\ \vdots & \vdots & & \vdots \\ a_{m1} & a_{m2} & \cdots & a_{mn} \end{bmatrix}$$

则

$$\boldsymbol{A}^{\mathrm{T}} = \begin{bmatrix} a_{11} & a_{21} & \cdots & a_{m1} \\ a_{12} & a_{22} & \cdots & a_{m2} \\ \vdots & \vdots & & \vdots \\ a_{1n} & a_{2n} & \cdots & a_{mn} \end{bmatrix}$$

例如，$\boldsymbol{A}=\begin{bmatrix} 1 & 5 & 3 \\ 2 & 9 & 4 \end{bmatrix}$，则 $\boldsymbol{A}^{\mathrm{T}}=\begin{bmatrix} 1 & 2 \\ 5 & 9 \\ 3 & 4 \end{bmatrix}$.

易证，矩阵转置满足以下运算规律：

(1) $(\boldsymbol{A}^{\mathrm{T}})^{\mathrm{T}}=\boldsymbol{A}$；

(2) $(\boldsymbol{A}+\boldsymbol{B})^{\mathrm{T}}=\boldsymbol{A}^{\mathrm{T}}+\boldsymbol{B}^{\mathrm{T}}$；

(3) $(\lambda\boldsymbol{A})^{\mathrm{T}}=\lambda\boldsymbol{A}^{\mathrm{T}}$；

(4) $(\boldsymbol{AB})^{\mathrm{T}}=\boldsymbol{B}^{\mathrm{T}}\boldsymbol{A}^{\mathrm{T}}$.

证明 在此仅证明(4). 设 $\boldsymbol{A}=(a_{ij})_{m\times s}$，$\boldsymbol{B}=(b_{ij})_{s\times n}$，$\boldsymbol{AB}=\boldsymbol{C}=(c_{ij})_{m\times n}$.

记 $(\boldsymbol{AB})^{\mathrm{T}}=\boldsymbol{C}^{\mathrm{T}}=\boldsymbol{D}=(d_{ij})_{n\times m}$，$\boldsymbol{B}^{\mathrm{T}}\boldsymbol{A}^{\mathrm{T}}=\boldsymbol{L}=(l_{ij})_{n\times m}$，下面只需证明 $d_{ij}=l_{ij}$.

由于 $d_{ij}=c_{ji}$，且 c_{ji} 是"$\boldsymbol{A}$ 的第 j 行"与"$\boldsymbol{B}$ 的第 i 列"对应元素乘积之和. 而 l_{ij} 是"$\boldsymbol{B}^{\mathrm{T}}$ 的第 i 行"与"$\boldsymbol{A}^{\mathrm{T}}$ 的第 j 列"对应元素乘积之和，也就是"$\boldsymbol{B}$ 的第 i 列"与"$\boldsymbol{A}$ 的第 j 行"对应元素乘积之和，所以

$$d_{ij} = c_{ji} = l_{ij} = \sum_{k=1}^{s} a_{jk} b_{ki}$$

故 $(\boldsymbol{AB})^{\mathrm{T}}=\boldsymbol{B}^{\mathrm{T}}\boldsymbol{A}^{\mathrm{T}}$.

如果 n 阶方阵 $\boldsymbol{A}$ 满足 $\boldsymbol{A}^{\mathrm{T}}=\boldsymbol{A}$，则称 $\boldsymbol{A}$ 为**对称矩阵**(symmetric matrix). 如果 n 阶方阵 $\boldsymbol{A}$ 满足 $\boldsymbol{A}^{\mathrm{T}}=-\boldsymbol{A}$，则称 $\boldsymbol{A}$ 为**反对称矩阵**(antisymmetric matrix)，显然反对称阵的主对角线上元素都是零.

例 6 设 $\boldsymbol{A}=\begin{pmatrix}1&1&0\\0&1&1\\0&0&1\end{pmatrix}$，求 $\boldsymbol{A}^n$.

解法 1：用数学归纳法. 先求 $\boldsymbol{A}^2$、$\boldsymbol{A}^3$，推测出 $\boldsymbol{A}^{n-1}$，再对 n 用数学归纳法证明.

(1) 因为 $\boldsymbol{A}^2=\begin{pmatrix}1&1&0\\0&1&1\\0&0&1\end{pmatrix}\begin{pmatrix}1&1&0\\0&1&1\\0&0&1\end{pmatrix}=\begin{pmatrix}1&2&1\\0&1&2\\0&0&1\end{pmatrix}=\begin{pmatrix}1&2&C_2^2\\0&1&2\\0&0&1\end{pmatrix}$

$$\boldsymbol{A}^3=\begin{pmatrix}1&2&1\\0&1&2\\0&0&1\end{pmatrix}\begin{pmatrix}1&1&0\\0&1&1\\0&0&1\end{pmatrix}=\begin{pmatrix}1&3&3\\0&1&3\\0&0&1\end{pmatrix}=\begin{pmatrix}1&3&C_3^2\\0&1&3\\0&0&1\end{pmatrix}$$

(2) 假设 $\boldsymbol{A}^{n-1}=\begin{pmatrix}1&n-1&C_{n-1}^2\\0&1&n-1\\0&0&1\end{pmatrix}$，则

$$\boldsymbol{A}^n=\boldsymbol{A}^{n-1}\boldsymbol{A}=\begin{pmatrix}1&n-1&C_{n-1}^2\\0&1&n-1\\0&0&1\end{pmatrix}\begin{pmatrix}1&1&0\\0&1&1\\0&0&1\end{pmatrix}=\begin{pmatrix}1&n&C_n^2\\0&1&n\\0&0&1\end{pmatrix}$$

所以，$\boldsymbol{A}^n=\begin{pmatrix}1&n&C_n^2\\0&1&n\\0&0&1\end{pmatrix}$.

解法 2：拆项法. 令 $\boldsymbol{A}=\boldsymbol{E}+\boldsymbol{B}$，则由 $\boldsymbol{E}^n=\boldsymbol{E}$，$\boldsymbol{EB}=\boldsymbol{BE}=\boldsymbol{B}$，有

$$\boldsymbol{A}^n=(\boldsymbol{E}+\boldsymbol{B})^n=\boldsymbol{E}+C_n^1\boldsymbol{B}+C_n^2\boldsymbol{B}^2+\cdots+C_n^n\boldsymbol{B}^n$$

而 $\boldsymbol{B}=\begin{pmatrix}0&1&0\\0&0&1\\0&0&0\end{pmatrix}$，$\boldsymbol{B}^2=\begin{pmatrix}0&0&1\\0&0&0\\0&0&0\end{pmatrix}$，$\boldsymbol{B}^3=\boldsymbol{O}$. 于是

$$\begin{aligned}\boldsymbol{A}^n&=(\boldsymbol{E}+\boldsymbol{B})^n=\boldsymbol{E}+C_n^1\boldsymbol{B}+C_n^2\boldsymbol{B}^2\\&=\begin{pmatrix}1&0&0\\0&1&0\\0&0&1\end{pmatrix}+C_n^1\begin{pmatrix}0&1&0\\0&0&1\\0&0&0\end{pmatrix}+C_n^2\begin{pmatrix}0&0&1\\0&0&0\\0&0&0\end{pmatrix}=\begin{pmatrix}1&n&C_n^2\\0&1&n\\0&0&1\end{pmatrix}\end{aligned}$$

例 7 用 MATLAB 软件生成以下矩阵：

(1) $\boldsymbol{A}=\begin{bmatrix}9&3&2\\6&5&6\\6&6&0\end{bmatrix}$；　　(2) $\boldsymbol{B}=\begin{bmatrix}1&0&0\\0&1&0\\0&0&1\end{bmatrix}$；

(3) $C\begin{bmatrix}1\\1\\1\\1\end{bmatrix}$;　　　　(4) $D=\begin{bmatrix}0&0&0&0\\0&0&0&0\\0&0&0&0\\0&0&0&0\end{bmatrix}$.

解　(1) 在 MATLAB 命令窗口输入：

A=[9, 3, 2; 6, 5, 6; 6, 6, 0]　　%矩阵同行元素以逗号或空格分隔

或　A=[9　3　2; 6　5　6; 6　6　0]　%矩阵行与行之间用分号或回车分隔

或　A=

$$\begin{bmatrix}9&3&2\\6&5&6\\6&6&0\end{bmatrix}$$

结果都为

```
A=
    9   3   2
    6   5   6
    6   6   0
```

(2) 输入：

B=eye(3)

结果为

```
B=
    1   0   0
    0   1   0
    0   0   1
```

(3) 输入：

C=ones(4, 1)

结果为

```
C=
    1
    1
    1
    1
```

(4) 输入：

D=zeros(4)

或　D=zeros(4, 4)

结果都为

```
D=

     0    0    0    0
     0    0    0    0
     0    0    0    0
     0    0    0    0
```

MATALB 对矩阵赋值有直接输入和命令生成两种方法，本例中矩阵 **A** 就是键盘直接输入的；而矩阵 **B**、**C** 和 **D** 都是用 MATLAB 命令生成的.

例 8 用 MATLAB 软件随机生成两个 5 阶方阵 **A** 和 **B**，并验证以下公式：

(1) $(\boldsymbol{AB})^{\mathrm{T}}=\boldsymbol{B}^{\mathrm{T}}\boldsymbol{A}^{\mathrm{T}}$； (2) $(\boldsymbol{AB})^6=\boldsymbol{A}(\boldsymbol{BA})^5\boldsymbol{B}$.

解：(1) 在 MATLAB 命令窗口输入：

```
A=round(rand(5)*10)        %rand(5)：生成5阶元素为0～1的随机实方阵
                           %round()：对矩阵元素进行四舍五入运算
B=round(rand(5)*10)
D=B'*A'                    %'代表转置运算
C=D
```

若结果为

```
A=

     6    2    2    6    4
     4    6    4    8    3
     5    8    8    1    9
     3    5    7    6    0
     4    6    5    1    8

B=

    10    2    4    7    2
    10    6    7    2    6
     8    3    3    8    6
     4   10    4    6    4
     5    7    9    1    6

C=

   140  179  243  160  184
   118  157  155  117  125
   104  129  185   92  149
   102  123  130  123   94
    84  118  164  102  126
```

```
D=
   140   179   243   160   184
   118   157   155   117   125
   104   129   185    92   149
   102   123   130   123    94
    84   118   164   102   126
ans=
   0   0   0   0   0
   0   0   0   0   0
   0   0   0   0   0
   0   0   0   0   0
   0   0   0   0   0
```

(2) 在 MATLAB 命令窗口输入：

```
A=round(rand(5) * 10)
B=round(rand(5) * 10)
D=A * (B * A)^5 * B
C=(A * B)^6
```

可验证公式成立.

1.3 可逆矩阵

我们已介绍了矩阵的加法、减法、数乘及乘法运算. 然而，矩阵有没有除法运算呢？

1.3.1 可逆矩阵的定义

引例 已知变量 x_1，x_2，x_3 到变量 y_1，y_2，y_3 的一个线性变换

$$\begin{cases} y_1 = 2x_1 + 3x_2 - x_3 \\ y_2 = 3x_1 - 2x_2 + x_3 \\ y_3 = 5x_1 + 8x_2 + x_3 \end{cases} \tag{1-17}$$

请问：它的逆变换(即变量 y_1，y_2，y_3 到变量 x_1，x_2，x_3 的线性变换)是否存在？如果存在，又如何求得呢？

首先把式(1-17)用矩阵表示为

$$\begin{bmatrix} y_1 \\ y_2 \\ y_3 \end{bmatrix} = \begin{bmatrix} 2 & 3 & -1 \\ 3 & -2 & 1 \\ 5 & 8 & 1 \end{bmatrix} \begin{bmatrix} x_1 \\ x_2 \\ x_3 \end{bmatrix}$$

记为

$$\boldsymbol{y}=\boldsymbol{A}\boldsymbol{x} \tag{1-18}$$

我们先来分析一个熟知的类似问题：已知变量 x 与 y 的一个关系式 $y=ax$，如何用变量 y 来表示变量 x？显然，当 $a\neq 0$ 时，有 $x=a^{-1}y=\frac{1}{a}y$.

此时，我们自然联想到，是否可以把式(1-18)中的系数矩阵 $\boldsymbol{A}$ 也“搬”到等式的另一边，从而得到式(1-18)的逆变换：

$$\boldsymbol{A}^{-1}\boldsymbol{y}=\boldsymbol{x} \tag{1-19}$$

以上矩阵 $\boldsymbol{A}^{-1}$ 是否存在？如果存在，又如何求得？下面就来学习逆矩阵的概念.

定义 1.7 设 $\boldsymbol{A}$ 为 n 阶方阵，若存在 n 阶方阵 $\boldsymbol{B}$，使得 $\boldsymbol{AB}=\boldsymbol{BA}=\boldsymbol{E}_n$，其中 $\boldsymbol{E}_n$ 为 n 阶单位矩阵，则称 $\boldsymbol{A}$ 为**可逆矩阵**(invertible matrix)或称 $\boldsymbol{A}$ 是**可逆的**($\boldsymbol{A}$ is invertible)，并称 $\boldsymbol{B}$ 为 $\boldsymbol{A}$ 的**逆矩阵**(inverse matrix).

如果 $\boldsymbol{A}$ 的逆矩阵为 $\boldsymbol{B}$，记 $\boldsymbol{A}^{-1}=\boldsymbol{B}$，显然，$\boldsymbol{B}$ 的逆矩阵为 $\boldsymbol{A}$，记 $\boldsymbol{B}^{-1}=\boldsymbol{A}$，我们也称 $\boldsymbol{A}$ 与 $\boldsymbol{B}$ 互逆.

例 1 设矩阵 $\boldsymbol{A}=\begin{bmatrix}1 & 2\\1 & 3\end{bmatrix}$, $\boldsymbol{B}=\begin{bmatrix}3 & -2\\-1 & 1\end{bmatrix}$, $\boldsymbol{C}=\begin{bmatrix}3 & & \\ & -6 & \\ & & 9\end{bmatrix}$, $\boldsymbol{D}=\begin{bmatrix}1/3 & & \\ & -1/6 & \\ & & 1/9\end{bmatrix}$,
请分析矩阵 $\boldsymbol{A}$ 与 $\boldsymbol{B}$、$\boldsymbol{C}$ 与 $\boldsymbol{D}$ 是否互逆.

解 $\boldsymbol{AB}=\begin{bmatrix}1 & 2\\1 & 3\end{bmatrix}\begin{bmatrix}3 & -2\\-1 & 1\end{bmatrix}=\begin{bmatrix}1 & 0\\0 & 1\end{bmatrix}$, $\boldsymbol{BA}=\begin{bmatrix}3 & -2\\-1 & 1\end{bmatrix}\begin{bmatrix}1 & 2\\1 & 3\end{bmatrix}=\begin{bmatrix}1 & 0\\0 & 1\end{bmatrix}$

所以，矩阵 $\boldsymbol{A}$ 与 $\boldsymbol{B}$ 互为逆矩阵，即 $\boldsymbol{A}^{-1}=\boldsymbol{B}$, $\boldsymbol{B}^{-1}=\boldsymbol{A}$.

$$\boldsymbol{CD}=\begin{bmatrix}3 & & \\ & -6 & \\ & & 9\end{bmatrix}\begin{bmatrix}1/3 & & \\ & -1/6 & \\ & & 1/9\end{bmatrix}=\begin{bmatrix}1 & & \\ & 1 & \\ & & 1\end{bmatrix}$$

$$\boldsymbol{DC}=\begin{bmatrix}1/3 & & \\ & -1/6 & \\ & & 1/9\end{bmatrix}\begin{bmatrix}3 & & \\ & -6 & \\ & & 9\end{bmatrix}=\begin{bmatrix}1 & & \\ & 1 & \\ & & 1\end{bmatrix}$$

可知矩阵 $\boldsymbol{C}$ 与 $\boldsymbol{D}$ 也互为逆矩阵，即 $\boldsymbol{D}^{-1}=\boldsymbol{C}$, $\boldsymbol{C}^{-1}=\boldsymbol{D}$.

由 $\boldsymbol{AB}=\boldsymbol{E}$ 或 $\boldsymbol{BA}=\boldsymbol{E}$. 能否判定 $\boldsymbol{A}$ 可逆吗？$\boldsymbol{A}$ 是可逆的. 利用第二章的知识可证明(见定理 2.4).

1.3.2 可逆矩阵的性质

性质 1.1 若矩阵 $\boldsymbol{A}$ 可逆，则 $\boldsymbol{A}$ 的逆矩阵唯一.

证明 设 $\boldsymbol{B}$、$\boldsymbol{C}$ 都是 $\boldsymbol{A}$ 的逆矩阵，即有 $\boldsymbol{AB}=\boldsymbol{BA}=\boldsymbol{E}$ 与 $\boldsymbol{AC}=\boldsymbol{CA}=\boldsymbol{E}$，则有

$$B=BE=B(AC)=(BA)C=EC=C$$

故 $\boldsymbol{A}$ 的逆矩阵是唯一的.

性质 1.2 若 $\boldsymbol{A}$ 可逆，则 $\boldsymbol{A}^{-1}$ 也可逆，且 $(\boldsymbol{A}^{-1})^{-1}=\boldsymbol{A}$.

性质 1.3 若 $\boldsymbol{A}$ 可逆，数 $\lambda\neq0$，则 $\lambda\boldsymbol{A}$ 可逆，且 $(\lambda\boldsymbol{A})^{-1}=\dfrac{1}{\lambda}\boldsymbol{A}^{-1}$.

以上性质 1.2 与性质 1.3 可以直接用可逆矩阵定义证明(读者自证).

性质 1.4 若 $\boldsymbol{A}$、$\boldsymbol{B}$ 均为 n 阶可逆方阵，则 $\boldsymbol{AB}$ 也可逆，且 $(\boldsymbol{AB})^{-1}=\boldsymbol{B}^{-1}\boldsymbol{A}^{-1}$.

证明 因为 $\boldsymbol{A}$、$\boldsymbol{B}$ 均可逆，所以存在 $\boldsymbol{A}^{-1}$、$\boldsymbol{B}^{-1}$，且有

$$(\boldsymbol{AB})(\boldsymbol{B}^{-1}\boldsymbol{A}^{-1})=\boldsymbol{A}(\boldsymbol{BB}^{-1})\boldsymbol{A}^{-1}=\boldsymbol{AEA}^{-1}=\boldsymbol{AA}^{-1}=\boldsymbol{E}$$

$$(\boldsymbol{B}^{-1}\boldsymbol{A}^{-1})(\boldsymbol{AB})=\boldsymbol{B}^{-1}(\boldsymbol{A}^{-1}\boldsymbol{A})\boldsymbol{B}=\boldsymbol{B}^{-1}\boldsymbol{EB}=\boldsymbol{B}^{-1}\boldsymbol{B}=\boldsymbol{E}$$

所以矩阵 $\boldsymbol{AB}$ 可逆，且 $(\boldsymbol{AB})^{-1}=\boldsymbol{B}^{-1}\boldsymbol{A}^{-1}$.

性质 1.4 可以推广到有限个可逆矩阵相乘的情形，若 $\boldsymbol{A}_1$，$\boldsymbol{A}_2$，…，$\boldsymbol{A}_k$ 为同阶可逆方阵，则

$$(\boldsymbol{A}_1\boldsymbol{A}_2\cdots\boldsymbol{A}_k)^{-1}=\boldsymbol{A}_k^{-1}\boldsymbol{A}_{k-1}^{-1}\cdots\boldsymbol{A}_1^{-1}$$

性质 1.5 若 $\boldsymbol{A}$ 可逆，则 $\boldsymbol{A}^{\mathrm{T}}$ 也可逆，且 $(\boldsymbol{A}^{\mathrm{T}})^{-1}=(\boldsymbol{A}^{-1})^{\mathrm{T}}$.

证明 根据矩阵转置的运算，有

$$\boldsymbol{A}^{\mathrm{T}}(\boldsymbol{A}^{-1})^{\mathrm{T}}=(\boldsymbol{A}^{-1}\boldsymbol{A})^{\mathrm{T}}=\boldsymbol{E}^{\mathrm{T}}=\boldsymbol{E}$$

同理可证

$$(\boldsymbol{A}^{-1})^{\mathrm{T}}\boldsymbol{A}^{\mathrm{T}}=\boldsymbol{E}$$

故得 $\boldsymbol{A}^{\mathrm{T}}$ 可逆，且 $(\boldsymbol{A}^{\mathrm{T}})^{-1}=(\boldsymbol{A}^{-1})^{\mathrm{T}}$.

回到本节的引例中，式(1-17)的线性变换是否存在逆变换？关键是分析系数矩阵 $\boldsymbol{A}$ 是否可逆，如果存在矩阵 $\boldsymbol{A}^{-1}$，那么等式(1-19)就成立，即存在逆变换；否则矩阵 $\boldsymbol{A}$ 不可逆，即不存在逆变换. 但发现，用定义不易判断 $\boldsymbol{A}$ 是否可逆，关于逆矩阵的求法后面章节会详细讨论.

例 2 设 $\boldsymbol{B}$ 为 $n(n\geqslant2)$ 阶方阵，且 $\boldsymbol{B}$ 的元素全为 1，$\boldsymbol{E}$ 为 n 阶单位矩阵.

证明：$(\boldsymbol{E}-\boldsymbol{B})^{-1}=\boldsymbol{E}-\dfrac{1}{n-1}\boldsymbol{B}$.

证 由逆矩阵的唯一性，只要用定义证明 $(\boldsymbol{E}-\boldsymbol{B})\left(\boldsymbol{E}-\dfrac{1}{n-1}\boldsymbol{B}\right)=\boldsymbol{E}$ 即可.

因为 $\boldsymbol{B}=\begin{pmatrix}1&1&\cdots&1\\1&1&\cdots&1\\\vdots&\vdots&&\vdots\\1&1&\cdots&1\end{pmatrix}_{n\times n}$，所以 $\boldsymbol{B}^2=\boldsymbol{BB}=n\boldsymbol{B}$.

从而 $(\boldsymbol{E}-\boldsymbol{B})\left(\boldsymbol{E}-\dfrac{1}{n-1}\boldsymbol{B}\right)=\boldsymbol{E}-\boldsymbol{B}-\dfrac{1}{n-1}\boldsymbol{B}+\dfrac{1}{n-1}\boldsymbol{B}^2=\boldsymbol{E}-\boldsymbol{B}-\dfrac{1}{n-1}\boldsymbol{B}+\dfrac{n}{n-1}\boldsymbol{B}=\boldsymbol{E}$，故 $(\boldsymbol{E}-\boldsymbol{B})^{-1}=\boldsymbol{E}-\dfrac{1}{n-1}\boldsymbol{B}$.

注：这里由 $\boldsymbol{B}$ 的特点得到 $\boldsymbol{B}^2=n\boldsymbol{B}$ 是证明中的关键一步.

例 3　证明：若 $\boldsymbol{A}^2=\boldsymbol{A}$，但 $\boldsymbol{A}$ 不是单位矩阵，则矩阵 $\boldsymbol{A}$ 不为可逆.

证　因为 $\boldsymbol{A}^2=\boldsymbol{A}$，故有 $\boldsymbol{A}^2-\boldsymbol{A}=\boldsymbol{O}$，即 $\boldsymbol{A}(\boldsymbol{A}-\boldsymbol{E})=\boldsymbol{O}$. 若 $\boldsymbol{A}$ 为可逆矩阵，则存在 $\boldsymbol{A}^{-1}$，有 $\boldsymbol{A}^{-1}\boldsymbol{A}(\boldsymbol{A}-\boldsymbol{E})=\boldsymbol{A}^{-1}\boldsymbol{O}$，即 $\boldsymbol{A}-\boldsymbol{E}=\boldsymbol{O}$，故 $\boldsymbol{A}=\boldsymbol{E}$ 与题设矛盾，故 $\boldsymbol{A}$ 必为可逆矩阵.

1.4　分块矩阵

在矩阵运算中，特别是针对高阶矩阵 $\boldsymbol{A}$，常常采用矩阵分块的方法将其简化为较低阶的矩阵进行运算. 我们用若干条纵线和横线将 $\boldsymbol{A}$ 分为若干个小矩阵，每一个小矩阵称为 $\boldsymbol{A}$ 的子块，以子块为元素的矩阵称为**分块矩阵**(block matrix).

例如 $\boldsymbol{A}=\begin{bmatrix}1&7&0\\2&3&9\\3&8&1\\4&-1&6\end{bmatrix}$，由于分成子块的方法很多，于是可将 $\boldsymbol{A}$ 分成如下不同的分块矩阵：

$$\boldsymbol{A}=\left[\begin{array}{c:cc}1&7&0\\2&3&9\\\hdashline 3&8&1\\4&-1&6\end{array}\right],\quad \boldsymbol{A}=\left[\begin{array}{c:c:c}1&7&0\\2&3&9\\3&8&1\\4&-1&6\end{array}\right],\quad \boldsymbol{A}=\left[\begin{array}{cc:c}1&7&0\\\hdashline 2&3&9\\3&8&1\\\hdashline 4&-1&6\end{array}\right],\quad \boldsymbol{A}=\left[\begin{array}{c:c:c}1&7&0\\2&3&9\\\hdashline 3&8&1\\4&-1&6\end{array}\right]$$

则 $\boldsymbol{A}$ 可分别表示为

$$\begin{bmatrix}\boldsymbol{A}_{11}&\boldsymbol{A}_{12}\\\boldsymbol{A}_{21}&\boldsymbol{A}_{22}\end{bmatrix},\quad \begin{bmatrix}\boldsymbol{A}_1&\boldsymbol{A}_2&\boldsymbol{A}_3\end{bmatrix},\quad \begin{bmatrix}\boldsymbol{A}_{11}&\boldsymbol{A}_{12}\\\boldsymbol{A}_{21}&\boldsymbol{A}_{22}\\\boldsymbol{A}_{31}&\boldsymbol{A}_{32}\end{bmatrix},\quad \begin{bmatrix}\boldsymbol{A}_{11}&\boldsymbol{A}_{12}&\boldsymbol{A}_{13}\\\boldsymbol{A}_{21}&\boldsymbol{A}_{22}&\boldsymbol{A}_{23}\end{bmatrix}$$

在第一种分法中，$\boldsymbol{A}_{11}=\begin{bmatrix}1\\2\end{bmatrix}$，$\boldsymbol{A}_{12}=\begin{bmatrix}7&0\\3&9\end{bmatrix}$，$\boldsymbol{A}_{21}=\begin{bmatrix}3\\4\end{bmatrix}$，$\boldsymbol{A}_{22}=\begin{bmatrix}8&1\\-1&6\end{bmatrix}$，其他可类推.

分块矩阵的运算与普通矩阵类似.

1. 加法运算

设 $\boldsymbol{A}$，$\boldsymbol{B}$ 都是 $m\times n$ 矩阵，且将 $\boldsymbol{A}$，$\boldsymbol{B}$ 按完全相同的方法分块：

$$\boldsymbol{A}=\begin{bmatrix}\boldsymbol{A}_{11}&\boldsymbol{A}_{12}&\cdots&\boldsymbol{A}_{1s}\\\boldsymbol{A}_{21}&\boldsymbol{A}_{22}&\cdots&\boldsymbol{A}_{2s}\\\vdots&\vdots&&\vdots\\\boldsymbol{A}_{r1}&\boldsymbol{A}_{r2}&\cdots&\boldsymbol{A}_{rs}\end{bmatrix},\quad \boldsymbol{B}=\begin{bmatrix}\boldsymbol{B}_{11}&\boldsymbol{B}_{12}&\cdots&\boldsymbol{B}_{1s}\\\boldsymbol{B}_{21}&\boldsymbol{B}_{22}&\cdots&\boldsymbol{B}_{2s}\\\vdots&\vdots&&\vdots\\\boldsymbol{B}_{r1}&\boldsymbol{B}_{r2}&\cdots&\boldsymbol{B}_{rs}\end{bmatrix}$$

则有：

$$\boldsymbol{A}+\boldsymbol{B}=\begin{bmatrix}\boldsymbol{A}_{11}+\boldsymbol{B}_{11} & \boldsymbol{A}_{12}+\boldsymbol{B}_{12} & \cdots & \boldsymbol{A}_{1s}+\boldsymbol{B}_{1s}\\ \boldsymbol{A}_{21}+\boldsymbol{B}_{21} & \boldsymbol{A}_{22}+\boldsymbol{B}_{22} & \cdots & \boldsymbol{A}_{2s}+\boldsymbol{B}_{2s}\\ \vdots & \vdots & & \vdots\\ \boldsymbol{A}_{r1}+\boldsymbol{B}_{r1} & \boldsymbol{A}_{r2}+\boldsymbol{B}_{r2} & \cdots & \boldsymbol{A}_{rs}+\boldsymbol{B}_{rs}\end{bmatrix}$$

2. 数乘运算

设 $\boldsymbol{A}=\begin{bmatrix}\boldsymbol{A}_{11} & \boldsymbol{A}_{12} & \cdots & \boldsymbol{A}_{1s}\\ \boldsymbol{A}_{21} & \boldsymbol{A}_{22} & \cdots & \boldsymbol{A}_{2s}\\ \vdots & \vdots & & \vdots\\ \boldsymbol{A}_{r1} & \boldsymbol{A}_{r2} & \cdots & \boldsymbol{A}_{rs}\end{bmatrix}$，则有 $\lambda\boldsymbol{A}=\begin{bmatrix}\lambda\boldsymbol{A}_{11} & \lambda\boldsymbol{A}_{12} & \cdots & \lambda\boldsymbol{A}_{1s}\\ \lambda\boldsymbol{A}_{21} & \lambda\boldsymbol{A}_{22} & \cdots & \lambda\boldsymbol{A}_{2s}\\ \vdots & \vdots & & \vdots\\ \lambda\boldsymbol{A}_{r1} & \lambda\boldsymbol{A}_{r2} & \cdots & \lambda\boldsymbol{A}_{rs}\end{bmatrix}$.

3. 乘法运算

设 $\boldsymbol{A}$ 为 $m\times l$ 矩阵，$\boldsymbol{B}$ 为 $l\times n$ 矩阵，对 $\boldsymbol{A}$，$\boldsymbol{B}$ 进行分块，使 $\boldsymbol{A}$ 的列分法与 $\boldsymbol{B}$ 的行分法一致，即

$$\boldsymbol{A}=\begin{bmatrix}\boldsymbol{A}_{11} & \boldsymbol{A}_{12} & \cdots & \boldsymbol{A}_{1s}\\ \boldsymbol{A}_{21} & \boldsymbol{A}_{22} & \cdots & \boldsymbol{A}_{2s}\\ \vdots & \vdots & & \vdots\\ \boldsymbol{A}_{r1} & \boldsymbol{A}_{r2} & \cdots & \boldsymbol{A}_{rs}\end{bmatrix},\quad \boldsymbol{B}=\begin{bmatrix}\boldsymbol{B}_{11} & \boldsymbol{B}_{12} & \cdots & \boldsymbol{B}_{1p}\\ \boldsymbol{B}_{21} & \boldsymbol{B}_{22} & \cdots & \boldsymbol{B}_{2p}\\ \vdots & \vdots & & \vdots\\ \boldsymbol{B}_{s1} & \boldsymbol{B}_{s2} & \cdots & \boldsymbol{B}_{sp}\end{bmatrix}$$

其中子块 $\boldsymbol{A}_{it}$ 为 $m_i\times k_t$ 矩阵，$\boldsymbol{B}_{tj}$ 为 $k_t\times n_j$ 矩阵，$\sum\limits_{i=1}^{r}m_i=m$，$\sum\limits_{t=1}^{s}k_t=l$，$\sum\limits_{j=1}^{p}n_j=n$，则

$$\boldsymbol{AB}=\begin{bmatrix}\boldsymbol{C}_{11} & \boldsymbol{C}_{12} & \cdots & \boldsymbol{C}_{1p}\\ \boldsymbol{C}_{21} & \boldsymbol{C}_{22} & \cdots & \boldsymbol{C}_{2p}\\ \vdots & \vdots & & \vdots\\ \boldsymbol{C}_{r1} & \boldsymbol{C}_{r2} & \cdots & \boldsymbol{C}_{rp}\end{bmatrix}$$

其中 $\boldsymbol{C}_{ij}=\boldsymbol{A}_{i1}\boldsymbol{B}_{1j}+\boldsymbol{A}_{i2}\boldsymbol{B}_{2j}+\cdots+\boldsymbol{A}_{is}\boldsymbol{B}_{sj}=\sum\limits_{t=1}^{s}\boldsymbol{A}_{it}\boldsymbol{B}_{tj}$ 为 $m_i\times n_j$ 矩阵，这与普通矩阵乘法在形式上是相同的.

4. 分块矩阵的转置

设 $\boldsymbol{A}=\begin{bmatrix}\boldsymbol{A}_{11} & \boldsymbol{A}_{12} & \cdots & \boldsymbol{A}_{1s}\\ \boldsymbol{A}_{21} & \boldsymbol{A}_{22} & \cdots & \boldsymbol{A}_{2s}\\ \vdots & \vdots & & \vdots\\ \boldsymbol{A}_{r1} & \boldsymbol{A}_{r2} & \cdots & \boldsymbol{A}_{rs}\end{bmatrix}$，则有 $\boldsymbol{A}^{\mathrm{T}}=\begin{bmatrix}\boldsymbol{A}_{11}^{\mathrm{T}} & \boldsymbol{A}_{21}^{\mathrm{T}} & \cdots & \boldsymbol{A}_{r1}^{\mathrm{T}}\\ \boldsymbol{A}_{12}^{\mathrm{T}} & \boldsymbol{A}_{22}^{\mathrm{T}} & \cdots & \boldsymbol{A}_{r2}^{\mathrm{T}}\\ \vdots & \vdots & & \vdots\\ \boldsymbol{A}_{1s}^{\mathrm{T}} & \boldsymbol{A}_{2s}^{\mathrm{T}} & \cdots & \boldsymbol{A}_{rs}^{\mathrm{T}}\end{bmatrix}$.

注意分块矩阵的转置不仅要将每个子块内的元素位置转置，而且要把子块本身进行转置.

5. 分块对角矩阵

如果将方阵 $\boldsymbol{A}$ 分块后，有以下形式：

$$A=\begin{bmatrix}A_1 & & & \\ & A_2 & & \\ & & \ddots & \\ & & & A_r\end{bmatrix}$$

其中主对角线上的子块 $A_i(i=1, 2, \cdots, r)$ 均是方阵，而其余子块全是零矩阵，则称 A 为分块对角矩阵，记为 $A=\mathrm{diag}(A_1, A_2, \cdots, A_r)$.

设 A、B 为分块对角矩阵，A_i 与 B_i 阶数相同$(i=1, 2, \cdots, r)$，即

$$A=\begin{bmatrix}A_1 & & & \\ & A_2 & & \\ & & \ddots & \\ & & & A_r\end{bmatrix},\quad B=\begin{bmatrix}B_1 & & & \\ & B_2 & & \\ & & \ddots & \\ & & & B_r\end{bmatrix}$$

则有

$$AB=\begin{bmatrix}A_1B_1 & & & \\ & A_2B_2 & & \\ & & \ddots & \\ & & & A_rB_r\end{bmatrix}$$

$$A^k=\begin{bmatrix}A_1^k & & & \\ & A_2^k & & \\ & & \ddots & \\ & & & A_r^k\end{bmatrix}$$

若分块对角矩阵 A 的所有子块 $A_1, A_2, \cdots, A_r$ 都可逆，则有

$$A^{-1}=\begin{bmatrix}A_1^{-1} & & & \\ & A_2^{-1} & & \\ & & \ddots & \\ & & & A_r^{-1}\end{bmatrix}$$

例 1 将下列线性方程组用分块矩阵表示.

$$\begin{cases}2x_1-2x_2+6x_4=-2\\ 2x_1-x_2+2x_3+4x_4=-2\\ 3x_1-x_2+4x_3+4x_4=-3\end{cases}$$

解 该线性方程组的矩阵表示式为

$$\begin{bmatrix}2 & -2 & 0 & 6\\ 2 & -1 & 2 & 4\\ 3 & -1 & 4 & 4\end{bmatrix}\begin{bmatrix}x_1\\ x_2\\ x_3\\ x_4\end{bmatrix}=\begin{bmatrix}-2\\ -2\\ -3\end{bmatrix}$$

将系数矩阵按列分：$\boldsymbol{\alpha}_1=\begin{bmatrix}2\\2\\3\end{bmatrix}$，$\boldsymbol{\alpha}_2=\begin{bmatrix}-2\\-1\\-1\end{bmatrix}$，$\boldsymbol{\alpha}_3=\begin{bmatrix}0\\2\\4\end{bmatrix}$，$\boldsymbol{\alpha}_4=\begin{bmatrix}6\\4\\4\end{bmatrix}$，$\boldsymbol{b}=\begin{bmatrix}-2\\-2\\-3\end{bmatrix}$，则有

$$(\boldsymbol{\alpha}_1,\boldsymbol{\alpha}_2,\boldsymbol{\alpha}_3,\boldsymbol{\alpha}_4)\begin{bmatrix}x_1\\x_2\\x_3\\x_4\end{bmatrix}=\boldsymbol{b}$$

于是得到线性方程组分块表示式：$x_1\boldsymbol{\alpha}_1+x_2\boldsymbol{\alpha}_2+x_3\boldsymbol{\alpha}_3+x_4\boldsymbol{\alpha}_4=\boldsymbol{b}$，也称为向量表示式.

在后面章节中将讨论用向量来表示线性方程组的意义.

例 2 证明矩阵 $\boldsymbol{A}=\boldsymbol{O}$ 的充分必要条件是方阵 $\boldsymbol{A}^{\mathrm{T}}\boldsymbol{A}=\boldsymbol{O}$.

证 必要性是显然的. 下面证明充分性.

设 $\boldsymbol{A}=(a_{ij})_{m\times n}=(\boldsymbol{a}_1,\boldsymbol{a}_2,\cdots,\boldsymbol{a}_n)$，则

$$\boldsymbol{A}^{\mathrm{T}}\boldsymbol{A}=\begin{pmatrix}\boldsymbol{a}_1^{\mathrm{T}}\\\boldsymbol{a}_2^{\mathrm{T}}\\\vdots\\\boldsymbol{a}_n^{\mathrm{T}}\end{pmatrix}(\boldsymbol{a}_1,\boldsymbol{a}_2,\cdots,\boldsymbol{a}_n)=\begin{pmatrix}\boldsymbol{a}_1^{\mathrm{T}}\boldsymbol{a}_1 & \boldsymbol{a}_1^{\mathrm{T}}\boldsymbol{a}_2 & \cdots & \boldsymbol{a}_1^{\mathrm{T}}\boldsymbol{a}_n\\\boldsymbol{a}_2^{\mathrm{T}}\boldsymbol{a}_1 & \boldsymbol{a}_2^{\mathrm{T}}\boldsymbol{a}_2 & \cdots & \boldsymbol{a}_2^{\mathrm{T}}\boldsymbol{a}_n\\\vdots & \vdots & & \vdots\\\boldsymbol{a}_n^{\mathrm{T}}\boldsymbol{a}_1 & \boldsymbol{a}_n^{\mathrm{T}}\boldsymbol{a}_2 & \cdots & \boldsymbol{a}_n^{\mathrm{T}}\boldsymbol{a}_n\end{pmatrix}$$

因 $\boldsymbol{A}^{\mathrm{T}}\boldsymbol{A}=\boldsymbol{O}$，故 $\boldsymbol{a}_i^{\mathrm{T}}\boldsymbol{a}_j=0(i,j=1,2,\cdots,n)$. 由 $\boldsymbol{a}_j^{\mathrm{T}}\boldsymbol{a}_j=(a_{1j},a_{2j},\cdots,a_{nj})\begin{pmatrix}a_{1j}\\a_{2j}\\\vdots\\a_{nj}\end{pmatrix}=a_{1j}^2+a_{2j}^2+\cdots+a_{nj}^2=0$，得 $a_{1j}=a_{2j}=\cdots=a_{nj}=0(j=1,2,\cdots,n)$，即 $\boldsymbol{A}=\boldsymbol{O}$.

1.5 初等变换与初等矩阵

1.5.1 初等变换

定义 1.8 下面三种变换称为**矩阵的初等行变换**.

(1) 交换两行的位置(交换第 i，j 行，记作 $r_i\leftrightarrow r_j$)；

(2) 以非零数 k 乘某行(以 k 乘第 i 行，记作 kr_i)；

(3) 把某一行的 k 倍加到另一行上(把第 j 行的 k 倍加到第 i 行上，记作 r_i+kr_j).

将定义 1.8 中的“行”换成“列”，即得到矩阵的**初等列变换**的定义(所用记号是把“r”换成“c”，其中“c”指列“column”，“r”指行“row”). 矩阵的初等行变换与初等列变换统称为矩

阵的**初等变换**(elementary transformation).

不难验证，三种初等行(列)变换都是可逆的，且其逆变换是同一类型的初等变换，如变换 $r_i \leftrightarrow r_j$ 的逆变换就是其本身；变换 kr_i 的逆变换为 $\frac{1}{k}r_i$；变换 $r_k + kr_j$ 的逆变换为 $r_i - kr_j$.

如果矩阵 $\boldsymbol{A}$ 经有限次初等变换变成矩阵 $\boldsymbol{B}$，就称矩阵 $\boldsymbol{A}$ 与矩阵 $\boldsymbol{B}$ **等价**(equivalence)，记作 $\boldsymbol{A} \sim \boldsymbol{B}$.

如 $\boldsymbol{A} = \begin{bmatrix} 1 & 2 & 0 \\ -1 & 1 & 2 \end{bmatrix} \xrightarrow{r_2 + r_1} \begin{bmatrix} 1 & 2 & 0 \\ 0 & 3 & 2 \end{bmatrix} \xrightarrow{c_2 - \frac{3}{2}c_3} \begin{bmatrix} 1 & 2 & 0 \\ 0 & 0 & 2 \end{bmatrix} = \boldsymbol{B}$，则 $\boldsymbol{A}$ 与 $\boldsymbol{B}$ 是等价的，即 $\boldsymbol{A} \sim \boldsymbol{B}$.

矩阵的等价关系具有下列性质：

(1) 反身性：$\boldsymbol{A} \sim \boldsymbol{A}$；

(2) 对称性：若 $\boldsymbol{A} \sim \boldsymbol{B}$，则 $\boldsymbol{B} \sim \boldsymbol{A}$；

(3) 传递性：若 $\boldsymbol{A} \sim \boldsymbol{B}$，$\boldsymbol{B} \sim \boldsymbol{C}$，则 $\boldsymbol{A} \sim \boldsymbol{C}$.

在本章 1.1 节中讨论了线性方程组的高斯消元法，即用初等行变换来化简线性方程组. 由于线性方程组和它的增广矩阵是一一对应的，对线性方程组进初等行变换就是对其增广矩阵进行初等行变换.

下面用矩阵的初等行变换来解线性方程组(1-3).

$$\widetilde{\boldsymbol{A}} = [\boldsymbol{A}, \boldsymbol{b}] = \begin{bmatrix} 2 & -2 & 0 & 6 & -2 \\ 2 & -1 & 2 & 4 & -2 \\ 3 & -1 & 4 & 4 & -3 \\ 1 & 1 & 1 & 8 & 2 \end{bmatrix} \xrightarrow[r_4 - \frac{1}{2}r_1]{\substack{r_2 - r_1 \\ r_3 - \frac{3}{2}r_1}} \begin{bmatrix} 2 & -2 & 0 & 6 & -2 \\ 0 & 1 & 2 & -2 & 0 \\ 0 & 2 & 4 & -5 & 0 \\ 0 & 2 & 1 & 5 & 3 \end{bmatrix}$$

$$\xrightarrow[r_4 - 2r_2]{r_3 - 2r_2} \begin{bmatrix} 2 & -2 & 0 & 6 & -2 \\ 0 & 1 & 2 & -2 & 0 \\ 0 & 0 & 0 & -1 & 0 \\ 0 & 0 & -3 & 9 & 3 \end{bmatrix}$$

$$\xrightarrow{r_3 \leftrightarrow r_4} \begin{bmatrix} 2 & -2 & 0 & 6 & -2 \\ 0 & 1 & 2 & -2 & 0 \\ 0 & 0 & -3 & 9 & 3 \\ 0 & 0 & 0 & -1 & 0 \end{bmatrix} = \boldsymbol{B}$$

矩阵 $\boldsymbol{B}$ 称为**行阶梯形矩阵**. 对该矩阵 $\boldsymbol{B}$ 还可以继续进行初等行变换：

$$\boldsymbol{B} = \begin{bmatrix} 2 & -2 & 0 & 6 & -2 \\ 0 & 1 & 2 & -2 & 0 \\ 0 & 0 & -3 & 9 & 3 \\ 0 & 0 & 0 & -1 & 0 \end{bmatrix} \xrightarrow[r_3 + 9r_4]{\substack{r_1 + 6r_4 \\ r_2 - 2r_4}} \begin{bmatrix} 2 & -2 & 0 & 0 & -2 \\ 0 & 1 & 2 & 0 & 0 \\ 0 & 0 & -3 & 0 & 3 \\ 0 & 0 & 0 & -1 & 0 \end{bmatrix}$$

$$\xrightarrow{r_2+\frac{2}{3}r_3}\begin{bmatrix}2 & -2 & 0 & 0 & -2\\0 & 1 & 0 & 0 & 2\\0 & 0 & -3 & 0 & 3\\0 & 0 & 0 & 1 & 0\end{bmatrix}\xrightarrow{r_1+2r_2}\begin{bmatrix}2 & 0 & 0 & 0 & 2\\0 & 1 & 0 & 0 & 2\\0 & 0 & -3 & 0 & 3\\0 & 0 & 0 & 1 & 0\end{bmatrix}$$

$$\xrightarrow[-\frac{1}{3}r_3]{\frac{1}{2}r_1}\begin{bmatrix}1 & 0 & 0 & 0 & 1\\0 & 1 & 0 & 0 & 2\\0 & 0 & 1 & 0 & -1\\0 & 0 & 0 & 1 & 0\end{bmatrix}=\boldsymbol{C}$$

矩阵 $\boldsymbol{C}$ 称为最简行阶梯形矩阵，所对应的线性方程组为

$$\begin{cases}x_1=1\\x_2=2\\x_3=-1\\x_4=0\end{cases}\tag{1-20}$$

方程组(1-20)与方程组(1-3)同解，则式(1-20)即为方程组(1-3)的解.

行阶梯形矩阵(row-echelon form matrix)是指满足下列两个条件的矩阵：

(1) 如果有零行(元素全为零的行)，则零行位于非零行的下方；

(2) 非零行(元素不全为零的行)的首非零元(亦称为基准或主元素)，其前面零元的个数逐行增加.

当行阶梯形矩阵进一步满足下面条件：非零行的首非零元均为1，且所在列的其余元素为0，则称为**最简行阶梯形矩阵**(或称**行最简形**)(reduced row echelon form matrix).

由上例可知，利用初等行变换有下面结论成立.

定理 1.1 任一矩阵经过若干次初等行变换可化为行阶梯形，进一步可化为行最简形.

如：$\boldsymbol{A}=\begin{bmatrix}1 & -1 & 0 & 2\\-1 & 3 & 1 & 1\\2 & -2 & 0 & 4\end{bmatrix}\xrightarrow{r_3-2r_1}\begin{bmatrix}1 & -1 & 0 & 2\\-1 & 3 & 1 & 1\\0 & 0 & 0 & 0\end{bmatrix}\xrightarrow{r_2+r_1}\begin{bmatrix}1 & -1 & 0 & 2\\0 & 2 & 1 & 3\\0 & 0 & 0 & 0\end{bmatrix}$

$$\xrightarrow{\frac{1}{2}r_2}\begin{bmatrix}1 & -1 & 0 & 2\\0 & 1 & 1/2 & 3/2\\0 & 0 & 0 & 0\end{bmatrix}\xrightarrow{r_1+r_2}\begin{bmatrix}1 & 0 & \frac{1}{2} & \frac{7}{2}\\0 & 1 & \frac{1}{2} & \frac{3}{2}\\0 & 0 & 0 & 0\end{bmatrix}=\boldsymbol{J}，\boldsymbol{J}\text{ 为行最简形.}$$

对矩阵 $\boldsymbol{J}=\begin{bmatrix}1 & 0 & \frac{1}{2} & \frac{7}{2}\\0 & 1 & \frac{1}{2} & \frac{3}{2}\\0 & 0 & 0 & 0\end{bmatrix}\xrightarrow[c_3-\frac{1}{2}c_2]{c_3-\frac{1}{2}c_1}\begin{bmatrix}1 & 0 & 0 & \frac{7}{2}\\0 & 1 & 0 & \frac{3}{2}\\0 & 0 & 0 & 0\end{bmatrix}$

$$\xrightarrow[c_4-\frac{3}{2}c_2]{c_4-\frac{7}{2}c_1}\begin{bmatrix}1&0&0&0\\0&1&0&0\\0&0&0&0\end{bmatrix}=\begin{bmatrix}E_2&0\\0&0\end{bmatrix}$$

$$=\boldsymbol{F}$$

称矩阵 $\boldsymbol{F}$ 为**规范形**(norm form matrix).

矩阵的行阶梯形唯一吗?行最简形唯一吗?规范形唯一吗?矩阵只用初等行变换能化为规范形吗?请读者思考.

1.5.2 初等矩阵

前面我们讨论了矩阵的初等变换. 在本节中,我们将用矩阵的乘法运算来描述矩阵的初等变换,进而介绍用初等变换求逆矩阵的方法. 为此先引入初等矩阵的概念.

定义 1.9 n 阶单位矩阵 $\boldsymbol{E}$ 经过一次初等变换所得到的矩阵称为**初等矩阵**(elementary matrix)或**初等方阵**(elementary square matrix).

前面介绍了三种初等变换,每一种初等变换,都有一个相对应的初等矩阵.

(1) 交换 $\boldsymbol{E}$ 的 i, j 两行(或 i, j 两列)得到的初等矩阵记为 $\boldsymbol{E}(i, j)$,即

$$\boldsymbol{E}(i,j)=\begin{bmatrix}1&&&&&&&&\\&\ddots&&&&&&&\\&&1&&&&&&\\&&&0&\cdots&1&&&\\&&&&1&&&&\\&&&\vdots&\ddots&\vdots&&&\\&&&&&1&&&\\&&&1&\cdots&0&&&\\&&&&&&1&&\\&&&&&&&\ddots&\\&&&&&&&&1\end{bmatrix}\begin{matrix}\\\\\\i\text{ 行}\\\\\\\\j\text{ 行}\\\\\\\\\end{matrix}$$

(2) 用一个非零数 k 乘 $\boldsymbol{E}$ 的第 i 行(或第 i 列),得到的初等矩阵记为 $\boldsymbol{E}(i(k))$,即

$$\boldsymbol{E}(i(k))=\begin{bmatrix}1&&&&&\\&\ddots&&&&\\&&1&&&\\&&&k&&\\&&&&1&&\\&&&&&\ddots&\\&&&&&&1\end{bmatrix}i\text{ 行}$$

(3) 将 $\boldsymbol{E}$ 第 j 行的 k 倍加到第 i 行上(或将 $\boldsymbol{E}$ 第 i 列的 k 倍加到第 j 列上)得到的初等矩阵记为 $\boldsymbol{E}(i,\ j(k))$，即

$$\boldsymbol{E}(i,\ j(k)) = \begin{bmatrix} 1 & & & & & & \\ & \ddots & & & & & \\ & & 1 & \cdots & k & & \\ & & & \ddots & \vdots & & \\ & & & & 1 & & \\ & & & & & \ddots & \\ & & & & & & 1 \end{bmatrix} \begin{matrix} \\ \\ i\text{行} \\ \\ j\text{行} \\ \\ \\ \end{matrix}$$

例 1 设三阶方阵 $\boldsymbol{A} = \begin{bmatrix} a_{11} & a_{12} & a_{13} \\ a_{21} & a_{22} & a_{23} \\ a_{31} & a_{32} & a_{33} \end{bmatrix}$，$\boldsymbol{B} = \begin{bmatrix} 0 & 1 & 0 \\ 1 & 0 & 0 \\ 0 & 0 & 1 \end{bmatrix}$，$\boldsymbol{C} = \begin{bmatrix} 1 & 0 & 0 \\ 0 & 3 & 0 \\ 0 & 0 & 1 \end{bmatrix}$，$\boldsymbol{D} = \begin{bmatrix} 1 & 0 & 0 \\ 0 & 1 & 0 \\ 2 & 0 & 1 \end{bmatrix}$，求 $\boldsymbol{CA}$，$\boldsymbol{DA}$，$\boldsymbol{ABC}$.

解

$$\boldsymbol{CA} = \begin{bmatrix} 1 & 0 & 0 \\ 0 & 3 & 0 \\ 0 & 0 & 1 \end{bmatrix} \begin{bmatrix} a_{11} & a_{12} & a_{13} \\ a_{21} & a_{22} & a_{23} \\ a_{31} & a_{32} & a_{33} \end{bmatrix} = \begin{bmatrix} a_{11} & a_{12} & a_{13} \\ 3a_{21} & 3a_{22} & 3a_{23} \\ a_{31} & a_{32} & a_{33} \end{bmatrix}$$

$$\boldsymbol{DA} = \begin{bmatrix} 1 & 0 & 0 \\ 0 & 1 & 0 \\ 2 & 0 & 1 \end{bmatrix} \begin{bmatrix} a_{11} & a_{12} & a_{13} \\ a_{21} & a_{22} & a_{23} \\ a_{31} & a_{32} & a_{33} \end{bmatrix} = \begin{bmatrix} a_{11} & a_{12} & a_{13} \\ a_{21} & a_{22} & a_{23} \\ a_{31}+2a_{11} & a_{32}+2a_{12} & a_{33}+2a_{13} \end{bmatrix}$$

$$\boldsymbol{ABC} = \begin{bmatrix} a_{11} & a_{12} & a_{13} \\ a_{21} & a_{22} & a_{23} \\ a_{31} & a_{32} & a_{33} \end{bmatrix} \begin{bmatrix} 0 & 1 & 0 \\ 1 & 0 & 0 \\ 0 & 0 & 1 \end{bmatrix} \begin{bmatrix} 1 & 0 & 0 \\ 0 & 3 & 0 \\ 0 & 0 & 1 \end{bmatrix} = \begin{bmatrix} a_{12} & 3a_{11} & a_{13} \\ a_{22} & 3a_{21} & a_{23} \\ a_{32} & 3a_{31} & a_{33} \end{bmatrix}$$

矩阵 $\boldsymbol{B}$、$\boldsymbol{C}$ 和 $\boldsymbol{D}$ 正是以上讨论的三种初等矩阵. 用 $\boldsymbol{B}$ 左乘 $\boldsymbol{A}$，即 $\boldsymbol{BA}$ 就是将矩阵 $\boldsymbol{A}$ 的第一行与第二行进行交换后的结果;用 $\boldsymbol{C}$ 左乘 $\boldsymbol{A}$，即 $\boldsymbol{CA}$ 就是将矩阵 $\boldsymbol{A}$ 的第二行乘以 3 后的结果;用 $\boldsymbol{D}$ 左乘 $\boldsymbol{A}$，即 $\boldsymbol{DA}$ 就是将矩阵 $\boldsymbol{A}$ 的第一行乘以 2 加到第三行后的结果; 用 $\boldsymbol{BC}$ 右乘 $\boldsymbol{A}$，即 $\boldsymbol{ABC}$ 就是将矩阵 $\boldsymbol{A}$ 的第一列与第二列进行交换后的结果再将第二列乘以 3. 一般地，有下面结论成立.

定理 1.2 设 $\boldsymbol{A}$ 是一个 $m\times n$ 矩阵，对 $\boldsymbol{A}$ 施行一次初等行变换，其结果相当于在 $\boldsymbol{A}$ 的左边乘以相应的 m 阶初等矩阵;对 $\boldsymbol{A}$ 施行一次初等列变换，其结果相当于在 $\boldsymbol{A}$ 的右边乘以相应的 n 阶初等矩阵.

证明 这里仅证明第三种初等行变换的情形，其他情形可类似证明.

对 $\boldsymbol{A}$ 按行进行分块，则有 $\boldsymbol{A}=\begin{bmatrix}\boldsymbol{\alpha}_1\\\boldsymbol{\alpha}_2\\\vdots\\\boldsymbol{\alpha}_m\end{bmatrix}$，其中 $\boldsymbol{\alpha}_1$，$\boldsymbol{\alpha}_2$，…，$\boldsymbol{\alpha}_m$ 为矩阵 $\boldsymbol{A}$ 的 m 个行向量. 用 m 阶初等矩阵 $\boldsymbol{E}(i, j(k))$ 左乘 $\boldsymbol{A}$，得

$$\boldsymbol{E}(i, j(k))\boldsymbol{A}=\begin{bmatrix}1 & & & & & & \\ & \ddots & & & & & \\ & & 1 & \cdots & k & & \\ & & & \ddots & \vdots & & \\ & & & & 1 & & \\ & & & & & \ddots & \\ & & & & & & 1\end{bmatrix}\begin{bmatrix}\boldsymbol{\alpha}_1\\\vdots\\\boldsymbol{\alpha}_i\\\vdots\\\boldsymbol{\alpha}_j\\\vdots\\\boldsymbol{\alpha}_m\end{bmatrix}=\begin{bmatrix}\boldsymbol{\alpha}_1\\\vdots\\\boldsymbol{\alpha}_i+k\boldsymbol{\alpha}_j\\\vdots\\\boldsymbol{\alpha}_j\\\vdots\\\boldsymbol{\alpha}_m\end{bmatrix}$$

上式最右端的矩阵显然是矩阵 $\boldsymbol{A}$ 第 j 行的 k 倍加到第 i 行上的结果，而最左端即是该初等矩阵左乘矩阵 $\boldsymbol{A}$ 所得的结果.

下面根据定理 1.2 来讨论初等方阵 $\boldsymbol{E}(i, j)$、$\boldsymbol{E}(i(k))$ 和 $\boldsymbol{E}(i, j(k))$ 的逆矩阵. 显然有：

$$\boldsymbol{E}(i, j)\boldsymbol{E}(i, j)=\boldsymbol{E}，则(\boldsymbol{E}(i, j))^{-1}=\boldsymbol{E}(i, j)$$

$$\boldsymbol{E}\left(i\left(\frac{1}{k}\right)\right)\boldsymbol{E}(i(k))=\boldsymbol{E}，则(\boldsymbol{E}(i(k)))^{-1}=\boldsymbol{E}\left(i\left(\frac{1}{k}\right)\right)$$

$$\boldsymbol{E}(i, j(-k))\boldsymbol{E}(i, j(k))=\boldsymbol{E}，则(\boldsymbol{E}(i, j(k)))^{-1}=\boldsymbol{E}(i, j(-k))$$

定理 1.3 设 $\boldsymbol{A}$ 为 n 阶方阵，那么下列命题等价：

(1) $\boldsymbol{A}$ 是可逆矩阵；

(2) 线性方程组 $\boldsymbol{Ax}=\boldsymbol{0}$ 只有零解；

(3) $\boldsymbol{A}$ 可以经过有限次初等行变换化为单位矩阵 $\boldsymbol{E}_n$；

(4) $\boldsymbol{A}$ 可以表示为有限个初等矩阵的乘积.

证明 (1)⇒(2)

设 $\boldsymbol{A}$ 是可逆矩阵，则存在 $\boldsymbol{A}^{-1}$，用 $\boldsymbol{A}^{-1}$ 左乘线性方程组 $\boldsymbol{Ax}=\boldsymbol{0}$ 的两边，有 $\boldsymbol{A}^{-1}\boldsymbol{Ax}=\boldsymbol{A}^{-1}\boldsymbol{0}$，则 $\boldsymbol{x}=0$，即线性方程组 $\boldsymbol{Ax}=\boldsymbol{0}$ 只有零解.

(2)⇒(3)

线性方程组 $\boldsymbol{Ax}=\boldsymbol{0}$ 只有零解，说明系数矩阵 $\boldsymbol{A}$ 经过若干次初等行变换后，其行最简形必然是单位矩阵 $\boldsymbol{E}_n$，即 $\boldsymbol{A}$ 可以经过有限次初等行变换化为单位矩阵 $\boldsymbol{E}_n$.

(3)⇒(4)

$\boldsymbol{A}$ 可以经过有限次初等行变换化为单位矩阵 $\boldsymbol{E}_n$. 由于矩阵的初等变换是可逆的，故 $\boldsymbol{E}_n$ 也可以经过有限次初等行变换化为 $\boldsymbol{A}$. 由定理 1.1 知，存在初等矩阵 $\boldsymbol{P}_1$，$\boldsymbol{P}_2$，…，$\boldsymbol{P}_s$，使得

$$\boldsymbol{P}_s\cdots\boldsymbol{P}_2\boldsymbol{P}_1\boldsymbol{E}_n=\boldsymbol{A}$$

即得

$$\boldsymbol{A}=\boldsymbol{P}_s\cdots\boldsymbol{P}_2\boldsymbol{P}_1$$

(4)⇒(1)

设 $\boldsymbol{A}=\boldsymbol{P}_s\cdots\boldsymbol{P}_2\boldsymbol{P}_1$，而初等矩阵 $\boldsymbol{P}_1$，$\boldsymbol{P}_2$，…，$\boldsymbol{P}_s$ 是可逆的，根据逆矩阵的性质知，可逆矩阵的乘积也可逆，故 $\boldsymbol{A}$ 是可逆矩阵.

于是，根据定理 1.3 可以得到一种求逆矩阵的初等变换方法.

设 n 阶矩阵 $\boldsymbol{A}$ 可逆，由定理 1.3 知，存在有限个初等矩阵 $\boldsymbol{Q}_1$，$\boldsymbol{Q}_2$，…，$\boldsymbol{Q}_s$，使得

$$\boldsymbol{Q}_s\cdots\boldsymbol{Q}_2\boldsymbol{Q}_1\boldsymbol{A}=\boldsymbol{E}$$

用 $\boldsymbol{A}^{-1}$ 右乘上式两边，有

$$\boldsymbol{Q}_s\cdots\boldsymbol{Q}_2\boldsymbol{Q}_1\boldsymbol{E}=\boldsymbol{A}^{-1} \tag{1-21}$$

利用分块矩阵的运算，有

$$\boldsymbol{Q}_s\cdots\boldsymbol{Q}_2\boldsymbol{Q}_1[\boldsymbol{A}\ \vdots\ \boldsymbol{E}]=[\boldsymbol{E}\ \vdots\ \boldsymbol{A}^{-1}] \tag{1-22}$$

式(1-22)表明，对 $n\times 2n$ 矩阵 $[\boldsymbol{A}\ \vdots\ \boldsymbol{E}]$ 施行 s 次初等行变换，当子块 $\boldsymbol{A}$ 化为单位矩阵 $\boldsymbol{E}$ 时，另一个子块 $\boldsymbol{E}$ 就化为了 $\boldsymbol{A}^{-1}$. 同理利用初等列变换也可求逆矩阵. 综上所述，得到初等变换求逆矩阵方法：

$$[\boldsymbol{A}\ \vdots\ \boldsymbol{E}]\xrightarrow{\text{初等行变换}}[\boldsymbol{E}\ \vdots\ \boldsymbol{A}^{-1}]$$

或

$$\begin{bmatrix}\boldsymbol{A}\\ \cdots\\ \boldsymbol{E}\end{bmatrix}\xrightarrow{\text{初等列变换}}\begin{bmatrix}\boldsymbol{E}\\ \cdots\\ \boldsymbol{A}^{-1}\end{bmatrix}$$

将式(1-21)代入式(1-22)，有

$$\boldsymbol{A}^{-1}[\boldsymbol{A}\ \vdots\ \boldsymbol{E}]=[\boldsymbol{E}\ \vdots\ \boldsymbol{A}^{-1}] \tag{1-23}$$

根据式(1-23)，还可以利用矩阵的初等行变换计算矩阵 $\boldsymbol{A}^{-1}\boldsymbol{B}$(若 $\boldsymbol{A}$ 可逆)：

$$\boldsymbol{A}^{-1}[\boldsymbol{A}\ \vdots\ \boldsymbol{B}]=[\boldsymbol{E}\ \vdots\ \boldsymbol{A}^{-1}\boldsymbol{B}] \tag{1-24}$$

式(1-24)表明，对 $n\times 2n$ 矩阵 $[\boldsymbol{A}\ \vdots\ \boldsymbol{B}]$ 施行若干次初等行变换，当子块 $\boldsymbol{A}$ 化为单位矩阵 $\boldsymbol{E}$ 时，另一个子块 $\boldsymbol{B}$ 就化为了 $\boldsymbol{A}^{-1}\boldsymbol{B}$.

例 2 设矩阵 $\boldsymbol{A}=\begin{bmatrix}1&3&-2\\-3&-6&5\\1&1&-1\end{bmatrix}$，$\boldsymbol{B}=\begin{bmatrix}1&2&0\\2&4&1\\0&1&1\end{bmatrix}$，求 $\boldsymbol{A}$ 与 $\boldsymbol{B}$ 的逆矩阵.

解 利用初等行变换求 $\boldsymbol{A}^{-1}$.

$$[\boldsymbol{A}\ \vdots\ \boldsymbol{E}]=\begin{bmatrix}1&3&-2&1&0&0\\-3&-6&5&0&1&0\\1&1&-1&0&0&1\end{bmatrix}$$

$$\xrightarrow[r_3-r_1]{r_2+3r_1}\begin{bmatrix}1&3&-2&1&0&0\\0&3&-1&3&1&0\\0&-2&1&-1&0&1\end{bmatrix}$$

$$\xrightarrow[r_2\leftrightarrow r_3]{-\frac{1}{2}r_3}\begin{bmatrix}1&3&-2&1&0&0\\0&1&-0.5&0.5&0&-0.5\\0&3&-1&3&1&0\end{bmatrix}$$

$$\xrightarrow[r_3-3r_2]{r_1-3r_2}\begin{bmatrix}1&0&-0.5&-0.5&0&1.5\\0&1&-0.5&0.5&0&-0.5\\0&0&0.5&1.5&1&1.5\end{bmatrix}$$

$$\xrightarrow[2r_3]{\substack{r_1+r_3\\r_2+r_3}}\begin{bmatrix}1&0&0&1&1&3\\0&1&0&2&1&1\\0&0&1&3&2&3\end{bmatrix}$$

则矩阵 $\boldsymbol{A}$ 可逆，且其逆为

$$\boldsymbol{A}^{-1}=\begin{bmatrix}1&1&3\\2&1&1\\3&2&3\end{bmatrix}$$

利用初等列变换求 $\boldsymbol{B}^{-1}$.

$$\begin{bmatrix}\boldsymbol{B}\\\boldsymbol{E}\end{bmatrix}=\begin{bmatrix}1&2&0\\2&4&1\\0&1&1\\1&0&0\\0&1&0\\0&0&1\end{bmatrix}\xrightarrow{c_2-2c_1}\begin{bmatrix}1&0&0\\2&0&1\\0&1&1\\1&-2&0\\0&1&0\\0&0&1\end{bmatrix}\xrightarrow{c_3-c_2}\begin{bmatrix}1&0&0\\2&0&1\\0&1&0\\1&-2&2\\0&1&-1\\0&0&1\end{bmatrix}$$

$$\xrightarrow{c_2\leftrightarrow c_3}\begin{bmatrix}1&0&0\\2&1&0\\0&0&1\\1&2&-2\\0&-1&1\\0&1&0\end{bmatrix}\xrightarrow{c_1-2c_2}\begin{bmatrix}1&0&0\\0&1&0\\0&0&1\\-3&2&-2\\2&-1&1\\-2&1&0\end{bmatrix}$$

故

$$\boldsymbol{B}^{-1}=\begin{bmatrix}-3&2&-2\\2&-1&1\\-2&1&0\end{bmatrix}$$

例 3 已知矩阵 $\boldsymbol{A}$ 可逆，求矩阵 $\boldsymbol{X}$，使得 $\boldsymbol{AX}=\boldsymbol{B}$，其中

$$\boldsymbol{A}=\begin{pmatrix}1&2&3\\2&2&1\\3&4&3\end{pmatrix},\ \boldsymbol{B}=\begin{pmatrix}2&5\\3&1\\4&3\end{pmatrix}$$

解 因为 $\boldsymbol{A}$ 可逆，则 $\boldsymbol{X}=\boldsymbol{A}^{-1}\boldsymbol{B}$.

$$(\boldsymbol{A} \vdots \boldsymbol{B}) = \begin{pmatrix} 1 & 2 & 3 & 2 & 5 \\ 2 & 2 & 1 & 3 & 1 \\ 3 & 4 & 3 & 4 & 3 \end{pmatrix} \xrightarrow[r_3-3r_1]{r_2-2r_1} \begin{pmatrix} 1 & 2 & 3 & 2 & 5 \\ 0 & -2 & -5 & -1 & -9 \\ 0 & -2 & -6 & -2 & -12 \end{pmatrix}$$

$$\xrightarrow[r_3-r_2]{r_1+r_2} \begin{pmatrix} 1 & 0 & -2 & 1 & -4 \\ 0 & -2 & -5 & -1 & -9 \\ 0 & 0 & -1 & -1 & -3 \end{pmatrix} \xrightarrow[r_2-5r_1]{r_1-2r_3} \begin{pmatrix} 1 & 0 & 0 & 3 & 2 \\ 0 & -2 & 0 & 4 & 6 \\ 0 & 0 & -1 & -1 & -3 \end{pmatrix}$$

$$\xrightarrow[-r_3]{-\frac{1}{2}r_2} \begin{pmatrix} 1 & 0 & 0 & 3 & 2 \\ 0 & 1 & 0 & -2 & -3 \\ 0 & 0 & 1 & 1 & 3 \end{pmatrix}$$

$$\therefore \boldsymbol{X} = \begin{pmatrix} 3 & 2 \\ -2 & -3 \\ 1 & 3 \end{pmatrix}.$$

例 4 设矩阵 $\boldsymbol{A} = \begin{bmatrix} 1 & -3 & -5 & 1 \\ -6 & 4 & 1 & -3 \\ 7 & -6 & -7 & 5 \\ 5 & -3 & 1 & 2 \end{bmatrix}$，用 MATLAB 软件计算 $\boldsymbol{A}^{-1}$.

解 利用 MATLAB 软件计算矩阵逆的方法较多，这里给出三种方法.

方法一，幂运算法. 在 MATLAB 命令窗口输入：

```
A=[1, -3, -5, 1; -6, 4, 1, -3; 7, -6, -7, 5; 5, -3, 1, 2];
A^(-1)          %^-1 为求逆运算
```

方法二，函数法. 在 MATLAB 命令窗口输入：

```
A=[1, -3, -5, 1; -6, 4, 1, -3; 7, -6, -7, 5; 5, -3, 1, 2];
inv(A)          %inv()为求逆矩阵函数
```

方法一和方法二的计算结果相同：

```
  2.0000   -45.0000   -13.0000   -36.0000
  1.0000   -32.0000    -9.0000   -26.0000
 -1.0000    21.0000     6.0000    17.0000
 -3.0000    54.0000    16.0000    43.0000
```

方法三，初等行变换法. 在 MATLAB 命令窗口输入：

```
A=[1, -3, 05, 1; -6, 4, 1, -3; 7, -6, -7, 5; 5, -3, 1, 2];
B=[A, eye(4)];
rref(B)          %rref(B)通过初等行变换把矩阵 B 化为行最简形
```

计算结果为

```
1  0  0  0    2  -45  -13  -36
0  1  0  0    1  -32   -9  -26
```

0　0　1　0　−1　21　6　17

0　0　0　1　−3　54　16　43

与方法一和方法二不同，方法三得到的结果是以整数形式给出的(如果 $\boldsymbol{A}^{-1}$ 的元素是整数).

1.5.3　矩阵的秩

秩是线性代数中一个非常重要的概念，它在线性方程组、矩阵、向量组及二次型中都有重要意义.

定义 1.10　设 $\boldsymbol{A}$ 为 $m\times n$ 矩阵，$\boldsymbol{B}$ 是与 $\boldsymbol{A}$ 等价的行阶梯矩阵，若矩阵 $\boldsymbol{B}$ 的非零行的个数为 r，则称矩阵 $\boldsymbol{B}$ 的**秩**(rank)为 r，矩阵 $\boldsymbol{A}$ 的秩也为 r，记为 $R(\boldsymbol{A})=R(\boldsymbol{B})=r$.

例 5　求矩阵 $\boldsymbol{A}=\begin{bmatrix}1&1&3&1\\1&3&2&5\\2&2&6&7\\2&4&5&6\end{bmatrix}$ 的秩.

解　对 $\boldsymbol{A}$ 作行初等变换，可得

$$\boldsymbol{A}=\begin{bmatrix}1&1&3&1\\1&3&2&5\\2&2&6&7\\2&4&5&6\end{bmatrix}\sim\begin{bmatrix}1&1&3&1\\0&2&-1&4\\0&0&0&5\\0&2&-1&4\end{bmatrix}\sim\begin{bmatrix}1&1&3&1\\0&2&-1&4\\0&0&0&5\\0&0&0&0\end{bmatrix}=\boldsymbol{B}$$

易知，矩阵 $\boldsymbol{B}$ 的非零行的个数为 3，即 $R(\boldsymbol{B})=3$，从而 $R(\boldsymbol{A})=3$.

由定义 1.10 知矩阵的初等变换不改变矩阵的秩.

例 6　已知矩阵 $\boldsymbol{A}=\begin{pmatrix}1&1&1&1&1\\3&2&1&-3&x\\0&1&2&6&3\\5&4&3&-1&y\end{pmatrix}$，试确定 x 与 y 的值，使矩阵 $\boldsymbol{A}$ 的秩为 2.

解　根据初等变换不改变矩阵的秩，通过初等变换将矩阵 $\boldsymbol{A}$ 化为行阶梯形.

$$\boldsymbol{A}\xrightarrow[r_4-5r_1]{r_2-3r_1}\begin{pmatrix}1&1&1&1&1\\0&-1&-2&-6&x-3\\0&1&2&6&3\\0&-1&-2&-6&y-5\end{pmatrix}\xrightarrow{r_2\leftrightarrow r_3}\begin{pmatrix}1&1&1&1&1\\0&1&2&6&3\\0&-1&-2&-6&x-3\\0&-1&-2&-6&y-5\end{pmatrix}$$

$$\xrightarrow[r_4+r_2]{r_3+r_2}\begin{pmatrix}1&1&1&1&1\\0&1&2&6&3\\0&0&0&0&x\\0&0&0&0&y-2\end{pmatrix}$$

欲使 $\boldsymbol{A}$ 为含两个非零行的行阶梯形矩阵，必须有 $x=0$，$y=2$.

矩阵秩的性质如下：

① $0\leqslant R(\boldsymbol{A}_{m\times n})\leqslant\min\{m, n\}$.

② $R(\boldsymbol{A})=0\Leftrightarrow\boldsymbol{A}=\boldsymbol{O}$.

③ $R(\boldsymbol{A}^{\mathrm{T}})=R(\boldsymbol{A})$.

④ 若 $\boldsymbol{A}\sim\boldsymbol{B}$，则 $R(\boldsymbol{A})=R(\boldsymbol{B})$.

⑤ 若 $\boldsymbol{P}$、$\boldsymbol{Q}$ 可逆，则 $R(\boldsymbol{A})=R(\boldsymbol{PA})=R(\boldsymbol{AQ})=R(\boldsymbol{PAQ})$（可逆矩阵不影响矩阵的秩）.

⑥ $\max\{R(\boldsymbol{A}), R(\boldsymbol{B})\}\leqslant R(\boldsymbol{A}, \boldsymbol{B})\leqslant R(\boldsymbol{A})+R(\boldsymbol{B})$.

⑦ $R(\boldsymbol{A}\pm\boldsymbol{B})\leqslant R(\boldsymbol{A})+R(\boldsymbol{B})$；$R(\boldsymbol{AB})\leqslant\min\{R(\boldsymbol{A}), R(\boldsymbol{B})\}$.

事实上，因为 $\begin{pmatrix}\boldsymbol{A} & \boldsymbol{O}\\ \boldsymbol{O} & \boldsymbol{B}\end{pmatrix}\rightarrow\begin{pmatrix}\boldsymbol{A} & \boldsymbol{O}\\ \boldsymbol{A} & \boldsymbol{B}\end{pmatrix}\rightarrow\begin{pmatrix}\boldsymbol{A} & \boldsymbol{A}\\ \boldsymbol{A} & \boldsymbol{A}+\boldsymbol{B}\end{pmatrix}$.

所以 $R(\boldsymbol{A})+R(\boldsymbol{B})=R\begin{pmatrix}\boldsymbol{A} & \boldsymbol{A}\\ \boldsymbol{A} & \boldsymbol{A}+\boldsymbol{B}\end{pmatrix}\geqslant R(\boldsymbol{A}+\boldsymbol{B})$.

同理可证 $R(\boldsymbol{A})+R(\boldsymbol{B})\geqslant R(\boldsymbol{A}-\boldsymbol{B})$.

⑧ 若 $\boldsymbol{A}_{m\times n}\boldsymbol{B}_{n\times l}=\boldsymbol{O}$，则 $R(\boldsymbol{A})+R(\boldsymbol{B})\leqslant n$.

⑨ $\boldsymbol{A}_{m\times n}$ 行满秩 $\Leftrightarrow R(\boldsymbol{A})=m\Leftrightarrow\boldsymbol{A}$ 的等价标准形为 $(\boldsymbol{I}_m, \boldsymbol{O})$.

$\boldsymbol{A}_{m\times n}$ 列满秩 $\Leftrightarrow R(\boldsymbol{A})=n\Leftrightarrow\boldsymbol{A}$ 的等价标准形为 $\begin{pmatrix}\boldsymbol{I}_n\\ \boldsymbol{O}\end{pmatrix}$.

⑩ 若 $\boldsymbol{A}$ 为 n 阶方阵，则 $R(\boldsymbol{A})=n\Leftrightarrow\boldsymbol{A}$ 是可逆矩阵.

⑪ 若 $\boldsymbol{A}$，$\boldsymbol{B}$ 均为 n 阶方阵，则 $R(\boldsymbol{AB})\geqslant R(\boldsymbol{A})+R(\boldsymbol{B})-n$.

⑫ Frobenius 不等式：$R(\boldsymbol{ABC})\geqslant R(\boldsymbol{AB})+R(\boldsymbol{BC})-R(\boldsymbol{B})$.

事实上，因为 $\begin{pmatrix}\boldsymbol{ABC} & \boldsymbol{O}\\ \boldsymbol{O} & \boldsymbol{B}\end{pmatrix}\rightarrow\begin{pmatrix}\boldsymbol{ABC} & \boldsymbol{AB}\\ \boldsymbol{O} & \boldsymbol{B}\end{pmatrix}\rightarrow\begin{pmatrix}\boldsymbol{O} & \boldsymbol{AB}\\ -\boldsymbol{BC} & \boldsymbol{B}\end{pmatrix}$，故有

$$R(\boldsymbol{ABC})+R(\boldsymbol{B})=R\begin{pmatrix}\boldsymbol{O} & \boldsymbol{AB}\\ -\boldsymbol{BC} & \boldsymbol{B}\end{pmatrix}\geqslant R(\boldsymbol{AB})+R(\boldsymbol{BC})$$

所以 $R(\boldsymbol{ABC})\geqslant R(\boldsymbol{AB})+R(\boldsymbol{BC})-R(\boldsymbol{B})$.

⑬ $R(\boldsymbol{A}_{m\times n})=n\Leftrightarrow$ 齐次线性方程组 $\boldsymbol{Ax}=\boldsymbol{0}$ 只有零解.

⑭ $R\begin{pmatrix}\boldsymbol{A} & 0\\ 0 & \boldsymbol{B}\end{pmatrix}=R(\boldsymbol{A})+R(\boldsymbol{B})$.

例 7 设 $\boldsymbol{A}$ 为 n 阶方阵，且 $\boldsymbol{A}^2=\boldsymbol{A}$，证明：若 $\boldsymbol{A}$ 的秩为 r，则 $\boldsymbol{A}-\boldsymbol{I}$ 的秩为 $n-r$，其中 $\boldsymbol{I}$ 是 n 阶单位矩阵.

证明 因为 $\boldsymbol{A}^2=\boldsymbol{A}$，有 $\boldsymbol{A}(\boldsymbol{A}-\boldsymbol{I})=\boldsymbol{O}$，因此，$0=R(\boldsymbol{A}(\boldsymbol{A}-\boldsymbol{I}))\geqslant R(\boldsymbol{A})+R(\boldsymbol{A}-\boldsymbol{I})-n$，即 $R(\boldsymbol{A})+R(\boldsymbol{A}-\boldsymbol{I})\leqslant n$，又因为

$$R(\boldsymbol{A})+R(\boldsymbol{A}-\boldsymbol{I})=R(\boldsymbol{A})+R(\boldsymbol{I}-\boldsymbol{A})\geqslant R(\boldsymbol{A}+\boldsymbol{I}-\boldsymbol{A})=R(\boldsymbol{I})=n$$

所以，$R(\boldsymbol{A})+R(\boldsymbol{A}-\boldsymbol{I})=n$，即 $R(\boldsymbol{A}-\boldsymbol{I})=n-r$.

1.6 线性方程组的解

下面通过例子说明矩阵的秩在线性方程组中的含义.

例 1 求齐次线性方程组的解

$$\begin{cases} x_1+x_2+3x_3+2x_4-3x_5=0 \\ 2x_1+3x_2+8x_3+5x_4-6x_5=0 \\ -x_1-x_2-3x_3-x_4+2x_5=0 \\ 4x_1+5x_2+14x_3+9x_4-12x_5=0 \\ x_1+2x_2+5x_3+4x_4-4x_5=0 \end{cases} \tag{1-25}$$

解 对方程组的增广矩阵 $\widetilde{\mathbf{A}}$ 进行初等行变换:

$$\widetilde{\mathbf{A}}=\begin{bmatrix} 1 & 1 & 3 & 2 & -3 & 0 \\ 2 & 3 & 8 & 5 & -6 & 0 \\ -1 & -1 & -3 & -1 & 2 & 0 \\ 4 & 5 & 14 & 9 & -12 & 0 \\ 1 & 2 & 5 & 4 & -4 & 0 \end{bmatrix} \xrightarrow[\substack{r_4-4r_1 \\ r_5-r_1}]{\substack{r_2-2r_1 \\ r_3+r_1}} \begin{bmatrix} 1 & 1 & 3 & 2 & -3 & 0 \\ 0 & 1 & 2 & 1 & 0 & 0 \\ 0 & 0 & 0 & 1 & -1 & 0 \\ 0 & 1 & 2 & 1 & 0 & 0 \\ 0 & 1 & 2 & 2 & -1 & 0 \end{bmatrix}$$

$$\xrightarrow[\substack{r_5-r_2 \\ r_1-r_2}]{r_4-r_2} \begin{bmatrix} 1 & 0 & 1 & 1 & -3 & 0 \\ 0 & 1 & 2 & 1 & 0 & 0 \\ 0 & 0 & 0 & 1 & -1 & 0 \\ 0 & 0 & 0 & 0 & 0 & 0 \\ 0 & 0 & 0 & 1 & -1 & 0 \end{bmatrix} \xrightarrow[\substack{r_2-r_3 \\ r_1-r_3}]{r_5-r_3} \begin{bmatrix} 1 & 0 & 1 & 0 & -2 & 0 \\ 0 & 1 & 2 & 0 & 1 & 0 \\ 0 & 0 & 0 & 1 & -1 & 0 \\ 0 & 0 & 0 & 0 & 0 & 0 \\ 0 & 0 & 0 & 0 & 0 & 0 \end{bmatrix}=\boldsymbol{C}$$

增广矩阵 $\boldsymbol{C}$ 所对应的方程组为

$$\begin{cases} x_1+x_3-2x_5=0 \\ x_2+2x_3+x_5=0 \\ x_4-x_5=0 \end{cases} \tag{1-26}$$

行阶梯矩阵 $\boldsymbol{C}$ 的非零行数为 3,即矩阵 $\boldsymbol{C}$ 的秩为 3,它对应的方程组(1-26)有 3 个独立方程,而方程组却有 5 个未知数,显然方程组有无穷多解. 例如:当 $x_3=1$,$x_5=0$ 时,方程组的解为 $x_1=-1$,$x_2=-2$,$x_3=1$,$x_4=0$,$x_5=0$;当 $x_3=0$,$x_5=1$ 时,方程组的解为 $x_1=2$,$x_2=-1$,$x_3=0$,$x_4=1$,$x_5=1$.

由于 $\boldsymbol{C}$ 与 $\boldsymbol{B}$ 等价,于是方程组(1-25)与方程组(1-26)同解.

从上面的例题可以看出,方程组的增广矩阵的秩表示该方程组所含独立方程的个数.

一般地,有下列结论成立.

定理 1.4 齐次线性方程组 $\mathbf{A}_{m\times n}\boldsymbol{X}=0$ 有非零解的充分必要条件是 $R(\mathbf{A})=r<n$,且有无穷多解,自由量为 $n-r$ 个.

定理 1.5 非齐线线性方程组 $\boldsymbol{A}_{m\times n}\boldsymbol{X}=\boldsymbol{b}$ 有解的充分必要条件是 $R(\boldsymbol{A})=R(\widetilde{\boldsymbol{A}})=r$，其中 $\widetilde{\boldsymbol{A}}=[\boldsymbol{A}\quad \boldsymbol{b}]$ 为增广矩阵，且当

① $r=n$ 时有唯一解，称为适定线性方程组；

② $r<n$ 时有无穷多解，自由量是 $n-r$ 个，称为欠定线性方程组.

证 设 $R(\boldsymbol{A})=r$，不妨设

$$\widetilde{\boldsymbol{A}}=[\boldsymbol{A}\quad \boldsymbol{b}]\xrightarrow{\text{初等行变换}}\begin{bmatrix}1 & 0 & \cdots & 0 & c_{1,r+1} & \cdots & c_{1n} & d_1\\ 0 & 1 & \cdots & 0 & c_{2,r+1} & \cdots & c_{2n} & d_2\\ \vdots & \vdots & & \vdots & \vdots & & \vdots & \vdots\\ 0 & 0 & \cdots & 1 & c_{r,r+1} & \cdots & c_{rn} & d_r\\ 0 & 0 & 0 & 0 & \cdots & 0 & 0 & d_{r+1}\\ \vdots & \vdots & & \vdots & \vdots & & \vdots & \vdots\\ 0 & 0 & 0 & 0 & \cdots & 0 & 0 & \end{bmatrix}=\widetilde{\boldsymbol{C}}$$

这里 $\widetilde{\boldsymbol{C}}=[\boldsymbol{C}\quad \boldsymbol{d}]$，易知线性方程组 $\boldsymbol{A}_{m\times n}\boldsymbol{X}=\boldsymbol{b}$ 与 $\boldsymbol{C}_{m\times n}\boldsymbol{X}=\boldsymbol{d}$ 同解，而 $\boldsymbol{C}_{m\times n}\boldsymbol{X}=\boldsymbol{d}$ 有解的充分必要条件是 $d_{r+1}=0$，即 $R(\widetilde{\boldsymbol{C}})=R(\widetilde{\boldsymbol{A}})=r$，其解为

$$\begin{cases}x_1=d_1-c_{1,r+1}x_{r+1}-\cdots-c_{1n}x_n\\ x_2=d_2-c_{2,r+1}x_{r+1}-\cdots-c_{2n}x_n\\ \quad\cdots\\ x_r=d_r-c_{r,r+1}x_{r+1}-\cdots-c_{rn}x_n\end{cases}$$

当 $r=n$ 时有唯一解，即 $x_1=d_2$，…，$x_n=d_n$.

当 $r<n$ 时有 $n-r$ 个自由量，从而有无穷多解.

由定理 1.5 知，$R(\boldsymbol{A})\neq R(\widetilde{\boldsymbol{A}})$，则线性方程组 $\boldsymbol{A}_{m\times n}\boldsymbol{X}=\boldsymbol{b}$ 无解，称为超定线性方程组.

对于无解的线性方程即超定线性方程组，可求其近似解. 在第 3 章会介绍求超定线性方程组的最小二乘法.

例 2 问非齐次线性方程组 $\begin{cases}2x_1+3x_2+11x_3+5x_4=2\\ x_1+\ x_2+\ 5x_3+2x_4=1\\ x_1+\ x_2+\ 3x_2+4x_4=-3\end{cases}$ 是否有解？有解的话，是有唯一解，还是无穷多解？并写出其解.

解 $\widetilde{\boldsymbol{A}}=\begin{bmatrix}2 & 3 & 11 & 5 & 2\\ 1 & 1 & 5 & 2 & 1\\ 1 & 1 & 3 & 4 & -3\end{bmatrix}\xrightarrow{r_1\leftrightarrow r_3}\begin{bmatrix}1 & 1 & 3 & 4 & -3\\ 1 & 1 & 5 & 2 & 1\\ 2 & 3 & 11 & 5 & 2\end{bmatrix}$

$$\xrightarrow[r_3-2r_1]{r_2-r_1}\begin{bmatrix}1 & 1 & 3 & 4 & -3\\ 0 & 0 & 2 & -2 & 4\\ 0 & 1 & 5 & -3 & 8\end{bmatrix}\xrightarrow[r_2\leftrightarrow r_3]{\frac{1}{2}r_2}\begin{bmatrix}1 & 1 & 3 & 4 & -3\\ 0 & 1 & 5 & -3 & 8\\ 0 & 0 & 1 & -1 & 2\end{bmatrix}$$

$$\xrightarrow{r_1-r_2}\begin{bmatrix}1 & 0 & -2 & 7 & -11\\ 0 & 1 & 5 & -3 & 8\\ 0 & 0 & 1 & -1 & 2\end{bmatrix}\xrightarrow[r_2-5r_3]{r_1+2r_3}\begin{bmatrix}1 & 0 & 0 & 5 & -7\\ 0 & 1 & 0 & 2 & -2\\ 0 & 0 & 1 & -1 & 2\end{bmatrix}$$

因为 $R(\boldsymbol{A})=R(\widetilde{\boldsymbol{A}})=3<4$，所以有无穷多解.

由同解方程组$\begin{cases}x_1+5x_4=-7\\x_2+2x_4=-2\\x_3-\ x_4=2\end{cases}$，即$\begin{cases}x_1=-7-5x_4\\x_2=-2-2x_4\\x_3=2+x_4\end{cases}$，$x_4$ 为自由量.

从而得到原方程组解：$x_1=-7-5k$，$x_2=-2-2k$，$x_3=2+k$，$x_4=k$，k 为任意数.

例 3 用 MATLAB 软件计算非齐次线性方程组(1-3)和齐次线性方程组(1-25)的解.

解：(1) 在 MATALB 命令窗口输入：

```
B=[2, -2, 0, 6, -2; 2, -2, 1, 4, -2; 3, -1, 4, 4, -3; 1, 1, 1, 8, 2]
                    %B 为方程组(1-3)的增广矩阵
C=rref(B)           %rref(B)：通过初等行变换把矩阵 B 变为行最简形
```

结果为

```
B=
    2   -2   0   6   -2
    2   -1   2   4   -2
    3   -1   4   4   -3
    1    1   1   8    2
C=
    1   0   0   0    1
    0   1   0   0    2
    0   0   1   0   -1
    0   0   0   1    0
```

该结果与式(1-20)一致.

(2) 在 MATLAB 命令窗口输入：

```
B=[1, 1, 3, 2, -3, 0; 2, 3, 8, 5, -6, 0; -1, -1, -3, -1, 2, 0; 4, 5, 14, 9,
-12, 0; 1, 2, 5, 4, -4, 0]
C=rref(B)
```

结果为

```
B=
     1    1    3    2    -3   0
     2    3    8    5    -6   0
    -1   -1   -3   -1     2   0
     4    5   14    9   -12   0
     1    2    5    4    -4   0
```

C=

```
     1  0  1  0  -2  0
     0  1  2  0   1  0
     0  0  0  1  -1  0
     0  0  0  0   0  0
     0  0  0  0   0  0
```

该结果与式(1-26)一致.

1.7 应用案例

应用一 某厂生产三种产品，每件产品的成本及每季度生产件数如表1.3及表1.4所示. 试提供该厂每季度的各类成本总数表.

表1.3 每件产品各类成本(单位：元)

	产品 A	产品 B	产品 C
原材料成本	0.10	0.30	0.15
劳动成本	0.30	0.40	0.25
企业管理费	0.10	0.20	0.15

表1.4 每季度产品产量(单位：台)

	夏	秋	冬	春
产品 A	4000	4500	4500	4000
产品 B	2000	2800	2400	2200
产品 C	5800	6200	6000	6000

解 用矩阵来描述此问题. 设产品分类成本矩阵为 $\boldsymbol{M}$，季度产量矩阵为 $\boldsymbol{P}$，则有

$$\boldsymbol{M}=\begin{bmatrix}0.10 & 0.30 & 0.15\\0.30 & 0.40 & 0.25\\0.10 & 0.20 & 0.15\end{bmatrix}$$

$$\boldsymbol{P}=\begin{bmatrix}4000 & 4500 & 4500 & 4000\\2000 & 2800 & 2400 & 2200\\5800 & 6200 & 6000 & 6000\end{bmatrix}$$

设 $\boldsymbol{Q}=\boldsymbol{MP}$，则矩阵 $\boldsymbol{Q}$ 即为该厂每季度的各类成本总数. 比如，$\boldsymbol{Q}$ 的第一行第一列元素为 $0.1\times4000+0.3\times2000+0.15\times5800=1870$. 可以看出，1870元表示该厂夏季消耗的原材料总成本.

在MATLAB命令窗口键入：

```
M=[0.1,0.3,0.15;0.3,0.4,0.25;0.1,0.2,0.15];
```

```
P=[4000,4500,4500,4000;2000,2800,2400,2200;5800,6200,6000,6000];
Q=M*P
Q = 1870    2220    2070    1960
    3450    4020    3810    3580
    1670    1940    1830    1740
```

为了进一步计算矩阵 $\boldsymbol{Q}$ 的每一行和每一列的和，可以继续在 MATLAB 命令窗口键入：

```
Q*ones(4,1)
ans =  8120
      14860
       7180
ones(1,3)*Q
ans = 6990    8180    7710    7280
```

并可以继续算出全年的总成本：

```
ans*ones(4,1)
ans =   30160
```

根据以上计算结果，可以完成该厂每季度各种成本总数情况，如表 1.5 所示.

表 1.5　每季度各类成本总数(单位：元)

	夏	秋	冬	春	全年
原材料总成本	1870	2220	2070	1960	8120
劳动总成本	3450	4020	3810	3580	14860
企业总管理费	1670	1940	1830	1740	7180
总成本(元)	6990	8180	7710	7280	30160

应用二　图 1.2 描述了六个城市之间的航空航线图，其中顶点 1、2、3、4、5、6 表示六个城市，带箭头线段表示两个城市之间的航线. 从图 1.2 中可以看出：城市 1 到城市 4 有航班，城市 4 到城市 1 没有航班，而城市 1 和城市 2 之间来回都有航班等，请分析：

(1) 从城市 1 出发，中转 2 次航班到达城市 6 的航线共有几条?

(2) 从城市 5 出发，直达或中转 1 次、2 次、3 次航班到达城市 1 的航线共有几条?

解　为了描述这六个城市航线的邻接关系，定义邻接矩阵$\boldsymbol{A}$ 为

$$\boldsymbol{A}=\begin{bmatrix}0&1&0&1&1&1\\1&0&0&0&0&0\\0&1&0&0&1&1\\0&1&1&0&1&0\\{}&0&0&0&0&1\\1&0&0&0&0&0\end{bmatrix}$$

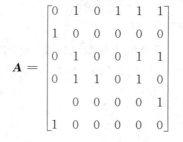

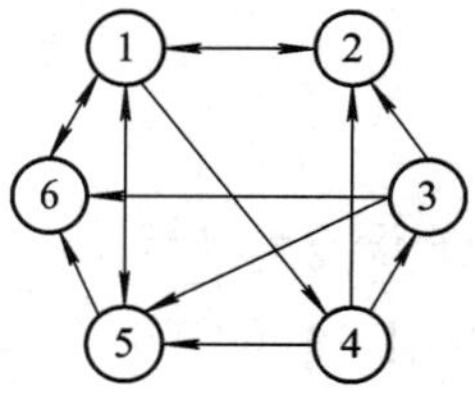

图 1.2　航空航线图

其中，第 i 行表示从城市 i 出发，可以到达各个城市的情况，若能到达第 j 个城市，则 $a_{ij}=1$，否则 $a_{ij}=0$，其中 i，$j=1$，2，…，6. 如矩阵 $\boldsymbol{A}$ 的第4行表示：从城市4出发可以到达城市2、城市3和城市5，不能到达城市1、城市4和城市6. 从数学上可以证明：矩阵 $\boldsymbol{A}^n$ 表示中转 $n-1$ 次航班可以到达城市的情况.

(1) 在MATLAB命令窗口输入：

A=[0, 1, 0, 1, 1, 1; 0, 0, 0, 0, 0, 0; 0, 1, 0, 0, 1, 1; 0, 1, 1, 0, 1, 0; 1, 0, 0, 0, 0, 1; 1, 0, 0, 0, 0, 0]

B=A^3

结果为

A=

0	1	0	1	1	1
1	0	0	0	0	0
0	1	0	0	1	1
0	1	1	0	1	0
1	0	0	0	0	1
1	0	0	0	0	0

B=

3	4	0	3	4	5
3	1	1	0	1	1
1	3	0	3	3	3
4	2	0	2	2	3
3	2	1	1	2	2
3	1	1	0	1	1

即有 $\boldsymbol{B}=\boldsymbol{A}^3$，观察该矩阵的第1行、第6列元素，可以得到：从城市1出发，中转2次航班到达城市6的航线共有5条.

(2) 在MATLAB命令窗口键入：

A=[0, 1, 0, 1, 1, 1; 1, 0, 0, 0, 0, 0; 0, 1, 0, 0, 1, 1; 0, 1, 0, 1, 0; 1, 0, 0, 0, 0, 1; 1, 0, 0, 0, 0,];

C=A+A^2+A^3+A^4

结果为

C=

19	12	4	7	12	14
7	6	1	4	6	7
13	8	3	4	8	9
13	10	3	6	10	11

11　8　2　5　8　10

7　6　1　4　6　7

即有 $C=A+A^2+A^3+A^4$，观察该矩阵的第 5 行、第 1 列元素，可以得到：从城市 5 出发，直达或中转 1 次、2 次、3 次航班到达城市 1 的航线共有 11 条.

应用三　控制系统化简的矩阵方法.

1. 问题的提出

结构图的分析和化简是研究自动控制系统的第一步，它也是信号流图的另一种形式. 对于比较复杂的信号流图，最早提出通用解法的是梅森，许多教材至今都以此方法为经典，但梅森公式证明很困难. 因为它用图形拓扑的方法分析，不容易编成程序，无法实现机算，所以实际上并未得到应用. 目前所有的大学控制类教材中实际使用的多是针对简单系统导出的并联、串联和反馈公式，对于复杂的系统，必须把它的方框按三种简单情况合二为一地逐次化简，直到最后成为一个方框为止.

系统结构框图中的每一个箭头代表一个信号，每一个方框中的函数为信号经过它时所作的数学变换，即输出信号等于输入信号乘以该函数.

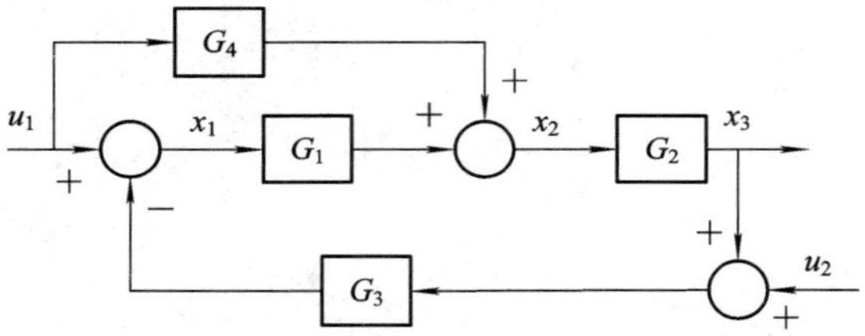

图 1.3　系统结构图实例

以图 1.3 所示系统为例，该系统有四个方框 G_1，G_2，G_3，G_4，两个输入信号 u_1，u_2，图中任意选定了四个状态变量 x_1，x_2，x_3，x_4. 如果它是一个随机函数，则 G_3 为 1，x_1 为测量误差，x_3 为输出，不含测量噪声 u_2 的误差为 $e=x_3-u_1$. 现在要求出以 u_2 为输入，x_1，x_2，x_3，x_4，e 为输出的传递函数.

2. 建立矩阵模型

设 x_1，x_2，x_3，x_4，e 表示五个信号节点，可建立下列方程：

$$\begin{cases} x_1=-G_3x_3+u_1 \\ x_2=G_1x_1+G_4u_1 \\ x_3=G_2x_2 \\ x_4=x_3+u_2 \\ e=x_3-u_1 \end{cases} \Rightarrow \begin{bmatrix} x_1 \\ x_2 \\ x_3 \\ x_4 \\ e \end{bmatrix}=\begin{bmatrix} 0 & 0 & 0 & -G_3 & 0 \\ G_1 & 0 & 0 & 0 & 0 \\ 0 & G_2 & 0 & 0 & 0 \\ 0 & 0 & 1 & 0 & 0 \\ 0 & 0 & 1 & 0 & 0 \end{bmatrix}\begin{bmatrix} x_1 \\ x_2 \\ x_3 \\ x_4 \\ e \end{bmatrix}+\begin{bmatrix} 1 & 0 \\ G_4 & 0 \\ 0 & 0 \\ 0 & 1 \\ -1 & 0 \end{bmatrix}\begin{bmatrix} u_1 \\ u_2 \end{bmatrix}$$

写成矩阵形式：

$$X=QX+PU$$

系数矩阵 Q 和 P 一旦被赋值，根据 $W=X/U=(E-Q)^{-1}P$，就可以求出以 u_1，u_2 为输

入，x_1，x_2，x_3，x_4，e 为五个输出的 5×2 传递函数矩阵，其中包括十个传递函数.

如果我们还要求输出 x_3 的表示式，则 MATLAB 程序如下：

```
syms G1 G2 G3 G4 u1 u2
Q(1, 4)=-G3; Q(2, 1)=G1;                    %给 Q 赋值
Q(3, 2)=G2; Q(4, 3)=1; Q(5, 3)=1; Q(5, 5)=0;
P(2, 1)=G4; P(1, 1)=1; P(4, 2)=1;           %给 P 赋值
P(5, 1)=-1; P(5, 2)=0;
W=inv(eye(5)-Q)*P;                          %信号流图方程解
pretty(W)                                   %美观显示输出误差项
X=W*[u1; u2];
pretty(X(3))                                %计算并显示输出
```

程序运行结果为

$$W=\begin{bmatrix} \dfrac{1-G_2G_3G_4}{1+G_1G_2G_3} & \dfrac{-G_3}{1+G_1G_2G_3} \\ \dfrac{G_1+G_4}{1+G_1Gm2G_3} & \dfrac{G_1G_3}{1+G_1G_2G_3} \\ \dfrac{G_1G_2+G_2G_4}{1+G_1G_2G_3} & \dfrac{-G_1G_2G_3}{1+G_1G_2G_3} \\ \dfrac{G_1G_2+G_2G_4}{1+G_1G_2G_3} & \dfrac{1}{1+G_1G_2G_3} \\ \dfrac{G_1G_2+G_2G_4}{1+G_1G_2G_3}-1 & \dfrac{-G_1G_2G_3}{1+G_1G_2G_3} \end{bmatrix}$$

它显示了十个传递函数，其中

$$X(3)=\left(\frac{G_2(G_1+G_4)}{1+G_1G_2G_3}\right)u_1-\frac{G_1G_2G_3}{1+G_1G_2G_3}u_2$$

利用上式也可以研究环节参数敏感度的问题，只要把环节的传递函数给出一个增量，例如令 G_3 为 $G_3+\mathrm{d}G_3$ 就可研究 $\mathrm{d}G_3$ 引起的输出.

教学视频

1-1　矩阵运算规律归纳

1-2　初等变换在矩阵求逆中的应用

1-3　投入产出模型

1-4 典型例题选讲 1　　1-5 知识拓展 1　　1-6 知识拓展 2

习　题　1

一、思考题

判断下列命题是否正确，若不正确，并说明理由.

1. 设 $\boldsymbol{A}$, $\boldsymbol{B}$, $\boldsymbol{C}$ 都为 n 阶方阵，λ 是不等于零的实数.

(1) $(\lambda\boldsymbol{A})^{-1}=\frac{1}{\lambda}\boldsymbol{A}^{-1}$；

(2) $(\boldsymbol{A}^{\mathrm{T}})^{-1}=(\boldsymbol{A}^{-1})^{\mathrm{T}}$；

(3) $(\boldsymbol{A}^{\mathrm{T}})^{k}=(\boldsymbol{A}^{k})^{\mathrm{T}}$；

(4) $(\boldsymbol{A}+\boldsymbol{E})(\boldsymbol{A}-\boldsymbol{E})=\boldsymbol{A}^{2}-\boldsymbol{E}$；

(5) $(\boldsymbol{AB})^{\mathrm{T}}=(\boldsymbol{AB})^{-1}$；

(6) $(\boldsymbol{A}+\boldsymbol{B})^{-1}=\boldsymbol{A}^{-1}+\boldsymbol{B}^{-1}$；

(7) $\boldsymbol{A}^{-1}\boldsymbol{B}^{-1}=(\boldsymbol{AB})^{-1}$.

2. 若 $\boldsymbol{AB}=\boldsymbol{O}$，则 $\boldsymbol{A}=\boldsymbol{O}$ 或 $\boldsymbol{B}=\boldsymbol{O}$.

3. 若 $\boldsymbol{A}(\boldsymbol{B}-\boldsymbol{C})=\boldsymbol{O}$，则 $\boldsymbol{B}=\boldsymbol{C}$. 若又有 $\boldsymbol{A}\neq\boldsymbol{O}$，则 $\boldsymbol{B}=\boldsymbol{C}$.

4. 若 $k\boldsymbol{A}=\boldsymbol{O}$，则 $k=0$ 或 $\boldsymbol{A}=\boldsymbol{O}$.（其中 k 为实数）

5. 若 $\boldsymbol{AB}=\boldsymbol{E}$，则 $\boldsymbol{AB}=\boldsymbol{BA}$.

6. 若 $\boldsymbol{BA}=\boldsymbol{E}$，则 $\boldsymbol{Ax}=\boldsymbol{0}$ 只有零解.

7. 若 $\boldsymbol{A}$, $\boldsymbol{B}$ 都可逆，则 $\boldsymbol{A}+\boldsymbol{B}$ 可逆，$\boldsymbol{AB}$ 也可逆.

8. 若 $\boldsymbol{AB}$ 可逆，则 $\boldsymbol{A}$ 和 $\boldsymbol{B}$ 都可逆.

9. 若 $\boldsymbol{A}$ 是一个 n 阶对称矩阵，$\boldsymbol{B}$ 是一个 n 阶反对称矩阵，则 $\boldsymbol{AB}+\boldsymbol{BA}$ 是一个反对称矩阵.

10. 对称矩阵的逆矩阵也是对称矩阵.

11. 若矩阵 $\boldsymbol{A}$, $\boldsymbol{B}$ 都是 3×3 矩阵，$\boldsymbol{B}=[\boldsymbol{b}_1, \boldsymbol{b}_2, \boldsymbol{b}_3]$，其中 $\boldsymbol{b}_i$ 为 3×1 矩阵($i=1, 2, 3$)，则$\boldsymbol{AB}=[\boldsymbol{Ab}_1+\boldsymbol{Ab}_2+\boldsymbol{Ab}_3]$.

12. 设矩阵 $\boldsymbol{B}$ 的前两列相等，那么矩阵 $\boldsymbol{AB}$ 的前两列也相等.（设 $\boldsymbol{AB}$ 存在）

13. 若 $\boldsymbol{A}$ 可经过初等行变换变为单位矩阵，则 $\boldsymbol{A}$ 可逆.

14. 若 $\boldsymbol{A}$ 是 n 阶可逆矩阵，则对于任意 n 维实向量 $\boldsymbol{b}$，方程组 $\boldsymbol{Ax}=\boldsymbol{b}$ 总有解.

15. $\boldsymbol{A}$，$\boldsymbol{B}$，$\boldsymbol{C}$ 为同阶方阵，若 $\boldsymbol{AB}=\boldsymbol{E}$，$\boldsymbol{CA}=\boldsymbol{E}$，则 $\boldsymbol{B}=\boldsymbol{C}$.

16. 若上(下)三角矩阵可逆，则主对角线上元素之积不等于零.

二、计算与证明

1. 计算下列矩阵的乘积.

(1) $\begin{bmatrix}1 & 0 & 5\\ 2 & -1 & 6\\ 3 & 4 & 7\end{bmatrix}\begin{bmatrix}-1\\ -3\\ 5\end{bmatrix}$；　　(2) $[4,3,2,1]\begin{bmatrix}1\\ 2\\ 3\\ 4\end{bmatrix}$；

(3) $\begin{bmatrix}-1\\ 2\\ -4\\ 5\\ 3\end{bmatrix}[1,2,3,4,5]$；　　(4) $\begin{bmatrix}1 & 3 & 5 & -2\\ 2 & 4 & 6 & -3\end{bmatrix}\begin{bmatrix}1 & 0 & 0 & 1\\ 1 & 1 & 0 & 0\\ 0 & 1 & 1 & 0\\ 0 & 0 & 1 & 1\end{bmatrix}$；

(5) $\begin{bmatrix}x_1 & & & \\ & x_2 & & \\ & & \ddots & \\ & & & x_n\end{bmatrix}\begin{bmatrix}y_1 & & & \\ & y_2 & & \\ & & \ddots & \\ & & & y_n\end{bmatrix}$；　　(6) $[x_1, x_2, x_3]\begin{bmatrix}1 & -2 & 4\\ -2 & 2 & -6\\ 4 & -6 & 3\end{bmatrix}\begin{bmatrix}x_1\\ x_2\\ x_3\end{bmatrix}$.

2. (1) 已知 $\boldsymbol{A}=\begin{bmatrix}3\\ 2\\ 1\end{bmatrix}[1\quad -4\quad 6]$，求 $\boldsymbol{A}^n$；

(2) 已知 $\boldsymbol{A}=\begin{bmatrix}\lambda_1 & & \\ & \ddots & \\ & & \lambda_n\end{bmatrix}$，求 $\boldsymbol{A}^n$.

3. 已知矩阵 $\boldsymbol{A}$ 和 $\boldsymbol{B}$ 满足乘法交换律，即 $\boldsymbol{AB}=\boldsymbol{BA}$，且 $\boldsymbol{A}=\begin{bmatrix}0 & 1 & 0\\ 1 & 0 & 0\\ 0 & 0 & 0\end{bmatrix}$，求矩阵 $\boldsymbol{B}$.

4. 已知多项式 $f(x)=3x^2-2x+5$，矩阵 $\boldsymbol{A}=\begin{bmatrix}1 & -2 & 3\\ 2 & -4 & 1\\ 3 & -5 & 2\end{bmatrix}$，求 $f(\boldsymbol{A})$.

5. 求下列方阵的逆矩阵.

(1) $\begin{bmatrix}1 & 3\\ 2 & 4\end{bmatrix}$；　　(2) $\begin{bmatrix}2 & 5 & 7\\ 6 & 3 & 4\\ 5 & -2 & -3\end{bmatrix}$；　　(3) $\begin{bmatrix}3 & -4 & 5\\ 2 & -3 & 1\\ 3 & -5 & -1\end{bmatrix}$；

(4) $\begin{bmatrix}1&&&\\&2&&\\&&3&\\&&&4\end{bmatrix}$； (5) $\boldsymbol{A}_n=\begin{bmatrix}1&1&\cdots&1\\&1&\ddots&\vdots\\&&\ddots&1\\&&&1\end{bmatrix}$； (6) $\begin{bmatrix}5&2&0&0\\2&1&0&0\\0&0&1&-2\\0&0&1&1\end{bmatrix}$.

6. 解下列矩阵方程.

(1) $\begin{bmatrix}1&2\\3&4\end{bmatrix}\boldsymbol{X}=\begin{bmatrix}3&5\\5&9\end{bmatrix}$，求矩阵 $\boldsymbol{X}$；

(2) $\boldsymbol{X}\begin{bmatrix}5&3&1\\1&-3&-2\\-5&2&1\end{bmatrix}=\begin{bmatrix}-8&3&0\\-5&9&0\\-2&15&0\end{bmatrix}$，求矩阵 $\boldsymbol{X}$；

(3) 设 $\boldsymbol{A}=\begin{bmatrix}0&2&4\\-4&2&6\end{bmatrix}$，$\boldsymbol{B}=\begin{bmatrix}2&1&-1\\-1&4&-1\\1&-1&2\end{bmatrix}$，且 $\boldsymbol{XB}=\boldsymbol{A}+\boldsymbol{X}$，求矩阵 $\boldsymbol{X}$.

7. 已知 $\boldsymbol{AB}-\boldsymbol{B}=\boldsymbol{A}$，其中 $\boldsymbol{B}=\begin{bmatrix}1&-2&0\\2&1&0\\0&0&2\end{bmatrix}$，求矩阵 $\boldsymbol{A}$.

8. 设 $\boldsymbol{A}$ 为 n 阶可逆矩阵，且每一行元素和都等于非零常数 k，证明：$\boldsymbol{A}$ 的逆矩阵的每一行元素之和为$\dfrac{1}{k}$.

9. 设 $\boldsymbol{A}$ 为 n 阶矩阵，$\boldsymbol{A}=\boldsymbol{E}-\boldsymbol{\alpha\alpha}^{\mathrm{T}}$，其中 $\boldsymbol{\alpha}$ 为 n 维非零列向量，证明：$\boldsymbol{A}^2=\boldsymbol{A}$ 的充要条件是 $\boldsymbol{\alpha}^{\mathrm{T}}\boldsymbol{\alpha}=1$.

10. 已知 $\boldsymbol{A}$，$\boldsymbol{B}$，$\boldsymbol{E}$ 都是 n 阶方阵，利用分块矩阵的乘法计算下列各题.

(1) $\boldsymbol{A}^{-1}[\boldsymbol{A},\boldsymbol{E}]$； (2) $\boldsymbol{A}^{-1}[\boldsymbol{A},\boldsymbol{B}]$； (3) $\begin{bmatrix}\boldsymbol{A}\\\boldsymbol{E}\end{bmatrix}\boldsymbol{A}^{-1}$； (4) $\begin{bmatrix}\boldsymbol{A}\\\boldsymbol{B}\end{bmatrix}\boldsymbol{B}^{-1}$.

11. (1) 设 $\boldsymbol{A}$，$\boldsymbol{B}$ 都可逆，求矩阵$\begin{bmatrix}\boldsymbol{O}&\boldsymbol{A}\\\boldsymbol{B}&\boldsymbol{O}\end{bmatrix}$与$\begin{bmatrix}\boldsymbol{O}&\boldsymbol{A}\\\boldsymbol{B}&\boldsymbol{C}\end{bmatrix}$的逆.

(2) 求 n 阶矩阵$\begin{bmatrix}0&0&0\cdots&0&n\\1&0&0&0&0\\0&2&\ddots&\ddots&\vdots\\0&\ddots&\ddots&\ddots&0\\0&0&0&n-1&0\end{bmatrix}$的逆.

12. 设矩阵 $\boldsymbol{A}=\begin{bmatrix}1&2&3\\4&7&-2\\8&-1&9\end{bmatrix}$，$\boldsymbol{P}_1=\begin{bmatrix}1&0&0\\0&-1&0\\0&0&1\end{bmatrix}$，$\boldsymbol{P}_2=\begin{bmatrix}1&0&0\\0&0&1\\0&1&0\end{bmatrix}$，

$$P_3=\begin{bmatrix}1&0&0\\0&1&0\\-2&0&1\end{bmatrix}$$，求矩阵 $P_1P_2P_3AP_3$.

13. 设 A，B 为 n 阶对称矩阵，且矩阵 A 和矩阵 $E+AB$ 均可逆，试证 $(E+AB)^{-1}A$ 为对称阵.

三、机算与应用

1. 已知 $A=\begin{bmatrix}1&2&3&4&5\\2&3&4&5&1\\3&4&5&1&2\\4&5&1&2&3\\5&1&2&3&4\end{bmatrix}$，求 A^5，A^{-1}.

2. 已知 $BA-B=A$，其中 $B=\begin{bmatrix}-7&-4&-7&1\\6&8&3&2\\5&8&7&2\\1&-7&8&-5\end{bmatrix}$，求矩阵 A.

3. 随机生成三个 5×5 同阶整数方阵 A，B，C，验证下面公式：

(1) $A(B+C)=AB+AC$；

(2) $(AB)C=A(BC)$；

(3) $(ABC)^{\mathrm{T}}=C^{\mathrm{T}}B^{\mathrm{T}}A^{\mathrm{T}}$；

(4) $(A+E)(A-E)=A^2-E$.

4. 设 $f(x)=x^5+4x^4-3x^3+2x-7$，矩阵 $A=\begin{bmatrix}1&2&3&1\\2&3&4&1\\3&4&5&1\\4&5&6&1\end{bmatrix}$，求 $f(A)$.

5. 电路网络问题.

在工程技术中所遇到的电路，大多数是很复杂的，这些电路是由电器元件按照一定方式互相连接而构成的网络. 在电路中，含有元件的导线称为支路，第三条或三条以上的支路的会合点称为节点. 电路网络分析，简单地说，就是求出电路网络中各条支路上的电流和电压. 对于这类问题的计算，通常采用基尔霍夫(Kirchhoff)定律来解决. 以图 1.4 所示的电路网络部分为例来加以说明.

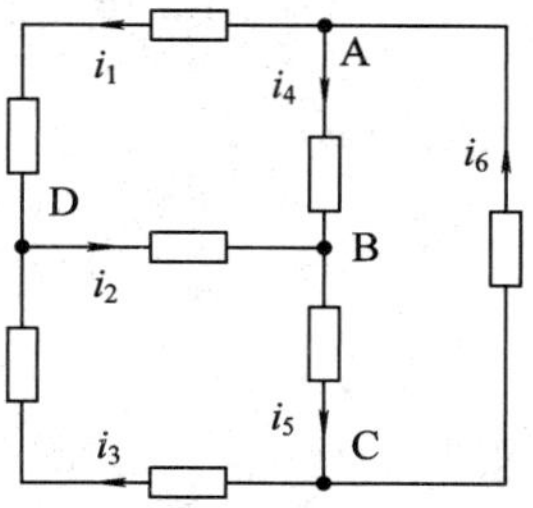

图 1.4

设各节点的电流如图所示，则由基尔霍夫第一定律(简记为 KCL)(即电路中任一节点处各支路电流之间的关系)：在任一节点处，支路电流的代数和在任一瞬时恒为零(通常把流入节点的电流取为负，流出节点的电流取为正)，该定律也称为节点电流定律. 现求出各个支路的电流.

第 2 章

行列式与线性方程组

在第一章中已会用初等变换求线性方程组的解，本章先给出行列式的概念及相关性质，然后给出行列式的一些应用，最后介绍本章中 MATLAB 的相关运算以及应用案例.

2.1 行列式的概念及性质

行列式是线性代数中的一个基本概念，其理论起源于线性方程组的求解. 本节先讨论二、三阶行列式，然后给出 n 阶行列式的定义及性质.

2.1.1 二、三阶行列式

考虑求二元线性方程组

$$\begin{cases} a_{11}x_1 + a_{12}x_2 = b_1 \\ a_{21}x_1 + a_{22}x_2 = b_2 \end{cases} \tag{2-1}$$

的解.

当 $a_{11}a_{22}-a_{12}a_{21}\neq 0$ 时，由消元法得方程组的唯一解为

$$\begin{cases} x_1 = \dfrac{b_1a_{22}-b_2a_{12}}{a_{11}a_{22}-a_{12}a_{21}} \\ x_2 = \dfrac{a_{11}b_2-a_{21}b_1}{a_{11}a_{22}-a_{12}a_{21}} \end{cases} \tag{2-2}$$

观察这组解，为了便于记忆，引入记号 $D=\begin{vmatrix} a_{11} & a_{12} \\ a_{21} & a_{22} \end{vmatrix}$，它表示数 $a_{11}a_{22}-a_{12}a_{21}$，称 D 为二阶行列式，即

$$D = \begin{vmatrix} a_{11} & a_{12} \\ a_{21} & a_{22} \end{vmatrix} = a_{11}a_{22}-a_{12}a_{21} \tag{2-3}$$

于是，线性方程组(2-1)的唯一解式(2-2)可表示为

$$\begin{cases} x_1 = \dfrac{D_1}{D} \\ x_2 = \dfrac{D_2}{D} \end{cases} \quad 其中，D_1 = \begin{vmatrix} b_1 & a_{12} \\ b_2 & a_{22} \end{vmatrix}，D_2 = \begin{vmatrix} a_{11} & b_1 \\ a_{21} & b_2 \end{vmatrix}.$$

类似地，对一般的三元线性方程组

$$\begin{cases} a_{11}x_1 + a_{12}x_2 + a_{13}x_3 = b_1 \\ a_{21}x_1 + a_{22}x_2 + a_{23}x_3 = b_2 \\ a_{31}x_1 + a_{32}x_2 + a_{33}x_3 = b_3 \end{cases} \tag{2-4}$$

我们可以由前两个方程消去 x_3，得到一个只含有 x_1，x_2 的方程，再由后两个方程消去 x_3，得到另一个只含 x_1，x_2 的方程，针对这两个新的方程，利用求解二元线性方程组的方法消去 x_2，可以解得

$$\begin{aligned} &(a_{11}a_{22}a_{33} + a_{12}a_{23}a_{31} + a_{13}a_{21}a_{32} - a_{13}a_{22}a_{31} - a_{12}a_{21}a_{33} - a_{11}a_{23}a_{32})x_1 \\ &= b_1a_{22}a_{33} + b_3a_{12}a_{23} + b_2a_{13}a_{32} - b_3a_{13}a_{22} - b_2a_{12}a_{33} - b_1a_{23}b_{32} \end{aligned}$$

将 x_1 的系数记作

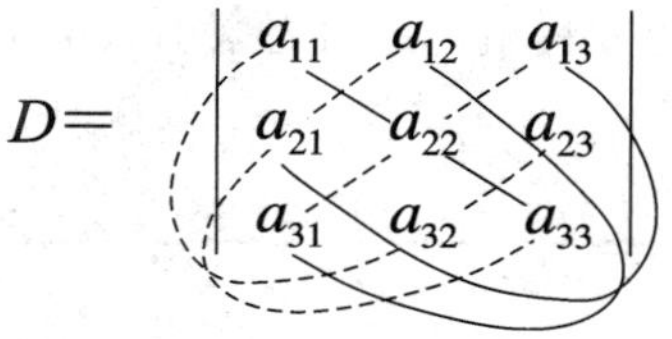

即

$$D = a_{11}a_{22}a_{33} + a_{12}a_{23}a_{31} + a_{13}a_{21}a_{32} - a_{13}a_{22}a_{31} - a_{12}a_{21}a_{33} - a_{11}a_{23}a_{32} \tag{2-5}$$

称上式中 **D 为三阶行列式**，这是由 3 行 3 列共 9 个元素组成，通过式(2－5)计算得到的右端六项的代数和.

引入三阶行列式之后对于三元线性方程组(2－4)，当 $D \neq 0$ 时有唯一解.

$$\begin{cases} x_1 = \dfrac{D_1}{D} \\ x_2 = \dfrac{D_2}{D} \\ x_3 = \dfrac{D_3}{D} \end{cases}，其中\ D_1 = \begin{vmatrix} b_1 & a_{12} & a_{13} \\ b_2 & a_{22} & a_{23} \\ b_3 & a_{32} & a_{33} \end{vmatrix}，D_2 = \begin{vmatrix} a_{11} & b_1 & a_{13} \\ a_{21} & b_2 & a_{23} \\ a_{31} & b_3 & a_{33} \end{vmatrix}，D_3 = \begin{vmatrix} a_{11} & a_{12} & b_1 \\ a_{21} & a_{22} & b_2 \\ a_{31} & a_{32} & b_3 \end{vmatrix}$$

并称 D 为方程组(2－4)的系数行列式，而 D_1，D_2，D_3 则是将 D 中的第 1、2、3 列分别换成常数项列 $[b_1, b_2, b_3]^{\mathrm{T}}$ 得到的三阶行列式.

例 1 求解三元线性方程组

$$\begin{cases} 3x_1 + 5x_2 + x_3 = -2 \\ x_1 - x_2 - x_3 = 4 \\ -x_1 + 2x_2 + 6x_3 = 1 \end{cases}$$

解 计算系数行列式

$$D=\begin{vmatrix}3 & 5 & 1\\1 & -1 & -1\\-1 & 2 & 6\end{vmatrix}$$

$$=3\times(-1)\times6+5\times(-1)\times(-1)+1\times2\times1$$

$$-1\times(-1)\times(-1)-(-1)\times2\times3-5\times1\times6$$

$$=-36$$

同理算出

$$D_1=\begin{vmatrix}-2 & 5 & 1\\4 & -1 & -1\\1 & 2 & 6\end{vmatrix}=-108,\ D_2=\begin{vmatrix}3 & -2 & 1\\1 & 4 & -1\\-1 & 1 & 6\end{vmatrix}=90,\ D_3=\begin{vmatrix}3 & 5 & -2\\1 & -1 & 4\\-1 & 2 & 1\end{vmatrix}=-54$$

因 $D\neq0$，知方程组有唯一解，即

$$x_1=\frac{D_1}{D}=3,\quad x_2=\frac{D_2}{D}=-\frac{5}{2},\quad x_3=\frac{D_3}{D}=\frac{3}{2}$$

从上述讨论可以看出，引入行列式概念之后，二元、三元线性方程组的解可以公式化，为了将这一思想推广到 n 元线性方程组，我们先来引入 n 阶行列式的概念.

2.1.2 n 阶行列式

从上面的讨论易见，有了二阶、三阶行列式的定义后，诸如(2-1)、(2-4)这类方程组的解就具有公式化的描述。以此类推，是否有必要研究更高阶行列式的定义及性质？先看下述引例。

引例 证明：一个 n 次多项式方程至多有 n 个互异根.

分析 (反证法)

假设 n 次多项式方程

$$f(x)=a_0+a_1x+a_2x^2+\cdots+a_nx^n=0\quad(a_n\neq0)$$

有 $n+1$ 个互异根，并记为 x_1，x_2，…，x_{n+1}.

则

$$f(x_i)=0\quad(i=1,2,\cdots,n+1)$$

即

$$\begin{cases}a_0+x_1a_1+x_1^2a_2+\cdots+x_1^na_n=0\\a_0+x_2a_1+x_2^2a_2+\cdots+x_2^na_n=0\\\qquad\vdots\\a_0+x_{n+1}a_1+x_{n+1}^2a_2+\cdots+x_{n+1}^na_n=0\end{cases}\tag{2-6}$$

上式是一个关于 $n+1$ 个未知量 a_0，a_1，…，a_n 的线性方程组，该方程组是否有解？若有解，其解是否具有如下形式的描述呢？

$$a_i = \frac{D_i}{D} \quad (i = 0, 1, 2, \cdots, n)$$

其中 D 为方程组(2-6)的系数行列式，而 D_i 是 D 中将第 i 列用常数项 $[0, 0, \cdots, 0]^T$ 替换后得到的行列式．下面我们介绍 n 阶行列式的定义、性质之后，上述问题便可以迎刃而解．

类似于二阶、三阶行列式的记号，下面先给出 n 阶行列式的定义．

定义 2.1　由 n^2 个元素 $a_{ij}(i, j=1, 2, \cdots, n)$ 组成的记号：

$$\begin{vmatrix} a_{11} & a_{12} & \cdots & a_{1n} \\ a_{21} & a_{22} & \cdots & a_{2n} \\ \vdots & \vdots & & \vdots \\ a_{n1} & a_{n2} & \cdots & a_{nn} \end{vmatrix}$$

称为 ***n* 阶行列式**(determinant of order n)．该行列式表示一个数，其中横排称为行，竖排称为列，a_{ij} 称为行列式第 i 行第 j 列的元素．一般地，n 阶行列式可记为：D，D_n，$D_n = |a_{ij}|$，$\det(\boldsymbol{A})$ 或 $|\boldsymbol{A}|$，其中设 $\boldsymbol{A} = (a_{ij})_{n\times n}$，则 $\det(\boldsymbol{A})$ 或 $|\boldsymbol{A}|$ 也称为方阵 $\boldsymbol{A}$ 的行列式．

定义 2.1 告诉我们，n 阶行列式表示一个数，那么如何求这个数的值呢？不妨以二阶、三阶行列式为例讨论．易验证

$$\begin{vmatrix} a_{11} & a_{12} \\ a_{21} & a_{22} \end{vmatrix} = a_{11}a_{22} - a_{12}a_{21}$$

$$\begin{vmatrix} a_{11} & a_{12} & a_{13} \\ a_{21} & a_{22} & a_{23} \\ a_{31} & a_{32} & a_{33} \end{vmatrix} = a_{11}\begin{vmatrix} a_{22} & a_{23} \\ a_{32} & a_{33} \end{vmatrix} - a_{12}\begin{vmatrix} a_{21} & a_{23} \\ a_{31} & a_{33} \end{vmatrix} + a_{13}\begin{vmatrix} a_{21} & a_{22} \\ a_{31} & a_{32} \end{vmatrix}$$

易见，二阶行列式可通过一阶行列式计算，三阶行列式可通过二阶行列式计算，依次类推，n 阶行列式是否可通过 $n-1$ 阶行列式计算呢？为此，引入下面的记号．

定义 2.2　在 n 阶行列式

$$D = \begin{vmatrix} a_{11} & a_{12} & \cdots & a_{1n} \\ a_{21} & a_{22} & \cdots & a_{2n} \\ \vdots & \vdots & & \vdots \\ a_{n1} & a_{n2} & \cdots & a_{nn} \end{vmatrix}$$

中划掉元素 a_{ij} 所在的第 i 行与第 j 列后，剩下的 $(n-1)^2$ 个元素按原来的次序构成的 $n-1$ 阶行列式称为元素 a_{ij} 的**余子式**(cofactor)，记为 M_{ij}，并称 $(-1)^{i+j}M_{ij}$ 为元素 a_{ij} 的**代数余子式**(algebra cofactor)，记为 A_{ij}，即

$$A_{ij} = (-1)^{i+j}M_{ij} \quad (i, j = 1, 2, \cdots, n)$$

如，求 4 阶行列式 $D_4 = \begin{vmatrix} a_{11} & a_{12} & a_{13} & a_{14} \\ a_{21} & a_{22} & a_{23} & a_{24} \\ a_{31} & a_{32} & a_{33} & a_{34} \\ a_{41} & a_{42} & a_{43} & a_{44} \end{vmatrix}$ 中 a_{13} 的余子式 M_{13} 和代数余子式 A_{13}．

容易求得

$$M_{13}=\begin{vmatrix} a_{21} & a_{22} & a_{24} \\ a_{31} & a_{32} & a_{34} \\ a_{41} & a_{42} & a_{44} \end{vmatrix}, \quad A_{13}=(-1)^{1+3}M_{13}=M_{13}$$

于是二阶、三阶行列式可写成:

$$\begin{vmatrix} a_{11} & a_{12} \\ a_{21} & a_{22} \end{vmatrix}=a_{11}a_{22}-a_{12}a_{21}=a_{11}M_{11}-a_{12}M_{12}=a_{11}A_{11}+a_{12}A_{12}$$

$$\begin{aligned}\begin{vmatrix} a_{11} & a_{12} & a_{13} \\ a_{21} & a_{22} & a_{23} \\ a_{31} & a_{32} & a_{33} \end{vmatrix}&=a_{11}\begin{vmatrix} a_{22} & a_{23} \\ a_{32} & a_{33} \end{vmatrix}-a_{12}\begin{vmatrix} a_{21} & a_{23} \\ a_{31} & a_{33} \end{vmatrix}+a_{13}\begin{vmatrix} a_{21} & a_{22} \\ a_{31} & a_{32} \end{vmatrix}\\ &=a_{11}M_{11}-a_{12}M_{12}+a_{13}M_{13}\\ &=a_{11}A_{11}+a_{12}A_{12}+a_{13}A_{13}\end{aligned}$$

依次类推，可得 n 阶行列式的归纳定义.

定义 2.3 当 $n=1$ 时，一阶行列式 $D_1=|a_{11}|=a_{11}$，假设 $n-1$ 阶行列式已定义，则 n 阶行列式可定义为

$$D_n=\begin{vmatrix} a_{11} & a_{12} & \cdots & a_{1n} \\ a_{21} & a_{22} & \cdots & a_{2n} \\ \vdots & \vdots & & \vdots \\ a_{n1} & a_{n2} & \cdots & a_{nn} \end{vmatrix}$$

$$=a_{11}A_{11}+a_{12}A_{12}+\cdots+a_{1n}A_{1n}=\sum_{k=1}^{n}a_{1k}A_{1k} \tag{2-7}$$

其中，A_{1k} 为元素 a_{1k} 的代数余子式($k=1, 2, \cdots, n$)，且全为 $n-1$ 阶行列式，式(2-7)也称为 ***n* 阶行列式按第一行的展开定义.**

同理，可给出 n 阶行列式按第一列的展开定义，即

$$D_n=\sum_{k=1}^{n}a_{k1}A_{k1}$$

例 2 计算行列式 $|\boldsymbol{A}|=\begin{vmatrix} a_{11} & 0 & \cdots & 0 \\ a_{21} & a_{22} & \cdots & 0 \\ \vdots & \vdots & & \vdots \\ a_{n1} & a_{n2} & \cdots & a_{nn} \end{vmatrix}$(简称下三角行列式).

解 由定义 2.3，按第一行展开可得

$$|\boldsymbol{A}|=a_{11}(-1)^{1+1}\begin{vmatrix} a_{22} & 0 & \cdots & 0 \\ a_{32} & a_{33} & \cdots & 0 \\ \vdots & \vdots & & \vdots \\ a_{n2} & a_{n3} & \cdots & a_{nn} \end{vmatrix}$$

$$= a_{11}a_{22}(-1)^{1+1}\begin{vmatrix} a_{33} & 0 & \cdots & 0 \\ a_{43} & a_{44} & \cdots & 0 \\ \vdots & \vdots & & \vdots \\ a_{n3} & a_{n4} & \cdots & a_{nn} \end{vmatrix}$$

$$= \cdots$$

$$= a_{11}a_{22}\cdots a_{nn}$$

显然，n 阶对角矩阵 $\boldsymbol{\Lambda}=\mathrm{diag}(\lambda_1, \lambda_2, \cdots, \lambda_n)$，有 $|\boldsymbol{\Lambda}|=\lambda_1\lambda_2\cdots\lambda_n$. 特别地，单位阵 $\boldsymbol{E}$ 的行列式等于 1，即 $|\boldsymbol{E}|=1$.

例 3 计算行列式

$$|\boldsymbol{A}| = \begin{vmatrix} 0 & 0 & \cdots & 0 & a_{1n} \\ 0 & 0 & \cdots & a_{2,n-1} & a_{2n} \\ \vdots & \vdots & & \vdots & \vdots \\ 0 & a_{n-1,2} & \cdots & a_{n-1,n-1} & a_{n-1,n} \\ a_{n1} & a_{n2} & \cdots & a_{n,n-1} & a_{nn} \end{vmatrix}$$

的值(称为次下三角行列式).

解 依次按第一行展开得

$$|\boldsymbol{A}| = a_{1n}(-1)^{1+n}\begin{bmatrix} 0 & 0 & \cdots & a_{2,n-1} \\ \vdots & \vdots & & \vdots \\ 0 & a_{n-1,2} & \cdots & a_{n-1,n-1} \\ a_{n1} & a_{n2} & \cdots & a_{n,n-1} \end{bmatrix}$$

$$= a_{1n}a_{2,n-1}(-1)^{1+n}(-1)^{1+n-1}\begin{bmatrix} 0 & 0 & \cdots & a_{3,n-2} \\ \vdots & \vdots & & \vdots \\ 0 & a_{n-1,2} & \cdots & a_{n-1,n-2} \\ a_{n1} & a_{n2} & \cdots & a_{n,n-2} \end{bmatrix}$$

$$= \cdots$$

$$= a_{1n}a_{2,n-1}\cdots a_{n1}(-1)^{1+n+1+(n-1)+\cdots+3}$$

$$= (-1)^{\frac{n(n-1)}{2}+2(n-1)}a_{1n}a_{2,n-1}\cdots a_{n1}$$

$$= (-1)^{\frac{n(n-1)}{2}}a_{1n}a_{2,n-1}\cdots a_{n1}$$

特别注意，$|\mathbf{A}| \neq a_{1n}a_{2,(n-1)}\cdots a_{n1}$.

2.1.3 行列式的性质

为了简化行列式的计算，我们必须研究行列式的性质，下面这些性质的证明大多可用行列式的展开定义或用数学归纳法进行证明.

性质 2.1 行列式与其转置行列式相等，即$|\boldsymbol{A}|=|\boldsymbol{A}^{\mathrm{T}}|$.

证明 用数学归纳法，对一阶行列式显然成立.

假设对任意 $n-1$ 阶行列式，结论成立. 下证对 n 阶行列式结论也成立.

对$|\boldsymbol{A}^{\mathrm{T}}|$，由行列式按第一行的展开定义

$$|\boldsymbol{A}^{\mathrm{T}}|=\begin{vmatrix} a_{11} & a_{21} & \cdots & a_{n1} \\ a_{12} & a_{22} & \cdots & a_{n2} \\ \vdots & \vdots & \ddots & \vdots \\ a_{1n} & a_{2n} & \cdots & a_{nn} \end{vmatrix}$$
$$=a_{11}A_{11}^{\mathrm{T}}+a_{21}A_{21}^{\mathrm{T}}+\cdots+a_{n1}A_{n1}^{\mathrm{T}}$$

由于 $A_{k1}^{\mathrm{T}}(k=1,2,\cdots,n)$是 $n-1$ 阶行列式，由归纳假设，有 $A_{k1}^{\mathrm{T}}=A_{k1}$成立，于是

$$\begin{aligned}|\boldsymbol{A}^{\mathrm{T}}|&=a_{11}A_{11}^{\mathrm{T}}+a_{21}A_{21}^{\mathrm{T}}+\cdots+a_{n1}A_{n1}^{\mathrm{T}}\\&=a_{11}A_{11}+a_{21}A_{21}+\cdots+a_{n1}A_{n1}\\&=|\boldsymbol{A}|\ (\text{由行列式按第一列展开定义})\end{aligned}$$

注：上式中的 $A_{k1}^{\mathrm{T}}(k=1,2,\cdots,n)$为$|\boldsymbol{A}^{\mathrm{T}}|$中 a_{k1}对应的代数余子式.

据此性质可知，对行列式的“行”成立的一般性质，对“列”也成立，反过来亦成立.

由此性质及上节的例 2 可知上(下)三角行列式是其对角线元素的乘积，即

$$\begin{vmatrix} a_{11} & a_{12} & \cdots & a_{1n} \\ 0 & a_{22} & \cdots & a_{2n} \\ \vdots & \vdots & \ddots & \vdots \\ 0 & 0 & \cdots & a_{nn} \end{vmatrix}=\begin{vmatrix} a_{11} & 0 & \cdots & 0 \\ a_{12} & a_{22} & \cdots & 0 \\ \vdots & \vdots & \ddots & \vdots \\ a_{1n} & a_{2n} & \cdots & a_{nn} \end{vmatrix}=a_{11}a_{22}\cdots a_{nn}$$

性质 2.2 行列式中某行(或列)元素的公因子可以提到行列式之外.

证明 (不妨以列为例证明之，由性质 2.1，可知对行亦成立)对行列式的阶用数学归纳法. 记

$$D_1=\begin{vmatrix} a_{11} & \cdots & ka_{1j} & \cdots & a_{1n} \\ \vdots & & \vdots & & \vdots \\ a_{i1} & \cdots & ka_{ij} & \cdots & a_{in} \\ \vdots & & \vdots & & \vdots \\ a_{n1} & \cdots & ka_{nj} & \cdots & a_{nn} \end{vmatrix},\quad D_2=k\begin{vmatrix} a_{11} & \cdots & a_{1j} & \cdots & a_{1n} \\ \vdots & & \vdots & & \vdots \\ a_{i1} & \cdots & a_{ij} & \cdots & a_{in} \\ \vdots & & \vdots & & \vdots \\ a_{n1} & \cdots & a_{nj} & \cdots & a_{nn} \end{vmatrix}$$

当 $n=1$ 时，$D_1=|ka_{11}|=ka_{11}=kD_2$，结论显然成立.

假设 $n-1$ 阶时结论成立.

则对于 n 阶的情形，由定义 2.3 知

$$D_1=a_{11}N_{11}+\cdots+(-1)^{j+1}ka_{1j}N_{1j}+\cdots+(-1)^{n+1}a_{1n}N_{1n}$$

其中，N_{1r}为 D_1 的第 1 行第 r 列元素的余子式，$r=1,2,\cdots,n$. 由题意及归纳假设可知：

$$N_{1r}=kM_{1r}(r\neq j),\quad N_{1j}=M_{1j},\ (r,j=1,2,\cdots,n)$$

其中，M_{1r}，M_{1j}均为 D_2 中第一行元素相应的余子式. 从而有

$$D_1 = a_{11}kM_{11} + \cdots + (-1)^{j+1}ka_{1j}M_{1j} + \cdots + (-1)^{n+1}a_{1n}kM_{1n}$$
$$= k(a_{11}M_{11} + \cdots + (-1)^{j+1}a_{1j}M_{1j} + \cdots + (-1)^{n+1}a_{1n}M_{1n})$$

对 D_2 应用定义 2.3 知

$$D_2 = k(a_{11}M_{11} + \cdots + (-1)^{j+1}a_{1j}M_{1j} + \cdots + (-1)^{n+1}a_{1n}M_{1n})$$

故 $D_1=D_2$.

推论 2.1 某行(或列)元素全为零的行列式等于零.

推论 2.2 对 n 阶矩阵 $\boldsymbol{A}$，有 $|k\boldsymbol{A}|=k^n|\boldsymbol{A}|$.

性质 2.3 交换某两行(或列)的位置，行列式的值变号.

证明 对 n 用归纳法，当 $n=2$ 时不难验证.

假定结论对 $n-1$ 阶成立.

对于 n 阶行列式，先证明特殊情形，即交换相邻两列，其值改变符号.

$$D_1 = \begin{vmatrix} a_{11} & \cdots & a_{1i} & a_{1,i+1} & \cdots & a_{1n} \\ a_{21} & \cdots & a_{2i} & a_{2,i+1} & \cdots & a_{2n} \\ \vdots & & \vdots & \vdots & & \vdots \\ a_{n1} & \cdots & a_{ni} & a_{n,i+1} & \cdots & a_{nn} \end{vmatrix}, \quad D_2 = \begin{vmatrix} a_{11} & \cdots & a_{1,i+1} & a_{1i} & \cdots & a_{1n} \\ a_{21} & \cdots & a_{2,i+1} & a_{2i} & \cdots & a_{2n} \\ \vdots & & \vdots & \vdots & & \vdots \\ a_{n1} & \cdots & a_{n,i+1} & a_{ni} & \cdots & a_{nn} \end{vmatrix}$$

由 D_2 应用定义 2.3 展开得

$$D_2 = a_{11}N_{11} + \cdots + (-1)^{1+r}a_{1,i+1}N_{1r} + (-1)^{2+r}a_{1i}N_{1,r+1} + \cdots + (-1)^{n+1}a_{1n}N_{1n}$$

其中 N_{1j} 为 D_2 中第一行元素对应的余子式.

若 $j\neq r$，$r+1$ 时，则由归纳假设 $N_{1j}=-M_{1j}$，而 $N_{1r}=M_{1,r+1}$，$N_{1,r+1}=M_{1r}$，其中 M_{1j} 为 D_1 中第一行元素对应的余子式.

由此即知：$D_2=-D_1$.

下面考虑一般情形，要将 D_1 的两列互换，不妨设交换第 i 列与第 j 列，可理解为相邻两列通过 $(2|i-j|-1)$ 次的互换得到，故行列式变号.

推论 2.3 如果行列式中有两行(或两列)元素相同，则行列式等于零.

因为互换相同的两列，由性质 2.3 可得 $D=-D$，得 $D=0$.

推论 2.4 行列式中若有两行(或两列)对应元素成比例，则行列式为零.

由性质 2.2 及推论 2.3 易得.

性质 2.4 若行列式某一行(或列)的元素是两项之和，则该行列式可以写成两个行列式之和，即

$$\begin{vmatrix} a_{11} & \cdots & a_{1j} & \cdots & a_{1n} \\ \vdots & & \vdots & & \vdots \\ a_{i1}+b_{i1} & \cdots & a_{ij}+b_{ij} & \cdots & a_{in}+b_{in} \\ \vdots & & \vdots & & \vdots \\ a_{n1} & \cdots & a_{nj} & \cdots & a_{nn} \end{vmatrix}$$

$$
=\begin{vmatrix} a_{11} & \cdots & a_{1j} & \cdots & a_{1n} \\ \vdots & & \vdots & & \vdots \\ a_{i1} & \cdots & a_{ij} & \cdots & a_{in} \\ \vdots & & \vdots & & \vdots \\ a_{n1} & \cdots & a_{nj} & \cdots & a_{nn} \end{vmatrix}+\begin{vmatrix} a_{11} & \cdots & a_{1j} & \cdots & a_{1n} \\ \vdots & & \vdots & & \vdots \\ b_{i1} & \cdots & b_{ij} & \cdots & b_{in} \\ \vdots & & \vdots & & \vdots \\ a_{n1} & \cdots & a_{nj} & \cdots & a_{nn} \end{vmatrix}
$$

事实上，以列为例，结合定义 2.3 和性质 2.1，应用数学归纳法易证.

性质 2.5 将某一行(或列)的任意 k 倍加到另一行(或列)上去，行列式的值不变(称之为倍加变换).

证明 由性质 2.4 及推论 2.4 可得

$$
\begin{vmatrix} a_{11} & \cdots & a_{1n} \\ \vdots & & \vdots \\ a_{i1} & \cdots & a_{in} \\ \vdots & & \vdots \\ ka_{i1}+a_{j1} & \cdots & ka_{in}+a_{jn} \\ \vdots & & \vdots \\ a_{n1} & \cdots & a_{nn} \end{vmatrix}\begin{matrix} \\ \\ i\text{ 行} \\ \\ j\text{ 行} \\ \\ \\ \end{matrix}=\begin{vmatrix} a_{11} & \cdots & a_{1n} \\ \vdots & & \vdots \\ a_{i1} & \cdots & a_{in} \\ \vdots & & \vdots \\ ka_{i1} & \cdots & ka_{in} \\ \vdots & & \vdots \\ a_{n1} & \cdots & a_{nn} \end{vmatrix}+\begin{vmatrix} a_{11} & \cdots & a_{1n} \\ \vdots & & \vdots \\ a_{i1} & \cdots & a_{in} \\ \vdots & & \vdots \\ a_{j1} & \cdots & a_{jn} \\ \vdots & & \vdots \\ a_{n1} & \cdots & a_{nn} \end{vmatrix}
$$

$$
=0+\begin{vmatrix} a_{11} & \cdots & a_{1n} \\ \vdots & & \vdots \\ a_{i1} & \cdots & a_{in} \\ \vdots & & \vdots \\ a_{j1} & \cdots & a_{jn} \\ \vdots & & \vdots \\ a_{n1} & \cdots & a_{nn} \end{vmatrix}=\begin{vmatrix} a_{11} & \cdots & a_{1n} \\ \vdots & & \vdots \\ a_{i1} & \cdots & a_{in} \\ \vdots & & \vdots \\ a_{j1} & \cdots & a_{jn} \\ \vdots & & \vdots \\ a_{n1} & \cdots & a_{nn} \end{vmatrix}
$$

定义 2.3 称为行列式按第一行的展开定义. 事实上，行列式可按任一行(列)展开，即

定理 2.1(行列式展开定理) n 阶行列式 $D_n=|a_{ij}|$ 等于它的任一行(列)的各元素与其对应的代数余子式乘积之和，即

$$
D_n=\sum_{k=1}^{n}a_{ik}A_{ik} \quad \text{或} \quad D_n=\sum_{k=1}^{n}a_{kj}A_{kj} \quad (k=1,2,\cdots,n) \tag{2-8}
$$

***证明** 该定理分三步完成.

(1) 先证特殊情况：设 $D=\begin{vmatrix} a_{11} & 0 & \cdots & 0 \\ a_{21} & a_{22} & \cdots & a_{2n} \\ \vdots & \vdots & & \vdots \\ a_{n1} & a_n2 & \cdots & a_{nn} \end{vmatrix}$，由行列式的定义可得 $D=a_{11}(-1)^{1+1}M_{11}=a_{11}A_{11}$.

(2) 再设 $D=\begin{vmatrix} a_{11} & \cdots & a_{1j} & \cdots & a_{1n} \\ \vdots & \vdots & & \vdots & \\ 0 & \cdots & a_{ij} & \cdots & 0 \\ \vdots & \vdots & & \vdots & \\ a_{n1} & \cdots & a_{nj} & \cdots & a_{nn} \end{vmatrix}$，为了应用(1)，将 D 的行列作如下调换：把 D 的第 i 行依次与第 $i-1$ 行、第 $i-2$ 行、…、第1行对调，这样 a_{ij} 就调到原来的 a_{1j} 的位置上，调换的次数为 $i-1$，再把第 j 列依次与第 $j-1$ 列、第 $j-2$ 列、…、第1列对调，这样 a_{ij} 就调到左上角，调换的次数为 $j-1$. 总之，经 $i+j-2$ 次调换，把 a_{ij} 调到左上角，所得的行列式为 $D_1=(-1)^{i+j-2}D=(-1)^{i+j}D$，而元素 a_{ij} 在 D_1 中的余子式仍然是 a_{ij} 在 D 中的余子式 M_{ij}. 此时，应用(1)可得

$$D=(-1)^{i+j}D_1=(-1)^{i+j}a_{ij}M_{ij}=a_{ij}A_{ij}$$

(3) 一般地，设 $D=\begin{vmatrix} a_{11} & a_{12} & \cdots & a_{1n} \\ a_{i1} & a_{i2} & \cdots & a_{in} \\ 0 & \cdots & a_{ij} & \cdots \\ \vdots & \vdots & & \vdots \\ a_{n1} & a_{n2} & \cdots & a_{nn} \end{vmatrix}$，则

$$D=\begin{vmatrix} a_{11} & a_{12} & \cdots & a_{1n} \\ \vdots & \vdots & & \vdots \\ a_{i1}+0+\cdots+0 & 0+a_{i2}+\cdots+ & \cdots & 0+0\cdots+0+a_{in} \\ \vdots & \vdots & & \vdots \\ a_{n1} & a_{n2} & \cdots & a_{nn} \end{vmatrix}$$

$$=\begin{vmatrix} a_{11} & a_{12} & \cdots & a_{1n} \\ \vdots & \vdots & & \vdots \\ a_{i1} & 0 & \cdots & 0 \\ \vdots & \vdots & & \vdots \\ a_{n1} & a_{n2} & \cdots & a_{nn} \end{vmatrix}+\begin{vmatrix} a_{11} & a_{12} & \cdots & a_{1n} \\ \vdots & \vdots & & \vdots \\ 0 & a_{i2} & \cdots & 0 \\ \vdots & \vdots & & \vdots \\ a_{n1} & a_{n2} & \cdots & a_{nn} \end{vmatrix}+\cdots+\begin{vmatrix} a_{11} & a_{12} & \cdots & a_{1n} \\ \vdots & \vdots & & \vdots \\ 0 & 0 & \cdots & a_{in} \\ \vdots & \vdots & & \vdots \\ a_{n1} & a_{n2} & \cdots & a_{nn} \end{vmatrix}$$

$$=a_{i1}A_{i1}+a_{i2}A_{i2}+\cdots+a_{in}A_{in}\ (i=1,2,\cdots,n)$$

类似地，若按列证明，可得 $D=a_{1j}A_{1j}+a_{2j}A_{2j}+\cdots+a_{nj}A_{nj}\,(j=1,2,\cdots,n)$.

性质 2.6 对于 n 阶行列式 D，则有

$$\begin{cases} \sum_{j=1}^{n}a_{ij}A_{kj}=0, & \text{当 } i\neq k \text{ 时} \\ \sum_{i=1}^{n}a_{ij}A_{ik}=0, & \text{当 } j\neq k \text{ 时} \end{cases} \tag{2-9}$$

证明 在此只需证明第一个等式，第二个等式可类似证明.

令 D 的第 k 行的元素等于第 i 行元素($k\neq i$)，即

$$a_{kj}=a_{ij}\quad (j=1,2,\cdots,n,\ k\neq i)$$

然后按第 k 行展开，有

$$\sum_{j=1}^{n} a_{ij}A_{kj} = \begin{vmatrix} a_{11} & \cdots & a_{1n} \\ \vdots & & \vdots \\ a_{i1} & \cdots & a_{in} \\ \vdots & & \vdots \\ a_{k1} & \cdots & a_{kn} \\ \vdots & & \vdots \\ a_{n} & \cdots & a_{nn} \end{vmatrix}$$

而等号右端行列式为零(由推论 2.3)，于是此性质得证. 换言之，在行列式中，一行(或列)的元素与另一行(或列)相应元素的代数余子式的乘积之和为零. 可将上述性质 2.6 与行列式的展开定理式(2-8)统一写成

$$\sum_{j=1}^{n} a_{ij}A_{kj} = \begin{cases} D, & \text{当 } i = k \text{ 时} \\ 0, & \text{当 } i \neq k \text{ 时} \end{cases}$$

$$\sum_{j=1}^{n} a_{ij}A_{ik} = \begin{cases} D, & \text{当 } j = k \text{ 时} \\ 0, & \text{当 } j \neq k \text{ 时} \end{cases}$$

性质 2.7(行列式乘积法则)

设 $\boldsymbol{A}=(a_{ij})$与 $\boldsymbol{B}=(b_{ij})$均为 n 阶方阵，则

$$|\boldsymbol{AB}| = |\boldsymbol{A}||\boldsymbol{B}|$$

证明 1　作 $2n$ 阶行列式

$$D = \begin{vmatrix} a_{11} & \cdots & a_{1n} & & & \\ \vdots & & \vdots & & \mathbf{0} & \\ a_{n1} & \cdots & a_{nn} & & & \\ -1 & & & b_{11} & \cdots & b_{1n} \\ & \ddots & & \vdots & & \vdots \\ & & -1 & b_{n1} & \cdots & b_{nn} \end{vmatrix} = \begin{vmatrix} \boldsymbol{A} & \boldsymbol{O} \\ -\boldsymbol{E} & \boldsymbol{B} \end{vmatrix}$$

利用性质 2.5，在行列式 D 中以 b_{kj} $(k=1, 2, \cdots, n)$乘第 k 列加到第 $n+j$ 列上$(j=1, 2, \cdots, n)$有

$$D = \begin{vmatrix} \boldsymbol{A} & \boldsymbol{C} \\ -\boldsymbol{E} & \boldsymbol{O} \end{vmatrix}$$

其中，$\boldsymbol{C}=(c_{ij})$，$c_{ij}=a_{i1}b_{1j}+\cdots+a_{in}b_{nj}$，故 $\boldsymbol{C}=\boldsymbol{AB}$. 再对 D 进行 n 次行交换 $r_i \leftrightarrow r_{n+i}$ $(i=1, 2, \cdots, n)$，有

$$D = \begin{vmatrix} \boldsymbol{A} & \boldsymbol{C} \\ -\boldsymbol{E} & \boldsymbol{O} \end{vmatrix} = (-1)^n \begin{vmatrix} -\boldsymbol{E} & \boldsymbol{O} \\ \boldsymbol{A} & \boldsymbol{C} \end{vmatrix} = (-1)^n \, |-\boldsymbol{E}||\boldsymbol{C}| = |\boldsymbol{C}|$$

于是$|\boldsymbol{AB}|=|\boldsymbol{A}||\boldsymbol{B}|$.

证明 2　利用倍加变换将$|\boldsymbol{A}|$、$|\boldsymbol{B}|$分别化为下三角行列式(请读者自证).

一般地，若 $\boldsymbol{A}_1$，$\boldsymbol{A}_2$，…，$\boldsymbol{A}_t$ 都是 n 阶矩阵，则$|\boldsymbol{A}_1\boldsymbol{A}_2\cdots\boldsymbol{A}_t|=|\boldsymbol{A}_1||\boldsymbol{A}_2|\cdots|\boldsymbol{A}_t|$.

例 4　已知 4 阶行列式

$$|\boldsymbol{A}|=\begin{vmatrix}1&2&3&4\\1&1&1&1\\3&2&7&6\\5&4&2&1\end{vmatrix}$$

试求 $A_{41}+A_{42}+A_{43}+A_{44}$（其中 A_{ij} 是 $|\boldsymbol{A}|$ 中元素 a_{ij} 的代数余子式）.

解　由性质 2.6 可知

$$1\cdot A_{41}+1\cdot A_{42}+1\cdot A_{43}+1\cdot A_{44}=\begin{vmatrix}1&2&3&4\\1&1&1&1\\3&2&7&6\\1&1&1&1\end{vmatrix}=0$$

例 5　计算 4 阶行列式

$$|\boldsymbol{A}|=\begin{vmatrix}a&b&c&d\\-b&a&-d&c\\-c&d&a&-b\\-d&-c&b&a\end{vmatrix}$$

解　由 $|\boldsymbol{A}|^2=|\boldsymbol{A}||\boldsymbol{A}|=|\boldsymbol{A}||\boldsymbol{A}^{\mathrm{T}}|=|\boldsymbol{A}\boldsymbol{A}^{\mathrm{T}}|$ 及

$$\boldsymbol{A}\boldsymbol{A}^{\mathrm{T}}=\begin{bmatrix}a&b&c&d\\-b&a&-d&c\\-c&d&a&-b\\-d&-c&b&a\end{bmatrix}\begin{bmatrix}a&-b&-c&-d\\b&a&d&-c\\c&-d&a&b\\d&c&-b&a\end{bmatrix}$$

$$=\begin{bmatrix}s&0&0&0\\0&s&0&0\\0&0&s&0\\0&0&0&s\end{bmatrix}$$

其中，$s=a^2+b^2+c^2+d^2$，即得

$$|\boldsymbol{A}|^2=|\boldsymbol{A}\boldsymbol{A}^{\mathrm{T}}|=\begin{vmatrix}s&0&0&0\\0&s&0&0\\0&0&s&0\\0&0&0&s\end{vmatrix}=s^4=(a^2+b^2+c^2+d^2)^4$$

故 $|\boldsymbol{A}|=\pm(a^2+b^2+c^2+d^2)^2$. 由行列式的展开式可知行列式中含有 a^4 项，故

$$|\boldsymbol{A}|=(a^2+b^2+c^2+d^2)^2$$

在 MATLAB 中，行列式的计算则非常简单，只需一个函数命令即可计算出方阵的行列式. 下面给出计算行列式的命令函数.

命令函数　det

格式　det(A)　　%求方阵 A 的行列式的值

例 6 计算行列式 $\begin{vmatrix} 1 & -2 & -9 & 8 & -3 \\ -1 & 2 & 7 & -5 & 2 \\ 2 & 0 & 1 & 3 & -1 \\ -1 & 8 & -11 & -3 & 3 \\ 2 & -11 & 15 & 5 & -4 \end{vmatrix}$.

解 MATLAB 程序如下：

```
>>A=[1, -2, -9, 8, -3; -1, 2, 7, -5, 2; 2, 0, 1, 3, -1; -1, 8, -11, -3, 3; 2, -11, 15, 5, -4];
>>det(A)
ans=
    -157
```

例 7 计算行列式 $\begin{vmatrix} 2x & x & 1 & 2 \\ 1 & x & 1 & -1 \\ 3 & 2 & x & 1 \\ 1 & 1 & 1 & x \end{vmatrix}$.

解 MATLAB 程序如下：

```
>>sym x
>>det([2*x, x, 1, 2; 1, x, 1, -1; 3, 2, x, 1; 1, 1, 1, x])
ans=
    2*x^4-7*x^2+12*x-x^3-8
```

2.2 行列式的计算

在行列式的计算中，除了可用行列式的定义展开外，一般情况下必须借助于行列式的性质及推论，简化后得以解决.

例 1 计算 n 阶行列式

$$D_n = \begin{vmatrix} 1 & 1 & 1 & \cdots & 1 \\ 1 & 2 & 0 & \cdots & 0 \\ 1 & 0 & 3 & \cdots & 0 \\ \vdots & \vdots & \vdots & & \vdots \\ 1 & 0 & 0 & \cdots & n \end{vmatrix}$$

解 注意到除第 1 行(或第 1 列)外，D_n 每行(或列)只有两个非零元，故 D_n 易化为上三角行列式，对 D_n 的第 1 列分别作$(n-1)$个不同的倍加变换，有

$$D_n \xlongequal[j=2,\cdots,n]{c_1-\frac{1}{j}c_j} \begin{vmatrix} 1-\sum\limits_{j=2}^{n}\frac{1}{j} & 1 & 1 & \cdots & 1 \\ 0 & 2 & 0 & \cdots & 0 \\ 0 & 0 & 3 & \cdots & 0 \\ \vdots & \vdots & \vdots & & \vdots \\ 0 & 0 & 0 & \cdots & n \end{vmatrix}$$

$$= n!\left(1-\sum_{j=2}^{n}\frac{1}{j}\right)$$

注 上例中的行列式称为“爪”形行列式，因为这种行列式的形状如 $|\nwarrow|$，其他形如 $|\searrow|$，$|\swarrow|$，$|\nearrow|$ 的“爪”形行列式均可按照此方法化为上三角行列式或次三角行列式进行计算.

例 2 计算 n 阶行列式(“三对角”行列式)

$$D_n = \begin{vmatrix} 2 & 1 & & & \\ 1 & 2 & 1 & & \\ & 1 & 2 & \ddots & \\ & & \ddots & \ddots & 1 \\ & & & 1 & 2 \end{vmatrix}$$

解法 1 按第 1 行展开：

$$D_n = 2D_{n-1} + (-1)^{1+2}\begin{vmatrix} 1 & 1 & & & \\ & 2 & 1 & & \\ & 1 & 2 & \ddots & \\ & & \ddots & \ddots & 1 \\ & & & 1 & 2 \end{vmatrix} = 2D_{n-1} - D_{n-2}$$

得到递推关系式：

$$D_n - D_{n-1} = D_{n-1} - D_{n-2} = \cdots = D_2 - D_1 = 3 - 2 = 1$$

于是

$$D_n = D_{n-1} + 1 = D_{n-2} + 1 + 1 = \cdots = D_1 + (n-1) = n+1$$

解法 2 将第 1 列拆成两项之和，用加法性质得

$$D_n = \begin{vmatrix} 2 & 1 & & & \\ 1 & 2 & 1 & & \\ & 1 & 2 & \ddots & \\ & & \ddots & \ddots & 1 \\ & & & 1 & 2 \end{vmatrix} = \begin{vmatrix} 1 & 1 & & & \\ 1 & 2 & 1 & & \\ & 1 & 2 & \ddots & \\ & & \ddots & \ddots & 1 \\ & & & 1 & 2 \end{vmatrix} + \begin{vmatrix} 1 & 1 & & & \\ 0 & 2 & 1 & & \\ & 1 & 2 & \ddots & \\ & & \ddots & \ddots & 1 \\ & & & 1 & 2 \end{vmatrix}$$

$$= \begin{vmatrix} 1 & 0 & & & \\ 1 & 1 & 0 & & \\ & 1 & 1 & \ddots & \\ & & \ddots & \ddots & 0 \\ & & & 1 & 1 \end{vmatrix} + D_{n-1}$$

$$= 1 + D_{n-1} = \cdots = D_1 + (n-1) = n+1$$

上述方法称之为行列式的“递推法”.

例 3 计算 n 阶行列式

$$D_n = \begin{vmatrix} x_1 & a_2 & a_3 & \cdots & a_n \\ a_1 & x_2 & a_3 & \cdots & a_n \\ a_1 & a_2 & x_3 & \cdots & a_n \\ \vdots & \vdots & \vdots & & \vdots \\ a_1 & a_2 & a_3 & \cdots & x_n \end{vmatrix}$$

解 对于某 i 若 $x_i = a_i$ 时，则根据 D_n 中第 i 列(行)元素的特点，易于计算，留给读者自己完成.

假设 $x_i \neq a_i$，$i=1, 2, \cdots, n$. 对 D_n 有望化成“爪”形行列式.

$$D_n \xlongequal[i=2,3,\cdots,n]{r_i - r_1} \begin{vmatrix} x_1 & a_2 & a_3 & \cdots & a_n \\ a_1 - x_1 & x_2 - a_2 & 0 & \cdots & 0 \\ a_1 - x_1 & 0 & x_3 - a_3 & \cdots & 0 \\ \vdots & \vdots & \vdots & & \vdots \\ a_1 - x_1 & 0 & 0 & \cdots & x_n - a_n \end{vmatrix}$$

$$\xlongequal[j=1,2,\cdots,n]{\left(\frac{1}{x_j - a_j}\right)c_j} \left[\prod_{j=1}^{n}(x_j - a_j)\right] \begin{vmatrix} \frac{x_1}{x_1 - a_1} & \frac{a_2}{x_2 - a_2} & \frac{a_3}{x_3 - a_3} & \cdots & \frac{a_n}{x_n - a_n} \\ -1 & 1 & 0 & \cdots & 0 \\ -1 & 0 & 1 & \cdots & 0 \\ \vdots & \vdots & \vdots & & \vdots \\ -1 & 0 & 0 & \cdots & 1 \end{vmatrix}$$

$$\xlongequal[j=2,\cdots,n]{c_1 + c_j} \left[\prod_{j=1}^{n}(x_j - a_j)\right] \begin{vmatrix} 1 + \sum_{j=1}^{n} \frac{a_j}{x_j - a_j} & \frac{a_2}{x_2 - a_2} & \frac{a_3}{x_3 - a_3} & \cdots & \frac{a_n}{x_n - a_n} \\ 0 & 1 & 0 & \cdots & 0 \\ 0 & 0 & 1 & \cdots & 0 \\ \vdots & \vdots & \vdots & & \vdots \\ 0 & 0 & 0 & \cdots & 1 \end{vmatrix}$$

$$= \left[\prod_{j=1}^{n}(x_j - a_j)\right]\left[1 + \sum_{j=1}^{n} \frac{a_j}{x_j - a_j}\right]$$

例 4 n 阶行列式

$$V_n=\begin{vmatrix}1&1&1&\cdots&1\\x_1&x_2&x_3&\cdots&x_n\\x_1^2&x_2^2&x_3^2&\cdots&x_n^2\\\vdots&\vdots&\vdots&&\vdots\\x_1^{n-1}&x_2^{n-1}&x_3^{n-1}&\cdots&x_n^{n-1}\end{vmatrix}$$

称 V_n 为**范德蒙(Vandermode)行列式**，求此行列式.

解 分析易见 $n=2$ 时，$V_2=\begin{vmatrix}1&1\\x_1&x_2\end{vmatrix}=x_2-x_1$.

当 $n=3$ 时，

$$V_3=\begin{vmatrix}1&1&1\\x_1&x_2&x_3\\x_1^2&x_2^2&x_3^2\end{vmatrix}\xlongequal[r_2-x_1r_1]{r_3-x_1r_2}\begin{vmatrix}1&1&1\\0&x_2-x_1&x_3-x_1\\0&x_2^2-x_1x_2&x_3^2-x_1x_3\end{vmatrix}$$

$$\xlongequal[(x_2-x_1)c_3]{(x_2-x_1)c_2}(x_2-x_1)(x_3-x_1)\begin{vmatrix}1&\frac{1}{x_2-x_1}&\frac{1}{x_3-x_1}\\0&1&1\\0&x_2&x_3\end{vmatrix}$$

$$=(x_2-x_1)(x_3-x_1)\begin{vmatrix}1&1\\x_2&x_3\end{vmatrix}$$

$$=(x_2-x_1)(x_3-x_1)(x_3-x_2)$$

猜测

$$V_n=\prod_{1\leqslant j<i\leqslant n}(x_i-x_j)\tag{2-10}$$

其中记号“Π”表示全体同类因子的乘积.

下面用数学归纳法证明之.

当 $n=2$ 时命题显然成立. 假设式(2-10)对于$(n-1)$阶范德蒙行列式成立，证明对 n 阶行列式也成立.

为此，设法对 V_n 降阶. 从第 n 行开始，后一行减去前一行的 x_1 倍，有

$$V_n=\begin{vmatrix}1&1&1&\cdots&1\\0&x_2-x_1&x_3-x_1&\cdots&x_n-x_1\\0&x_2(x_2-x_1)&x_3(x_3-x_1)&\cdots&x_n(x_n-x_1)\\\vdots&\vdots&\vdots&&\vdots\\0&x_2^{n-1}(x_2-x_1)&x_3^{n-2}(x_3-x_1)&\cdots&x_n^{n-2}(x_n-x_1)\end{vmatrix}$$

按第 1 列展开，并把每列的公因子$(x_i-x_1)(i=2, 3, \cdots, n)$提出，就有

$$V_n=(x_2-x_1)(x_3-x_1)\cdots(x_n-x_1)\begin{vmatrix}1&1&\cdots&1\\x_2&x_3&\cdots&x_n\\\vdots&\vdots&&\vdots\\x_2^{n-2}&x_3^{n-2}&\cdots&x_n^{n-2}\end{vmatrix}$$

上式右端是 $n-1$ 阶范德蒙行列式，由归纳假设，它等于所有(x_i-x_j)因子的乘积，其中 $2\leqslant j<i\leqslant n$，故

$$\begin{aligned}V_n&=(x_2-x_1)(x_3-x_1)\cdots(x_n-x_1)\prod_{2\leqslant j<i\leqslant n}(x_i-x_j)\\&=\prod_{1\leqslant j<i\leqslant n}(x_i-x_j)\end{aligned}$$

因此可得如下结论：

n 阶范德蒙行列式 $V_n\neq0$ 的充要条件是 $x_i\neq x_j$，$(i\neq j,\ i,\ j=1,\ 2,\ \cdots,\ n)$.

例 5 计算行列式 $D_n=\begin{vmatrix}1&2&3&\cdots&n-1&n\\2&3&4&\cdots&n&1\\3&4&5&\cdots&1&2\\\vdots&\vdots&\vdots&&\vdots&\vdots\\n&1&2&\cdots&n-2&n-1\end{vmatrix}$.

解 根据行列式的性质，先从第 $n-1$ 列开始乘以(-1)加到第 n 列，第 $n-2$ 列乘以(-1)加到第$(n-1)$列，一直到第一列乘以(-1)加到第 2 列. 然后把第 1 行乘以(-1)加到各行去，将其化为三角形行列式.

$$D_n=\begin{vmatrix}1&2&3&\cdots&n-1&n\\2&3&4&\cdots&n&1\\3&4&5&\cdots&1&2\\\vdots&\vdots&\vdots&&\vdots&\vdots\\n&1&2&\cdots&n-2&n-1\end{vmatrix}\xlongequal[i=n,\ \cdots,\ 3,\ 2]{c_i-c_{i-1}}\begin{vmatrix}1&1&1&\cdots&1&1\\2&1&1&\cdots&1&1-n\\3&1&1&\cdots&1-n&1\\\vdots&\vdots&\vdots&&\vdots&\vdots\\n&1-n&1&\cdots&1&1\end{vmatrix}$$

$$\xlongequal[i=2,\ 3,\ \cdots,\ n]{r_i-r_1}\begin{vmatrix}1&1&1&\cdots&1&1\\1&0&0&\cdots&0&-n\\2&0&0&\cdots&-n&0\\\vdots&\vdots&\vdots&&\vdots&\vdots\\n-1&-n&0&\cdots&0&0\end{vmatrix}$$

$$\xlongequal[i=2,\ 3,\ \cdots,\ n]{r_1+\frac{1}{n}r_i}\begin{vmatrix}1+\frac{1}{n}(1+2+\cdots+n-1)&0&\cdots&0&0\\1&0&\cdots&0&-n\\2&0&\cdots&-n&0\\\vdots&\vdots&&\vdots&\vdots\\n-2&0&\cdots&0&0\\n-1&-n&\cdots&0&0\end{vmatrix}$$

$$=\frac{1}{n}\cdot\frac{n(n+1)}{2}\begin{vmatrix}0&0&\cdots&0&-n\\0&0&\cdots&-n&0\\\vdots&\vdots&&\vdots&\vdots\\0&-n&\cdots&0&0\\-n&0&\cdots&0&0\end{vmatrix}$$

$$=(-1)^{\frac{n(n-1)}{2}}\cdot\frac{(n+1)}{2}\cdot n^{n-1}$$

注：此题各行(列)元素之和相等，也可以先将各行(列)相加后提取公因子，再化为三角行列式计算. 本题无论从题型还是解法上都具有代表性，凡是各行(列)元素的和均相等的行列式都可以用这种方法计算.

例 6 已知行列式 $D_{n+1}=\begin{vmatrix}2&1-\frac{1}{n}&1-\frac{1}{n}&\cdots&1-\frac{1}{n}\\1-\frac{1}{n}&2&1-\frac{1}{n}&\cdots&1-\frac{1}{n}\\&\cdots&\cdots&\cdots&\\1-\frac{1}{n}&1-\frac{1}{n}&1-\frac{1}{n}&\cdots&2\end{vmatrix}$，求 $\lim\limits_{n\to\infty}\frac{D_{n+1}}{n}$.

解 显然该行列式的各行(列)元素的和均相等，先将第 2，3，…，$n+1$ 列都加到第 1 列，得

$$D_{n+1}=\begin{vmatrix}2&1-\frac{1}{n}&1-\frac{1}{n}&\cdots&1-\frac{1}{n}\\1-\frac{1}{n}&2&1-\frac{1}{n}&\cdots&1-\frac{1}{n}\\\cdots&\cdots&\cdots&\cdots&\cdots\\1-\frac{1}{n}&1-\frac{1}{n}&1-\frac{1}{n}&\cdots&2\end{vmatrix}=\begin{vmatrix}n+1&1-\frac{1}{n}&1-\frac{1}{n}&\cdots&1-\frac{1}{n}\\n+1&2&1-\frac{1}{n}&\cdots&1-\frac{1}{n}\\\cdots&\cdots&\cdots&\cdots&\cdots\\n+1&1-\frac{1}{n}&1-\frac{1}{n}&\cdots&2\end{vmatrix}$$

$$=(n+1)\begin{vmatrix}1&1-\frac{1}{n}&1-\frac{1}{n}&\cdots&1-\frac{1}{n}\\1&2&1-\frac{1}{n}&\cdots&1-\frac{1}{n}\\\cdots&\cdots&\cdots&\cdots&\cdots\\1&1-\frac{1}{n}&1-\frac{1}{n}&\cdots&2\end{vmatrix}$$

$$\xlongequal[i=2,\cdots,n+1]{r_i-r_1}(n+1)\begin{vmatrix}1&1-\frac{1}{n}&1-\frac{1}{n}&\cdots&1-\frac{1}{n}\\0&1+\frac{1}{n}&0&\cdots&0\\\cdots&\cdots&\cdots&\cdots&\cdots\\0&0&0&\cdots&1+\frac{1}{n}\end{vmatrix}$$

$$= (n+1)\left(1+\frac{1}{n}\right)^n$$

所以，$\lim\limits_{n\to\infty}\frac{D_{n+1}}{n}=\lim\limits_{n\to\infty}\frac{(n+1)\left(1+\frac{1}{n}\right)^n}{n}=e.$

2.3 行列式的应用

2.3.1 逆矩阵的计算

从行列式的讨论可见，n 阶方阵均可讨论其行列式的值. 于是，利用行列式的定义及性质，则可以更清楚地了解方阵的一些特征. 可逆矩阵及逆矩阵是矩阵理论中的重要概念，利用行列式可以给出判别矩阵是否可逆的一个简单条件，并给出求逆矩阵的一个计算公式.

定理 2.2 矩阵 $\boldsymbol{A}$ 的各个元素的代数余子式 A_{ij} 所构成的如下矩阵

$$\boldsymbol{A}^* = \begin{bmatrix} A_{11} & A_{21} & \cdots & A_{n1} \\ A_{12} & A_{22} & \cdots & A_{n2} \\ \vdots & \vdots & & \vdots \\ A_{1n} & A_{2n} & \cdots & A_{nn} \end{bmatrix}$$

即 $\boldsymbol{A}^*=(A_{ij})^{\mathrm{T}}_{n\times n}$，称 $\boldsymbol{A}^*$ 为**矩阵 $\boldsymbol{A}$ 的伴随矩阵**(adjoint matrix)(或记作 adj$\boldsymbol{A}$). 且伴随矩阵 $\boldsymbol{A}^*$ 满足下面关系式：

$$\boldsymbol{A}\boldsymbol{A}^* = \boldsymbol{A}^*\boldsymbol{A} = |\boldsymbol{A}|\boldsymbol{E} \tag{2-11}$$

事实上，设 $\boldsymbol{A}=\begin{bmatrix} a_{11} & a_{12} & \cdots & a_{1n} \\ a_{21} & a_{22} & \cdots & a_{2n} \\ \vdots & \vdots & & \vdots \\ a_{n1} & a_{n2} & \cdots & a_{nn} \end{bmatrix}$，$\boldsymbol{A}^*=\begin{bmatrix} A_{11} & A_{21} & \cdots & A_{n1} \\ A_{12} & A_{22} & \cdots & A_{n2} \\ \vdots & \vdots & & \vdots \\ A_{1n} & A_{2n} & \cdots & A_{nn} \end{bmatrix}$.

由行列式的展开定理 2.1 及性质 2.6，可得

$$\boldsymbol{A}\boldsymbol{A}^* = \begin{bmatrix} a_{11} & a_{21} & \cdots & a_{1n} \\ a_{12} & a_{22} & \cdots & a_{2n} \\ \vdots & \vdots & & \vdots \\ a_{1n} & a_{2n} & \cdots & a_{nn} \end{bmatrix}\begin{bmatrix} A_{11} & A_{21} & \cdots & A_{n1} \\ A_{12} & A_{22} & \cdots & A_{n2} \\ \vdots & \vdots & & \vdots \\ A_{1n} & A_{2n} & \cdots & A_{nn} \end{bmatrix}$$

$$= \begin{bmatrix} |\boldsymbol{A}| & 0 & \cdots & 0 \\ 0 & |\boldsymbol{A}| & \cdots & 0 \\ \vdots & \vdots & & \vdots \\ 0 & 0 & \cdots & |\boldsymbol{A}| \end{bmatrix} = |\boldsymbol{A}|\boldsymbol{E}$$

同理可得 $\boldsymbol{A}^*\boldsymbol{A}=|\boldsymbol{A}|\boldsymbol{E}$，结论得证.

推论 2.5 当 $|\boldsymbol{A}|\neq 0$ 时，有 $|\boldsymbol{A}^*|=|\boldsymbol{A}|^{n-1}$.

证 由 $\boldsymbol{AA}^*=|\boldsymbol{A}|\boldsymbol{E}$，两边取行列式得

$$|\boldsymbol{A}||\boldsymbol{A}^*|=|\boldsymbol{AA}^*|=||\boldsymbol{A}|\boldsymbol{E}|=|\boldsymbol{A}|^n|\boldsymbol{E}|=|\boldsymbol{A}|^n$$

两边同除以 $|\boldsymbol{A}|$，即得

$$|\boldsymbol{A}^*|=|\boldsymbol{A}|^{n-1}$$

可进一步证明，当 $|\boldsymbol{A}|=0$ 时，有 $|\boldsymbol{A}^*|=0$(留给读者完成).

由式(2-11)及逆矩阵的定义可得求 $\boldsymbol{A}^{-1}$ 的公式.

定理 2.3 $\boldsymbol{A}$ 为可逆矩阵的充分必要条件是 $|\boldsymbol{A}|\neq 0$，且有

$$\boldsymbol{A}^{-1}=\frac{1}{|\boldsymbol{A}|}\boldsymbol{A}^* \tag{2-12}$$

证明 必要性 因为 $\boldsymbol{A}$ 可逆，即存在 $\boldsymbol{A}^{-1}$，使 $\boldsymbol{AA}^{-1}=\boldsymbol{E}$ 成立，故 $|\boldsymbol{A}||\boldsymbol{A}^{-1}|=|\boldsymbol{E}|=1$，所以 $|\boldsymbol{A}|\neq 0$，并由此可推出

$$|\boldsymbol{A}^{-1}|=|\boldsymbol{A}|^{-1}$$

充分性 由 $\boldsymbol{AA}^*=\boldsymbol{A}^*\boldsymbol{A}=|\boldsymbol{A}|\boldsymbol{E}$ 知，当 $|\boldsymbol{A}|\neq 0$ 时，可得

$$\boldsymbol{A}\left(\frac{1}{|\boldsymbol{A}|}\boldsymbol{A}^*\right)=\left(\frac{1}{|\boldsymbol{A}|}\boldsymbol{A}^*\right)\boldsymbol{A}=\boldsymbol{E}$$

由逆矩阵的定义知式(2-12)是成立的，即

$$\boldsymbol{A}^{-1}=\frac{\boldsymbol{A}^*}{|\boldsymbol{A}|}$$

当 $|\boldsymbol{A}|\neq 0$ 时，也称**矩阵 $\boldsymbol{A}$ 为非奇异矩阵**(nonsingular matrix)**或非退化矩阵**(nondegenerate matrix)；当 $|\boldsymbol{A}|=0$ 时，则称其为**奇异矩阵**(singular matrix)**或退化矩阵**(degenerate matrix). 显然，可逆矩阵是非奇异矩阵.

式(2-12)给出了一种利用伴随矩阵及行列式求逆矩阵的方法.

例 1 设 $\boldsymbol{A}=\begin{bmatrix} a & c \\ d & b \end{bmatrix}$，问当 a、b、c、d 满足什么条件时 $\boldsymbol{A}$ 可逆？当 $\boldsymbol{A}$ 可逆时，求 $\boldsymbol{A}^{-1}$. 特别地，当 $d=0$ 时，求 $\boldsymbol{A}^{-1}$.

解 $\boldsymbol{A}$ 可逆当且仅当 $|\boldsymbol{A}|=ab-cd\neq 0$，设 $ab-cd\neq 0$，则

$$\boldsymbol{A}^{-1}=\frac{1}{|\boldsymbol{A}|}\begin{bmatrix} A_{11} & A_{21} \\ A_{12} & A_{22} \end{bmatrix}=\frac{1}{ab-cd}\begin{bmatrix} b & -c \\ -d & a \end{bmatrix}$$

特别地，当 $d=0$ 时，则

$$\boldsymbol{A}^{-1}=\begin{bmatrix} a & c \\ 0 & b \end{bmatrix}^{-1}=\begin{bmatrix} a^{-1} & -a^{-1}cb^{-1} \\ 0 & b^{-1} \end{bmatrix}$$

且 $\boldsymbol{A}^{-1}$ 仍为上三角矩阵.

注：2 阶方阵的伴随矩阵可用“主(对角元)换位，次(对角元)变号”来记忆.

例 2 设 $\boldsymbol{A}$ 是 3 阶方阵，且 $|\boldsymbol{A}|=3$，试求 $|(3\boldsymbol{A})^{-1}-|\boldsymbol{A}^{-1}|\boldsymbol{A}^*|$.

解 由 $|\boldsymbol{A}|=3$，知 $|\boldsymbol{A}^{-1}|=\frac{1}{3}$，又由 $\boldsymbol{A}^{-1}=\frac{1}{|\boldsymbol{A}|}\boldsymbol{A}^*$，知 $\boldsymbol{A}^*=|\boldsymbol{A}|\boldsymbol{A}^{-1}$. 于是，有

$$
\begin{aligned}
|(3\boldsymbol{A})^{-1}-|\boldsymbol{A}^{-1}|\boldsymbol{A}^*| &= \left|\frac{1}{3}\boldsymbol{A}^{-1}-\frac{1}{3}\boldsymbol{A}^*\right| \\
&= \left|\frac{1}{3}\boldsymbol{A}^{-1}-\frac{1}{3}|\boldsymbol{A}|\boldsymbol{A}^{-1}\right| \\
&= \left|\left(\frac{1}{3}-1\right)\boldsymbol{A}^{-1}\right| = \left(-\frac{2}{3}\right)^3|\boldsymbol{A}^{-1}| \\
&= -\frac{8}{81}
\end{aligned}
$$

结合行列式的性质，下面给出判断一个矩阵是否可逆的更简便的方法.

定理 2.4 设 $\boldsymbol{A},\boldsymbol{B}\in P^{n\times n}$，若 $\boldsymbol{AB}=\boldsymbol{E}_n$，则 $\boldsymbol{A}$ 与 $\boldsymbol{B}$ 都可逆，并且

$$
\boldsymbol{A}^{-1}=\boldsymbol{B},\quad \boldsymbol{B}^{-1}=\boldsymbol{A}
$$

这里 $P^{n\times n}$ 表示 n 阶方阵的集合.

证明 因为 $\boldsymbol{AB}=\boldsymbol{E}_n$，所以 $|\boldsymbol{A}||\boldsymbol{B}|=1$，从而 $|\boldsymbol{A}|\neq0$，$|\boldsymbol{B}|\neq0$. 因此，$\boldsymbol{A}$ 与 $\boldsymbol{B}$ 都可逆，对 $\boldsymbol{AB}=\boldsymbol{E}_n$ 两边都左乘以 $\boldsymbol{A}^{-1}$ 得

$$
\boldsymbol{A}^{-1}(\boldsymbol{AB})=\boldsymbol{A}^{-1}\boldsymbol{E}_n
$$

即

$$
\boldsymbol{B}=\boldsymbol{A}^{-1}
$$

于是

$$
\boldsymbol{B}^{-1}=(\boldsymbol{A}^{-1})^{-1}=\boldsymbol{A}.
$$

方阵的逆矩阵还满足下列性质：

(1) 若 $\boldsymbol{A}$ 可逆，则 $(\boldsymbol{A}^*)^{-1}$ 可逆，且 $(\boldsymbol{A}^*)^{-1}=(\boldsymbol{A}^{-1})^*=\frac{\boldsymbol{A}}{|\boldsymbol{A}|}$.

事实上，由逆矩阵的定义，$\boldsymbol{A}^{-1}=\frac{1}{|\boldsymbol{A}|}\boldsymbol{A}^*$，可得 $\boldsymbol{A}^*=|\boldsymbol{A}|\boldsymbol{A}^{-1}$，故

$$
(\boldsymbol{A}^*)^{-1}=(|\boldsymbol{A}|\boldsymbol{A}^{-1})^{-1}=\frac{1}{|\boldsymbol{A}|}\boldsymbol{A}
$$

又

$$
(\boldsymbol{A}^{-1})^*=|\boldsymbol{A}^{-1}|(\boldsymbol{A}^{-1})^{-1}=\frac{1}{|\boldsymbol{A}|}\boldsymbol{A}
$$

从而 $(\boldsymbol{A}^*)^{-1}=(\boldsymbol{A}^{-1})^*=\frac{1}{|\boldsymbol{A}|}\boldsymbol{A}$.

例 3 设方阵 $\boldsymbol{A}$ 满足 $\boldsymbol{A}^2+\boldsymbol{A}-2\boldsymbol{E}=\boldsymbol{0}$，试证:$\boldsymbol{A}$ 可逆，并求 $\boldsymbol{A}^{-1}$.

证明 因为 $\boldsymbol{A}^2+\boldsymbol{A}-2\boldsymbol{E}=\boldsymbol{0}$，即

$$
\boldsymbol{A}(\boldsymbol{A}+\boldsymbol{E})=2\boldsymbol{E}
$$

即

$$
\boldsymbol{A}\left(\frac{\boldsymbol{A}+\boldsymbol{E}}{2}\right)=\boldsymbol{E}
$$

从而

$$
\boldsymbol{A}^{-1}=\frac{\boldsymbol{A}+\boldsymbol{E}}{2}
$$

例 4 设 $\boldsymbol{A}$，$\boldsymbol{B}$，$\boldsymbol{C}$ 均是 n 阶方阵，满足 $\boldsymbol{ABC}=\boldsymbol{E}$，求 $(\boldsymbol{AC}^{-1})^{-1}$.

解 由 $\boldsymbol{ABC}=\boldsymbol{E}$ 知，$\boldsymbol{A}$、$\boldsymbol{B}$、$\boldsymbol{C}$ 均为可逆矩阵，且 $\boldsymbol{AC}^{-1}$ 也可逆，且 $(\boldsymbol{AC}^{-1})^{-1}=\boldsymbol{CA}^{-1}$. 再由 $\boldsymbol{ABC}=\boldsymbol{E}$，有 $\boldsymbol{A}^{-1}=\boldsymbol{BC}$，所以 $(\boldsymbol{AC}^{-1})^{-1}=\boldsymbol{CA}^{-1}=\boldsymbol{CBC}$.

例 5 已知 $\boldsymbol{A}$，$\boldsymbol{B}$，$\boldsymbol{A}+\boldsymbol{B}$ 都可逆，证明：$\boldsymbol{A}^{-1}+\boldsymbol{B}^{-1}$ 可逆，并求 $(\boldsymbol{A}^{-1}+\boldsymbol{B}^{-1})^{-1}$.

证明

$$\begin{aligned}\boldsymbol{A}^{-1}+\boldsymbol{B}^{-1}&=\boldsymbol{A}^{-1}\boldsymbol{E}+\boldsymbol{EB}^{-1}=\boldsymbol{A}^{-1}\boldsymbol{E}+\boldsymbol{A}^{-1}\boldsymbol{AB}^{-1}\\&=\boldsymbol{A}^{-1}(\boldsymbol{E}+\boldsymbol{AB}^{-1})=\boldsymbol{A}^{-1}(\boldsymbol{BB}^{-1}+\boldsymbol{AB}^{-1})\\&=\boldsymbol{A}^{-1}(\boldsymbol{B}+\boldsymbol{A})\boldsymbol{B}^{-1}\end{aligned}$$

由已知条件 $\boldsymbol{A}$，$\boldsymbol{B}$，$\boldsymbol{A}+\boldsymbol{B}$ 均可逆，有

$$|\boldsymbol{A}^{-1}+\boldsymbol{B}^{-1}|=|\boldsymbol{A}^{-1}(\boldsymbol{B}+\boldsymbol{A})\boldsymbol{B}^{-1}|=|\boldsymbol{A}^{-1}||\boldsymbol{B}+\boldsymbol{A}||\boldsymbol{B}^{-1}|\neq 0$$

所以 $\boldsymbol{A}^{-1}+\boldsymbol{B}^{-1}$ 可逆，且有

$$(\boldsymbol{A}^{-1}+\boldsymbol{B}^{-1})^{-1}=(\boldsymbol{A}^{-1}(\boldsymbol{B}+\boldsymbol{A})\boldsymbol{B}^{-1})^{-1}=\boldsymbol{B}(\boldsymbol{B}+\boldsymbol{A})^{-1}\boldsymbol{A}$$

例 6 设 $\boldsymbol{A}=\begin{bmatrix}1&0&1\\0&2&0\\1&0&1\end{bmatrix}$，满足 $\boldsymbol{AX}+\boldsymbol{E}=\boldsymbol{A}^2+\boldsymbol{X}$，求 $\boldsymbol{X}$.

解 由 $\boldsymbol{AX}+\boldsymbol{E}=\boldsymbol{A}^2+\boldsymbol{X}$，有

$$\boldsymbol{AX}-\boldsymbol{X}=\boldsymbol{A}^2-\boldsymbol{E}$$

$$(\boldsymbol{A}-\boldsymbol{E})\boldsymbol{X}=(\boldsymbol{A}-\boldsymbol{E})(\boldsymbol{A}+\boldsymbol{E})$$

又由于

$$|\boldsymbol{A}-\boldsymbol{E}|=\begin{vmatrix}0&0&1\\0&1&0\\1&0&0\end{vmatrix}=-1\neq 0$$

$\boldsymbol{A}-\boldsymbol{E}$ 可逆，于是

$$\begin{aligned}\boldsymbol{X}&=(\boldsymbol{A}-\boldsymbol{E})^{-1}(\boldsymbol{A}-\boldsymbol{E})(\boldsymbol{A}+\boldsymbol{E})=\boldsymbol{A}+\boldsymbol{E}\\&=\begin{bmatrix}1&0&1\\0&2&0\\1&0&1\end{bmatrix}+\begin{bmatrix}1&0&0\\0&1&0\\0&0&1\end{bmatrix}=\begin{bmatrix}2&0&1\\0&3&0\\1&0&2\end{bmatrix}\end{aligned}$$

2.3.2 克莱默(Cramer)法则

在 2.1.1 节中给出了求解二元、三元线性方程组的行列式方法.

下面考虑含 n 个未知元 n 个方程的线性方程组

$$\boldsymbol{AX}=\boldsymbol{b} \tag{2-13}$$

即

$$\begin{cases}a_{11}x_1+a_{12}x_2+\cdots+a_{1n}x_n=b_1\\a_{21}x_1+a_{22}x_2+\cdots+a_{2n}x_n=b_2\\\qquad\vdots\\a_{n1}x_1+a_{n2}x_2+\cdots+a_{nn}x_n=b_n\end{cases} \tag{2-14}$$

的解.

对第 i 个方程两边乘以系数矩阵元素 a_{ik} 的代数余子式 A_{ik}(其中 $i=1, 2, \cdots, n$),然后将 n 个方程相加,整理得

$$\begin{aligned}&(a_{11}A_{1k}+a_{21}A_{2k}+\cdots+a_{n1}A_{nk})x_1+\cdots+\\&(a_{1k}A_{1k}+a_{2k}A_{2k}+\cdots+a_{nk}A_{nk})x_k+\cdots+\\&(a_{1n}A_{1k}+a_{2n}A_{2k}+\cdots+a_{nn}A_{nk})x_n\\=&\,b_1A_{1k}+b_2A_{2k}+\cdots+b_nA_{nk}\end{aligned}\tag{2-15}$$

由式(2-9)可知,对上式中的 $x_j(j\neq k)$,其系数

$$a_{1j}A_{1k}+a_{2j}A_{2k}+\cdots+a_{nj}A_{nk}=0(j=1, 2, \cdots, k-1, k+1, \cdots, n)$$

而 x_k 的系数即为系数行列式 $|\mathbf{A}|$(按第 k 行的展开式,记作 D),式(2-15)的右端可写成

$$b_1A_{1k}+b_2A_{2k}+\cdots+b_nA_{nk}=\begin{vmatrix}a_{11}&\cdots&b_1&\cdots&a_{1n}\\\vdots&&\vdots&&\vdots\\a_{k1}&\cdots&b_k&\cdots&a_{kn}\\\vdots&&\vdots&&\vdots\\a_{n1}&\cdots&b_n&\cdots&a_{nn}\end{vmatrix}$$

上式在系数行列式 $D=|\mathbf{A}|$ 中,用方程组的常数项列代换第 k 列的结果,记为 D_k,于是式(2-15)可写成

$$Dx_k=D_k$$

当 k 取遍 1, 2, …, n 时,可得

$$\begin{cases}Dx_1=D_1\\Dx_2=D_2\\\quad\vdots\\Dx_n=D_n\end{cases}$$

这就是下面的克莱默(Cramer)法则.

定理 2.4(Cramer 法则) 对线性方程组(2-13),当系数行列式 $D\neq0$ 时,该方程组有唯一解,其解为

$$x_1=\frac{D_1}{D}, x_2=\frac{D_2}{D}, \cdots, x_n=\frac{D_n}{D}\tag{2-16}$$

请读者思考一下:如果线性方程组(2-13)无解或有两个以上不同的解,则它的系数行列式是否必为零?应用克莱默法则,可以得到关于齐次线性方程组 $\mathbf{A}\boldsymbol{x}=\mathbf{0}$ 的相关结论.

推论 2.6 齐次线性方程组 $\mathbf{A}_{n\times n}\boldsymbol{x}=\mathbf{0}$ 有非零解的充分必要条件是 $|\mathbf{A}|=0$.

齐次线性方程组 $\mathbf{A}_{n\times n}\boldsymbol{x}=\mathbf{0}$ 的系数行列式 $|\mathbf{A}|\neq0$ 时,则该方程组只有一个零解

$$x_1=x_2=\cdots=x_n=0$$

也称零解为 $\mathbf{A}_{n\times n}\boldsymbol{x}=\mathbf{0}$ 的**平凡解**(trivial solution),称不全为零的解为**非零解**(non-zero solution)或**非平凡解**(non-trivial solution).

于是应用推论 2.6，在 2.1.2 节中引例(证明：一个 n 次多项方程式至多有 n 个互异根)便可得以解决.

事实上，由于方程组(2-6)的系数行列式

$$D_{n+1}=\begin{vmatrix}1 & x_1 & x_1^2 & \cdots & x_1^n\\ 1 & x_2 & x_2^2 & \cdots & x_2^n\\ \vdots & \vdots & \vdots & & \vdots\\ 1 & x_{n+1} & x_{n+1}^2 & \cdots & x_{n+1}^n\end{vmatrix}\xlongequal[\text{行列式}]{\text{范德蒙}}\prod_{n+1\geqslant i>j\geqslant 1}(x_i-x_j)\neq 0$$

故方程组(2-6)只有零解，即 $a_0=a_1=a_2=\cdots=a_n=0$. 这与 $a_n\neq 0$ 矛盾. 因此一个 n 次多项式方程至多有 n 个互异根.

例 7 求解线性方程组

$$\begin{cases}x_1+3x_2-2x_3+4x_4=1\\ 2x_1-x_2+x_3+3x_4=0\\ -2x_1+3x_2+x_3+4x_4=-1\\ x_1+3x_2-x_3+2x_4=1\end{cases}$$

解 由于系数行列式

$$D=\begin{vmatrix}1 & 3 & -2 & 4\\ 2 & -1 & 1 & 3\\ -2 & 3 & 1 & 4\\ 1 & 3 & -1 & 2\end{vmatrix}=87\neq 0$$

根据 Cramer 法则知，方程组有唯一解. 又因为

$$D_1=\begin{vmatrix}1 & 3 & -2 & 4\\ 0 & -1 & 1 & 3\\ -1 & 3 & 1 & 4\\ 1 & 3 & -1 & 2\end{vmatrix}=36,\quad D_2=\begin{vmatrix}1 & 1 & -2 & 4\\ 2 & 0 & 1 & 3\\ -2 & -1 & 1 & 4\\ 1 & 1 & -1 & 2\end{vmatrix}=17$$

$$D_3=\begin{vmatrix}1 & 3 & 1 & 4\\ 2 & -1 & 0 & 3\\ -2 & 3 & -1 & 4\\ 1 & 3 & 1 & 2\end{vmatrix}=-22,\quad D_4=\begin{vmatrix}1 & 3 & -2 & 1\\ 2 & -1 & 1 & 0\\ -2 & 3 & 1 & -1\\ 1 & 3 & -1 & 1\end{vmatrix}=-11$$

故方程组的解为

$$x_1=\frac{D_1}{D}=\frac{36}{87},\quad x_2=\frac{D_2}{D}=\frac{17}{87},\quad x_3=\frac{D_3}{D}=-\frac{22}{87},\quad x_4=\frac{D_4}{4}=-\frac{11}{87}$$

例 8 设 $x_1, x_2, \cdots, x_n$ 是数域 $\boldsymbol{P}$ 中 n 个互不相同的数，而 $b_1, b_2, \cdots, b_n$ 是数域 $\boldsymbol{P}$ 中任意 n 个给定的数. 证明：在数域 $\boldsymbol{P}$ 上存在唯一的多项式函数

$$f(x)=a_0+a_1x+\cdots+a_{n-1}x^{n-1}$$

使得

$$f(x_i)=b_i,\quad i=1,2,\cdots,n \tag{2-17}$$

证明 设有一个多项式满足条件(2-17)，则该多项式的系数满足线性方程组

$$a_0+a_1x_i+a_2x_i^2+\cdots+a_{n-1}x_i^{n-1}=b_i,\quad i=1,2,\cdots,n$$

这个关于 a_0，a_1，…，a_{n-1}的线性方程组，其系数行列式为范德蒙行列式的转置，即

$$V_n=\begin{vmatrix}1 & x_1 & x_1^2 & \cdots & x_1^{n-1}\\ 1 & x_2 & x_2^2 & \cdots & x_2^{n-1}\\ \vdots & \vdots & \vdots & & \vdots\\ 1 & x_n & x_n^2 & \cdots & x_n^{n-1}\end{vmatrix}=\prod_{1\leqslant i<j\leqslant n}(x_j-x_i)\neq 0$$

根据定理 2.4，该线性方程组有唯一解$[c_0,c_1,c_2,\cdots,c_{n-1}]^{\mathrm{T}}$，于是，在数域 $\boldsymbol{P}$ 上存在唯一个多项式 $f(x)=c_0+c_1x+\cdots+c_{n-1}x^{n-1}$满足条件(2-17).

注：克莱默法则在理论上有重要意义，可用它求解一些特殊类型的线性方程组. 而复杂的行列式很难计算，克莱默法则又有局限性，因此一般采用矩阵初等变换来求解线性方程组.

例 9 已知三平面 π_1：$x=\gamma y+\beta z$，π_2：$y=\alpha z+\gamma x$，π_3：$z=\beta x+\alpha y$，证明：它们至少相交于一直线的充分必要条件是 $\alpha^2+\beta^2+\gamma^2+2\alpha\beta\gamma=1$.

证 显然 π_1、π_2、π_3 过坐标原点，它们至少相交于一直线⇔齐次线性方程组，即

$$\begin{cases}-x+\gamma y+\beta z=0\\ \gamma x-y+\alpha z=0\\ \beta x+\alpha y-z=0\end{cases}$$

有非零解. 由系数行列式$\begin{vmatrix}-1 & \gamma & \beta\\ \gamma & -1 & \alpha\\ \beta & \alpha & -1\end{vmatrix}=0$，解得 $\alpha^2+\beta^2+\gamma^2+2\alpha\beta\gamma=1$.

例 10 问 λ 取何值时，齐次线性方程组$\begin{cases}(1-\lambda)x_1-2x_2+4x_3=0\\ 2x_1+(3-\lambda)x_2+x_3=0\\ x_1+x_2+(1-\lambda)x_3=0\end{cases}$有非零解？

解 根据 Cramer 法则的推论，当系数行列式为零时有非零解.

因系数行列式

$$D=\begin{vmatrix}1-\lambda & -2 & 4\\ 2 & 3-\lambda & 1\\ 1 & 1 & 1-\lambda\end{vmatrix}=\begin{vmatrix}1-\lambda & -3+\lambda & 4\\ 2 & 1-\lambda & 1\\ 1 & 0 & 1-\lambda\end{vmatrix}$$

$$=(1-\lambda)^3+(\lambda-3)-4(1-\lambda)-2(1-\lambda)(-3-\lambda)$$

$$=(1-\lambda)^3+2(1-\lambda)^2+\lambda-3$$

令 $D=0$，得 $\lambda=0$，$\lambda=2$ 或 $\lambda=3$. 所以，当 $\lambda=0$，$\lambda=2$ 或 $\lambda=3$ 时，该齐次线性方程组有非零解.

注：研究齐次线性方程组解的情况常用到 Cramer 法则的推论.

2.4 应用案例

在科学与工程中，由于所涉及的模型数据数量庞大，许多方程组涉及成千甚至上万个变量和方程，通常用高阶线性方程组来描述，如污水处理、电路设计、交通流、CT图像重建等问题. 因此，研究工作者常常结合线性代数的理论，借助计算机来分析求解.

本节给出关于线性方程组的几个简单应用.

应用一　工资互付问题.

互付工资问题是多方合作相互提供劳动过程中产生的，比如农忙季节，多户农民组成互助组，共同完成各家的耕、种、收等农活，又如木工、电工、油漆工等组成互助组，共同完成各家的装潢工作，由于不同工种的劳动量有所不同，为了均衡各方的利益，就要计算互付工资的标准.

例 1　现有一个木工、电工、油漆工，相互装修他们的房子，他们有如下协议：

(1) 每人工作 10 天(包括在自己家的日子)(如表 2.1 所示)；

(2) 每人的日工资一般的市场价为 60 元～80 元；

(3) 日工资数应使每人的总收入和总支出相等.

表 2.1　工作天数(单位：天)

工人 / 在谁家	木工	电工	油漆工
木工家	2	1	6
电工家	4	5	1
油漆工家	4	4	3

求每人的日工资.

解　假设每人每天工作时间相同，无论谁在谁家干活都按正常情况工作，既不偷懒，也不加班，并设木工、电工、油漆工的日工资分别为 x 元、y 元、z 元，如表 2.2 所示.

表 2.2　各家应付工资和各人应得收入

工人 / 在谁家	木工	电工	油漆工	各家应付工资
木工家	$2x$	$1y$	$6z$	$2x+y+6z$
电工家	$4x$	$5y$	$1z$	$4x+5y+z$
油漆工家	$4x$	$4y$	$3z$	$4x+4y+3z$
各人应得收入	$10x$	$10y$	$10z$	

可得

$$\begin{cases}2x+y+6z=10x\\4x+5y+z=10y\\4x+4y+3z=10z\end{cases}$$

即

$$\begin{cases}-8x+y+6z=0\\4x-5y+z=0\\4x+4y-7z=0\end{cases}$$

用 MATLAB 求解.

输入:

```
>>A=[-8, 1, 6; 4, -5, 1; 4, 4, -7];
>>x=null(A, 'r'); format rat, x'
```

执行后得 ans=

```
31/36   8/9   1
```

可见上述齐次线性方程组的通解为 $x=k(31/36, 8/9, 1)^T$，因而根据“每人的日工资一般的市价为 60 元～80 元”可知

$$60\leqslant\frac{31}{36}k<\frac{8}{9}k<k<80$$

即

$$\frac{2160}{31}\leqslant k\leqslant 80$$

也即木工、电工、油漆工的日工资分别为$\frac{31}{36}k$元、$\frac{8}{9}k$元、k元，其中$\frac{2160}{31}\leqslant k\leqslant 80$.

为了简便起见，可取 $k=72$，于是木工、电工、油漆工的日工资分别为 62 元、64 元、72 元.

事实上，各人都不必付自己工资，这时各家应付工资和各人应得收入如表 2.3 所示.

表 2.3　各家应付工资和各人应得收入

工人 / 在谁家	木工	电工	油漆工	各家应付工资
木工家	0	$1y$	$6z$	$y+6z$
电工家	$4x$	0	$1z$	$4x+z$
油漆工家	$4x$	$4y$	0	$4x+4y$
个人应得收入	$8x$	$5y$	$7z$	

由此可见

$$\begin{cases} y+6z=8x \\ 4x+z=5y \\ 4x+4y=7z \end{cases}$$

即

$$\begin{cases} -8x+y+6z=0 \\ 4x-5y+z=0 \\ 4x+y-7z=0 \end{cases}$$

可见，这样得到的方程组与前面得到的方程组是一样的.

应用二　CT 图像的代数重建.

背景介绍：X 射线透视可以得到三维对象在二维平面上的投影，计算机断层扫描(Computed TomogRaphy，CT)则通过不同角度的 X 射线得到三维对象的多个二维投影，并以此重建对象内部的三维图像. 代数重建方法就是从这些二维投影出发，通过求解超定线性方程组来获得对象内部三维图像.

这里考虑一个更简单的模型，从二维图像的一维投影重建原先的二维图像，一个长方形图像可以用一个横竖均匀划分的离散网格来覆盖，每个网格对应一个像素，它是该网格上各点像素的均值，这样一个图像就可以用一个矩阵表示，其元素就是图像在一点的灰度值(黑白图像). 下面以 3×3 图像为例来说明，如表 2.4 所示.

表 2.4　3×3 图像的模型

3×3 图像各点的灰度值			水平方向上的叠加值	竖直方向上的叠加值
$x_1=1$	$x_2=0$	$x_3=0$	$x_1+x_2+x_3=1$	$x_1+x_4+x_7=1.5$
$x_4=0$	$x_5=0.5$	$x_6=0.5$	$x_4+x_5+x_6=1$	$x_2+x_5+x_6=0.5$
$x_7=0.5$	$x_8=0$	$x_9=1$	$x_7+x_8+x_9=1.5$	$x_+ x_6+x_9=1.5$

每个网格中的数字 x_i 代表其灰度值，范围在[0，1]内，0 表示白色，1 表示黑色，0.5 表示灰色，如果我们不知道网格中的数值，只知道沿竖直方向和水平方向的叠加值，为了确定网格中的灰度值，可以建立线性方程组(含有 6 个方程，9 个未知数)

$$\begin{cases} x_1+x_2+x_3=1 \\ x_4+x_5+x_6=1 \\ \vdots \\ x_3+x_6+x_9=1.5 \end{cases}$$

显然该方程组的解是不唯一的，为了重建图像，必须增加叠加值，如增加从右上方到左下方的叠加值，则方程组将增加 5 个方程

$$\begin{cases} x_1 = 1 \\ x_2 + x_4 = 0 \\ x_3 + x_5 + x_7 = 1 \\ x_6 + x_8 = 0.5 \\ x_9 = 1 \end{cases}$$

和上面的6个方程放在一起构成一个含有11个方程、9个未知数的线性方程组，便可以求解了. 请读者求出其解.

例2 3×3图像中第一行3个点的灰度值依次为 x_1，x_2，x_3，第二行3个点的灰度值依次为 x_4，x_5，x_6，第三行3个点的灰度值依次为 x_7，x_8，x_9，水平方向的叠加值依次为1，1，1.5，竖直方向的叠加值依次为1.5，0.5，1.5，沿右上方到左下方的叠加值依次为1，0，1，0.5，1，试确定 x_1，x_2，…，x_9 各点的灰度值.

解 由已知条件可得(含有11个方程、9个未知数)线性方程组

$$\begin{cases} x_1 + x_2 + x_3 = 1 \\ x_4 + x_5 + x_6 = 1 \\ \quad\quad \vdots \\ x_9 = 1 \end{cases}$$

MATLAB程序：

```
>>A=[1, 1, 1, 0, 0, 0, 0, 0, 0, ; 0, 0, 0, 1, 1, 1, 0, 0, 0; 0, 0, 0, 0, 0, 0, 1,
1, 1; 1, 0, 0, 1, 0, 0, 1, 0, 0; 0, 1, 0, 0, 1, 1, 0, 0, 0; 0, 0, 1, 0, 0, 1, 0, 0, 1; 1,
0, 0, 0, 0, 0, 0, 0, 0; 0, 1, 0, 1, 0, 0, 0, 0, 0; 0, 0, 1, 0, 1, 0, 1, 0, 0; 0, 0, 0,
0, 0, 1, 0, 1, 0; 0, 0, 0, 0, 0, 0, 0, 0, 1];
>>b=[1; 1; 1.5; 1.5; 0.5; 1.5; 1; 0; 1; 0.5; 1];
>>x=A\b
```

执行后得

```
ans=
    1.0000   0.0000   0   -0.0000   0.5000   0.5000
    0.5000-0.0000   1.0000
```

可见上述方程组的解不唯一，其中的一个特解为

$x_1=1$，$x_2=0$，$x_3=0$，$x_4=0$，$x_5=0.5$，$x_6=0.5$

$x_7=0.5$，$x_8=0$，$x_9=1$

上述结果表明，仅有三个方向上的叠加值还不够，可以再增加从左上方到右下方的叠加值. 在实际情况下，由于测量误差，上述线性方程组可能是超定的，这时可以将超定方程组的近似解作为重解图像数据.

应用三 投入产出问题.

例3 某地有一座煤矿、一个发电厂和一条铁路，经成本核算，每生产价值1元钱的煤

需消耗0.3元的电；为了把这1元钱的煤运出去需花费0.2元的运费；每生产1元的电需0.6元的煤作燃料，为了运行电厂的辅助设备需消耗0.1元的电，还需要花0.1元的运费；作为铁路局，每提供1元运费的运输需消耗0.5元的煤，辅助设备要消耗0.1元的电．现煤矿接到外地6万元煤的订单，电厂有10万元电的外地需求，问：煤矿和电厂各生产多少才能满足需求？

解 假设不考虑价格变动等其他因素，并设煤厂、电厂、铁路分别产出 x 元、y 元、z 元刚好满足需求，则有表2.5.

表2.5 消耗与产出的情况

		产出(1元)			产出	消耗	订单
		煤	电	运			
消耗	煤	0	0.6	0.5	x	$0.6y+0.5z$	60000
	电	0.1	0.1	0.1	y	$0.3x+0.1y+0.1z$	100000
	运	0.2	0.1	0	z	$0.2x+0.1y$	0

根据需求，建立下面线性方程组

$$\begin{cases} x-(0.6y+0.5z)=60000 \\ y-(0.3x+0.1y+0.1z)=100000 \\ z-(0.2x+0.1y)=0 \end{cases}$$

即

$$\begin{cases} x-0.6y-0.5z=60000 \\ -0.3x+0.9y-0.1z=100000 \\ -0.2x-0.1y+z=0 \end{cases}$$

MATLAB程序：

```
>>A=[1, -0.6, -0.5; -0.3, 0.9, -0.1; -0.2, -0.1, 1];
>>b=[60000; 100000; 0];
>>X=A\b
```

执行后得

```
X=
    1.0e+005 *
    1.9966
    1.8514
    0.5835
```

可见煤矿要生产 1.9966×10^5 元的煤、电厂要生产 1.8415×10^5 元的电恰好满足需求．

此模型可理解为如下，令

$$\boldsymbol{x}=\begin{bmatrix}x\\y\\z\end{bmatrix},\quad \boldsymbol{A}=\begin{bmatrix}0&0.6&0.5\\0.3&0.1&0.1\\0.2&0.1&0\end{bmatrix},\quad \boldsymbol{b}=\begin{bmatrix}60000\\100000\\0\end{bmatrix}$$

其中 $\boldsymbol{x}$ 称为总产值列向量，$\boldsymbol{A}$ 称为消耗系数矩阵，$\boldsymbol{b}$ 称为最终产品向量，则

$$\boldsymbol{A}\boldsymbol{x}=\begin{bmatrix}0&0.6&0.5\\0.3&0.1&0.1\\0.2&0.1&0\end{bmatrix}\begin{bmatrix}x\\y\\z\end{bmatrix}=\begin{bmatrix}0.6y+0.5z\\0.3x+0.1y+0.1z\\0.2x+0.1y\end{bmatrix}$$

根据需求，应该有 $\boldsymbol{x}-\boldsymbol{A}\boldsymbol{x}=\boldsymbol{b}$，即$(\boldsymbol{E}-\boldsymbol{A})\boldsymbol{x}=\boldsymbol{b}$，故 $\boldsymbol{x}=(\boldsymbol{E}-\boldsymbol{A})^{-1}\boldsymbol{b}$.

应用四　行列式在微分中值定理中的应用.

1. **Lagrange 中值定理**：设 $f(x)$在$[a, b]$上连续，(a, b)内可导，则至少存在一点 $\xi\in(a, b)$.

证　令 $\Phi(x)=\begin{vmatrix}a&f(a)&1\\b&f(b)&1\\x&f(x)&1\end{vmatrix}$，使 $f(\xi)=\dfrac{f(b)-f(a)}{b-a}$.

因为 $f(x)$在$[a, b]$连续，(a, b)可导，所以 $\Phi(x)$在$[a, b]$连续，(a, b)可导.

且 $\Phi(a)=\Phi(b)=0$，由 Rolle 定理，$\exists\,\xi\in(a, b)$使 $\Phi'(\xi)=0$.

$$\Phi'(\xi)=\begin{vmatrix}a&f(a)&1\\b&f(b)&1\\1&f'(\xi)&1\end{vmatrix}=\begin{vmatrix}a&f(a)&1\\b-a&f(b)-f(a)&0\\1&f'(\xi)&0\end{vmatrix}$$
$$=f'(\xi)\cdot(b-a)-(f(b)-f(a))=0$$

即

$$f'(\xi)=\frac{f(b)-f(a)}{b-a}$$

2. **Cauchy 中值定理**：设 f，g 在$[a, b]$连续，(a, b)可导，则至少存在一点 $\xi\in(a, b)$，使$\dfrac{f'(\xi)}{g'(\xi)}=\dfrac{f(b)-f(a)}{g(b)-g(a)}$.

证　令 $\Phi(x)=\begin{vmatrix}g(x)&f(x)&1\\g(a)&f(b)&1\\g(b)&f(b)&1\end{vmatrix}$，且满足$[a, b]$连续，$(a, b)$可导，$\Phi(a)=\Phi(b)$.

由 Rolle 定理：

$$\Phi'(\xi)=0\text{，即 }\Phi'(\xi)=\begin{vmatrix}g'(\xi)&f'(\xi)&0\\g(a)&f(b)&1\\g(b)&f(b)&1\end{vmatrix}$$

即

$$\frac{f(b)-f(a)}{g(b)-g(a)}=\frac{f'(\xi)}{g'(\xi)}$$

教学视频

2-1 几种 n 阶行列式的计算

2-2 克莱默法则

2-3 行列式的应用

2-4 典型例题选讲 2

2-5 知识拓展 1

2-6 知识拓展 2

习 题 2

一、填空题

1. $\begin{vmatrix} 103 & 100 & 204 \\ 199 & 200 & 395 \\ 301 & 300 & 600 \end{vmatrix} =$______.

2. 设 $D=\begin{vmatrix} 1 & 2 & 3 & 4 \\ 5 & 6 & 7 & 8 \\ 2 & 3 & 4 & 5 \\ 6 & 7 & 8 & 9 \end{vmatrix}$，则 $3A_{12}+7A_{22}+4A_{32}+8A_{42}=$______.

3. 计算 $D=\begin{vmatrix} a & b & c \\ a^2 & b^2 & c^2 \\ b+c & c+a & a+b \end{vmatrix}=$______.

4. 设 $\boldsymbol{A}=\begin{bmatrix} 3 & 7 & -3 \\ -2 & -5 & 2 \\ -4 & -10 & 3 \end{bmatrix}$，则 $\boldsymbol{A}\boldsymbol{A}^*=$______.

5. 设 $\boldsymbol{A}$ 为三阶矩阵，且 $|\boldsymbol{A}|=2$，则 $|4\boldsymbol{A}^{-1}+\boldsymbol{A}^*|=$______.

6. 当 $a=$______时，方程组 $\begin{cases} ax_1+x_2+x_3=1 \\ x_1+ax_2+x_3=a \\ x_1+x_2+ax_3=a^2 \end{cases}$ 无解.

二、选择题

1. 行列式 $f(x)=\begin{vmatrix} x-2 & x-1 & x-2 & x-3 \\ 2x-2 & 2x-1 & 2x-2 & 2x-3 \\ 3x-3 & 3x-2 & 4x-5 & 3x-5 \\ 4x & 4x-3 & 5x-7 & 4x-5 \end{vmatrix}$，则方程 $f(x)=0$ 根的个数为____.

A. 1　　B. 2　　C. 3　　D. 4

2. 齐次线性方程组 $\begin{cases} \lambda x_1+x_2+x_3=0 \\ x_1+\lambda x_2+x_3=0 \\ x_1+x_2+x_3=0 \end{cases}$ 只有零解，则 λ 应满足的条件是______.

A. $\lambda=1$　　B. $\lambda\neq1$　　C. $\lambda=0$　　D. $\lambda\neq0$

三、计算与证明

1. 计算下列行列式.

(1) $\begin{vmatrix} 1+x & y & z \\ x & 1+y & z \\ x & y & 1+z \end{vmatrix}$；　(2) $\begin{vmatrix} 1 & 2 & 3 & 4 \\ 4 & 1 & 2 & 3 \\ 3 & 4 & 1 & 2 \\ 2 & 3 & 4 & 1 \end{vmatrix}$；

(3) $\begin{vmatrix} 1 & x & y & z \\ x & 1 & 0 & 0 \\ y & 0 & 2 & 0 \\ z & 0 & 0 & 3 \end{vmatrix}$；　(4) $\begin{vmatrix} 1 & 1 & 1 & 6 \\ 5 & 3 & -7 & 7 \\ 1 & 0 & 2 & 2 \\ 4 & -1 & 3 & -5 \end{vmatrix}$.

2. 计算下列 n 阶行列式.

(1) $\begin{vmatrix} x & & & & 1 \\ & x & & & \\ & & x & & \\ & & & \ddots & \\ 1 & & & & x \end{vmatrix}$；　(2) $\begin{vmatrix} 1 & 2 & 3 & \cdots & n \\ 2 & 1 & & & \\ 3 & & 1 & & \\ \vdots & & & \ddots & \\ n & & & & 1 \end{vmatrix}$；

(3) $\begin{vmatrix} a & b & b & \cdots & b \\ b & a & b & \cdots & b \\ b & b & a & \cdots & b \\ \vdots & \vdots & \vdots & & \vdots \\ b & b & b & \cdots & a \end{vmatrix}$；　(4) $\begin{vmatrix} 5 & 2 & & & \\ 3 & 5 & 2 & & \\ & 3 & 5 & \ddots & \\ & & \ddots & \ddots & 2 \\ & & & 3 & 5 \end{vmatrix}$.

3. 证明下列各式.

(1) $$\begin{vmatrix} 1+x_1 & 1 & 1 & \cdots & 1 \\ 1 & 1+x_2 & 1 & \cdots & 1 \\ \vdots & \vdots & \vdots & & \vdots \\ 1 & 1 & 1 & 1+x_n \end{vmatrix} = \left(1+\sum_{i=1}^{n}\frac{1}{x_i}\right)\left(\prod_{i=1}^{n}x_i\right);$$

(2) $$\begin{vmatrix} x & 0 & 0 & \cdots & 0 & a_n \\ -1 & x & 0 & \cdots & 0 & a_{n-1} \\ 0 & -1 & x & \cdots & 0 & a_{n-2} \\ \vdots & \vdots & \vdots & & \vdots & \vdots \\ 0 & 0 & 0 & \cdots & x & a_2 \\ 0 & 0 & 0 & \cdots & -1 & x+a_1 \end{vmatrix} = x^n + a_1x^{n-1}+\cdots+a_{n-1}x+a_n;$$

(3) $$\begin{vmatrix} \cos\theta & 1 & & & \\ 1 & 2\cos\theta & 1 & & \\ & 1 & 2\cos\theta & 1 & \\ & & \ddots & \ddots & 1 \\ & & & 1 & 2\cos\theta \end{vmatrix} = \cos n\theta;$$

(4) $$\begin{vmatrix} 1 & 1 & 1 & \cdots & 1 & 1 \\ x_1 & x_2 & x_3 & \cdots & x_{n-1} & x_n \\ x_1^2 & x_2^2 & x_3^2 & \cdots & x_{n-1}^2 & x_n^2 \\ \vdots & \vdots & \vdots & & \vdots & \vdots \\ x_1^{n-2} & x_2^{n-2} & x_3^{n-2} & \cdots & x_{n-1}^{n-2} & x_n^{n-2} \\ x_1^n & x_2^n & x_3^n & \cdots & x_{n-1}^n & x_n^n \end{vmatrix} = \left(\sum_{i=1}^{n}x_i\right)\prod_{1\leqslant j<i\leqslant n}(x_i-x_j).$$

4. (1) 设矩阵 $\boldsymbol{A}$ 满足 $\boldsymbol{A}^2+\boldsymbol{A}-4\boldsymbol{E}=\boldsymbol{O}$，证明：矩阵 $\boldsymbol{A}-\boldsymbol{E}$ 可逆，并求其逆.

(2) 设 n 阶方阵 $\boldsymbol{A}$ 满足 $\boldsymbol{A}^2-3\boldsymbol{A}-2\boldsymbol{E}=\boldsymbol{O}$，证明：方阵 $\boldsymbol{A}$ 可逆，并求其逆.

(3) 设 n 阶矩阵 $\boldsymbol{A}$ 和 $\boldsymbol{B}$ 满足条件 $\boldsymbol{A}+\boldsymbol{B}=\boldsymbol{AB}$，证明：矩阵 $\boldsymbol{A}-\boldsymbol{E}$ 可逆，并求其逆.

(4) 设方阵 $\boldsymbol{A}$ 满足 $\boldsymbol{A}^3=\boldsymbol{O}$，证明矩阵 $\boldsymbol{A}^2+\boldsymbol{A}+\boldsymbol{E}$ 可逆，并求其逆.

5. 用 Cramer 法则求解线性方程组.

$$\begin{cases} 2x_1+3x_2 = 1 \\ x_1+2x_2+3x_3 = 0 \\ x_2+2x_3+3x_4 = 0 \\ x_3+2x_4 = 0 \end{cases}$$

6. 已知线性方程组 $\begin{cases} x_1+3x_2+x_3=0 \\ 3x_1+2x_2+3x_3=-1 \\ -x_1+4x_2+\lambda x_3=\mu \end{cases}$，问：当参数 λ，μ 取何值时，线性方程组有

唯一解？有无穷多解？当线性方程组有无穷多解时，求出其通解.

7. 试证方程组$\begin{cases}x_1-x_2=a_1\\x_2-x_3=a_2\\x_3-x_4=a_3\\x_4-x_5=a_4\\x_5-x_1=a_1\end{cases}$有解的充分必要条件是 $\sum_{i=1}^{5}a_i=0$，并在有解的情况下，求出它的通解.

8. 设 $\boldsymbol{A}$ 为 $m\times n$ 实矩阵，证明：对于任意 $\boldsymbol{b}\in\mathbf{R}^n$，线性方程组 $\boldsymbol{A}^{\mathrm{T}}\boldsymbol{A}\boldsymbol{x}=\boldsymbol{A}^{\mathrm{T}}\boldsymbol{b}$ 一定有解.

四、机算与应用

1. 随机生成两个 5×5 正整数矩阵 $\boldsymbol{A}$ 和 $\boldsymbol{B}$，并计算 $|\boldsymbol{A}|$，$|\boldsymbol{B}|$，$|\boldsymbol{AB}|$ 及 $|\boldsymbol{AB}|^2$ 和 $|(\boldsymbol{AB})^2|$.

2. 求解下列方程组：

(1) 求线性方程组$\begin{cases}2x_1+x_2+2x_3+4x_4=5\\-14x_1+17x_2-12x_3+7x_4=8\\7x_1+7x_2+6x_3+6x_4=5\\-2x_1-9x_2+21x_3-7x_4=10\end{cases}$的唯一解.

(2) 求线性方程组$\begin{cases}5x_1+9x_2+7x_3+2x_4+8x_5=4\\4x_1+22x_2+8x_3+25x_4+23x_5=9\\x_1+8x_2+x_3+8x_4+8x_5=1\\2x_1+6x_2+6x_3+9x_4+7x_5=7\end{cases}$的通解.

3. 配平下列反应式.

(1) $FeS+KMnO_4+H_2SO_4\rightarrow K_2SO_4+MnSO_4+Fe_2(SO_4)_3+H_2O+S$；

(2) $Al_2(SO_4)_3+Na_2CO_3+H_2O\rightarrow Al(OH)_3+CO_2+Na_2SO_4$.

4. 甲、乙、丙三个农民组成互助组，每人工作 6 天(包括为自己家工作的天数)，刚好完成他们三家的农活，三人在三家工作天数如表 2.6 所示.

表 2.6　甲、乙、丙三家的工作参数

干活地点＼农民	甲	乙	丙
甲家	2	2	1.5
乙家	2.5	2	2
丙家	1.5	2	2.5

根据三人干活的种类、速度和时间，他们确定三人不必相互支付工资刚好公平，随后三人又合作到邻村帮忙干了 2 天(各人干活的种类和强度不变)，共获得工资 500 元.

问他们应该怎样分配这 500 元工资才合理？

5. 给定一个 3×3 图像在 2 个方向上的灰度叠加值：沿左上方到右下方的灰度叠加值依次为 0.8，1.2，1.7，0.2，0.3；沿右上方到左下方的灰度叠加值依次为 0.6，0.2，1.6，1.2，0.6.

(1) 建立可以确定网络数据的线性方程组，并用 MATLAB 求解.

(2) 将网格数据乘以 256，再取整，用 MATLAB 绘制该灰度图像.

6. 某乡镇有甲、乙、丙三个企业，甲企业每生产 1 元的产品要消耗 0.25 元乙企业的产品和 0.25 元丙企业的产品；乙企业每生产 1 元的产品要消耗 0.65 元甲企业的产品，0.05 元自产的产品和 0.05 元丙企业的产品，丙企业每生产 1 元的产品要消耗 0.5 元甲企业的产品和 0.1 元乙企业的产品. 在一个生产周期内，甲、乙、丙三个企业生产的产品价值分别为 100 万元、120 万元、60 万元，同时各自的固定资产折旧费分别为 20 万元、5 万元和 5 万元.

(1) 求一个生产周期内这三个企业扣除消耗和折旧后的新创价值；

(2) 如果这三个企业接到外来订单分别为 50 万元、60 万元、40 万元，那么他们各生产多少才能满足需求？

第 3 章

n 维向量与向量空间

本章讨论向量组的线性相关性，利用矩阵的秩研究向量组的秩和最大无关组，在此基础上建立向量空间的概念，讨论向量空间中的基变换和坐标变换，并学会用 MATLAB 进行相关计算和求解一些应用问题. 向量空间理论可用来研究线性方程组解的结构.

3.1 n 维向量及其运算

1. n 维向量

n 维向量是二维平面与三维空间中向量的推广. 在直角坐标系中，平面、空间中的向量分别用两个或三个有序实数表示，并有鲜明的几何意义. 在实际中，大量问题需要更多的分量才能描述，如导弹在空中的飞行状态，需要知道导弹在空中的位置(x, y, z)，它的速度 V_x、V_y、V_z 及质量 m，即飞行状态需要 7 个参数(x, y, z, V_x, V_y, V_z, m)来描述，称为 7 维向量. 如制药公司用 9 种药材配制成 5 种药品，则每种药品的成分可用一个 9 维向量表示，这样 5 种药可用一个 9 维向量组表示. 若一种药品短缺，能否用其余 4 种药品配制呢，这就与向量组的线性相关性有关. 当 $n>3$ 时，虽然向量不再有直观的几何意义，但却有明确的现实意义. 下面将二维和三维向量推广至 n 维向量.

定义 3.1 n 个有序的数 a_1, a_2, …, a_n 构成的数组称为 **n 维向量**(n-dimensional vector). 这 n 个数称为该向量的 n 个分量，a_i 称为这个向量的第 i 个分量，n 也称为该向量的长度. n 维向量记为

$$\boldsymbol{\alpha}=\begin{bmatrix}a_1\\a_2\\\vdots\\a_n\end{bmatrix} \quad 或 \quad \boldsymbol{\alpha}=\begin{pmatrix}a_1\\a_2\\\vdots\\a_n\end{pmatrix}$$

$$\boldsymbol{\alpha}=[a_1, a_2, \cdots, a_n] \quad 或 \quad \boldsymbol{\alpha}=(a_1, a_2, \cdots, a_n)$$

称其为**列向量**(column vector)或**行向量**(row vector). 本书中若没有指明是列向量还是行向量，均以列向量对待，列向量可写成 $\boldsymbol{\alpha}=[a_1, a_2, \cdots, a_n]^{\mathrm{T}}$.

分量全为实数的向量称为**实向量**(real vector)，分量为复数的向量称为**复向量**(complex vector)，分量全为零的向量称为**零向量**(zero vector)，记为 $\mathbf{0}$.

称 $-\boldsymbol{\alpha}=[-a_1, -a_2, \cdots, -a_n]$ 为 $\boldsymbol{\alpha}=[a_1, a_2, \cdots, a_n]$ 的**负向量**(reverse vector). 全体 n 维向量的集合记为 $\mathbf{R}^n$.

2. 向量的运算

由于行向量和列向量就是第 1 章中行矩阵和列矩阵，因此矩阵的加法和数乘运算及其运算规律都适用于 n 维向量.

设 $\boldsymbol{\alpha}=[a_1, a_2, \cdots, a_n]^{\mathrm{T}}$，$\boldsymbol{\beta}=[b_1, b_2, \cdots, b_n]^{\mathrm{T}}$ 为两个 n 维向量，λ 为数，则有

(1) 向量加法 $\boldsymbol{\alpha}+\boldsymbol{\beta}=[a_1+b_1, a_2+b_2, \cdots, a_n+b_n]^{\mathrm{T}}$；

(2) 向量数乘 $\lambda\boldsymbol{\alpha}=[\lambda a_1, \lambda a_2, \cdots, \lambda a_n]^{\mathrm{T}}$；

(3) 向量乘法. 注意行向量与列向量相乘的两种不同结果.

$$\boldsymbol{\alpha}^{\mathrm{T}}\boldsymbol{\beta}=[a_1, a_2, \cdots, a_n]\begin{bmatrix} b_1 \\ b_2 \\ \vdots \\ b_n \end{bmatrix}=a_1b_1+a_2b_2+\cdots+a_nb_n$$

$$\boldsymbol{\alpha}\boldsymbol{\beta}^{\mathrm{T}}=\begin{bmatrix} a_1 \\ a_2 \\ \vdots \\ a_n \end{bmatrix}[b_1, b_2, \cdots, b_n]=\begin{bmatrix} a_1b_1 & a_1b_2 & \cdots & a_1b_n \\ a_2b_1 & a_2b_2 & \cdots & a_2b_n \\ \vdots & \vdots & & \vdots \\ a_nb_1 & a_nb_2 & \cdots & a_nb_n \end{bmatrix}$$

向量加法和数乘称为向量的线性运算.

设 $\boldsymbol{\alpha}, \boldsymbol{\beta}, \boldsymbol{\gamma}\in\mathbf{R}^n$，$k$，$l$ 为数，不难验证向量的加法和数乘满足下面的运算规律：

(1) $\boldsymbol{\alpha}+\boldsymbol{\beta}=\boldsymbol{\beta}+\boldsymbol{\alpha}$；

(2) $(\boldsymbol{\alpha}+\boldsymbol{\beta})+\boldsymbol{\gamma}=\boldsymbol{\alpha}+(\boldsymbol{\beta}+\boldsymbol{\gamma})$；

(3) $\boldsymbol{\alpha}+\mathbf{0}=\boldsymbol{\alpha}$；

(4) $\boldsymbol{\alpha}+(-\boldsymbol{\alpha})=\mathbf{0}$；

(5) $1\boldsymbol{\alpha}=\boldsymbol{\alpha}$；

(6) $(kl)\boldsymbol{\alpha}=k(l\boldsymbol{\alpha})=l(k\boldsymbol{\alpha})$；

(7) $(k+l)\boldsymbol{\alpha}=k\boldsymbol{\alpha}+l\boldsymbol{\alpha}$；

(8) $k(\boldsymbol{\alpha}+\boldsymbol{\beta})=k\boldsymbol{\alpha}+k\boldsymbol{\beta}$.

例 已知向量 $\boldsymbol{\alpha}=[2, 0, -1, 3]^{\mathrm{T}}$，$\boldsymbol{\beta}=[1, 7, 4, -2]^{\mathrm{T}}$，$\boldsymbol{\gamma}=[0, 1, 0, 1]^{\mathrm{T}}$.

(1) 求 $\boldsymbol{\gamma}^{\mathrm{T}}\boldsymbol{\beta}$；(2) 若向量 $\boldsymbol{x}$ 满足 $3\boldsymbol{\alpha}-\boldsymbol{\beta}+5\boldsymbol{\gamma}+2\boldsymbol{x}=\mathbf{0}$，求 $\boldsymbol{x}$.

解 (1) $\boldsymbol{\gamma}^{\mathrm{T}}\boldsymbol{\beta}=[0, 1, 0, 1]\begin{bmatrix} 2 \\ 0 \\ -1 \\ 3 \end{bmatrix}=3$.

(2) 因为 $2\boldsymbol{x}=\boldsymbol{\beta}-3\boldsymbol{\alpha}-5\boldsymbol{\gamma}=[1, 7, 4, -2]^{\mathrm{T}}-3[2, 0, -1, 3]^{\mathrm{T}}-5[0, 1, 0, 1]^{\mathrm{T}}=[-5, 2, 7, -16]^{\mathrm{T}}$.

所以 $\boldsymbol{x}=\left[-\dfrac{5}{2}, 1, \dfrac{7}{2}, -8\right]^{\mathrm{T}}$.

3.2 向量组的线性相关性

若干个同维数的列向量(或行向量)所组成的集合称为**向量组**.

3.2.1 向量组的线性表示

定义 3.2

(1) 设 n 维向量组 $\boldsymbol{\alpha}_1$, $\boldsymbol{\alpha}_2$, …, $\boldsymbol{\alpha}_s$, 对于任何一组实数 k_1, k_2, …, k_s, 称 $k_1\boldsymbol{\alpha}_1+k_2\boldsymbol{\alpha}_2+\cdots+k_s\boldsymbol{\alpha}_s$ 为 $\boldsymbol{\alpha}_1$, $\boldsymbol{\alpha}_2$, …, $\boldsymbol{\alpha}_s$ 的一个**线性组合**(linear combination), 其中 k_1, k_2, …, k_s 为组合系数.

(2) 设 $\boldsymbol{b}$ 为 n 维向量, 若存在一组数 λ_1, λ_2, …, λ_s, 使 $\boldsymbol{b}=\lambda_1\boldsymbol{\alpha}_1+\lambda_2\boldsymbol{\alpha}_2+\cdots+\lambda_s\boldsymbol{\alpha}_s$, 则称向量 $\boldsymbol{b}$ 可由向量组 $\boldsymbol{\alpha}_1$, $\boldsymbol{\alpha}_2$, …, $\boldsymbol{\alpha}_s$ **线性表示**(linear representation).

易知, 零向量可由任一向量组线性表示.

n 维向量组 $\boldsymbol{e}_1=[1, 0, \cdots, 0]^{\mathrm{T}}$, $\boldsymbol{e}_2=[0, 1, 0, \cdots, 0]^{\mathrm{T}}$, …, $\boldsymbol{e}_n=[0, 0, \cdots, 0, 1]^{\mathrm{T}}$ 称为 n 维基本单位向量组. 对 $\mathbf{R}^n$ 中任意向量 $\boldsymbol{\alpha}=[a_1, a_2, \cdots, a_n]^{\mathrm{T}}$, 由于 $\boldsymbol{\alpha}=a_1\boldsymbol{e}_1+a_2\boldsymbol{e}_2+\cdots+a_n\boldsymbol{e}_n$, 所以 $\boldsymbol{\alpha}$ 可由 $\boldsymbol{e}_1$, …, $\boldsymbol{e}_n$ 线性表示.

3.2.2 向量组、矩阵及线性方程组间的关系

1. 向量组与矩阵的关系

设

$$\boldsymbol{A}=\begin{bmatrix} a_{11} & a_{12} & \cdots & a_{1n} \\ a_{21} & a_{22} & \cdots & a_{2n} \\ \vdots & \vdots & & \vdots \\ a_{m1} & a_{m2} & \cdots & a_{mn} \end{bmatrix}=\begin{bmatrix} \boldsymbol{\beta}_1 \\ \boldsymbol{\beta}_2 \\ \vdots \\ \boldsymbol{\beta}_m \end{bmatrix}=[\boldsymbol{\alpha}_1, \boldsymbol{\alpha}_2, \cdots, \boldsymbol{\alpha}_n]$$

其中, $\boldsymbol{\beta}_i=[a_{i1}, a_{i2}, \cdots, a_{in}]$, $i=1, 2, \cdots, m$; $\boldsymbol{\alpha}_j=[a_{1j}, a_{2j}, \cdots, a_{mj}]^{\mathrm{T}}$, $j=1, 2, \cdots, n$, 称 $\boldsymbol{\beta}_1$, $\boldsymbol{\beta}_2$, …, $\boldsymbol{\beta}_m$ 为矩阵 $\boldsymbol{A}$ 的行向量组, $\boldsymbol{\alpha}_1$, $\boldsymbol{\alpha}_2$, …, $\boldsymbol{\alpha}_n$ 为矩阵 $\boldsymbol{A}$ 的列向量组. 反过来, 由有限个同维数的向量组可构成一个矩阵, 从而矩阵与列向量组(或行向量组)之间是一一对应的.

2. 向量组与线性方程组的关系

设线性方程组

$$\begin{cases} a_{11}x_1+a_{12}x_2+\cdots+a_{1n}x_n=b_1 \\ a_{21}x_1+a_{22}x_2+\cdots+a_{2n}x_n=b_2 \\ \qquad\vdots \\ a_{m1}x_1+a_{m2}x_2+\cdots+a_{mn}x_n=b_m \end{cases} \tag{3-1}$$

令 $\boldsymbol{\beta}=\begin{bmatrix}b_1\\b_2\\\vdots\\b_m\end{bmatrix}$，$\boldsymbol{\alpha}_1=\begin{bmatrix}a_{11}\\a_{21}\\\vdots\\a_{m1}\end{bmatrix}$，$\boldsymbol{\alpha}_2=\begin{bmatrix}a_{12}\\a_{22}\\\vdots\\a_{m2}\end{bmatrix}$，…，$\boldsymbol{\alpha}_n=\begin{bmatrix}a_{1n}\\a_{2n}\\\vdots\\a_{mn}\end{bmatrix}$，则式(3－1)可写为

$$x_1\boldsymbol{\alpha}_1+x_2\boldsymbol{\alpha}_2+\cdots+x_n\boldsymbol{\alpha}_n=\boldsymbol{\beta} \tag{3-2}$$

式(3－2)称为线性方程组(3－1)的向量表示式.

因此线性方程组(3－1)有解的充分必要条件是 $\boldsymbol{\beta}$ 可由向量组 $\boldsymbol{\alpha}_1$，…，$\boldsymbol{\alpha}_n$ 线性表示.

例 1 判断向量 $\boldsymbol{\beta}_1=[4, 3, -1, 1]^{\mathrm{T}}$ 与 $\boldsymbol{\beta}_2=[4, 3, 0, 11]^{\mathrm{T}}$ 能否由向量组 $\boldsymbol{\alpha}_1=[1, 2, -1, 5]^{\mathrm{T}}$，$\boldsymbol{\alpha}_2=[2, -1, 1, 11]^{\mathrm{T}}$ 线性表示？

解 设 $\boldsymbol{\beta}_1=k_1\boldsymbol{\alpha}_1+k_2\boldsymbol{\alpha}_2$，即有线性方程组

$$\begin{cases}k_1+2k_2=4\\2k_1-k_2=3\\-k_1+k_2=-1\\5k_1+k_2=11\end{cases}$$

其增广矩阵

$$\widetilde{\boldsymbol{A}}=[\boldsymbol{A}, \boldsymbol{b}]=\begin{bmatrix}1&2&4\\2&-1&3\\-1&1&-1\\5&1&11\end{bmatrix}\xrightarrow[\text{化为行最简形}]{\text{初等行变换}}\begin{bmatrix}1&0&2\\0&1&1\\0&0&0\\0&0&0\end{bmatrix}=\widetilde{\boldsymbol{B}}$$

对应同解方程组为 $\begin{cases}k_1=2\\k_2=1\end{cases}$，该线性方程组有解，从而 $\boldsymbol{\beta}_1$ 可由 $\boldsymbol{\alpha}_1$，$\boldsymbol{\alpha}_2$ 线性表示.

同理，设 $\boldsymbol{\beta}_2=l_1\boldsymbol{\alpha}_1+l_2\boldsymbol{\alpha}_2$，易知线性方程组无解，从而 $\boldsymbol{\beta}_2$ 不能由 $\boldsymbol{\alpha}_1$，$\boldsymbol{\alpha}_2$ 线性表示.

3.2.3 向量组的线性相关性定义及性质

定义 3.3 设有 n 维向量组 $\boldsymbol{\alpha}_1$，$\boldsymbol{\alpha}_2$，…，$\boldsymbol{\alpha}_m$，如果存在不全为零的数 k_1，k_2，…，k_m，使得

$$k_1\boldsymbol{\alpha}_1+k_2\boldsymbol{\alpha}_2+\cdots+k_m\boldsymbol{\alpha}_m=\boldsymbol{0}$$

则称向量组 $\boldsymbol{\alpha}_1$，$\boldsymbol{\alpha}_2$，…，$\boldsymbol{\alpha}_m$ **线性相关**(linear dependent)，否则称向量组 $\boldsymbol{\alpha}_1$，$\boldsymbol{\alpha}_2$，…，$\boldsymbol{\alpha}_m$ **线性无关**(linear independent).

由定义 3.3 知，若向量组 $\boldsymbol{\alpha}_1$，$\boldsymbol{\alpha}_2$，…，$\boldsymbol{\alpha}_m$ 线性无关，当且仅当 $k_1=k_2=\cdots=k_m=0$ 时，才有 $k_1\boldsymbol{\alpha}_1+k_2\boldsymbol{\alpha}_2+\cdots+k_m\boldsymbol{\alpha}_m=\boldsymbol{0}$ 成立. 并可得到如下结论：

(1) 包含零向量的向量组必线性相关.

(2) 当向量组只含有一个向量 $\boldsymbol{\alpha}$ 时，若 $\boldsymbol{\alpha}\neq\boldsymbol{0}$，则线性无关；若 $\boldsymbol{\alpha}=\boldsymbol{0}$，则线性相关.

(3) 非零向量组 $\boldsymbol{\alpha}_1$，$\boldsymbol{\alpha}_2$ 线性相关的充分必要条件是 $\boldsymbol{\alpha}_1=k\boldsymbol{\alpha}_2$，即向量 $\boldsymbol{\alpha}_1$ 与 $\boldsymbol{\alpha}_2$ 的对应分

量成比例.

证明：只证结论(3).

必要性　已知向量组 $\boldsymbol{\alpha}_1$、$\boldsymbol{\alpha}_2$ 线性相关，则有 $k_1\boldsymbol{\alpha}_1+k_2\boldsymbol{\alpha}=\mathbf{0}$，其中 k_1，k_2 不全为 0. 若 k_1，k_2 中有一个为 0，不妨设 $k_1=0$，则有 $k_2\boldsymbol{\alpha}_2=0$，又 $k_2\neq 0$，于是 $\boldsymbol{\alpha}_2=\mathbf{0}$，这与已知 $\boldsymbol{\alpha}_2\neq\mathbf{0}$ 矛盾. 所以 k_1，k_2 都不为 0，从而 $\boldsymbol{\alpha}_1=-\dfrac{k_2}{k_1}\boldsymbol{\alpha}_2=k\boldsymbol{\alpha}_2$.

充分性　已知 $\boldsymbol{\alpha}_1=k\boldsymbol{\alpha}_2$，即 $\boldsymbol{\alpha}_1-k_2\boldsymbol{\alpha}_2=\mathbf{0}$，显然向量组 $\boldsymbol{\alpha}_1$，$\boldsymbol{\alpha}_2$ 线性相关.

从几何上看，当 $\boldsymbol{\alpha}_1=k\boldsymbol{\alpha}_2$ 时，即 $\boldsymbol{\alpha}_1$，$\boldsymbol{\alpha}_2$ 线性相关时，$\boldsymbol{\alpha}_1$，$\boldsymbol{\alpha}_2$ 是共线向量.

例 2　判断下列向量组的线性相关性.

(1) $\boldsymbol{\alpha}_1=[1,0,1]^{\mathrm{T}}$，$\boldsymbol{\alpha}_2=[0,1,1]^{\mathrm{T}}$，$\boldsymbol{\alpha}_3=[2,1,3]^{\mathrm{T}}$；

(2) $\boldsymbol{\beta}_1=[1,2,1,0]^{\mathrm{T}}$，$\boldsymbol{\beta}_2=[2,3,4,1]^{\mathrm{T}}$，$\boldsymbol{\beta}_3=[3,4,3,0]^{\mathrm{T}}$.

解　(1) 因为

$$2\boldsymbol{\alpha}_1+1\boldsymbol{\alpha}_2+(-1)\boldsymbol{\alpha}_3=\begin{bmatrix}2+0-2\\0+1-1\\2+1-3\end{bmatrix}=\begin{bmatrix}0\\0\\0\end{bmatrix}=\mathbf{0}$$

所以向量组 $\boldsymbol{\alpha}_1$，$\boldsymbol{\alpha}_2$，$\boldsymbol{\alpha}_3$ 线性相关.

(2) 设 $k_1\boldsymbol{\beta}_1+k_2\boldsymbol{\beta}_2+k_3\boldsymbol{\beta}_3=\mathbf{0}$，由向量的加法与数乘运算可得

$$k_1\begin{bmatrix}1\\2\\1\\0\end{bmatrix}+k_2\begin{bmatrix}2\\3\\4\\1\end{bmatrix}+k_3\begin{bmatrix}3\\4\\3\\0\end{bmatrix}=\begin{bmatrix}0\\0\\0\\0\end{bmatrix}$$

即

$$\begin{cases}k_1+2k_2+3k_3=0\\2k_1+3k_2+4k_3=0\\k_1+4k_2+3k_3=0\\k_2=0\end{cases}\tag{3-3}$$

解方程组(3-3)得 $k_1=k_2=k_3=0$，即向量组 $\boldsymbol{\beta}_1$，$\boldsymbol{\beta}_2$，$\boldsymbol{\beta}_3$ 线性无关.

可以证明 n 维基本单位向量组 $\boldsymbol{e}_1$，$\boldsymbol{e}_2$，…，$\boldsymbol{e}_n$ 是线性无关的(请读者自行证明).

若向量组 $\boldsymbol{\alpha}_1$，…，$\boldsymbol{\alpha}_m$ $(m\geqslant 2)$线性相关，则存在一组不全为 0 的数 k_1，…，k_m，使得 $k_1\boldsymbol{\alpha}_1+k_2\boldsymbol{\alpha}_2+\cdots+k_m\boldsymbol{\alpha}_m=\mathbf{0}$. 不妨设 $k_1\neq 0$，则 $\boldsymbol{\alpha}_1=-\dfrac{k_2}{k_1}\boldsymbol{\alpha}_2-\cdots-\dfrac{k_m}{k_1}\boldsymbol{\alpha}_m$，即 $\boldsymbol{\alpha}_1$ 可由 $\boldsymbol{\alpha}_2$，…，$\boldsymbol{\alpha}_m$ 线性表示. 反过来，若向量组 $\boldsymbol{\alpha}_1$，…，$\boldsymbol{\alpha}_m$ 中有一个向量可由其余向量线性表示，显然 $\boldsymbol{\alpha}_1$，…，$\boldsymbol{\alpha}_m$ 线性相关. 于是有下面定理.

定理 3.1　向量组 $\boldsymbol{\alpha}_1$，$\boldsymbol{\alpha}_2$，…，$\boldsymbol{\alpha}_m$ 线性相关的充分必要条件是至少存在一个向量 $\boldsymbol{\alpha}_j$ $(1\leqslant j\leqslant m,\ m\geqslant 2)$可由其余向量线性表示.

结合向量组与矩阵的对应关系，下面利用矩阵理论判断向量组的线性相关性，并给出相关结论.

定理 3.2 设 $\boldsymbol{A}$ 是 $m\times n$ 矩阵，则矩阵 $\boldsymbol{A}$ 的列向量组线性相关(无关)的充分必要条件是齐次线性方程组 $\boldsymbol{Ax}=\boldsymbol{0}$ 有非零解(只有零解).

证明 将 $\boldsymbol{A}$ 按列分块，记 $\boldsymbol{A}=[\boldsymbol{\alpha}_1, \boldsymbol{\alpha}_2, \cdots, \boldsymbol{\alpha}_n]$，令 $k_1\boldsymbol{\alpha}_1+k_2\boldsymbol{\alpha}_2+\cdots+k_n\boldsymbol{\alpha}_n=\boldsymbol{0}$，若向量组 $\boldsymbol{\alpha}_1, \boldsymbol{\alpha}_2, \cdots, \boldsymbol{\alpha}_n$ 线性相关，则 $k_1, k_2, \cdots, k_n$ 不全为零，即齐次线性方程组 $\boldsymbol{Ax}=\boldsymbol{0}$ 有非零解. 若向量组 $\boldsymbol{\alpha}_1, \boldsymbol{\alpha}_2, \cdots, \boldsymbol{\alpha}_n$ 线性无关，则 $k_1, k_2, \cdots, k_n$ 全为 0，从而 $\boldsymbol{Ax}=\boldsymbol{0}$ 只有零解.

推论 3.1 当 $t>n$，含 t 个 n 维向量的向量组必线性相关.(读者自证)

特别地，$n+1$ 个 n 维向量必线性相关.

向量组线性相关性的一些结论.(读者可自行证明)

① 向量组 $\boldsymbol{\alpha}_1, \boldsymbol{\alpha}_2, \cdots, \boldsymbol{\alpha}_m$ 线性无关，而向量组 $\boldsymbol{\alpha}_1, \boldsymbol{\alpha}_2, \cdots, \boldsymbol{\alpha}_m, \boldsymbol{b}$ 线性相关，则 $\boldsymbol{b}$ 可由向量组 $\boldsymbol{\alpha}_1, \boldsymbol{\alpha}_2, \cdots, \boldsymbol{\alpha}_m$ 唯一线性表示.

② 向量组 $\boldsymbol{\alpha}_1, \boldsymbol{\alpha}_2, \cdots, \boldsymbol{\alpha}_m$ 线性无关，则任一部分组 $\boldsymbol{\alpha}_1, \boldsymbol{\alpha}_2, \cdots, \boldsymbol{\alpha}_r(r<m)$必线性无关.

③ 向量组 $\boldsymbol{\alpha}_1, \boldsymbol{\alpha}_2, \cdots, \boldsymbol{\alpha}_m$ 线性相关，则增加向量后的向量组 $\boldsymbol{\alpha}_1, \boldsymbol{\alpha}_2, \cdots, \boldsymbol{\alpha}_s(s>m)$必线性相关.

④ 设 $\boldsymbol{\alpha}_1, \boldsymbol{\alpha}_2, \cdots, \boldsymbol{\alpha}_m$ 为 m 个 m 维向量，则 $\boldsymbol{\alpha}_1, \boldsymbol{\alpha}_2, \cdots, \boldsymbol{\alpha}_m$ 线性无关$\Leftrightarrow$行列式 $|(\boldsymbol{\alpha}_1, \boldsymbol{\alpha}_2, \cdots, \boldsymbol{\alpha}_m)|\neq 0$；$\boldsymbol{\alpha}_1, \boldsymbol{\alpha}_2, \cdots, \boldsymbol{\alpha}_m$ 线性相关$\Leftrightarrow$行列式$|(\boldsymbol{\alpha}_1, \boldsymbol{\alpha}_2, \cdots, \boldsymbol{\alpha}_m)|=0$.

⑤ 从几何的角度理解：设 $\boldsymbol{\alpha}, \boldsymbol{\beta}, \boldsymbol{\gamma}$ 为三维向量，向量组 $\boldsymbol{\alpha}, \boldsymbol{\beta}$ 线性相关$\Leftrightarrow\boldsymbol{\alpha}, \boldsymbol{\beta}$ 共线；向量组 $\boldsymbol{\alpha}, \boldsymbol{\beta}, \boldsymbol{\gamma}$ 线性相(无)关$\Leftrightarrow\boldsymbol{\alpha}, \boldsymbol{\beta}, \boldsymbol{\gamma}$ 共(不)面.

例 3 判断下列向量组的线性相关性.

(1) $\boldsymbol{\alpha}_1=[2, 1, 0]^{\mathrm{T}}, \boldsymbol{\alpha}_2=[0, -1, 1]^{\mathrm{T}}, \boldsymbol{\alpha}_3=[-1, 0, 2]^{\mathrm{T}}, \boldsymbol{\alpha}_4=[1, 2, 3]^{\mathrm{T}}$；

(2) $\boldsymbol{\beta}_1=[1, 0, 0, 0]^{\mathrm{T}}, \boldsymbol{\beta}_2=[0, 1, 0, 0]^{\mathrm{T}}, \boldsymbol{\beta}_3=[0, 0, 0, 1]^{\mathrm{T}}$；

(3) $\boldsymbol{\gamma}_1=[0, 1, 0, 3]^{\mathrm{T}}, \boldsymbol{\gamma}_2=[1, 0, 0, 2]^{\mathrm{T}}, \boldsymbol{\gamma}_3=[0, 0, 1, 6]^{\mathrm{T}}$.

解 (1) 向量组的个数为 4，而向量的维数为 3，所以是线性相关的.

(2) 这是 4 维基本向量组的部分组，所以是线性无关的.

(3) 因为向量组 $\boldsymbol{e}_1=[0, 1, 0]^{\mathrm{T}}, \boldsymbol{e}_2=[1, 0, 0]^{\mathrm{T}}, \boldsymbol{e}_3=[0, 0, 1]^{\mathrm{T}}$ 线性无关，所以增加分量后的向量组 $\boldsymbol{\gamma}_1, \boldsymbol{\gamma}_2, \boldsymbol{\gamma}_3$ 线性无关.

例 4 已知 $\boldsymbol{\alpha}_1=[1, -1, 2, 0]^{\mathrm{T}}, \boldsymbol{\alpha}_2=[0, 1, 0, 0]^{\mathrm{T}}, \boldsymbol{\alpha}_3=[2, 3, 1, 1]^{\mathrm{T}}, \boldsymbol{\alpha}_4=[1, 0, -1, 1]^{\mathrm{T}}$，问 $\boldsymbol{\alpha}_1, \boldsymbol{\alpha}_2, \boldsymbol{\alpha}_3, \boldsymbol{\alpha}_4$ 是否线性相关?

解 令 $\boldsymbol{A}=[\boldsymbol{\alpha}_1, \boldsymbol{\alpha}_2, \boldsymbol{\alpha}_3, \boldsymbol{\alpha}_4]=\begin{bmatrix}1 & 0 & 2 & 1\\ -1 & 1 & 3 & 0\\ 2 & 0 & 1 & -1\\ 0 & 0 & 1 & 1\end{bmatrix}\xrightarrow[\text{化为行阶梯形}]{\text{初等行变换}}\begin{bmatrix}1 & 0 & 2 & 1\\ 0 & 1 & 5 & 1\\ 0 & 0 & 1 & 1\\ 0 & 0 & 0 & 0\end{bmatrix}$

因为 $\boldsymbol{R}(\mathbf{A})=3<4$，所以线性方程组 $\boldsymbol{AX}=\boldsymbol{0}$ 有非零解，从而 $\boldsymbol{\alpha}_1, \boldsymbol{\alpha}_2, \boldsymbol{\alpha}_3, \boldsymbol{\alpha}_4$ 线性相关.

3.3 向量组的秩与极大无关组

本节给出向量组秩的定义，讨论矩阵的秩与向量组的秩之间的关系，进一步深入研究向量组的线性相关性.

定义 3.4 设有向量组Ⅰ：$\boldsymbol{\alpha}_1$，$\boldsymbol{\alpha}_2$，…，$\boldsymbol{\alpha}_s$，向量组Ⅱ：$\boldsymbol{\beta}_1$，$\boldsymbol{\beta}_2$，…，$\boldsymbol{\beta}_t$. 若向量组Ⅰ中的每一个向量都可由向量组Ⅱ线性表示，则称**向量组Ⅰ可由向量组Ⅱ线性表示**. 若向量组Ⅰ与向量组Ⅱ可以相互线性表示，则称**向量组Ⅰ与向量组Ⅱ等价**(vectors Ⅰ equivalent vectors Ⅱ).

定义 3.5 设有向量组Ⅰ：$\boldsymbol{\alpha}_1$，$\boldsymbol{\alpha}_2$，…，$\boldsymbol{\alpha}_s$，而$\boldsymbol{\alpha}_1$，$\boldsymbol{\alpha}_2$，…，$\boldsymbol{\alpha}_r$是向量组Ⅰ中的r个向量($r\leqslant s$)，若满足：

(1) 向量组$\boldsymbol{\alpha}_1$，$\boldsymbol{\alpha}_2$，…，$\boldsymbol{\alpha}_r$线性无关；

(2) 向量组$\boldsymbol{\alpha}_1$，$\boldsymbol{\alpha}_2$，…，$\boldsymbol{\alpha}_m$中的任$r+1$个向量(如果向量组中有$r+1$个向量的话)线性相关；

则称向量组$\boldsymbol{\alpha}_1$，$\boldsymbol{\alpha}_2$，…，$\boldsymbol{\alpha}_r$是向量组$\boldsymbol{\alpha}_1$，$\boldsymbol{\alpha}_2$，…，$\boldsymbol{\alpha}_s$的一个**最大(极大)线性无关向量组**，简称**最大无关组**(max linear independent vectors)，最大无关组所含向量个数r称为**向量组的秩**(rank of vectors)，记作$R(\boldsymbol{\alpha}_1, \boldsymbol{\alpha}_2, \cdots, \boldsymbol{\alpha}_s)=r$.

只含零向量的向量组，规定它的秩为0；向量组$\boldsymbol{\alpha}_1$，$\boldsymbol{\alpha}_2$，…，$\boldsymbol{\alpha}_s$线性无关时，其秩为s.

一个向量组中的任何一个向量都可以由最大无关组来线性表示，因此最大无关组能够反映整个向量组的特性.

例 1 求向量组$\boldsymbol{\alpha}_1=[2, 1, 0]^{\mathrm{T}}$，$\boldsymbol{\alpha}_2=[1, -1, 1]^{\mathrm{T}}$，$\boldsymbol{\alpha}_3=[3, 0, 1]^{\mathrm{T}}$的最大无关组和秩.

解 由于$\boldsymbol{\alpha}_1$，$\boldsymbol{\alpha}_2$对应分量不成比例，所以$\boldsymbol{\alpha}_1$，$\boldsymbol{\alpha}_2$线性无关，而又因为$\boldsymbol{\alpha}_1+\boldsymbol{\alpha}_2-\boldsymbol{\alpha}_3=\mathbf{0}$，从而$\boldsymbol{\alpha}_3$可由$\boldsymbol{\alpha}_1$，$\boldsymbol{\alpha}_2$线性表示，所以向量组的秩为2，最大无关组是$\boldsymbol{\alpha}_1$，$\boldsymbol{\alpha}_2$. 不难验证，$\boldsymbol{\alpha}_1$，$\boldsymbol{\alpha}_3$与$\boldsymbol{\alpha}_3$，$\boldsymbol{\alpha}_2$都是向量组$\boldsymbol{\alpha}_1$，$\boldsymbol{\alpha}_2$，$\boldsymbol{\alpha}_3$的最大无关组.

由此可知：一个向量组的最大无关组不唯一. 向量组与它的任一最大无关组等价.

对于$m\times n$阶矩阵$\boldsymbol{A}$，$\boldsymbol{A}$的行(列)向量组的秩称为**$\boldsymbol{A}$的行(列)秩**. 可以证明下面结论.

定理 3.3 阶梯形矩阵$\boldsymbol{J}$的行秩和列秩相等，恰等于$\boldsymbol{J}$的非零行数，并且$\boldsymbol{J}$的主元所在的列构成列向量组的一个最大无关组.

$$\text{如}\qquad \boldsymbol{J}=\begin{bmatrix} 1 & 2 & 5 & 7 & 0 \\ 0 & 0 & 2 & 3 & 1 \\ 0 & 0 & 0 & 4 & 5 \\ 0 & 0 & 0 & 0 & 0 \\ 0 & 0 & 0 & 0 & 0 \end{bmatrix}$$

$\boldsymbol{J}$的1、2、3行构成$\boldsymbol{J}$的行向量组的最大无关组，$\boldsymbol{J}$的1、3、4列构成$\boldsymbol{J}$的列向量组的极大无关组，从而$\boldsymbol{J}$的行秩等于其列秩.

由定义1.10及定理3.3知，$\boldsymbol{J}$的秩等于$\boldsymbol{J}$的行秩. 一般地，有下面定理成立.

定理 3.4 矩阵的初等行(列)变换不改变矩阵的列(行)向量组的线性相关性，从而不改变矩阵的列(行)秩.

证明 以初等行变换为例. 设$\boldsymbol{A}$为$m\times n$矩阵，用初等行变换将$\boldsymbol{A}$化为$\boldsymbol{B}$，相当于对$\boldsymbol{A}$

左乘一个可逆矩阵 $\boldsymbol{P}$ 得 $\boldsymbol{B}$，即 $\boldsymbol{PA}=\boldsymbol{B}$，将 $\boldsymbol{A}$ 和 $\boldsymbol{B}$ 按列分块为

$$\boldsymbol{A}=[\boldsymbol{\alpha}_1,\boldsymbol{\alpha}_2,\cdots,\boldsymbol{\alpha}_n],\quad \boldsymbol{B}=[\boldsymbol{\beta}_1,\boldsymbol{\beta}_2,\cdots,\boldsymbol{\beta}_n]$$

则有

$$\boldsymbol{PA}=\boldsymbol{P}[\boldsymbol{\alpha}_1,\boldsymbol{\alpha}_2,\cdots,\boldsymbol{\alpha}_n]=[\boldsymbol{P\alpha}_1,\boldsymbol{P\alpha}_2,\cdots,\boldsymbol{P\alpha}_n]=[\boldsymbol{\beta}_1,\boldsymbol{\beta}_2,\cdots,\boldsymbol{\beta}_n]$$

即

$$\boldsymbol{\beta}_j=\boldsymbol{P\alpha}_j,\quad j=1,2,\cdots,n$$

设矩阵 $\boldsymbol{A}$ 的某些列 $\boldsymbol{\alpha}_{i_1},\boldsymbol{\alpha}_{i_2},\cdots,\boldsymbol{\alpha}_{i_r}(r\leqslant n)$ 的线性关系为

$$k_1\boldsymbol{\alpha}_{i_1}+k_2\boldsymbol{\alpha}_{i_2}+\cdots+k_r\boldsymbol{\alpha}_{i_r}=\mathbf{0}$$

则有

$$\begin{aligned}k_1\boldsymbol{\beta}_{i_1}+k_2\boldsymbol{\beta}_{i_2}+\cdots+k_r\boldsymbol{\beta}_{i_r}&=k_1\boldsymbol{P\alpha}_{i_1}+k_2\boldsymbol{P\alpha}_{i_2}+\cdots+k_r\boldsymbol{P\alpha}_{i_r}\\&=\boldsymbol{P}(k_i\boldsymbol{\alpha}_{i_1}+k_2\boldsymbol{\alpha}_{i_2}+\cdots+k_r\boldsymbol{\alpha}_{i_r}\\&=\mathbf{0}\end{aligned}$$

反之，若 $k_1\boldsymbol{\beta}_{i_1}+k_2\boldsymbol{\beta}_{i_2}+\cdots+k_r\boldsymbol{\beta}_{i_r}=\mathbf{0}$ 成立，则 $k_1\boldsymbol{P\alpha}_{i_1}+k_2\boldsymbol{P\alpha}_{i_2}+\cdots+k_r\boldsymbol{P\alpha}_{i_r}=\mathbf{0}$ 也成立. 又因为 $\boldsymbol{P}$ 可逆，对上式两边左乘 $\boldsymbol{P}^{-1}$，则有 $k_1\boldsymbol{\alpha}_{i_1}+k_2\boldsymbol{\alpha}_{i_2}+\cdots+k_r\boldsymbol{\alpha}_{i_r}=\mathbf{0}$，即证明了 $\boldsymbol{A}$ 的列向量 $\boldsymbol{\alpha}_{i_1},\boldsymbol{\alpha}_{i_2},\cdots,\boldsymbol{\alpha}_{i_r}$ 构成的向量组与 $\boldsymbol{B}$ 的对应列向量 $\boldsymbol{\beta}_{i_1},\boldsymbol{\beta}_{i_2},\cdots,\boldsymbol{\beta}_{i_r}$ 构成的向量组有相同的线性组合关系，从而 $\boldsymbol{A}$ 的列秩等于 $\boldsymbol{B}$ 的列秩.

定理 3.5 矩阵 $\boldsymbol{A}$ 的秩等于 $\boldsymbol{A}$ 的行秩，也等于 $\boldsymbol{A}$ 的列秩.

证明 对 $\boldsymbol{A}$ 作初等行变换化成阶梯形矩阵 $\boldsymbol{J}$，由定义 1.10、定理 3.3 及定理 3.4 得出：$\boldsymbol{A}$ 的秩 $=\boldsymbol{J}$ 的行秩 $=\boldsymbol{J}$ 的列秩 $=\boldsymbol{A}$ 的列秩.

定理 3.4 给出了求向量组的秩及求其最大无关组的方法，下面举例说明.

若要求向量组的一个最大无关组，并将其余向量用最大无关组表示时，可进而将行阶梯形矩阵化为行最简形，并得到相应的表示系数.

例 2 设向量组 $\boldsymbol{\alpha}_1=[1,-2,0,3]$，$\boldsymbol{\alpha}_2=[2,-5,-3,-6]$，$\boldsymbol{\alpha}_3=[0,1,3,0]$，$\boldsymbol{\alpha}_4=[2,-1,4,7]$，$\boldsymbol{\alpha}_5=[5,-8,1,-2]$. 求该向量组的一个极大线性无关组及秩，并将其余向量用该极大线性无关组线性表示.

解 将 $\boldsymbol{\alpha}_1,\boldsymbol{\alpha}_2,\boldsymbol{\alpha}_3,\boldsymbol{\alpha}_4,\boldsymbol{\alpha}_5$ 按列构成矩阵 $\boldsymbol{A}$，用初等行变换 $\boldsymbol{A}$ 化为行最简形矩阵 $\boldsymbol{B}$.

$$\boldsymbol{A}=[\boldsymbol{\alpha}_1^{\mathrm{T}},\boldsymbol{\alpha}_2^{\mathrm{T}},\boldsymbol{\alpha}_3^{\mathrm{T}},\boldsymbol{\alpha}_4^{\mathrm{T}},\boldsymbol{\alpha}_5^{\mathrm{T}}]=\begin{bmatrix}1&2&0&2&5\\-2&-5&1&-1&-8\\0&-3&3&4&1\\-3&-6&0&7&-2\end{bmatrix}\sim\begin{bmatrix}1&2&0&2&5\\0&1&-1&-3&-2\\0&0&0&1&1\\0&0&0&0&0\end{bmatrix}$$

$$\sim\begin{bmatrix}1&0&2&0&1\\0&1&-1&0&1\\0&0&0&1&1\\0&0&0&0&0\end{bmatrix}\triangleq[\boldsymbol{\beta}_1,\boldsymbol{\beta}_2,\boldsymbol{\beta}_3,\boldsymbol{\beta}_4,\boldsymbol{\beta}_5]=\boldsymbol{B},\ \boldsymbol{B}\text{ 为行最简形}$$

易见，$\boldsymbol{\beta}_1,\boldsymbol{\beta}_2,\boldsymbol{\beta}_4$ 线性无关，且 $\boldsymbol{\beta}_3=2\boldsymbol{\beta}_1-\boldsymbol{\beta}_2$，$\boldsymbol{\beta}_5=\boldsymbol{\beta}_1+\boldsymbol{\beta}_2+\boldsymbol{\beta}_4$，故 $\boldsymbol{\beta}_1,\boldsymbol{\beta}_2,\boldsymbol{\beta}_4$ 是 $\boldsymbol{B}$ 的列向量组

的一个极大线性无关组. 由定理 3.4 及定理 3.5 知，$\boldsymbol{\alpha}_1$，$\boldsymbol{\alpha}_2$，$\boldsymbol{\alpha}_4$ 为 $\boldsymbol{\alpha}_1$，$\boldsymbol{\alpha}_2$，$\boldsymbol{\alpha}_3$，$\boldsymbol{\alpha}_4$，$\boldsymbol{\alpha}_5$ 的一个极大线性无关组，其秩为 3，且 $\boldsymbol{\alpha}_3=2\boldsymbol{\alpha}_1-\boldsymbol{\alpha}_2$，$\boldsymbol{\alpha}_5=\boldsymbol{\alpha}_1+\boldsymbol{\alpha}_2+\boldsymbol{\alpha}_4$.

下面利用矩阵特性来判断向量组的线性相关性和秩.

定理 3.6 设 $\boldsymbol{A}$ 是 $m\times n$ 矩阵，则

矩阵 $\boldsymbol{A}$ 的列向量组线性相关(无关)充分必要条件为 $R(\boldsymbol{A})<n(R(\boldsymbol{A})=n)$.

矩阵 $\boldsymbol{A}$ 的行向量组线性相关(无关)充分必要条件为 $R(\boldsymbol{A})<m(R(\boldsymbol{A})=m)$.

为了简便，充分必要条件常用符号“$\Leftrightarrow$”表示.

下面不加证明地给出向量组秩的一些性质：

(1) 若向量组Ⅰ可由向量组Ⅱ线性表示，则向量组Ⅰ的秩不超过向量组Ⅱ的秩；

(2) 等价向量组的秩相等.

例 3 判断向量组 $\boldsymbol{\alpha}_1=(1,\ -2,\ 3)^{\mathrm{T}}$，$\boldsymbol{\alpha}_2=(0,\ 2,\ -5)^{\mathrm{T}}$，$\boldsymbol{\alpha}_3=(-1,\ 0,\ 2)^{\mathrm{T}}$ 的线性相关性，并求秩.

解法 1(用定义) 令 $k_1\boldsymbol{\alpha}_1+k_2\boldsymbol{\alpha}_2+k_3\boldsymbol{\alpha}_3=0$，即

$$k_1\begin{pmatrix}1\\-2\\3\end{pmatrix}+k_2\begin{pmatrix}0\\2\\-5\end{pmatrix}+k_3\begin{pmatrix}-1\\0\\2\end{pmatrix}=\begin{pmatrix}0\\0\\0\end{pmatrix}$$

得到线性方程组

$$\begin{cases}k_1 \qquad\quad -k_3=0\\ 2k_1+2k_2 \qquad =0\\ 3k_1-5k_2+2k_3=0\end{cases}$$

因为方程组的系数行列式 $\begin{vmatrix}1 & 0 & -1\\-2 & 2 & 0\\3 & -5 & 2\end{vmatrix}=0$，方程组有非零解，故 $\boldsymbol{\alpha}_1$，$\boldsymbol{\alpha}_2$，$\boldsymbol{\alpha}_3$ 线性相关，秩为 2.

解法 2(利用矩阵的秩) 构造以 $\boldsymbol{\alpha}_1$，$\boldsymbol{\alpha}_2$，$\boldsymbol{\alpha}_3$ 为列向量组的矩阵 $\boldsymbol{A}=\begin{pmatrix}1 & 0 & -1\\-2 & 2 & 0\\3 & -5 & 2\end{pmatrix}$，

经过初等变换将 $\boldsymbol{A}$ 化为 $\begin{pmatrix}1 & 0 & -1\\0 & 2 & -2\\0 & 0 & 0\end{pmatrix}$，因 $R(\boldsymbol{A})=2<3$，所以向量组 $\boldsymbol{\alpha}_1$，$\boldsymbol{\alpha}_2$，$\boldsymbol{\alpha}_3$ 线性相关.

解法 3(利用方阵的行列式) 构造以 $\boldsymbol{\alpha}_1$，$\boldsymbol{\alpha}_2$，$\boldsymbol{\alpha}_3$ 为列向量组的矩阵 $\boldsymbol{A}=\begin{pmatrix}1 & 0 & -1\\-2 & 2 & 0\\3 & -5 & 2\end{pmatrix}$，因为 $|\boldsymbol{A}|=0$，故向量组 $\boldsymbol{\alpha}_1$，$\boldsymbol{\alpha}_2$，$\boldsymbol{\alpha}_3$ 线性相关，秩为 2.

例 4 求由全体 n 维向量构成的向量组 $\mathbf{R}^n$ 的最大无关组及秩.

解 因为 n 维基本单位向量组

$\boldsymbol{e}_1=[1, 0, 0, \cdots, 0, 0]^{\mathrm{T}}$, $\boldsymbol{e}_2=[0, 1, 0, 1, \cdots, 0, 0]^{\mathrm{T}}$, $\cdots$, $\boldsymbol{e}_n=[0, 0, 0, \cdots, 0, 1]^{\mathrm{T}}$ 线性无关，而 $\mathbf{R}^n$ 中任意 $n+1$ 向量都线性相关，因此向量组是 $\mathbf{R}^n$ 的最大无关组，$\mathbf{R}^n$ 的秩等于 n.

例 5 设向量组 $\boldsymbol{\alpha}_1=[1, 1, 2, 3, 1]$，$\boldsymbol{\alpha}_2=[1, 3, 6, 1, 3]$，$\boldsymbol{\alpha}_3=[3, -1, -2, 15, 3]$，$\boldsymbol{\alpha}_4=[1, -5, -10, 13, k]$，试问 k 为何值时，向量组 $\boldsymbol{\alpha}_1$，$\boldsymbol{\alpha}_2$，$\boldsymbol{\alpha}_3$，$\boldsymbol{\alpha}_4$ 的秩为 3.

解 令 $\boldsymbol{A}=[\boldsymbol{\alpha}_1^{\mathrm{T}}, \boldsymbol{\alpha}_2^{\mathrm{T}}, \boldsymbol{\alpha}_3^{\mathrm{T}}, \boldsymbol{\alpha}_4^{\mathrm{T}}]$，对 $\boldsymbol{A}$ 作初等行变换，即

$$\boldsymbol{A}=\begin{bmatrix}1 & 1 & 3 & 1\\ 1 & 3 & -1 & -5\\ 2 & 6 & -2 & -10\\ 3 & 1 & 15 & 13\\ 1 & 3 & 3 & k\end{bmatrix}\xrightarrow[\substack{-3r_1+r_4\\ -r_1+r_5}]{\substack{-r_1+r_2\\ -2r_1+r_3}}\begin{bmatrix}1 & 1 & 3 & 1\\ 0 & 2 & -4 & -6\\ 0 & 4 & -8 & -12\\ 0 & -2 & 6 & 10\\ 0 & 2 & 0 & k-1\end{bmatrix}$$

$$\xrightarrow[-r_2+r_5]{\substack{-2r_2+r_3\\ r_2+r_9}}\begin{bmatrix}1 & 1 & 3 & 1\\ 0 & 2 & -4 & -6\\ 0 & 0 & 0 & 0\\ 0 & 0 & 2 & 4\\ 0 & 0 & 4 & k+5\end{bmatrix}\xrightarrow[\substack{r_3\leftrightarrow\frac{1}{2}r_4\\ r_4\leftrightarrow r_5}]{-\frac{1}{2}r_2}\begin{bmatrix}1 & 1 & 3 & 1\\ 0 & 1 & -2 & -3\\ 0 & 0 & 1 & 2\\ 0 & 0 & 4 & k+5\\ 0 & 0 & 0 & 0\end{bmatrix}$$

$$\xrightarrow{-4r_3+r_4}\begin{bmatrix}1 & 1 & 3 & 1\\ 0 & 1 & -2 & -3\\ 0 & 0 & 1 & 2\\ 0 & 0 & 0 & k-3\\ 0 & 0 & 0 & 0\end{bmatrix}$$

当 $k=3$ 时，因为 $R(\boldsymbol{A})=3$，所以向量组 $\boldsymbol{\alpha}_1$，$\boldsymbol{\alpha}_2$，$\boldsymbol{\alpha}_3$，$\boldsymbol{\alpha}_4$ 的秩为 3.

请读者思考一下，本题中能否对 $\boldsymbol{A}$ 作初等列变换来求 k？

例 6 用 MATLAB 求向量组的秩和极大无关组.

设 $\boldsymbol{\alpha}_1=(1, 2, 0, 1, 0, 0)^{\mathrm{T}}$，$\boldsymbol{\alpha}_2=(1, 0, 0, -1, 1, 1)^{\mathrm{T}}$，$\boldsymbol{\alpha}_3=(2, 4, 0, 2, 0, 0)^{\mathrm{T}}$，$\boldsymbol{\alpha}_4=(5, 0, 4, 2, 1, -1)^{\mathrm{T}}$，$\boldsymbol{\alpha}_5=(1, 1, 1, 2, 0, 3)^{\mathrm{T}}$.

解 在 MATLAB 命令窗口输入.

```
α1=[1; 2; 0; 1; 0; 0];         %输入 5 个列向量
α2=[1; 0; 0; -1; 1; 1];
α3=[2; 4; 0; 2; 0; 0];
α4=[5; 0; 4; 2; 1; -1];
α5=[1; 1; 1; 2; 0; 3];
A=[α1, α2, α3, α4, α5];        %由 5 个列向量构造矩阵 A
```

```
[R, S]=rref(A);        %R为矩阵A的最简行阶梯形，R中的所有基准元素所在列号
                        构成行向量S，即S中的元素为最大无关组向量的下标
```

结果为

```
R=1  0  2  0  0
  0  1  0  0  0
  0  0  0  1  0
  0  0  0  0  1
  0  0  0  0  0
  0  0  0  0  0
S=
  1  2  4  5
```

所以，向量组的秩为4，$\boldsymbol{\alpha}_1$，$\boldsymbol{\alpha}_2$，$\boldsymbol{\alpha}_4$，$\boldsymbol{\alpha}_5$ 是极大线性无关组.

利用向量理论证明矩阵秩的性质.

(1) $R(\boldsymbol{A}+\boldsymbol{B})\leqslant R(\boldsymbol{A})+R(\boldsymbol{B})$.

证 设 $\boldsymbol{A}$，$\boldsymbol{B}$ 均为 $m\times n$ 矩阵，$R(\boldsymbol{A})=r$，$R(\boldsymbol{B})=s$，将 $\boldsymbol{A}$、$\boldsymbol{B}$ 按列分块

$$\boldsymbol{A}_{m\times n}=[\boldsymbol{\alpha}_1,\ \boldsymbol{\alpha}_2,\ \cdots,\ \boldsymbol{\alpha}_n]$$

$$\boldsymbol{B}_{m\times n}=[\boldsymbol{\beta}_1,\ \boldsymbol{\beta}_2,\ \cdots,\ \boldsymbol{\beta}_n]$$

$$\boldsymbol{A}_{m\times n}+\boldsymbol{B}_{m\times n}=[\boldsymbol{\alpha}_1+\boldsymbol{\beta}_1,\ \boldsymbol{\alpha}_2+\boldsymbol{\beta}_2,\ \cdots,\ \boldsymbol{\alpha}_n+\boldsymbol{\beta}_n]$$

不妨设 $\boldsymbol{A}$，$\boldsymbol{B}$ 的列向量组的最大无关组分别为 $\boldsymbol{\alpha}_1$，$\cdots$，$\boldsymbol{\alpha}_r$ 和 $\boldsymbol{\beta}_1$，$\cdots$，$\boldsymbol{\beta}_s$，于是 $\boldsymbol{A}+\boldsymbol{B}$ 的列向量组可以由 $\boldsymbol{\alpha}_1$，$\cdots$，$\boldsymbol{\alpha}_r$，$\boldsymbol{\beta}_1$，$\cdots$，$\boldsymbol{\beta}_s$ 线性表示，因此

$$\begin{aligned}R(\boldsymbol{A}+\boldsymbol{B})&=R(\boldsymbol{\alpha}_1+\boldsymbol{\beta}_1,\ \boldsymbol{\alpha}_2+\boldsymbol{\beta}_2,\ \cdots,\ \boldsymbol{\alpha}_n+\boldsymbol{\beta}_n)\\&\leqslant R(\boldsymbol{\alpha}_1,\ \cdots,\ \boldsymbol{\alpha}_r,\ \boldsymbol{\beta}_1,\ \cdots,\ \boldsymbol{\beta}_s)\\&\leqslant r+s\end{aligned}$$

(2) $R(\boldsymbol{AB})\leqslant\min\{R(\boldsymbol{A}),\ R(\boldsymbol{B})\}$.

证 令 $\boldsymbol{C}=\boldsymbol{AB}$，其中 $\boldsymbol{A}=(a_{ij})_{m\times s}$，$\boldsymbol{B}=(b_{ij})_{s\times n}$，将 $\boldsymbol{C}$ 和 $\boldsymbol{A}$ 按列分块

$$\boldsymbol{C}=[\boldsymbol{\gamma}_1,\ \boldsymbol{\gamma}_2,\ \cdots,\ \boldsymbol{\gamma}_n],\quad \boldsymbol{A}=[\boldsymbol{\alpha}_1,\ \cdots,\ \boldsymbol{\alpha}_s]$$

由 $\boldsymbol{C}=[\boldsymbol{\gamma}_1,\ \cdots,\ \boldsymbol{\gamma}_n]=[\boldsymbol{\alpha}_1,\ \cdots,\ \boldsymbol{\alpha}_s]\begin{bmatrix}b_{11}&\cdots&b_{1n}\\\vdots&&\vdots\\b_{s1}&\cdots&b_{sn}\end{bmatrix}$ 知，$\boldsymbol{C}$ 的列向量组可由 $\boldsymbol{A}$ 的列向量组线性表示，所以 $R(\boldsymbol{C})\leqslant R(\boldsymbol{A})$. 又 $\boldsymbol{C}^{\mathrm{T}}=\boldsymbol{B}^{\mathrm{T}}\boldsymbol{A}^{\mathrm{T}}$，$R(\boldsymbol{C})=R(\boldsymbol{C}^{\mathrm{T}})$，$R(\boldsymbol{B})=R(\boldsymbol{B}^{\mathrm{T}})$，$R(\boldsymbol{C}^{\mathrm{T}})\leqslant R(\boldsymbol{B}^{\mathrm{T}})$，所以$R(\boldsymbol{C})\leqslant R(\boldsymbol{B})$，综上得 $R(\boldsymbol{C})\leqslant\min\{R(\boldsymbol{A}),\ R(\boldsymbol{B})\}$.

例 7 选择题. 设 $\boldsymbol{A}$，$\boldsymbol{B}$ 为满足 $\boldsymbol{AB}=\boldsymbol{O}$ 的任意两个非零矩阵，则必有(　　).

A. $\boldsymbol{A}$ 的列向量组线性相关，$\boldsymbol{B}$ 的行向量组线性相关

B. $\boldsymbol{A}$ 的列向量组线性相关，$\boldsymbol{B}$ 的列向量组线性相关

C. $\boldsymbol{A}$ 的行向量组线性相关，$\boldsymbol{B}$ 的行向量组线性相关

D. $\boldsymbol{A}$ 的行向量组线性相关，$\boldsymbol{B}$ 的列向量组线性相关

解 因为 $\boldsymbol{AB}$ 的每一列是 $\boldsymbol{A}$ 的列向量组的线性组合，而 $\boldsymbol{AB}$ 的每一行是 $\boldsymbol{B}$ 的行向量组的线性组合(为什么？请读者思考).

由 $\boldsymbol{AB}=\boldsymbol{O}$，$\boldsymbol{A}$，$\boldsymbol{B}$ 为非零矩阵，故 $\boldsymbol{A}$ 的列向量组的线性组合为 $\mathbf{0}$，$\boldsymbol{B}$ 的行向量组的线性组合为 $\mathbf{0}$，从而 $\boldsymbol{A}$ 的列向量组线性相关，$\boldsymbol{B}$ 的行向量组线性相关，故选 A.

3.4 向 量 空 间

3.4.1 向量空间的定义

定义 3.6 设 $\boldsymbol{V}$ 是非空 n 维向量的集合. 如果 $\boldsymbol{V}$ 对向量的加法和数乘运算封闭，即(1)若 $\boldsymbol{a}$，$\boldsymbol{b}\in\boldsymbol{V}$，有 $\boldsymbol{a}+\boldsymbol{b}\in\boldsymbol{V}$；(2) 若$\boldsymbol{a}\in\boldsymbol{V}$，$\lambda\in\mathbf{R}$($\mathbf{R}$ 是实数集)有 $\lambda\boldsymbol{a}\in\boldsymbol{V}$，则称 $\boldsymbol{V}$ 为一个**向量空间**(vector space).

例 1 判断下列集合是否为向量空间.

(1) 设 $\boldsymbol{V}_1=\{[0, x_2, \cdots, x_n]^{\mathrm{T}} \mid x_2, \cdots, x_n\in\mathbf{R}\}$.

若 $\boldsymbol{a}=[0, a_2, \cdots, a_n]^{\mathrm{T}}\in\boldsymbol{V}_1$，$\boldsymbol{b}=[0, b_2, \cdots, b_n]^{\mathrm{T}}\in\boldsymbol{V}_1$，$\lambda\in\mathbf{R}$，则

$\boldsymbol{a}+\boldsymbol{b}=[0, a_2+b_2, \cdots, a_n+b_n]^{\mathrm{T}}\in\boldsymbol{V}$，$\lambda\boldsymbol{a}\in\boldsymbol{V}_1$，所以 $\boldsymbol{V}_1$ 是一个向量空间.

(2) 设 $\boldsymbol{V}_2=\{[x_1, x_2, \cdots, x_n] \mid \sum_{i=1}^{n}x_i=1, x_i\in\mathbf{R}, i=1, 2, \cdots, n\}$.

因为 $\boldsymbol{\alpha}=[1, 0, \cdots, 0]\in\mathbf{R}^n$，$2\boldsymbol{\alpha}=[2, 0, \cdots, 0]\notin\mathbf{R}^n$，即 $\boldsymbol{V}_2$ 对数乘运算不封闭，故 $\boldsymbol{V}_2$ 不构成向量空间.

(3) $\mathbf{R}^n$ 表示全体 n 维向量的集合. 请读者验证 $\mathbf{R}^n$ 是向量空间.

(4) $\boldsymbol{S}$ 是数的双向无穷序列$\{x_k\}$($k\in Z$，$x_k\in(-\infty, \infty)$)构成的集合，也是一个向量空间.

事实上，设$\{y_k\}=[\cdots, y_{-2}, y_{-1}, y_0, y_1, y_2, \cdots]\in\boldsymbol{S}$，若$\{z_k\}=[\cdots, z_{-2}, z_{-1}, z_0, z_1, z_2, \cdots]\in\boldsymbol{S}$，则$\{y_k\}+\{z_k\}$是序列$\{y_k+z_k\}$，数乘 $\lambda\{y_k\}$是序列$\{\lambda y_k\}$，即$\{y_k+z_k\}\in\boldsymbol{S}$，$\{\lambda y_k\}\in\boldsymbol{S}$.

$\boldsymbol{S}$ 中的元素来源于工程学，例如每当一个信号在离散时间上被测量(或被采样)时，它就可被看作 $\boldsymbol{S}$ 中的一个元素，这样的信号可以是电信号、机械信号、光信号等.

定义 3.7 设 $\boldsymbol{V}$ 与 $\boldsymbol{H}$ 都是向量空间，如果 $\boldsymbol{H}\subset\boldsymbol{V}$，则称 $\boldsymbol{H}$ 是 $\boldsymbol{V}$ 的**子空间**.

特别地，向量空间 $\boldsymbol{V}$ 中仅有零向量组成的集合是 $\boldsymbol{V}$ 的一个子空间，称为零子空间. 由任何 n 维向量组成的向量空间 $\boldsymbol{V}$ 都是 $\mathbf{R}^n$ 的子空间.

例 2 设 $\boldsymbol{P}$ 为全体实系数多项式的集合，则对通常的函数线性运算构成一向量空间.

设 $\boldsymbol{P}_n$ 是次数不超过 n 的多项式全体构成的集合，且包含零多项式.

对 $p(t)$，$q(t)\in\boldsymbol{P}_n$，$p(t)=a_0+a_1t+\cdots+a_nt^n$，$q(t)=b_0+b_1t+\cdots+b_nt^n$.

易证它们对加法及数乘封闭，所以 $\boldsymbol{P}_n$ 是一个向量空间，且为 $\boldsymbol{P}$ 的子空间.

设 $\boldsymbol{V}$ 为一个向量空间，$\boldsymbol{\alpha}$，$\boldsymbol{\beta}\in\boldsymbol{V}$，记 $\boldsymbol{H}=\{x_1\boldsymbol{\alpha}+x_2\boldsymbol{\beta}\,|\,x_1, x_2\in\mathbf{R}\}$，则 $\boldsymbol{H}$ 是 $\boldsymbol{V}$ 的一个子空间. 一般 $\boldsymbol{\alpha}_1$，$\boldsymbol{\alpha}_2$，…，$\boldsymbol{\alpha}_m$ 是向量空间 $\boldsymbol{V}$ 的向量，则 $\boldsymbol{S}=\{x_1\boldsymbol{\alpha}_1+\cdots+x_m\boldsymbol{\alpha}_m\,|\,x_1, \cdots, x_m\in\mathbf{R}\}$是 $\boldsymbol{V}$ 的子空间，称为由**向量** $\boldsymbol{\alpha}_1$，$\boldsymbol{\alpha}_2$，…，$\boldsymbol{\alpha}_m$ 生成(或张成)的子空间，也记 $\boldsymbol{S}=\mathrm{span}\{\boldsymbol{\alpha}_1, \boldsymbol{\alpha}_2, \cdots, \boldsymbol{\alpha}_m\}$或 $\boldsymbol{S}=L\{\boldsymbol{\alpha}_1, \boldsymbol{\alpha}_2, \cdots, \boldsymbol{\alpha}_m\}$.

例 3 设 $\boldsymbol{H}=\{[a-3b, b-a, a, b]^{\mathrm{T}}\,|\,a, b\in\boldsymbol{R}\}$，证明：$\boldsymbol{H}$ 是 $\mathbf{R}^4$ 的子空间.

证明 因为

$$\begin{bmatrix} a-3b \\ b-a \\ a \\ b \end{bmatrix}=a\begin{bmatrix} 1 \\ -1 \\ 1 \\ 0 \end{bmatrix}+b\begin{bmatrix} -3 \\ 1 \\ 0 \\ 1 \end{bmatrix}=a\boldsymbol{\alpha}_1+b\boldsymbol{\alpha}_2$$

其中，$\boldsymbol{\alpha}_1=[1, -1, 1, 0]^{\mathrm{T}}$，$\boldsymbol{\alpha}_2=[-3, 1, 0, 1]^{\mathrm{T}}\in\mathbf{R}^4$，即 $\boldsymbol{H}$ 是由 $\boldsymbol{\alpha}_1$，$\boldsymbol{\alpha}_2$ 生成的空间，是 $\mathbf{R}^4$ 的子空间.

例 4 设 $\mathbf{R}^4$ 中由向量 $\boldsymbol{v}_1$，$\boldsymbol{v}_2$，$\boldsymbol{v}_3$ 生成的子空间为 $\boldsymbol{V}$，问 $\boldsymbol{w}_1$ 和 $\boldsymbol{w}_2$ 是否在此子空间 $\boldsymbol{V}$ 内？

$$\boldsymbol{v}_1=\begin{bmatrix} 7 \\ -4 \\ -2 \\ 9 \end{bmatrix}, \boldsymbol{v}_2=\begin{bmatrix} -4 \\ 5 \\ -1 \\ -7 \end{bmatrix}, \boldsymbol{v}_3=\begin{bmatrix} 9 \\ 4 \\ 4 \\ -7 \end{bmatrix}, \boldsymbol{w}_1=\begin{bmatrix} -9 \\ 7 \\ 1 \\ -4 \end{bmatrix}, \boldsymbol{w}_2=\begin{bmatrix} 10 \\ -2 \\ 8 \\ -2 \end{bmatrix}$$

解 分析：只需判断向量 $\boldsymbol{w}_1$，$\boldsymbol{w}_2$ 能否由向量组 $\boldsymbol{v}_1$，$\boldsymbol{v}_2$，$\boldsymbol{v}_3$ 线性表示.

令 $\boldsymbol{A}=[\boldsymbol{v}_1, \boldsymbol{v}_2, \boldsymbol{v}_3, \boldsymbol{w}_1, \boldsymbol{w}_2]$，得到

$$\boldsymbol{A}=\begin{bmatrix} 7 & -4 & 9 & -9 & 10 \\ -4 & 5 & 4 & 7 & -2 \\ -2 & -1 & 4 & 1 & 8 \\ 9 & -7 & -7 & -4 & -2 \end{bmatrix}$$

对 $\boldsymbol{A}$ 作初等行变换化成行最简形

$$\boldsymbol{J}=\begin{bmatrix} 1 & 0 & 0 & 0 & -1 \\ 0 & 1 & 0 & 0 & -2 \\ 0 & 0 & 1 & 0 & 1 \\ 0 & 0 & 0 & 1 & 0 \end{bmatrix}$$

不难看出，前 4 列构成的向量组是线性无关的；而前 3 列与第 5 列构成的向量组是线性相关的，即 $\boldsymbol{w}_1$ 不在 $\boldsymbol{V}$ 内，而 $\boldsymbol{w}_2$ 在 $\boldsymbol{V}$ 内.

例 5 用 MATLAB 绘图并显示子空间 $\boldsymbol{V}=\mathrm{span}\{\boldsymbol{V}_1, \boldsymbol{V}_2, \boldsymbol{V}_3\}$的几何图形.

$\boldsymbol{V}=\mathrm{span}\{\boldsymbol{V}_1, \boldsymbol{V}_2, \boldsymbol{V}_3\}$；$\boldsymbol{V}_1=[1, 1, 2]$；$\boldsymbol{V}_2=[3, 1, 3]$；$\boldsymbol{V}_3=[-3, 1, 0]$

解 在 MATLAB 命令窗口输入

```
A=[1, 3, -3; 1, 1, 1; 2, 3, 0];
U=A( : , 1);
V=A( : , 2);
W=A( : , 3);
plot3 ([0, uu], [v, u(2)], [0, u(3)])
hold on
plot 3([0, v(1)], [0, v(2)], [0, v(3)])
plot 3([0, w(1)], [0, w(2)], [0, w(3)])
ezmesh('0.5 * x+1.5 * y', [-3, 3, 0, 2])
axis([-3, 3, 0, 2, 0, 5])
hold off
set(gcf', color', 'w')
```

向量空间 **V** 是平面(阴影部分)，**V** 是 $\mathbf{R}^3$ 的子空间，其几何图形显示如图 3.1 所示.

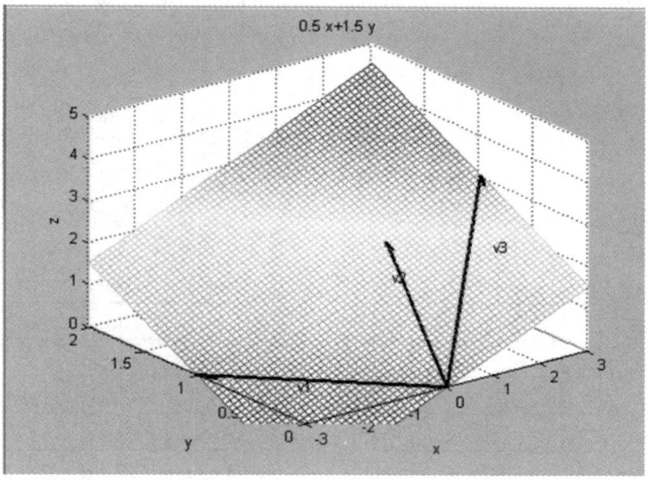

图 3.1 向量 $\mathbf{V}_1$，$\mathbf{V}_2$，$\mathbf{V}_3$ 在同一平面 **V** 上

定义 3.8 已知 $\boldsymbol{A}$ 为 n 阶方阵，称映射 f：$\mathbf{R}^n \to \mathbf{R}^n$，$\boldsymbol{x} \to \boldsymbol{y}$，$\boldsymbol{y}=\boldsymbol{A}\boldsymbol{x}$ 为 $\mathbf{R}^n$ 上的线性变换，$\boldsymbol{A}$ 称为线性变换矩阵.

若 $\boldsymbol{x} \in \mathbf{R}^2$，$\boldsymbol{y}=\boldsymbol{A}\boldsymbol{x}$ 也称为平面上线性变换。

例 6 已知向量及矩阵

$$\boldsymbol{x}=\begin{bmatrix}2\\1\end{bmatrix},\quad \boldsymbol{A}_1=\begin{bmatrix}-1 & 0\\0 & 1\end{bmatrix},\quad \boldsymbol{A}_2=\begin{bmatrix}1 & 0\\0 & -1\end{bmatrix},\quad \boldsymbol{A}_3=\begin{bmatrix}0.5 & 1\\0 & 2\end{bmatrix}$$

$$\boldsymbol{A}_4=\begin{bmatrix}\cos\alpha & \sin\alpha\\-\sin\alpha & \cos\alpha\end{bmatrix}\left(\alpha=\frac{\pi}{3}\right)$$

请分析经过线性变换 $\boldsymbol{y}_i=\boldsymbol{A}_i\boldsymbol{x}(i=1, 2, 3, 4)$后，向量 $\boldsymbol{y}_i$ 与原向量 $\boldsymbol{x}$ 的几何关系。

MATLAB程序：

```
x=[2;1]; A1=[-1,0;0,1];A2=[1,0;0,-1];A3=[0.5,0;0.2];A4=[cos(pi/3),
sin(pi/3);-sin(pi/3),cos(pi/3)];
y1=A1*x;y2=A2*x;y3=A3*x;y4=A4*x;
subplot(2,2,1);
drawvec(x);hold on;drawvec(y1);axis equal;axis([-3,3,-2,2]);
text(x(1),x(2)+0.5,'x');text(y1(1),y1(2)+0.5,'y_1');title('y_1=A_1x');grid
on;
subplot(2,2,2);
drawvec(x);hold on;drawvec(y2);axis equal;axis([-3,3,-2,2]);
text(x(1),x(2)+0.5,'x');text(y2(1),y2(2)+0.5,'y_2');title('y_2=A_2x');grid on;
gubplot(2,2,3);
drawvec(x);hold on;drawvec(y3);axis equal;axis([-3,3,-2,2]);
text(x(1),x(2)+0.5,'x');text(y3(1)-1,y3(2)-0.2,'y_3');title('y_3=A_3x');
grid on;
subplot(2,2,4);
drawvec(x);hold on;drawvec(y4);axis equal;axis([-3,3,-2,2]);
text(x(1);x(2)+0.5,'x');text(y4(1),y4(2)+0.5,'y_4');title('y_4=A_4x');grid on;
```

绘制的图形如图 3.2 所示。

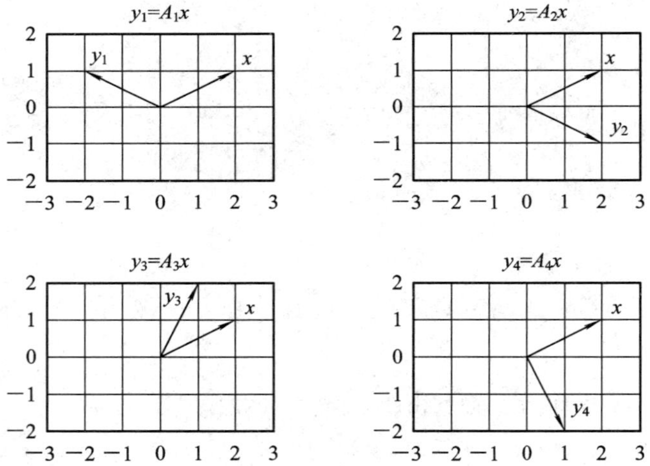

图 3.2 例 6 绘制的图形

特别指出，一般 $\boldsymbol{A}=\begin{pmatrix}\cos\alpha & -\sin\alpha\\ \sin\alpha & \cos\alpha\end{pmatrix}$，$\boldsymbol{y}=\boldsymbol{A}\boldsymbol{x}$ 是将 $\boldsymbol{x}$ 向量旋转 $\boldsymbol{\alpha}$；$\boldsymbol{y}=\boldsymbol{A}^2\boldsymbol{x}$ 是将 $\boldsymbol{x}$ 向量旋转 $2\boldsymbol{\alpha}$ 角度，以此类推，$\boldsymbol{y}=\boldsymbol{A}^n\boldsymbol{x}$ 是将 $\boldsymbol{x}$ 向量旋转 $n\alpha$ 角度，且可验证 $\boldsymbol{A}^n=\begin{pmatrix}\cos n\alpha & -\sin n\alpha\\ \sin n\alpha & \cos n\alpha\end{pmatrix}$.

3.4.2 向量的内积与正交矩阵

向量的内积可用来描述向量的度量性质，如向量的范数、夹角等，是几何空间中向量内积的推广.

定义 3.9 设 n 维向量 $\boldsymbol{x}=[x_1, x_2, \cdots, x_n]^{\mathrm{T}}$，$\boldsymbol{y}=[y_1, y_2, \cdots, y_n]^{\mathrm{T}}$，称

$$<\boldsymbol{x}, \boldsymbol{y}> = x_1y_1 + x_2y_2 + \cdots + x_ny_n = \boldsymbol{x}^{\mathrm{T}}\boldsymbol{y}$$

为**向量 $\boldsymbol{x}$，$\boldsymbol{y}$ 的内积**(inner multiplication of vector $\boldsymbol{x}$ and $\boldsymbol{y}$).

可以验证向量的内积具有下列性质：

(1) $<\boldsymbol{x}, \boldsymbol{y}>=<\boldsymbol{y}, \boldsymbol{x}>$；

(2) $<k\boldsymbol{x}, \boldsymbol{y}>=<\boldsymbol{x}, k\boldsymbol{y}>=k<\boldsymbol{x}, \boldsymbol{y}>$，$k$ 为实数；

(3) $<\boldsymbol{x}+\boldsymbol{y}, \boldsymbol{z}>=<\boldsymbol{x}, \boldsymbol{z}>+<\boldsymbol{y}, \boldsymbol{z}>$；

(4) $<\boldsymbol{x}, \boldsymbol{x}>\geqslant 0$，$<\boldsymbol{x}, \boldsymbol{x}>=0$ 当且仅当 $\boldsymbol{x}=\boldsymbol{0}$.

如 $\boldsymbol{\alpha}=[1, 2, 3, 4]^{\mathrm{T}}$，$\boldsymbol{\beta}=[0, 1, -1, 2]^{\mathrm{T}}$，则

$$<\boldsymbol{\alpha}, \boldsymbol{\beta}>=\boldsymbol{\alpha}^{\mathrm{T}}\boldsymbol{\beta}=1\times 0+2\times 1+3\times(-1)+4\times 2=7$$

定义 3.10 设 n 维向量 $\boldsymbol{x}=[x_1, x_2, \cdots, x_n]^{\mathrm{T}}$，称

$$\|\boldsymbol{x}\| = \sqrt{\boldsymbol{x}^{\mathrm{T}}\boldsymbol{x}} = \sqrt{<\boldsymbol{x}, \boldsymbol{x}>} = \sqrt{x_1^2 + x_2^2 + \cdots + x_n^2}$$

为**向量 $\boldsymbol{x}$ 的范数**(norm of vector x).

向量的范数具有下列性质：

(1) 非负性 $\|\boldsymbol{x}\|\geqslant 0$，$\|\boldsymbol{x}\|=0$ 当且仅当 $\boldsymbol{x}=\boldsymbol{0}$；

(2) 齐次性 $\|k\boldsymbol{x}\|=|k|\,\|\boldsymbol{x}\|$，$k$ 为实数；

(3) 三角不等式 $\|\boldsymbol{x}+\boldsymbol{y}\|\leqslant\|\boldsymbol{x}\|+\|\boldsymbol{y}\|$.

特别地，称范数为 1 的向量为单位向量；称 $\dfrac{1}{\|\boldsymbol{x}\|}\boldsymbol{x}(\boldsymbol{x}\neq\boldsymbol{0})$ 为 $\boldsymbol{x}$ 的单位向量，也称将向量 $\boldsymbol{x}$ 单位化，记 $\boldsymbol{x}^0=\dfrac{1}{\|\boldsymbol{x}\|}\boldsymbol{x}$.

如 $\boldsymbol{\alpha}=[1, 2, 3, 4]^{\mathrm{T}}$，$\boldsymbol{\alpha}^0=\dfrac{1}{\|\boldsymbol{\alpha}\|}\boldsymbol{\alpha}=\dfrac{1}{\sqrt{30}}\boldsymbol{\alpha}=\left[\dfrac{1}{\sqrt{30}}, \dfrac{2}{\sqrt{30}}, \dfrac{3}{\sqrt{30}}, \dfrac{4}{\sqrt{30}}\right]$.

定义 3.11 设 $\boldsymbol{x}$，$\boldsymbol{y}$ 是 n 维非零向量，称

$$\theta = \arccos\frac{\boldsymbol{x}^{\mathrm{T}}\boldsymbol{y}}{\|\boldsymbol{x}\|\,\|\boldsymbol{y}\|}$$

为**向量 $\boldsymbol{x}$，$\boldsymbol{y}$ 的夹角**(angle between vector $\boldsymbol{x}$ and $\boldsymbol{y}$). 特别地，当 $\boldsymbol{x}^{\mathrm{T}}\boldsymbol{y}=0$ 时，$\theta=\pm\dfrac{\pi}{2}$，这时称向量 $\boldsymbol{x}$ 与 $\boldsymbol{y}$ **正交(或垂直)**(orthogonal between vector $\boldsymbol{x}$ and $\boldsymbol{y}$). 显然零向量与任何向量正交.

两两正交的向量组称为**正交向量组**(orthogonal vectors). 由单位向量构成的正交向量

组称为**标准(规范)正交向量组**(orthonormal vectors).

设 $\boldsymbol{\alpha}_1, \boldsymbol{\alpha}_2, \cdots, \boldsymbol{\alpha}_m$ 为正交向量组，令 $\boldsymbol{A}=[\boldsymbol{\alpha}_1, \boldsymbol{\alpha}_2, \cdots, \boldsymbol{\alpha}_m]$，则

$$\boldsymbol{A}^{\mathrm{T}}\boldsymbol{A}=\begin{bmatrix}\boldsymbol{\alpha}_1^{\mathrm{T}}\\\boldsymbol{\alpha}_2^{\mathrm{T}}\\\vdots\\\boldsymbol{\alpha}_m^{\mathrm{T}}\end{bmatrix}[\boldsymbol{\alpha}_1, \boldsymbol{\alpha}_2, \cdots, \boldsymbol{\alpha}_m]=\begin{bmatrix}\boldsymbol{\alpha}_1^{\mathrm{T}}\boldsymbol{\alpha}_1 & \boldsymbol{\alpha}_1^{\mathrm{T}}\boldsymbol{\alpha}_2 & \cdots & \boldsymbol{\alpha}_1^{\mathrm{T}}\boldsymbol{\alpha}_m\\\boldsymbol{\alpha}_2^{\mathrm{T}}\boldsymbol{\alpha}_1 & \boldsymbol{\alpha}_2^{\mathrm{T}}\boldsymbol{\alpha}_2 & \cdots & \boldsymbol{\alpha}_2^{\mathrm{T}}\boldsymbol{\alpha}_m\\\vdots & \vdots & & \vdots\\\boldsymbol{\alpha}_m^{\mathrm{T}}\boldsymbol{\alpha}_1 & \boldsymbol{\alpha}_m^{\mathrm{T}}\boldsymbol{\alpha}_2 & \cdots & \boldsymbol{\alpha}_m^{\mathrm{T}}\boldsymbol{\alpha}_m\end{bmatrix}$$

$$=\begin{bmatrix}\|\boldsymbol{\alpha}_1\|^2 & 0 & \cdots & 0\\0 & \|\boldsymbol{\alpha}_2\|^2 & \cdots & 0\\\vdots & \vdots & & \vdots\\0 & 0 & & \|\boldsymbol{\alpha}_m\|^2\end{bmatrix}$$

上式利用了正交条件下的关系式 $\boldsymbol{\alpha}_i^{\mathrm{T}}\boldsymbol{\alpha}_j=<\boldsymbol{\alpha}_i, \boldsymbol{\alpha}_j>\begin{cases}0, & i\neq j\\\|\boldsymbol{\alpha}_i\|^2, & i=j\end{cases}$，可见，$\boldsymbol{A}^{\mathrm{T}}\boldsymbol{A}$ 为对角矩阵. 若 $\boldsymbol{\alpha}_1, \boldsymbol{\alpha}_2, \cdots, \boldsymbol{\alpha}_m$ 为规范正交向量组，则 $\boldsymbol{A}^{\mathrm{T}}\boldsymbol{A}=E_m$，这可作为检验规范正交组的方法.

定理 3.7 不含零向量的正交向量组 $\boldsymbol{\alpha}_1, \boldsymbol{\alpha}_2, \cdots, \boldsymbol{\alpha}_m$ 必线性无关.

证明 令 $\boldsymbol{A}=[\boldsymbol{\alpha}_1, \cdots, \boldsymbol{\alpha}_m]$，因为 $R(\boldsymbol{A}^{\mathrm{T}}\boldsymbol{A})\leqslant R(\boldsymbol{A})$，$R(\boldsymbol{A}^{\mathrm{T}}\boldsymbol{A})=m$，于是 $R(\boldsymbol{A})\geqslant m$. 显然 $R(\boldsymbol{A})\leqslant m$，所以 $R(\boldsymbol{A})=R(\boldsymbol{\alpha}_1, \cdots, \boldsymbol{\alpha}_m)=m$，由定理 3.6 知 $\boldsymbol{\alpha}_1, \cdots, \boldsymbol{\alpha}_m$ 线性无关.

但线性无关组不一定是正交的. 例如向量组 $\boldsymbol{\alpha}_1=[1, 0, 2]^{\mathrm{T}}$，$\boldsymbol{\alpha}_2=[1, 0, 0]^{\mathrm{T}}$，$\boldsymbol{\alpha}_3=[0, -1, 1]^{\mathrm{T}}$线性无关，读者可验证它们不是正交向量组.

下面介绍的施密特正交化方法可以由线性无关组构造一个与其等价的正交向量组.

施密特(Schmidt)正交化方法：

设向量组 $\boldsymbol{\alpha}_1, \boldsymbol{\alpha}_2, \cdots, \boldsymbol{\alpha}_m$ 线性无关，令

$$\boldsymbol{\beta}_1=\boldsymbol{\alpha}_1$$

$$\boldsymbol{\beta}_2=\boldsymbol{\alpha}_2-\frac{\boldsymbol{\beta}_1^{\mathrm{T}}\boldsymbol{\alpha}_2}{\boldsymbol{\beta}_1^{\mathrm{T}}\boldsymbol{\beta}_1}\boldsymbol{\beta}_1$$

$$\boldsymbol{\beta}_3=\boldsymbol{\alpha}_3-\frac{\boldsymbol{\beta}_1^{\mathrm{T}}\boldsymbol{\alpha}_3}{\boldsymbol{\beta}_1^{\mathrm{T}}\boldsymbol{\beta}_1}\boldsymbol{\beta}_1-\frac{\boldsymbol{\beta}_2^{\mathrm{T}}\boldsymbol{\alpha}_3}{\boldsymbol{\beta}_2^{\mathrm{T}}\boldsymbol{\beta}_2}\boldsymbol{\beta}_2$$

$$\cdots$$

$$\boldsymbol{\beta}_m=\boldsymbol{\alpha}_m-\sum_{j=1}^{m-1}\frac{\boldsymbol{\beta}_j^{\mathrm{T}}\boldsymbol{\alpha}_m}{\boldsymbol{\beta}_j^{\mathrm{T}}\boldsymbol{\beta}_j}\boldsymbol{\beta}_j$$

则 $\boldsymbol{\beta}_1, \boldsymbol{\beta}_2, \cdots, \boldsymbol{\beta}_m$ 是与 $\boldsymbol{\alpha}_1, \boldsymbol{\alpha}_2, \cdots, \boldsymbol{\alpha}_m$ 等价的正交向量组.

若进一步单位化，即令 $\boldsymbol{\eta}_j=\dfrac{\boldsymbol{\beta}_j}{\|\boldsymbol{\beta}_j\|}$，则 $\boldsymbol{\eta}_1, \boldsymbol{\eta}_2, \cdots, \boldsymbol{\eta}_m$ 是一个与 $\boldsymbol{\alpha}_1, \boldsymbol{\alpha}_2, \cdots, \boldsymbol{\alpha}_m$ 等价的标准正交向量组.

例 7 设向量组 $\boldsymbol{\alpha}_1=\begin{bmatrix}1\\2\\-1\end{bmatrix}$，$\boldsymbol{\alpha}_2=\begin{bmatrix}-1\\3\\1\end{bmatrix}$，$\boldsymbol{\alpha}_3=\begin{bmatrix}4\\-1\\0\end{bmatrix}$，试用施密特正交化将其标准正

交化.

解 $\boldsymbol{\beta}_1=\boldsymbol{\alpha}_1=\begin{bmatrix}1\\2\\-1\end{bmatrix}$

$$\boldsymbol{\beta}_2=\boldsymbol{\alpha}_2-\frac{<\boldsymbol{\alpha}_2,\boldsymbol{\beta}_1>}{\|\boldsymbol{\beta}_1\|^2}\boldsymbol{\beta}_1=\begin{bmatrix}-1\\3\\1\end{bmatrix}-\frac{4}{6}\begin{bmatrix}1\\2\\-1\end{bmatrix}=\frac{5}{3}\begin{bmatrix}-1\\1\\1\end{bmatrix}$$

$$\boldsymbol{\beta}_3=\boldsymbol{\alpha}_3-\frac{<\boldsymbol{\alpha}_3,\boldsymbol{\beta}_1>}{\|\boldsymbol{\beta}_1\|^2}\boldsymbol{\beta}_1-\frac{<\boldsymbol{\alpha}_3,\boldsymbol{\beta}_2>}{\|\boldsymbol{\beta}_2\|^2}\boldsymbol{\beta}_2=\begin{bmatrix}4\\-1\\0\end{bmatrix}-\frac{1}{3}\begin{bmatrix}1\\2\\-1\end{bmatrix}+\frac{5}{3}\begin{bmatrix}-1\\1\\1\end{bmatrix}=2\begin{bmatrix}1\\0\\1\end{bmatrix}$$

再将它们单位化,有

$$\boldsymbol{\eta}_1=\frac{\boldsymbol{\beta}_1}{\|\boldsymbol{\beta}_1\|}=\frac{1}{\sqrt{6}}\begin{bmatrix}1\\2\\-1\end{bmatrix}$$

$$\boldsymbol{\eta}_2=\frac{\boldsymbol{\beta}_2}{\|\boldsymbol{\beta}_2\|}=\frac{1}{\sqrt{3}}\begin{bmatrix}-1\\1\\1\end{bmatrix}$$

$$\boldsymbol{\eta}_3=\frac{\boldsymbol{\beta}_3}{\|\boldsymbol{\beta}_3\|}=\frac{1}{\sqrt{2}}\begin{bmatrix}1\\0\\1\end{bmatrix}$$

从而 $\boldsymbol{\eta}_1$，$\boldsymbol{\eta}_2$，$\boldsymbol{\eta}_3$ 是标准正交向量组，这可用 $\boldsymbol{A}^{\mathrm{T}}\boldsymbol{A}=\boldsymbol{E}$ 验证.

由此可见，即使是一个三维向量的问题，施密特正交化的计算过程较繁琐，高维向量必须借助于计算机.

例 8 已知向量 $\boldsymbol{\beta}$ 可由向量组 $\boldsymbol{\alpha}_1$，$\boldsymbol{\alpha}_2$，…，$\boldsymbol{\alpha}_s$ 线性表示，且 $\boldsymbol{\beta}$ 与 $\boldsymbol{\alpha}_i(i=1, 2, \cdots, s)$ 正交，证明 $\boldsymbol{\beta}=\mathbf{0}$.

证明 只需证明 $\boldsymbol{\beta}$ 量的范数为 0. 设 $\boldsymbol{\beta}=\lambda_1\boldsymbol{\alpha}_1+\lambda_2\boldsymbol{\alpha}_2+\cdots+\lambda_s\boldsymbol{\alpha}_s$，由题意

$$\begin{aligned}<\boldsymbol{\beta},\boldsymbol{\beta}>&=<\boldsymbol{\beta},\lambda_1\boldsymbol{\alpha}_1>+<\boldsymbol{\beta},\lambda_2\boldsymbol{\alpha}_2>+\cdots+<\boldsymbol{\beta},\lambda_s\boldsymbol{\alpha}_s>\\&=\lambda_1<\boldsymbol{\beta},\boldsymbol{\alpha}_1>+\lambda_2<\boldsymbol{\beta},\boldsymbol{\alpha}_2>+\cdots+\lambda_s<\boldsymbol{\beta},\boldsymbol{\alpha}_s>\\&=0\end{aligned}$$

所以 $\|\boldsymbol{\beta}\|=0$，即 $\boldsymbol{\beta}=\mathbf{0}$.

定义 3.12 设 $\boldsymbol{A}$ 为 n 阶方阵，若满足 $\boldsymbol{A}^{\mathrm{T}}\boldsymbol{A}=\boldsymbol{E}$，则称 $\boldsymbol{A}$ 为**正交矩阵**(orthogonal matrix).

如 $\boldsymbol{A}=\begin{pmatrix}\cos t & \sin t\\ -\sin t & \cos t\end{pmatrix}$，$\boldsymbol{B}=\frac{1}{3}\begin{pmatrix}1 & 2 & 2\\2 & 1 & -2\\2 & -2 & 1\end{pmatrix}$ 都是正交矩阵.

利用定义 3.12 可以证明，正交矩阵具有下面的性质：

(1) 若 $\boldsymbol{A}$ 为正交矩阵，则 $\boldsymbol{A}^{-1}=\boldsymbol{A}^{\mathrm{T}}$；

(2) 若 $\boldsymbol{A}$ 为正交矩阵，则 $\boldsymbol{A}^{\mathrm{T}}$ 和 $\boldsymbol{A}^{-1}$ 也为正交矩阵；

(3) 若 $\boldsymbol{A}$，$\boldsymbol{B}$ 均为 n 阶正交矩阵，则 $\boldsymbol{AB}$ 也为正交矩阵.

(4) 若 $\boldsymbol{A}$ 为正交矩阵，则 $|\boldsymbol{A}|=\pm 1$.

定理 3.8 n 阶方阵 $\boldsymbol{A}$ 为正交矩阵的充分必要条件是 $\boldsymbol{A}$ 的列(行)向量组是标准正交组.

证明 设 n 阶矩阵 $\boldsymbol{A}=[\boldsymbol{\alpha}_1, \boldsymbol{\alpha}_2, \cdots, \boldsymbol{\alpha}_n]$，于是

$$\boldsymbol{A}^{\mathrm{T}}\boldsymbol{A}=\begin{bmatrix}\boldsymbol{\alpha}_1^{\mathrm{T}}\\ \boldsymbol{\alpha}_2^{\mathrm{T}}\\ \vdots\\ \boldsymbol{\alpha}_n^{\mathrm{T}}\end{bmatrix}[\boldsymbol{\alpha}_1, \boldsymbol{\alpha}_2, \cdots, \boldsymbol{\alpha}_n]=\begin{bmatrix}\boldsymbol{\alpha}_1^{\mathrm{T}}\boldsymbol{\alpha}_1 & \boldsymbol{\alpha}_1^{\mathrm{T}}\boldsymbol{\alpha}_2 & \cdots & \boldsymbol{\alpha}_1^{\mathrm{T}}\boldsymbol{\alpha}_n\\ \boldsymbol{\alpha}_2^{\mathrm{T}}\boldsymbol{\alpha}_1 & \boldsymbol{\alpha}_2^{\mathrm{T}}\boldsymbol{\alpha}_2 & \cdots & \boldsymbol{\alpha}_2^{\mathrm{T}}\boldsymbol{\alpha}_n\\ \vdots & \vdots & & \vdots\\ \boldsymbol{\alpha}_n^{\mathrm{T}}\boldsymbol{\alpha}_1 & \boldsymbol{\alpha}_n^{\mathrm{T}}\boldsymbol{\alpha}_2 & \cdots & \boldsymbol{\alpha}_n^{\mathrm{T}}\boldsymbol{\alpha}_n\end{bmatrix}$$

因此，$\boldsymbol{A}^{\mathrm{T}}\boldsymbol{A}=\boldsymbol{E}_n$ 的充要条件是 $\boldsymbol{\alpha}_i^{\mathrm{T}}\boldsymbol{\alpha}_j=<\boldsymbol{\alpha}_i, \boldsymbol{\alpha}_j>=\begin{cases}1, & i=j\\ 0, & i\neq j\end{cases}$，$(i, j=1, 2, \cdots, n)$，即 $\boldsymbol{A}$ 的列向量组是标准正交组. 同理可证 $\boldsymbol{A}$ 的行向量组也是标准正交组.

例 9 设 $\boldsymbol{\alpha}$ 是 n 维列向量，且 $\boldsymbol{\alpha}^{\mathrm{T}}\boldsymbol{\alpha}=1$，试证：$\boldsymbol{A}=\boldsymbol{E}-2\boldsymbol{\alpha}\boldsymbol{\alpha}^{\mathrm{T}}$ 为对称正交矩阵.

证明 因为 $\boldsymbol{A}^{\mathrm{T}}=(\boldsymbol{E}-2\boldsymbol{\alpha}\boldsymbol{\alpha}^{\mathrm{T}})^{\mathrm{T}}=\boldsymbol{E}-2\boldsymbol{\alpha}\boldsymbol{\alpha}^{\mathrm{T}}=\boldsymbol{A}$，所以 $\boldsymbol{A}$ 为对称矩阵.

又因

$$\begin{aligned}\boldsymbol{A}^{\mathrm{T}}\boldsymbol{A}&=(\boldsymbol{E}-2\boldsymbol{\alpha}\boldsymbol{\alpha}^{\mathrm{T}})(\boldsymbol{E}-2\boldsymbol{\alpha}\boldsymbol{\alpha}^{\mathrm{T}})=\boldsymbol{E}-4\boldsymbol{\alpha}\boldsymbol{\alpha}^{\mathrm{T}}+4(\boldsymbol{\alpha}\boldsymbol{\alpha}^{\mathrm{T}})(\boldsymbol{\alpha}\boldsymbol{\alpha}^{\mathrm{T}})\\&=\boldsymbol{E}-4\boldsymbol{\alpha}\boldsymbol{\alpha}^{\mathrm{T}}+4\boldsymbol{\alpha}(\boldsymbol{\alpha}^{\mathrm{T}}\boldsymbol{\alpha})\boldsymbol{\alpha}^{\mathrm{T}}=\boldsymbol{E}-4\boldsymbol{\alpha}\boldsymbol{\alpha}^{\mathrm{T}}+4\boldsymbol{\alpha}\boldsymbol{\alpha}^{\mathrm{T}}=\boldsymbol{E}\end{aligned}$$

故 $\boldsymbol{A}$ 为正交矩阵. 用这种方法构成的正交矩阵称为豪斯霍尔德(Householder)矩阵.

3.5 基、维数与坐标

研究向量空间时，向量空间中的每个向量是否能用其中有限个向量线性表示，这是大家关注的一个问题. 本节给出了向量空间中基与维数的概念，进而讨论同一向量空间中基与基之间的关系以及同一个向量在不同基下的表示式，即坐标变换公式.

3.5.1 向量空间的基与维数

定义 3.13 设 $\boldsymbol{V}$ 是向量空间，如果向量 $\boldsymbol{\alpha}_1, \boldsymbol{\alpha}_2, \cdots, \boldsymbol{\alpha}_r\in\boldsymbol{V}$，满足

(1) $\boldsymbol{\alpha}_1, \boldsymbol{\alpha}_2, \cdots, \boldsymbol{\alpha}_r$ 线性无关；

(2) $\boldsymbol{V}$ 中的任一向量都可由 $\boldsymbol{\alpha}_1, \boldsymbol{\alpha}_2, \cdots, \boldsymbol{\alpha}_r$ 线性表示，

则称向量组 $\boldsymbol{\alpha}_1, \boldsymbol{\alpha}_2, \cdots, \boldsymbol{\alpha}_r$ 是向量空间 $\boldsymbol{V}$ 的一组**基**(base)，r 称为向量空间 $\boldsymbol{V}$ 的**维数**(dimension)，记为 $\dim\boldsymbol{V}=r$，规定零向量构成的向量空间的维数为零.

那么，向量空间的基与向量组的最大无关组之间关系如何?

若把向量空间 $\boldsymbol{V}$ 看作向量组，则 $\boldsymbol{V}$ 的基就是向量组的最大无关组，$\boldsymbol{V}$ 的维数就是向量组的秩. 而向量空间 $\boldsymbol{V}$ 的基不唯一，因此 r 维向量空间 $\boldsymbol{V}$ 中任意 r 个线性无关的向量都可

作向量空间 $\boldsymbol{V}$ 的一组基. 例如

(1) 向量组 $\boldsymbol{e}_1=[1, 0, 0, \cdots, 0]^{\mathrm{T}}$, $\boldsymbol{e}_2=[0, 1, 0, \cdots, 0]^{\mathrm{T}}$, $\cdots$, $\boldsymbol{e}_n=[0, 0, 0, \cdots, 1]^{\mathrm{T}}$ 是 $\mathbf{R}^n$ 的一组基, $\mathbf{R}^n$ 称为 n 维向量空间.

(2) 向量空间 $\boldsymbol{V}_1=\{[0, x_2, \cdots, x_n]^{\mathrm{T}} \mid x_2, x_3, \cdots, x_n \in \mathbf{R}\}$ 的一组基是 $\boldsymbol{e}_2=[0, 1, 0, \cdots, 0]^{\mathrm{T}}$, $\cdots$, $\boldsymbol{e}_n=[0, 0, 0, \cdots, 1]^{\mathrm{T}}$, 所以, $\boldsymbol{V}_1$ 是 $n-1$ 维向量空间.

(3) 可验证向量组 $\boldsymbol{\beta}_1=[2, 3, 1]^{\mathrm{T}}$, $\boldsymbol{\beta}_2=[1, 0, -1]^{\mathrm{T}}$, $\boldsymbol{\beta}_3=[1, 1, 1]^{\mathrm{T}}$ 及 $\boldsymbol{\alpha}_1=[1, 1, 0]^{\mathrm{T}}$, $\boldsymbol{\alpha}_2=[1, 0, 1]^{\mathrm{T}}$, $\boldsymbol{\alpha}_3=[1, 0, 0]^{\mathrm{T}}$ 是向量空间 $\mathbf{R}^3$ 两组不同的基.

(4) 向量空间 $\boldsymbol{S}=\mathrm{span}\{\boldsymbol{\alpha}_1, \boldsymbol{\alpha}_2, \cdots, \boldsymbol{\alpha}_m\}$ 的维数等于向量组 $\boldsymbol{\alpha}_1, \boldsymbol{\alpha}_2, \cdots, \boldsymbol{\alpha}_m$ 的秩.

因为由向量 $\boldsymbol{\alpha}_1, \boldsymbol{\alpha}_2, \cdots, \boldsymbol{\alpha}_m$ 生成的子空间 $\boldsymbol{S}=\mathrm{span}\{\boldsymbol{\alpha}_1, \boldsymbol{\alpha}_2, \cdots, \boldsymbol{\alpha}_m\}$ 与向量组 $\boldsymbol{\alpha}_1, \boldsymbol{\alpha}_2, \cdots, \boldsymbol{\alpha}_m$ 等价. 又据等价向量组的秩相等, 可知向量组 $\boldsymbol{\alpha}_1, \boldsymbol{\alpha}_2, \cdots, \boldsymbol{\alpha}_m$ 的最大无关组就是 $\boldsymbol{S}$ 的一组基, 向量组 $\boldsymbol{\alpha}_1, \boldsymbol{\alpha}_2, \cdots, \boldsymbol{\alpha}_m$ 的秩就是 $\boldsymbol{S}$ 的维数. 设 $\boldsymbol{\alpha}_1, \boldsymbol{\alpha}_2, \cdots, \boldsymbol{\alpha}_r$ 是 $\boldsymbol{S}$ 的一组基, 则 $\boldsymbol{S}$ 可表示为 $\boldsymbol{S}=\{x_1\boldsymbol{\alpha}_1+\cdots+x_r\boldsymbol{\alpha}_r \mid x_1, \cdots, x_r \in \mathbf{R}\}$.

若 $\boldsymbol{\alpha}_1, \boldsymbol{\alpha}_2, \cdots, \boldsymbol{\alpha}_m$ 为向量空间 $\boldsymbol{V}$ 的两两正交的一组基, 则称 $\boldsymbol{\alpha}_1, \boldsymbol{\alpha}_2, \cdots, \boldsymbol{\alpha}_m$ 是向量空间 $\boldsymbol{V}$ 的**正交基**(orthogonal base). 当 $\boldsymbol{\alpha}_1, \boldsymbol{\alpha}_2, \cdots, \boldsymbol{\alpha}_m$ 是单位向量时, 称 $\boldsymbol{\alpha}_1, \boldsymbol{\alpha}_2, \cdots, \boldsymbol{\alpha}_m$ 是向量空间 $\boldsymbol{V}$ 的**标准正交基**(**或规范正交基**)(orthonormal base). 如 $\boldsymbol{e}_1, \boldsymbol{e}_2, \cdots, \boldsymbol{e}_n$ 是向量空间 $\mathbf{R}^n$ 的一组标准正交基.

3.5.2 向量的坐标

定义 3.14 设 $\boldsymbol{V}$ 是 r 维向量空间, $\boldsymbol{\alpha}_1, \boldsymbol{\alpha}_2, \cdots, \boldsymbol{\alpha}_r$ 是 $\boldsymbol{V}$ 的一组基, 则 $\boldsymbol{V}$ 中的任一向量 $\boldsymbol{x}$ 可由 $\boldsymbol{\alpha}_1, \boldsymbol{\alpha}_2, \cdots, \boldsymbol{\alpha}_r$ 唯一线性表示为 $\boldsymbol{x}=x_1\boldsymbol{\alpha}_1+\cdots+x_r\boldsymbol{\alpha}_r$, 数组 $x_1, x_2, \cdots, x_r$ 称为向量 $\boldsymbol{x}$ 在基 $\boldsymbol{\alpha}_1, \boldsymbol{\alpha}_2, \cdots, \boldsymbol{\alpha}_r$ 下的**坐标**(coordinate), 记为 $[x_1, \cdots, x_r]^{\mathrm{T}}$.

由定义 3.14, 在标准正交基 $\boldsymbol{e}_1=[1, 0, 0, \cdots, 0]^{\mathrm{T}}$, $\cdots$, $\boldsymbol{e}_n=[0, 0, 0, \cdots, 1]^{\mathrm{T}}$ 下, $\mathbf{R}^n$ 的任一向量 $\boldsymbol{x}=[x_1, \cdots, x_n]^{\mathrm{T}}$ 可表示为 $\boldsymbol{x}=x_1\boldsymbol{e}_1+\cdots+x_n\boldsymbol{e}_n$, 故 n 维向量在该基下的坐标是它的分量.

例 1 设向量 $\boldsymbol{\alpha}=[1, 2, -1, 0]$, $\boldsymbol{\alpha}_1=[1, 0, 1, 0]$, $\boldsymbol{\alpha}_2=[0, 1, 1, 0]$, $\boldsymbol{\alpha}_3=[-1, 2, 0, 0]$, $\boldsymbol{\alpha}_4=[0, 0, 1, 1]$, 证明 $\boldsymbol{\alpha}_1, \boldsymbol{\alpha}_2, \boldsymbol{\alpha}_3, \boldsymbol{\alpha}_4$ 是向量空间 $\mathbf{R}^4$ 的一组基, 并求向量 $\boldsymbol{\alpha}$ 在该基下的坐标.

证明 要证明向量组 $\boldsymbol{\alpha}_1, \boldsymbol{\alpha}_2, \boldsymbol{\alpha}_3, \boldsymbol{\alpha}_4$ 是向量空间 $\mathbf{R}^4$ 的一组基, 只需证明该向量组是线性无关的, 然后令 $\boldsymbol{\alpha}=k_1\boldsymbol{\alpha}_1+k_2\boldsymbol{\alpha}_2+k_3\boldsymbol{\alpha}_3+k_4\boldsymbol{\alpha}_4$, 解此线性方程组便得到向量 $\boldsymbol{\alpha}$ 在该基下的坐标.

下面再给出另一种解法.

令矩阵 $\boldsymbol{A}=[\boldsymbol{\alpha}_1^{\mathrm{T}}, \boldsymbol{\alpha}_2^{\mathrm{T}}, \boldsymbol{\alpha}_3^{\mathrm{T}}, \boldsymbol{\alpha}_4^{\mathrm{T}}, \boldsymbol{\alpha}^{\mathrm{T}}]$, 对 $\boldsymbol{A}$ 进行初等行变换化为行最简形, 即

$$A=\begin{bmatrix}1&0&-1&0&1\\0&1&2&0&2\\1&1&0&1&-1\\0&0&0&1&0\end{bmatrix}\sim\begin{bmatrix}1&0&-1&0&1\\0&1&2&0&2\\0&0&-1&1&-4\\0&0&0&1&0\end{bmatrix}\sim\begin{bmatrix}1&0&0&0&5\\0&1&0&0&-6\\0&0&1&0&4\\0&0&0&1&0\end{bmatrix}$$

由于初等行变换不改变矩阵列向量组的线性关系，所以 $\boldsymbol{\alpha}_1$，$\boldsymbol{\alpha}_2$，$\boldsymbol{\alpha}_3$，$\boldsymbol{\alpha}_4$，是 $\mathbf{R}^4$ 的一组基. 且 $\boldsymbol{\alpha}=5\boldsymbol{\alpha}_1-6\boldsymbol{\alpha}_2+4\boldsymbol{\alpha}_3+0\boldsymbol{\alpha}_4$，即向量 $\boldsymbol{\alpha}$ 在基 $\boldsymbol{\alpha}_1$，$\boldsymbol{\alpha}_2$，$\boldsymbol{\alpha}_3$，$\boldsymbol{\alpha}_4$ 下的坐标为 $[5, -6, 4, 0]^{\mathrm{T}}$. 注意到向量 $\boldsymbol{\alpha}$ 在 $\mathbf{R}^4$ 的标准正交基 $\boldsymbol{e}_1$，$\boldsymbol{e}_2$，$\boldsymbol{e}_3$，$\boldsymbol{e}_4$ 下的坐标为 $[1, 2, -1, 0]^{\mathrm{T}}$. 可以看出，同一向量在不同基下的坐标一般是不相同的.

下面讨论向量空间 $\boldsymbol{V}$ 中两组不同基之间的关系.

设 $\boldsymbol{\alpha}_1$，$\boldsymbol{\alpha}_2$，…，$\boldsymbol{\alpha}_r$ 与 $\boldsymbol{\beta}_1$，$\boldsymbol{\beta}_2$，…，$\boldsymbol{\beta}_r$ 是 r 维向量空间 $\boldsymbol{V}$ 的两组基，则 $\boldsymbol{\alpha}_1$，$\boldsymbol{\alpha}_2$，…，$\boldsymbol{\alpha}_r$ 与 $\boldsymbol{\beta}_1$，$\boldsymbol{\beta}_2$，…，$\boldsymbol{\beta}_r$ 等价，从而 $\boldsymbol{\beta}_j=k_{1j}\boldsymbol{\alpha}_1+\cdots+k_{rj}\boldsymbol{\alpha}_r$，$j=1, \cdots, r$，即

$$[\boldsymbol{\beta}_1, \cdots, \boldsymbol{\beta}_r]=[\boldsymbol{\alpha}_1, \cdots, \boldsymbol{\alpha}_r]\begin{bmatrix}k_{11}&\cdots&k_{1r}\\\vdots&\cdots&\vdots\\k_{r1}&\cdots&k_{rr}\end{bmatrix}=[\boldsymbol{\alpha}_1, \cdots, \boldsymbol{\alpha}_r]\boldsymbol{K} \tag{3-4}$$

称矩阵 $\boldsymbol{K}$ 为由基 $\boldsymbol{\alpha}_1$，$\boldsymbol{\alpha}_2$，…，$\boldsymbol{\alpha}_r$ 到基 $\boldsymbol{\beta}_1$，$\boldsymbol{\beta}_2$，…，$\boldsymbol{\beta}_r$ 的**过渡矩阵**(transition matrix)，并称式(3-4)为由基 $\boldsymbol{\alpha}_1$，$\boldsymbol{\alpha}_2$，…，$\boldsymbol{\alpha}_r$ 到基 $\boldsymbol{\beta}_1$，$\boldsymbol{\beta}_2$，…，$\boldsymbol{\beta}_r$ 的**基变换公式**(base transformation formula). **过渡矩阵 $\boldsymbol{K}$ 是可逆的.**

事实上，令 $\boldsymbol{B}=[\boldsymbol{\beta}_1, \cdots, \boldsymbol{\beta}_r]=[\boldsymbol{\alpha}_1, \cdots, \boldsymbol{\alpha}_r]\begin{bmatrix}k_{11}&\cdots&k_{1r}\\\vdots&&\vdots\\k_{r1}&\cdots&k_{rr}\end{bmatrix}=\boldsymbol{AK}$

一方面 $R(\boldsymbol{K})\leqslant r$，另一方面 $R(\boldsymbol{B})=r$，$R(\boldsymbol{B})\leqslant\min\{R(\boldsymbol{A}), R(\boldsymbol{K})\}$，从而 $R(\boldsymbol{K})\geqslant r$，所以 $R(\boldsymbol{K})=r$，即 $\boldsymbol{K}$ 是可逆矩阵.

设向量 $\boldsymbol{\alpha}$ 在这两组基下的坐标分别为 $[x_1, x_2, \cdots, x_r]^{\mathrm{T}}$、$[y_1, y_2, \cdots, y_r]^{\mathrm{T}}$，即

$$\boldsymbol{\alpha}=x_1\boldsymbol{\alpha}_1+\cdots+x_r\boldsymbol{\alpha}_r=[\boldsymbol{\alpha}_1, \cdots, \boldsymbol{\alpha}_r]\begin{bmatrix}x_1\\\vdots\\x_r\end{bmatrix}=y_1\boldsymbol{\beta}_1+\cdots+y_r\boldsymbol{\beta}_r=[\boldsymbol{\beta}_1, \cdots, \boldsymbol{\beta}_r]\begin{bmatrix}y_1\\\vdots\\y_r\end{bmatrix} \tag{3-5}$$

将式(3-4)代入式(3-5)，得到

$$[\boldsymbol{\alpha}_1, \cdots, \boldsymbol{\alpha}_r]\begin{bmatrix}x_1\\\vdots\\x_r\end{bmatrix}=[\boldsymbol{\alpha}_1, \cdots, \boldsymbol{\alpha}_r]\boldsymbol{K}\begin{bmatrix}y_1\\\vdots\\y_r\end{bmatrix}$$

即

$$\begin{bmatrix}x_1\\\vdots\\x_r\end{bmatrix}=\boldsymbol{K}\begin{bmatrix}y_1\\\vdots\\y_r\end{bmatrix} \quad 或 \quad \begin{bmatrix}y_1\\\vdots\\y_r\end{bmatrix}=\boldsymbol{K}^{-1}\begin{bmatrix}x_1\\\vdots\\x_r\end{bmatrix} \tag{3-6}$$

称式(3-6)为向量 $\boldsymbol{\alpha}$ 在基 $\boldsymbol{\alpha}_1, \boldsymbol{\alpha}_2, \cdots, \boldsymbol{\alpha}_r$ 与基 $\boldsymbol{\beta}_1, \boldsymbol{\beta}_2, \cdots, \boldsymbol{\beta}_r$ 下的**坐标变换公式**(coordinate transformation formula).

例 2　设 $\mathbf{R}^3$ 中的两组基分别为

$$\boldsymbol{\alpha}_1=\begin{bmatrix}1\\1\\1\end{bmatrix},\ \boldsymbol{\alpha}_2=\begin{bmatrix}1\\0\\-1\end{bmatrix},\ \boldsymbol{\alpha}_3=\begin{bmatrix}1\\0\\1\end{bmatrix}$$

$$\boldsymbol{\beta}_1=\begin{bmatrix}0\\1\\1\end{bmatrix},\ \boldsymbol{\beta}_2=\begin{bmatrix}-1\\1\\0\end{bmatrix},\ \boldsymbol{\beta}_3=\begin{bmatrix}1\\2\\1\end{bmatrix}$$

求：(1) 从基 $\boldsymbol{\alpha}_1, \boldsymbol{\alpha}_2, \boldsymbol{\alpha}_3$ 到基 $\boldsymbol{\beta}_1, \boldsymbol{\beta}_2, \boldsymbol{\beta}_3$ 的过渡矩阵 $\boldsymbol{K}$.

(2) 向量 $\boldsymbol{\alpha}=\boldsymbol{\alpha}_1+2\boldsymbol{\alpha}_2-\boldsymbol{\alpha}_3$ 在基 $\boldsymbol{\beta}_1, \boldsymbol{\beta}_2, \boldsymbol{\beta}_3$ 下的坐标.

解　(1) 设由标准正交基 $\boldsymbol{e}_1, \boldsymbol{e}_2, \boldsymbol{e}_3$ 到 $\boldsymbol{\alpha}_1, \boldsymbol{\alpha}_2, \boldsymbol{\alpha}_3$ 及 $\boldsymbol{\beta}_1, \boldsymbol{\beta}_2, \boldsymbol{\beta}_3$ 的过渡矩阵分别为 $\boldsymbol{A}$ 和 $\boldsymbol{B}$，即

$$[\boldsymbol{\alpha}_1, \boldsymbol{\alpha}_2, \boldsymbol{\alpha}_3]=[\boldsymbol{e}_1, \boldsymbol{e}_2, \boldsymbol{e}_3]\begin{bmatrix}1&1&1\\1&0&0\\1&-1&1\end{bmatrix}=[\boldsymbol{e}_1, \boldsymbol{e}_2, \boldsymbol{e}_3]\boldsymbol{A}$$

$$[\boldsymbol{\beta}_1, \boldsymbol{\beta}_2, \boldsymbol{\beta}_3]=[\boldsymbol{e}_1, \boldsymbol{e}_2, \boldsymbol{e}_3]\begin{bmatrix}0&-1&1\\1&1&2\\1&0&1\end{bmatrix}=[\boldsymbol{e}_1, \boldsymbol{e}_2, \boldsymbol{e}_3]\boldsymbol{B}$$

从而

$$[\boldsymbol{\beta}_1, \boldsymbol{\beta}_2, \boldsymbol{\beta}_3]=[\boldsymbol{\alpha}_1, \boldsymbol{\alpha}_2, \boldsymbol{\alpha}_3]\boldsymbol{A}^{-1}\boldsymbol{B}$$

于是，由基 $\boldsymbol{\alpha}_1, \boldsymbol{\alpha}_2, \boldsymbol{\alpha}_3$ 到基 $\boldsymbol{\beta}_1, \boldsymbol{\beta}_2, \boldsymbol{\beta}_3$ 的过渡矩阵

$$\boldsymbol{K}=\boldsymbol{A}^{-1}\boldsymbol{B}=\begin{bmatrix}1&1&2\\-\frac{1}{2}&-\frac{1}{2}&0\\-\frac{1}{2}&-\frac{3}{2}&-1\end{bmatrix}$$

(2) 已知向量 $\boldsymbol{\alpha}=\boldsymbol{\alpha}_1+2\boldsymbol{\alpha}_2-\boldsymbol{\alpha}_3$ 在基 $\boldsymbol{\alpha}_1, \boldsymbol{\alpha}_2, \boldsymbol{\alpha}_3$ 下的坐标 $(1, 2, -1)^{\mathrm{T}}$，由式(3-6)知向量 $\boldsymbol{\alpha}$ 在基 $\boldsymbol{\beta}_1, \boldsymbol{\beta}_2, \boldsymbol{\beta}_3$ 下的坐标

$$\begin{bmatrix}y_1\\y_2\\y_3\end{bmatrix}=\boldsymbol{K}^{-1}\begin{bmatrix}1\\2\\-1\end{bmatrix}=\begin{bmatrix}\frac{1}{2}&-2&1\\-\frac{1}{2}&0&-1\\\frac{1}{2}&1&0\end{bmatrix}\begin{bmatrix}1\\2\\-1\end{bmatrix}=\begin{bmatrix}-\frac{9}{2}\\\frac{1}{2}\\\frac{5}{2}\end{bmatrix}$$

本题可用 MATLAB 程序计算如下：

```
A=[1, 1, 1; 1, 0, 0; 1, -1, 1];B=[0, -1, 1; 1, 1, 2; 1, 0, 1];
```

K=inv(A) * B, X=[1; 2; -1], Y=inv(K) * X

运行结果为

$$K=\begin{bmatrix} 1.0000 & 1.0000 & 2.0000 \\ -0.5000 & -0.5000 & 0 \\ -0.5000 & -1.5000 & -1.0000 \end{bmatrix},\ Y=\begin{bmatrix} -4.5000 \\ 0.5000 \\ 2.5000 \end{bmatrix}$$

3.6 线性方程组解的结构

在第1章中讨论了初等变换法求解线性方程组，第2章给出了Cramer法则，本章前面讨论了向量与向量空间的理论，这些理论和方法都是围绕着线性方程组求解进行展开的.本节进一步讨论线性方程组解的结构.

设线性方程组

$$\begin{cases} a_{11}x_1+a_{12}x_2+\cdots+a_{1n}x_n=b_1 \\ a_{21}x_1+a_{22}x_2+\cdots+a_{2n}x_n=b_2 \\ \quad\vdots \\ a_{m1}x_1+a_{m2}x_2+\cdots+a_{mn}x_n=b_m \end{cases} \tag{3-7}$$

的系数矩阵为$\boldsymbol{A}$，即$\boldsymbol{A}=(a_{ij})_{m\times n}$，常数项$\boldsymbol{b}=[b_1, b_2, \cdots, b_m]^{\mathrm{T}}$，则式(3-7)可写成矩阵方程

$$\boldsymbol{Ax}=\boldsymbol{b} \tag{3-8}$$

若将$\boldsymbol{A}$按列分块，记$\boldsymbol{A}=[\boldsymbol{\alpha}_1, \boldsymbol{\alpha}_2, \cdots, \boldsymbol{\alpha}_n]$，增广矩阵$\widetilde{\boldsymbol{A}}=[\boldsymbol{\alpha}_1, \boldsymbol{\alpha}_2, \cdots, \boldsymbol{\alpha}_n, \boldsymbol{b}]=[\boldsymbol{A}, \boldsymbol{b}]$，则方程组(3-7)可以写成向量组的线性表示形式

$$x_1\boldsymbol{\alpha}_1+x_2\boldsymbol{\alpha}_2+\cdots+x_n\boldsymbol{\alpha}_n=\boldsymbol{b} \tag{3-9}$$

因此，方程组$\boldsymbol{Ax}=\boldsymbol{b}$有解当且仅当$\boldsymbol{b}$可以由向量组$\boldsymbol{\alpha}_1, \boldsymbol{\alpha}_2, \cdots, \boldsymbol{\alpha}_n$线性表示. 于是解可得.

定理3.9 (1) 线性方程组$\boldsymbol{Ax}=\boldsymbol{b}$有解当且仅当$R(\boldsymbol{A})=R(\widetilde{\boldsymbol{A}})$.

(2) 若$R(\boldsymbol{A})=R(\widetilde{\boldsymbol{A}})=r$，则$\boldsymbol{Ax}=\boldsymbol{b}$有唯一解当且仅当$r=n$.

证明 (1) "⇒"(必要性). 已知$\boldsymbol{Ax}=\boldsymbol{b}$有解，因而$\boldsymbol{b}$可以由向量组$\boldsymbol{\alpha}_1, \boldsymbol{\alpha}_2, \cdots, \boldsymbol{\alpha}_n$线性表示. 因而，向量组$\boldsymbol{\alpha}_1, \boldsymbol{\alpha}_2, \cdots, \boldsymbol{\alpha}_n$与向量组$\boldsymbol{\alpha}_1, \boldsymbol{\alpha}_2, \cdots, \boldsymbol{\alpha}_n, \boldsymbol{b}$等价，从而这两个向量组的秩相等，即$R(\boldsymbol{A})=R(\widetilde{\boldsymbol{A}})$.

"⇐"(充分性). 假设$R(\boldsymbol{A})=R(\widetilde{\boldsymbol{A}})=r$，则向量组$\boldsymbol{\alpha}_1, \boldsymbol{\alpha}_2, \cdots, \boldsymbol{\alpha}_n$与向量组$\boldsymbol{\alpha}_1, \boldsymbol{\alpha}_2, \cdots, \boldsymbol{\alpha}_n, \boldsymbol{b}$的秩相等. 不妨设$\boldsymbol{\alpha}_{i_1}, \boldsymbol{\alpha}_{i_2}, \cdots, \boldsymbol{\alpha}_{i_r}$是$\boldsymbol{\alpha}_1, \boldsymbol{\alpha}_2, \cdots, \boldsymbol{\alpha}_n$的极大线性无关组，亦得$\boldsymbol{\alpha}_{i_1}, \boldsymbol{\alpha}_{i_2}, \cdots, \boldsymbol{\alpha}_{i_r}$也是$\boldsymbol{\alpha}_1, \boldsymbol{\alpha}_2, \cdots, \boldsymbol{\alpha}_n, \boldsymbol{b}$的极大线性无关组. 所以$\boldsymbol{b}$可以由$\boldsymbol{\alpha}_{i_1}, \boldsymbol{\alpha}_{i_2}, \cdots, \boldsymbol{\alpha}_{i_r}$线性表示. 当然，$\boldsymbol{b}$也可由向量组$\boldsymbol{\alpha}_1, \boldsymbol{\alpha}_2, \cdots, \boldsymbol{\alpha}_n$线性表示，即$\boldsymbol{Ax}=\boldsymbol{b}$有解.

(2) 若$R(\boldsymbol{A})=R(\widetilde{\boldsymbol{A}})=r$，则$\boldsymbol{Ax}=\boldsymbol{b}$有解，即$\boldsymbol{b}$可由$\boldsymbol{\alpha}_1, \boldsymbol{\alpha}_2, \cdots, \boldsymbol{\alpha}_n$线性表示. 已知，线性表示式唯一当且仅当$\boldsymbol{\alpha}_1, \boldsymbol{\alpha}_2, \cdots, \boldsymbol{\alpha}_n$线性无关，即$R(\boldsymbol{A})=R(\boldsymbol{\alpha}_1, \boldsymbol{\alpha}_2, \cdots, \boldsymbol{\alpha}_n)=n$.

由定理 3.9 易知，若 $R(\boldsymbol{A})=R(\widetilde{\boldsymbol{A}})<n$，则 $\boldsymbol{Ax}=\boldsymbol{b}$ 有无穷多解.

3.6.1 齐次线性方程组解的结构

由第 1 章中矩阵初等变换解线性方程组的方法知，n 元齐次线性方程组 $\boldsymbol{A}_{m\times n}\boldsymbol{x}=\boldsymbol{0}$ 有非零解(无穷多解)的充要条件是其系数矩阵的秩 $R(\boldsymbol{A})<n$，且无穷多个解的通解中含有 $n-R(\boldsymbol{A})$ 个自由未知量(任意参数)，因此可得齐次线性方程组的解具有如下性质.

性质 3.1 设 $\boldsymbol{\xi}_1$，$\boldsymbol{\xi}_2$，…，$\boldsymbol{\xi}_t$ 是 $\boldsymbol{Ax}=\boldsymbol{0}$ 的解，则 $c_1\boldsymbol{\xi}_1+c_2\boldsymbol{\xi}_2+\cdots+c_t\boldsymbol{\xi}_t$ 也是 $\boldsymbol{Ax}=\boldsymbol{0}$ 的解，其中 c_1，c_2，…，c_t 为任意常数.

证明 因为 $\boldsymbol{A}(c_1\boldsymbol{\xi}_1+c_2\boldsymbol{\xi}_2+\cdots+c_t\boldsymbol{\xi}_t)=c_1\boldsymbol{A\xi}_1+c_2\boldsymbol{A\xi}_2+\cdots+c_t\boldsymbol{A\xi}_t=\boldsymbol{0}$，所以 $c_1\boldsymbol{\xi}_1+c_2\boldsymbol{\xi}_2+\cdots+c_t\boldsymbol{\xi}_t$ 也是 $\boldsymbol{Ax}=\boldsymbol{0}$ 的解.

由此性质知道，对齐次线性方程组 $\boldsymbol{Ax}=\boldsymbol{0}$ 的任意两个解 $\boldsymbol{x}$，$\boldsymbol{y}$，有 $\boldsymbol{x}+\boldsymbol{y}$ 和 $\lambda\boldsymbol{x}$ 仍为齐次方程组的解，即 $\boldsymbol{Ax}=\boldsymbol{0}$ 的解集 $N(\boldsymbol{A})$ 为向量空间，称之为齐次线性方程组 $\boldsymbol{Ax}=\boldsymbol{0}$ 的**解空间**(solution space).

由向量空间的构造知道，设 $R(\boldsymbol{A})=r$，只要找到 $N(\boldsymbol{A})$ 的一组基 $\boldsymbol{\xi}_1$，$\boldsymbol{\xi}_2$，…，$\boldsymbol{\xi}_{n-r}$，即可得 $\boldsymbol{Ax}=\boldsymbol{0}$ 的解空间

$$N(\boldsymbol{A})=\{\boldsymbol{x}\mid \boldsymbol{x}=c_1\boldsymbol{\xi}_1+c_2\boldsymbol{\xi}_2+\cdots+c_{n-r}\boldsymbol{\xi}_{n-r},\ c_1,\ c_2,\ \cdots,\ c_{n-r}\in\mathbf{R}\}$$

齐次线性方程组 $\boldsymbol{Ax}=\boldsymbol{0}$ 的解空间的一组基 $\boldsymbol{\xi}_1$，$\boldsymbol{\xi}_2$，…，$\boldsymbol{\xi}_{n-r}$ 亦称为 $\boldsymbol{Ax}=\boldsymbol{0}$ 的一个**基础解系**(basic solution system).

换言之，基础解系 $\boldsymbol{\xi}_1$，$\boldsymbol{\xi}_2$，…，$\boldsymbol{\xi}_{n-r}$ 是 $\boldsymbol{Ax}=\boldsymbol{0}$ 的解向量，且满足

(1) $\boldsymbol{\xi}_1$，$\boldsymbol{\xi}_2$，…，$\boldsymbol{\xi}_{n-r}$ 线性无关；

(2) $\boldsymbol{Ax}=\boldsymbol{0}$ 的任一解均可由 $\boldsymbol{\xi}_1$，$\boldsymbol{\xi}_2$，…，$\boldsymbol{\xi}_{n-r}$ 线性表示.

以上分析构成下面定理.

定理 3.10 设 n 元齐次线性方程组 $\boldsymbol{A}_{m\times n}\boldsymbol{x}=\boldsymbol{0}$，$R(\boldsymbol{A})=r\leqslant n$，则 $\boldsymbol{Ax}=\boldsymbol{0}$ 的解空间的维数为 $n-r$(即 $\dim(N(\boldsymbol{A}))=n-r$).

证明 当 $r=n$ 时，线性方程组只有零解，故没有基础解系(此时解空间只含有零向量，称为 0 维向量空间).

当 $r<n$ 时，线性方程组必含有 $n-r$ 个向量的基础解系 $\boldsymbol{\xi}_1$，$\boldsymbol{\xi}_2$，…，$\boldsymbol{\xi}_{n-r}$，此时线性方程组的解可以表示为 $\boldsymbol{\xi}=k_1\boldsymbol{\xi}_1+k_2\boldsymbol{\xi}_2+\cdots+k_{n-r}\boldsymbol{\xi}_{n-r}$，其中 k_1，k_2，…，k_{n-r} 是任意实数，解空间可表示为

$$N(\boldsymbol{A})=\{\boldsymbol{x}\mid \boldsymbol{x}=k_1\boldsymbol{\xi}_1+k_2\boldsymbol{\xi}_2+\cdots+k_{n-r}\boldsymbol{\xi}_{n-r},\ k_1,\ k_2,\ \cdots,\ k_{n-r}\in\mathbf{R}\}$$

即 $\dim(N(\boldsymbol{A}))=n-r$.

例 1 求齐次线性方程组 $\begin{cases} x_1+x_2+x_3+x_4+x_5=0 \\ x_1+2x_2+x_3+x_4-x_5=0 \\ x_1+3x_2+x_3+x_4-3x_5=0 \\ 3x_1+4x_2+3x_3+3x_4+x_5=0 \end{cases}$ 的基础解系及通解.

解 易求得系数矩阵的秩为 2，因此其解空间是三维的. 利用初等行变换可得同解方程组如下：

$$\begin{cases} x_1 = -x_3 - x_4 - 3x_5 \\ x_2 = \qquad\qquad\quad 2x_5 \end{cases}$$

其中 x_3，x_4，x_5 为自由量.

现分别取 $\begin{bmatrix} x_3 \\ x_4 \\ x_5 \end{bmatrix} = \begin{bmatrix} 1 \\ 0 \\ 0 \end{bmatrix}$，$\begin{bmatrix} 0 \\ 1 \\ 0 \end{bmatrix}$，$\begin{bmatrix} 0 \\ 0 \\ 1 \end{bmatrix}$，得解向量

$$\boldsymbol{\xi}_1 = \begin{bmatrix} -1 \\ 0 \\ 1 \\ 0 \\ 0 \end{bmatrix}, \quad \boldsymbol{\xi}_2 = \begin{bmatrix} -1 \\ 0 \\ 0 \\ 1 \\ 0 \end{bmatrix}, \quad \boldsymbol{\xi}_3 = \begin{bmatrix} -3 \\ 2 \\ 0 \\ 0 \\ 1 \end{bmatrix}$$

即为该齐次线性方程组的一个基础解系，从而通解为

$$\boldsymbol{x} = k_1\boldsymbol{\xi}_1 + k_2\boldsymbol{\xi}_2 + k_3\boldsymbol{\xi}_3$$

其中 k_1，k_2，k_3 为任意实数.

注 基础解系不唯一，但基础解系中所含解向量的个数是唯一的，从而解空间的基是不唯一的，但解空间的维数是唯一的(请读者分析思考). 利用线性方程组解的结构理论来证明下面推论.

推论 3.2 若 $\boldsymbol{A}_{m\times n}\boldsymbol{B}_{n\times s}=\boldsymbol{0}$，则 $R(\boldsymbol{A})+R(\boldsymbol{B})\leqslant n$.

证 记 $\boldsymbol{B}=(\boldsymbol{\beta}_1, \boldsymbol{\beta}_2, \cdots, \boldsymbol{\beta}_s)$，则由 $\boldsymbol{AB}=\boldsymbol{0}$ 得

$$\boldsymbol{A\beta}_i = \boldsymbol{0} \quad (i = 1, 2, \cdots, s)$$

即表明 $\boldsymbol{\beta}_i(i=1, 2, \cdots, s)$都是 $\boldsymbol{Ax}=\boldsymbol{0}$ 的解.

因此 $R(\boldsymbol{\beta}_1, \boldsymbol{\beta}_2, \cdots, \boldsymbol{\beta}_s)\leqslant R(N(\boldsymbol{A}))=n-R(\boldsymbol{A})$. 移项得 $R(\boldsymbol{A})+R(\boldsymbol{B})\leqslant n$.

例 2 选择题. 设 $\boldsymbol{A}=(\boldsymbol{\alpha}_1, \boldsymbol{\alpha}_2, \boldsymbol{\alpha}_3, \boldsymbol{\alpha}_4)$是 4 阶矩阵，$\boldsymbol{A}^*$ 为 $\boldsymbol{A}$ 的伴随矩阵，若$(1, 0, 1, 0)^{\mathrm{T}}$是齐次方程组 $\boldsymbol{Ax}=\boldsymbol{0}$ 的一个基础解系，则 $\boldsymbol{A}^* x=\boldsymbol{0}$ 基础解系可为(　　).

A. $\boldsymbol{\alpha}_1, \boldsymbol{\alpha}_3$　　B. $\boldsymbol{\alpha}_1, \boldsymbol{\alpha}_2$　　C. $\boldsymbol{\alpha}_1, \boldsymbol{\alpha}_2, \boldsymbol{\alpha}_3$　　D. $\boldsymbol{\alpha}_2, \boldsymbol{\alpha}_3, \boldsymbol{\alpha}_4$

解 因 $\boldsymbol{Ax}=\boldsymbol{0}$ 的基础解系只有一个向量可知 $R(\boldsymbol{A})=3$，从而 $R(\boldsymbol{A}^*)=1$ (为什么?).

由 $\boldsymbol{A}^*\boldsymbol{A}=|\boldsymbol{A}|\boldsymbol{E}=\boldsymbol{0}$ 可知，$\boldsymbol{\alpha}_1, \boldsymbol{\alpha}_2, \boldsymbol{\alpha}_3, \boldsymbol{\alpha}_4$ 都是 $\boldsymbol{A}^*\boldsymbol{x}=\boldsymbol{0}$ 的解，且 $\boldsymbol{A}^*\boldsymbol{x}=0$ 的解空间是三维的.

又因为 $\boldsymbol{A}\begin{pmatrix} 1 \\ 0 \\ 1 \\ 0 \end{pmatrix}=(\boldsymbol{\alpha}_1, \boldsymbol{\alpha}_2, \boldsymbol{\alpha}_3, \boldsymbol{\alpha}_4)\begin{pmatrix} 1 \\ 0 \\ 1 \\ 0 \end{pmatrix}=\boldsymbol{\alpha}_1+\boldsymbol{\alpha}_3=\boldsymbol{0}$，因此 $\boldsymbol{\alpha}_1, \boldsymbol{\alpha}_3$ 线性相关，从而 $\boldsymbol{\alpha}_1, \boldsymbol{\alpha}_2, \boldsymbol{\alpha}_3$ 线性相关(为什么?). 故 $\boldsymbol{\alpha}_1, \boldsymbol{\alpha}_2, \boldsymbol{\alpha}_4$ 或 $\boldsymbol{\alpha}_2, \boldsymbol{\alpha}_3, \boldsymbol{\alpha}_4$ 为基础解系，所以应选 D.

关于线性方程组的求解，在 MATLAB 中，可以调用其命令函数进行.

针对齐次线性方程组，可以用函数 null 来求解零空间，即满足 $\boldsymbol{Ax}=\mathbf{0}$ 的解空间，实际上是求出解空间的一组基(基础解系).

命令函数　null

格式　Z=null(A)　　　%Z 的列向量为 **AX=0** 解空间的标准正交基满足 $Z^TZ=E$

　　　Z=null(A，r′)　　%Z 的列向量是方程 **Ax=0** 的有理基础解系

例 3　求齐次线性方程组 $\begin{cases} x_1+x_2+x_3+x_4+x_5=0 \\ x_1+2x_2+x_3+x_4-x_5=0 \\ x_1+3x_2+x_3+x_4-3x_5=0 \\ 3x_1+4x_2+3x_3+3x_4+x_5=0 \end{cases}$ 的基础解系.

解法 1

```
>>A=[1, 1, 1, 1, 1; 1, 2, 1, 1, -1; 1, 3, 1, 1, -3; 3, 4, 3, 3, 1]
A=
     1   1   1   1   1
     1   2   1   1  -1
     1   3   1   1  -3
     3   4   3   3   1
>>null(A, 'r')
ans=
    -1   -1   -3
     0    0    2
     1    0    0
     0    1    0
     0    0    1
```

则基础解系为

$$\boldsymbol{\xi}_1=\begin{bmatrix}-1\\0\\1\\0\\0\end{bmatrix},\quad \boldsymbol{\xi}_2=\begin{bmatrix}-1\\0\\0\\1\\0\end{bmatrix},\quad \boldsymbol{\xi}_3=\begin{bmatrix}-3\\2\\0\\0\\1\end{bmatrix}$$

解法 2

```
>>A=[1, 1, 1, 1, 1; 1, 2, 1, 1, -1; 1, 3, 1, 1, -3; 3, 4, 3, 3, 1];
>>B=rref(A)                %rref 为求行最简形函数
B=
     1   1   1   1   3
```

0 1 0 0 −2

0 0 0 0 0

0 0 0 0 0

即可写出其基础解系

$$\boldsymbol{\xi}_1=\begin{bmatrix}1\\0\\1\\0\\0\end{bmatrix},\quad \boldsymbol{\xi}_2=\begin{bmatrix}-1\\0\\0\\1\\0\end{bmatrix},\quad \boldsymbol{\xi}_3=\begin{bmatrix}-3\\2\\0\\0\\1\end{bmatrix}$$

3.6.2 非齐次线性方程组解的结构

一般的 $m\times n$ 非齐次线性方程组的矩阵形式为

$$\mathbf{A}_{m\times n}\boldsymbol{x}=\boldsymbol{b} \tag{3-10}$$

称与(3-10)具有相同系数矩阵的齐次线性方程组 $\mathbf{A}_{m\times n}\boldsymbol{x}=\mathbf{0}$ 为其导出组(或对应的齐次线性方程组).

关于非齐次线性方程组 $\mathbf{A}\boldsymbol{x}=\boldsymbol{b}$ 具有如下性质.

性质 3.2 设 $\boldsymbol{\eta}_1, \boldsymbol{\eta}_2, \cdots, \boldsymbol{\eta}_t$ 为 $\mathbf{A}\boldsymbol{x}=\boldsymbol{b}$ 的解，令 $\boldsymbol{\eta}=c_1\boldsymbol{\eta}_1+c_2\boldsymbol{\eta}_2+\cdots+c_t\boldsymbol{\eta}_t$，当 $c_1+c_2+\cdots+c_t=0$ 时，$\boldsymbol{\eta}$ 为 $\mathbf{A}\boldsymbol{x}=\mathbf{0}$ 的解，当 $c_1+c_2+\cdots+c_t=1$ 时，$\boldsymbol{\eta}$ 为 $\mathbf{A}\boldsymbol{x}=\boldsymbol{b}$ 的解.

特别地，$\frac{1}{t}\sum_{k=1}^{t}\boldsymbol{\eta}_k$ 为 $\mathbf{A}\boldsymbol{x}=\boldsymbol{b}$ 的解.

证明 因为

$$\begin{aligned}\mathbf{A}\boldsymbol{\eta}&=\mathbf{A}(c_1\boldsymbol{\eta}_1+c_2\boldsymbol{\eta}_2+\cdots+c_t\boldsymbol{\eta}_t)\\&=c_1\mathbf{A}\boldsymbol{\eta}_1+c_2\mathbf{A}\boldsymbol{\eta}_2+\cdots+c_t\mathbf{A}\boldsymbol{\eta}_t\\&=(c_1+c_2+\cdots+c_t)\boldsymbol{b}\end{aligned}$$

所以当 $c_1+c_2+\cdots+c_t=0$ 时，$\mathbf{A}\boldsymbol{\eta}=\mathbf{0}$；当 $c_1+c_2+\cdots+c_t=1$ 时，$\mathbf{A}\boldsymbol{\eta}=\boldsymbol{b}$.

如 $\boldsymbol{\eta}_1, \boldsymbol{\eta}_2$ 为 $\mathbf{A}\boldsymbol{x}=\boldsymbol{b}$ 的解，则 $\boldsymbol{\eta}_1-\boldsymbol{\eta}_2$ 为 $\mathbf{A}\boldsymbol{x}=\mathbf{0}$ 的解，$\frac{\boldsymbol{\eta}_1+\boldsymbol{\eta}_2}{2}$ 为 $\mathbf{A}\boldsymbol{x}=\boldsymbol{b}$ 的解.

性质 3.3 设 $\boldsymbol{\xi}$ 为 $\mathbf{A}\boldsymbol{x}=\mathbf{0}$ 的解，$\boldsymbol{\eta}$ 为 $\mathbf{A}\boldsymbol{x}=\boldsymbol{b}$ 的解，则 $\boldsymbol{x}=\boldsymbol{\xi}+\boldsymbol{\eta}$ 仍为 $\mathbf{A}\boldsymbol{x}=\boldsymbol{b}$ 的解.

证明 因为 $\mathbf{A}\boldsymbol{x}=\mathbf{A}(\boldsymbol{\xi}+\boldsymbol{\eta})=\mathbf{A}\boldsymbol{\xi}+\mathbf{A}\boldsymbol{\eta}=\mathbf{0}+\boldsymbol{b}=\boldsymbol{b}$，所以 $\boldsymbol{x}=\boldsymbol{\xi}+\boldsymbol{\eta}$ 为 $\mathbf{A}\boldsymbol{x}=\boldsymbol{b}$ 的解.

由性质 3.3 可知，$\mathbf{A}\boldsymbol{x}=\boldsymbol{b}$ 的解可表示成它的某一个解与其导出组的解之和的形式，当 $\boldsymbol{\xi}=c_1\boldsymbol{\xi}_1+c_2\boldsymbol{\xi}_2+\cdots+c_{n-r}\boldsymbol{\xi}_{n-r}$ 为导出组的通解时，则非齐次线性方程组 $\mathbf{A}\boldsymbol{x}=\boldsymbol{b}$ 的任一解可表示为

$$\boldsymbol{x}=c_1\boldsymbol{\xi}_1+c_2\boldsymbol{\xi}_2+\cdots+c_{n-r}\boldsymbol{\xi}_{n-r}+\boldsymbol{\eta}\quad(c_1, c_2, \cdots, c_{n-r}\in\mathbf{R})$$

称此解为非齐次线性方程组的通解.

注：非齐次线性方程组的解集关于加法和数乘不封闭，因此不构成向量空间.

由此可知，非齐次线性方程组 $\boldsymbol{Ax}=\boldsymbol{b}(R(\boldsymbol{A})=R(\overline{\boldsymbol{A}})=r)$ 的通解为

$$\boldsymbol{x}=k_1\boldsymbol{\xi}_1+k_2\boldsymbol{\xi}_2+\cdots+k_{n-r}\boldsymbol{\xi}_{n-r}+\boldsymbol{\eta}^* \tag{3-11}$$

其中 $\boldsymbol{\xi}_1$，$\boldsymbol{\xi}_2$，…，$\boldsymbol{\xi}_{n-r}$ 为导出组 $\boldsymbol{Ax}=\boldsymbol{0}$ 的一个基础解系，$\boldsymbol{\eta}^*$ 为 $\boldsymbol{Ax}=\boldsymbol{b}$ 的任意一个解，称为特解.

例 4 求线性方程组 $\begin{cases}x_1+2x_2+2x_3 &=2\\ x_1+3x_2+4x_3-2x_4=3\\ x_1 \qquad +x_3+2x_4=1\end{cases}$ 的通解.

解 将增广矩阵 $\widetilde{\boldsymbol{A}}$ 经过初等行变换化为行最简形.

$$\widetilde{\boldsymbol{A}}=[\boldsymbol{A}\ \vdots\ \boldsymbol{b}]=\left[\begin{array}{cccc:c}1&2&2&0&2\\1&3&4&-2&3\\1&1&0&2&1\end{array}\right]$$

$$\sim\left[\begin{array}{cccc:c}1&2&2&0&2\\0&1&2&-2&1\\0&-1&-2&2&-1\end{array}\right]\sim\left[\begin{array}{cccc:c}1&2&2&0&2\\0&1&2&-2&1\\0&1&0&0&0\end{array}\right]$$

$$\sim\left[\begin{array}{cccc:c}1&0&-2&4&0\\0&1&2&-2&1\\0&0&0&0&0\end{array}\right]$$

可知 $R(\boldsymbol{A})=R(\widetilde{\boldsymbol{A}})=2<4$，有无穷解.

由同解方程组

$$\begin{cases}x_1=2x_3-4x_4\\ x_2=-2x_3+2x_4+1\end{cases}$$

其中，x_3，x_4 任意.

分别令 $\begin{pmatrix}x_3\\x_4\end{pmatrix}=\begin{pmatrix}1\\2\end{pmatrix}$，$\begin{pmatrix}0\\1\end{pmatrix}$. 其导出组的基础解系为

$$\boldsymbol{\xi}_1=\begin{bmatrix}-6\\3\\1\\2\end{bmatrix},\quad \boldsymbol{\xi}_2=\begin{bmatrix}-4\\3\\0\\1\end{bmatrix}$$

$\boldsymbol{Ax}=\boldsymbol{b}$ 的一个特解为

$$\boldsymbol{\eta}^*=\begin{bmatrix}0\\1\\0\\0\end{bmatrix}$$

于是方程组的通解为

$$\boldsymbol{x}=c_1\boldsymbol{\xi}_1+c_2\boldsymbol{\xi}_2+\boldsymbol{\eta}^*$$

其中 c_1，c_2 为任意实数.

由上述讨论可知，求解非齐次线性方程组 $\boldsymbol{Ax}=\boldsymbol{b}$ 的通解时，首先要判断该方程组是否有解，若有解，再去求通解. 因此，步骤可归纳为

step1：判断 $\boldsymbol{Ax}=\boldsymbol{b}$, $R(\boldsymbol{A})=\boldsymbol{r}$ 是否有解，若有解，则转到 step2；

step2：求 $\boldsymbol{Ax}=\boldsymbol{b}$ 的一个特解 $\boldsymbol{\eta}^*$；

step3：求 $\boldsymbol{Ax}=\boldsymbol{0}$ 的基础解系 $\boldsymbol{\xi}_1$，$\boldsymbol{\xi}_2$，…，$\boldsymbol{\xi}_{n-r}$；

step4：写出 $\boldsymbol{Ax}=\boldsymbol{b}$ 的通解 $\boldsymbol{x}=k_1\boldsymbol{\xi}_1+k_2\boldsymbol{\xi}_2+\cdots+k_{n-r}\boldsymbol{\xi}_{n-r}+\boldsymbol{\eta}^*$.

例 5 设矩阵 $\boldsymbol{A}=\begin{pmatrix}1 & -1 & 01\\ 01 & 1 & 1\\ 0 & -4 & -2\end{pmatrix}$，$\boldsymbol{\xi}_1=\begin{pmatrix}-1\\1\\2\end{pmatrix}$，(1) 求满足 $\boldsymbol{A\xi}_2=\boldsymbol{\xi}_1$，$\boldsymbol{A}^2\boldsymbol{\xi}_3=\boldsymbol{\xi}_1$ 的所有向量 $\boldsymbol{\xi}_2$，$\boldsymbol{\xi}_3$；(2) 对(1)中的任两个向量 $\boldsymbol{\xi}_2$，$\boldsymbol{\xi}_1$，证明：向量组 $\boldsymbol{\xi}_1$，$\boldsymbol{\xi}_2$，$\boldsymbol{\xi}_3$ 线性无关.

解 (1) 先解非齐次线性方程组 $\boldsymbol{A\xi}_2=\boldsymbol{\xi}_1$.

$$\text{增广矩阵}(\boldsymbol{A},\ \boldsymbol{\xi}_1)=\begin{pmatrix}1 & -1 & -1 & -1\\ -1 & 1 & 1 & 1\\ 0 & -4 & -2 & -2\end{pmatrix}\overset{r}{\sim}\begin{pmatrix}1 & -1 & -1 & -1\\ 0 & 0 & 0 & 0\\ 0 & 2 & 1 & 1\end{pmatrix}$$

$$\overset{r}{\sim}\begin{pmatrix}1 & -1 & -1 & -1\\ 0 & 2 & 1 & 1\\ 0 & 0 & 0 & 0\end{pmatrix}.$$

可知 $R(\boldsymbol{A})=2$,故有一个自由变量，令 $x_3=2$，由 $\boldsymbol{A\xi}_2=\boldsymbol{O}$ 解得 $x_2=-1$，$x_1=1$.

求特解:令 $x_1=x_2=0$，得 $x_3=1$.

故 $\boldsymbol{A\xi}_2=\boldsymbol{\xi}_1$ 的通解 $\boldsymbol{\xi}_2=k_1\begin{pmatrix}1\\-1\\2\end{pmatrix}+\begin{pmatrix}0\\0\\1\end{pmatrix}$，其中 k_1 为任意常数.

再解非齐次线性方程组 $\boldsymbol{A\xi}_3=\boldsymbol{\xi}_1$.

系数矩阵 $\boldsymbol{A}^2=\begin{pmatrix}2 & 2 & 0\\ -2 & -2 & 0\\ 4 & 4 & 0\end{pmatrix}$，增广矩阵为

$$(\boldsymbol{A}^2,\ \boldsymbol{\xi}_1)=\begin{pmatrix}2 & 2 & 0 & -1\\ -2 & -2 & 0 & 1\\ 4 & 4 & 0 & -2\end{pmatrix}\overset{r}{\sim}\begin{pmatrix}1 & 1 & 0 & -\dfrac{1}{2}\\ 0 & 0 & 0 & 0\\ 0 & 0 & 0 & 0\end{pmatrix}$$

可知有两个自由变量，令 $x_2=-1$，$x_3=0$，得 $x_1=1$;令 $x_2=0$，$x_3=1$,得 $x_1=0$.

求得特解 $\boldsymbol{\eta}_2=\begin{pmatrix}-\dfrac{1}{2}\\0\\0\end{pmatrix}$,故 $\boldsymbol{A}^2\boldsymbol{\xi}_3=\boldsymbol{\xi}_1$ 的通解 $\boldsymbol{\xi}_3=k_2\begin{pmatrix}1\\-1\\0\end{pmatrix}+k_3\begin{pmatrix}0\\0\\1\end{pmatrix}+\begin{pmatrix}-\dfrac{1}{2}\\0\\0\end{pmatrix}$，其中 k_2，k_3 为任意常数.

(2) **证** 由于

$$|(\boldsymbol{\xi}_1, \boldsymbol{\xi}_2, \boldsymbol{\xi}_3)| = \begin{vmatrix} -1 & k_1 & k_2-\frac{1}{2} \\ 1 & -k_1 & -k_2 \\ -2 & 2k_1+1 & k_3 \end{vmatrix}$$

$$= k_1k_3 + 2k_1k_2 + (2k_1+1)\left(k_2-\frac{1}{2}\right) - 2k_1\left(k_2-\frac{1}{2}\right) - k_2(2k_1+1) - k_1k_3$$

$$= -\frac{1}{2} \neq 0$$

故向量组 $\boldsymbol{\xi}_1, \boldsymbol{\xi}_2, \boldsymbol{\xi}_3$ 线性无关.

例 6 求下列非齐次线性方程组的通解：

$$\begin{cases} 2x_1 + 4x_2 - x_3 + 4x_4 + 16x_5 = -2 \\ -3x_1 - 6x_2 + 2x_3 - 6x_4 - 23x_5 = 7 \\ 3x_1 + 6x_2 - 4x_3 + 6x_4 + 19x_5 = -23 \\ x_1 + 2x_2 + 5x_3 + 2x_4 + 19x_5 = 43 \end{cases}$$

解 MATLAB 程序如下：

```
>>A=[2, 4, -1, 4, 16; -3, -6, 2, -6, -23; 3, 6, -4, 6, 19; 1, 2, 5, 2,
19];
>>b=[-2; 7; 23; 43];
>>[R, s]=rref([A, b]);
>>[m, n]=size(A);
>>X0=zeros(n, 1);
>>r=length(s);
>>X0=(s, : )=R(1 : r, end);
disp('非齐次线性方程组的特解为:')
X0
disp('对应齐次线性方程组的基础解系为:')
X=null(A, 'r')
```

运算结果为：

```
非齐次线性方程组的特解为:
X0=
     3
     0
     8
     0
     0
```

对应齐次线性方程组的基础解系为：

X=

−2	−2	−9
1	0	0
0	0	−2
0	1	0
0	0	1

则方程组的通解为：

$$k_1\begin{bmatrix}-2\\1\\0\\0\\0\end{bmatrix}+k_2\begin{bmatrix}-2\\0\\0\\1\\0\end{bmatrix}+k_3\begin{bmatrix}-9\\0\\-2\\0\\1\end{bmatrix}+\begin{bmatrix}3\\0\\8\\0\\0\end{bmatrix}$$

从本节例子可以看出，结合矩阵的初等变换，可得到齐次及非齐次线性方程组解的结构形式. 但下面的例子必须用解的结构理论才能得以解决.

例 7　已知非齐次线性方程组的系数矩阵的秩为 3，且 $\boldsymbol{\alpha}_1$，$\boldsymbol{\alpha}_2$，$\boldsymbol{\alpha}_3$ 为该方程组的三个解向量，其中 $\boldsymbol{\alpha}_1=[1, 2, 3, 4]^{\mathrm{T}}$，$\boldsymbol{\alpha}_2+\boldsymbol{\alpha}_3=[2, 3, 4, 5]^{\mathrm{T}}$，试求该方程组的通解.

解　设方程组为 $\boldsymbol{Ax}=\boldsymbol{b}$，$R(\boldsymbol{A})=3$，由已知条件知该非齐次线性方程组是四元线性方程组，且其导出组 $\boldsymbol{Ax}=\boldsymbol{0}$ 的解空间 $N(\boldsymbol{A})$的维数为 1($\dim(N(\boldsymbol{A}))=n-R(\boldsymbol{A})=4-3=1$).

若求得导出组 $\boldsymbol{Ax}=\boldsymbol{0}$ 的一个基础解系 $\boldsymbol{\xi}_1$，则可以写出 $\boldsymbol{Ax}=\boldsymbol{b}$ 的通解.

由于 $\boldsymbol{\alpha}_2+\boldsymbol{\alpha}_3-2\boldsymbol{\alpha}_1$ 必为导出组 $\boldsymbol{Ax}=\boldsymbol{0}$ 的解，且

$$\boldsymbol{\alpha}_2+\boldsymbol{\alpha}_3-2\boldsymbol{\alpha}_1=\begin{bmatrix}2\\3\\4\\4\end{bmatrix}-2\begin{bmatrix}1\\2\\3\\4\end{bmatrix}=\begin{bmatrix}0\\-1\\-2\\-3\end{bmatrix}\neq\boldsymbol{0}$$

故得导出组 $\boldsymbol{Ax}=\boldsymbol{0}$ 的基础解系 $\boldsymbol{\xi}_1=\begin{bmatrix}0\\-1\\-2\\-3\end{bmatrix}$. 又 $\boldsymbol{\alpha}_1$ 为 $\boldsymbol{Ax}=\boldsymbol{b}$ 的一个特解，从而，$\boldsymbol{Ax}=\boldsymbol{b}$ 的通解为

$$\boldsymbol{x}=c\boldsymbol{\xi}_1+\boldsymbol{\alpha}_1=c\begin{bmatrix}0\\-1\\-2\\-3\end{bmatrix}+\begin{bmatrix}1\\2\\3\\4\end{bmatrix}\quad(c\in\mathbf{R})$$

由例 7 可知，线性方程组解的结构理论在系数矩阵或增广矩阵未知时，将突显其作用.

3.7* 超定线性方程组的最小二乘解

在许多实际问题中，我们经常会碰到解所谓的“矛盾线性方程组”的问题，为讲得更清楚一些，举一个简单的例子.

在经济学中，个人的收入与消费之间存在着密切的关系，收入越多，消费水平也越高；收入较少，消费水平也较低. 从一个社会整体来看，个人的平均收入与平均消费之间大致呈线性关系，若 u 表示收入，v 表示支出，则 u，v 适合

$$u = a + bv \tag{3-12}$$

其中 a，b 是两个常数，需要根据具体的统计数据来确定. 假定现在有一组表示 3 年中每年的收入与消费情况的统计数字(见表 3.1). 现要根据这一组统计数字求出 a，b，将 u，v 的值代入式(3-12)得到一个含有两个未知数、三个方程的线性方程组：

$$\begin{cases} a + 1.2b = 1.6 \\ a + 1.4b = 1.7 \\ a + 1.8b = 2.0 \end{cases}$$

表 3.1 3 年的收入与消费统计

收入、支出 \ 年	1	2	3
u	1.6	1.7	2.0
v	1.2	1.4	1.8

从第一、二个方程可求出 $a=1$，$b=0.5$. 代入第三个方程得

$$1 + 1.8 \times 0.5 = 1.9 \neq 2.0$$

说明上述方程组无解，即为超定线性方程组，这样一来是不是说我们的问题就没有意义了呢？当然不是！

事实上，收入与消费的关系通常极为复杂，我们把它当成线性关系只是一种近似的假定. 另外，统计数字本身不可避免地会产生误差，也就是说统计表只是实际情况的近似反映。既然统计数字有误差，就不可能也没有必要求出 a，b 的精确解. 此矛盾的出现并不意味着我们因此而束手无策了，我们可以对 a，b 提出这样的要求：求出 a 与 b，使得到的关系式 $u=a+bv$ 能尽可能好地符合实际情况，用数学语言来说就是求 a，b，使平方偏差：

$$[(a + 1.2b) - 1.6]^2 + [(a + 1.4b) - 1.7]^2 + [(a + 1.8b) - 2.0]^2$$

取最小值，这就是所谓的最小二乘解. 一般来说，为了使理论关系式更符合实际，通常要求统计数字多一点，即方程的个数多一点.

如何求“最小二乘解”？让我们来作一些理论上的分析，假定有下列矛盾线性方程组

$$\begin{cases}a_{11}x_1+a_{12}x_2+\cdots+a_{1n}x_n=b_1\\a_{21}x_1+a_{22}x_2+\cdots+a_{2n}x_n=b_2\\\quad\vdots\\a_{m1}x_1+a_{m2}x_2+\cdots+a_{mn}x_n=b_m\end{cases}$$

其中 $m>n$，它的系数矩阵记为 $\mathbf{A}$，则上述线性方程组写为矩阵形式：

$$\mathbf{A}\boldsymbol{x}=\boldsymbol{b} \tag{3-13}$$

其中

$$\boldsymbol{x}=\begin{bmatrix}x_1\\x_2\\\vdots\\x_n\end{bmatrix},\quad \boldsymbol{b}=\begin{bmatrix}b_1\\b_2\\\vdots\\b_n\end{bmatrix}$$

现要求出 $\boldsymbol{x}$，使

$$\sum_{i=1}^{m}\Big(\sum_{j=1}^{n}a_{ij}x_j-b_i\Big)^2$$

取最小值. 记

$$\boldsymbol{\alpha}_1=\begin{bmatrix}a_{11}\\a_{21}\\\vdots\\a_{m1}\end{bmatrix},\quad \boldsymbol{\alpha}_2=\begin{bmatrix}a_{12}\\a_{22}\\\vdots\\a_{m2}\end{bmatrix},\quad \cdots,\quad \boldsymbol{\alpha}_n=\begin{bmatrix}a_{1n}\\a_{2n}\\\vdots\\a_{mn}\end{bmatrix}$$

考虑向量

$$x_1\boldsymbol{\alpha}_1+x_2\boldsymbol{\alpha}_2+\cdots+x_n\boldsymbol{\alpha}_n-\boldsymbol{b}$$

这是一个 m 维列向量，第 i 个坐标为 $\sum_{j=1}^{n}a_{ij}x_j-b_i$. 因此，若记 $\mathbf{V}=\mathbf{R}_m$，由向量内积及向量范数定义，则

$$\|(x_1\boldsymbol{\alpha}_1+x_2\boldsymbol{\alpha}_2+\cdots+x_n\boldsymbol{\alpha}_n)-\boldsymbol{b}\|^2=\sum_{i=1}^{m}\Big(\sum_{j=1}^{n}a_{ij}x_j-b_i\Big)^2$$

又
$$\|(x_1\boldsymbol{\alpha}_1+x_2\boldsymbol{\alpha}_2+\cdots+x_n\boldsymbol{\alpha}_n)-\boldsymbol{b}\|=\|\mathbf{A}\boldsymbol{x}-\boldsymbol{b}\|=\|\boldsymbol{b}-\mathbf{A}\boldsymbol{x}\|$$

当 $x_1, x_2, \cdots, x_n$ 变动时，$x_1\boldsymbol{\alpha}_1+x_2\boldsymbol{\alpha}_2+\cdots+x_n\boldsymbol{\alpha}_n$ 就是由 $\boldsymbol{\alpha}_1, \boldsymbol{\alpha}_2, \cdots, \boldsymbol{\alpha}_n$ 张成的 $\mathbf{V}$ 的子空间，记为 $\boldsymbol{W}$. 要使 $\|\boldsymbol{b}-\mathbf{A}\boldsymbol{x}\|$ 取最小值，实际上就是要求 $\boldsymbol{b}$ 到 $\boldsymbol{W}$ 的距离，用向量的语言来描述就是，一个固定向量到一个子空间中各向量间的距离也是以“垂线最短”，即只需取 $\boldsymbol{b}$ 到 $\boldsymbol{W}$ 上的正交投影向量 $\boldsymbol{\gamma}$ 就可以了.

首先，注意到实际问题中，矩阵 $\mathbf{A}$ 的秩通常都等于 n，因此，可设 $\mathbf{A}$ 是列满秩，即 $R(\mathbf{A})=n$，即向量组 $\boldsymbol{\alpha}_1, \boldsymbol{\alpha}_2, \cdots, \boldsymbol{\alpha}_n$ 线性无关，$\boldsymbol{W}$ 是由 $\boldsymbol{\alpha}_1, \boldsymbol{\alpha}_2, \cdots, \boldsymbol{\alpha}_n$ 生成的 n 维子空间. 设

$$\boldsymbol{\gamma}=x_1\boldsymbol{\alpha}_1+x_2\boldsymbol{\alpha}_2+\cdots x_n\boldsymbol{\alpha}_n$$

则$(\boldsymbol{b}-\boldsymbol{\gamma})\perp W$. 因此$(\boldsymbol{b}-\boldsymbol{\gamma})\perp\boldsymbol{\alpha}_i(i=1, 2, \cdots, n)$，即$<(\boldsymbol{b}-\boldsymbol{\gamma}), \boldsymbol{\alpha}_i>=0$，或者$<\boldsymbol{\gamma}, \boldsymbol{\alpha}_i>=<\boldsymbol{b}, \boldsymbol{\alpha}_i>$，这样便有下列线性方程组：

$$\begin{cases} <\boldsymbol{\alpha}_1, \boldsymbol{\alpha}_1> x_1 + <\boldsymbol{\alpha}_2, \boldsymbol{\alpha}_1> x_2 + \cdots + <\boldsymbol{\alpha}_n, \boldsymbol{\alpha}_1> x_n = <\boldsymbol{b}, \boldsymbol{\alpha}_1> \\ <\boldsymbol{\alpha}_1, \boldsymbol{\alpha}_2> x_1 + <\boldsymbol{\alpha}_2, \boldsymbol{\alpha}_2> x_2 + \cdots + <\boldsymbol{\alpha}_n, \boldsymbol{\alpha}_2> x_n = <\boldsymbol{b}, \boldsymbol{\alpha}_2> \\ \quad\cdots \\ <\boldsymbol{\alpha}_1, \boldsymbol{\alpha}_n> x_1 + <\boldsymbol{\alpha}_2, \boldsymbol{\alpha}_n> x_2 + \cdots + <\boldsymbol{\alpha}_n, \boldsymbol{\alpha}_n> x_n = <\boldsymbol{b}, \boldsymbol{\alpha}_n> \end{cases} \tag{3-14}$$

若记 $\boldsymbol{A}^{\mathrm{T}}$ 为 $\boldsymbol{A}$ 的转置，则上面的方程组(3-14)可以写成矩阵形式：

$$\boldsymbol{A}^{\mathrm{T}}\boldsymbol{A}\boldsymbol{x} = \boldsymbol{A}^{\mathrm{T}}\boldsymbol{b} \tag{3-15}$$

式(3-15)称为式(3-13)的正规方程组. 由于 $\boldsymbol{A}$ 的秩为 n，$\boldsymbol{A}^{\mathrm{T}}$ 的秩也是 n，故 $\boldsymbol{A}^{\mathrm{T}}\boldsymbol{A}$ 为非奇异 n 阶方阵，于是

$$\boldsymbol{x} = (\boldsymbol{A}^{\mathrm{T}}\boldsymbol{A})^{-1}\boldsymbol{A}^{\mathrm{T}}\boldsymbol{b}$$

这就是线性方程组(3-13)的**最小二乘解**(least square solution).

下面来求前面经济学中的例子提出的线性方程组的最小二乘解：

$$\begin{cases} a + 1.2b = 1.6 \\ a + 1.4b = 1.7 \\ a + 1.8b = 2.0 \end{cases}$$

其中 $\boldsymbol{A}=\begin{bmatrix} 1 & 1.2 \\ 1 & 1.4 \\ 1 & 1.8 \end{bmatrix}$，$\boldsymbol{A}^{\mathrm{T}}=\begin{bmatrix} 1 & 1 & 1 \\ 1.2 & 1.4 & 1.8 \end{bmatrix}$，$\boldsymbol{b}=\begin{bmatrix} 1.6 \\ 1.7 \\ 2.0 \end{bmatrix}$，不难看出 $\boldsymbol{A}$ 的秩等于 2，并通过计算得

$$\boldsymbol{A}^{\mathrm{T}}\boldsymbol{A} = \begin{bmatrix} 3 & 4.4 \\ 4.4 & 6.64 \end{bmatrix}, \quad (\boldsymbol{A}^{\mathrm{T}}\boldsymbol{A})^{-1} = \frac{1}{0.56}\begin{bmatrix} 6.64 & -4.4 \\ -4.4 & 3 \end{bmatrix}, \quad \boldsymbol{A}^{\mathrm{T}}\boldsymbol{b} = \begin{bmatrix} 5.3 \\ 7.9 \end{bmatrix}$$

则

$$(\boldsymbol{A}^{\mathrm{T}}\boldsymbol{A})^{-1}\boldsymbol{A}^{\mathrm{T}}\boldsymbol{b} = \frac{1}{0.56}\begin{bmatrix} 0.432 \\ 0.38 \end{bmatrix} \approx \begin{bmatrix} 0.77 \\ 0.68 \end{bmatrix}$$

求得最小二乘解(近似解)为

$$\begin{cases} a = 0.77 \\ b = 0.68 \end{cases}$$

因此，收入与消费的关系式为：$u=0.77+0.68v$.

例 1 求下面超定线性方程组 $\boldsymbol{A}\boldsymbol{x}=\boldsymbol{b}$ 的最小二乘解

$$\begin{cases} x_1 + x_2 = 3 \\ -2x_1 + 3x_2 = 1 \\ 2x_1 - x_2 = 2 \end{cases}$$

解 已知 $\boldsymbol{A}=\begin{bmatrix} 1 & 1 \\ -2 & 3 \\ 2 & -1 \end{bmatrix}$，$\boldsymbol{b}=\begin{bmatrix} 3 \\ 1 \\ 2 \end{bmatrix}$，易知 $\boldsymbol{R}(\boldsymbol{A})=2\neq3=\boldsymbol{R}(\widetilde{\boldsymbol{A}})$.

从而该方程组是无解的，其正规方程组 $\boldsymbol{A}^{\mathrm{T}}\boldsymbol{A}\boldsymbol{x}=\boldsymbol{A}^{\mathrm{T}}\boldsymbol{b}$，即

$$\begin{bmatrix}1 & -2 & 2\\ 1 & 3 & -1\end{bmatrix}\begin{bmatrix}1 & 1\\ -2 & 3\\ 2 & -1\end{bmatrix}\begin{bmatrix}x_1\\ x_2\end{bmatrix}=\begin{bmatrix}1 & -2 & 2\\ 1 & 3 & -1\end{bmatrix}\begin{bmatrix}3\\ 1\\ 2\end{bmatrix}$$

化简为

$$\begin{bmatrix}9 & -7\\ -7 & 11\end{bmatrix}\begin{bmatrix}x_1\\ x_2\end{bmatrix}=\begin{bmatrix}5\\ 4\end{bmatrix}$$

该方程组的解

$$\boldsymbol{x}=\left[\frac{83}{50},\ \frac{71}{50}\right]^{\mathrm{T}}=\begin{bmatrix}1.66\\ 1.42\end{bmatrix}$$

即为原方程组的最小二乘解，而误差向量

$$\boldsymbol{\varepsilon}(\boldsymbol{x})=\boldsymbol{b}-\boldsymbol{A}\boldsymbol{x}=\begin{bmatrix}3\\ 1\\ 2\end{bmatrix}-\begin{bmatrix}1 & 1\\ -2 & 3\\ 2 & -1\end{bmatrix}\begin{bmatrix}1.66\\ 1.42\end{bmatrix}=\begin{bmatrix}-0.08\\ 0.06\\ 0.10\end{bmatrix}$$

从几何上看，例 1 中的三个方程所表示的平面直线不能相交于一点(见图 3.3)，但是可以在相交成的三角形中找到一点，使它与这三条直线的距离为最短，我们把这个点当作(近似)解.

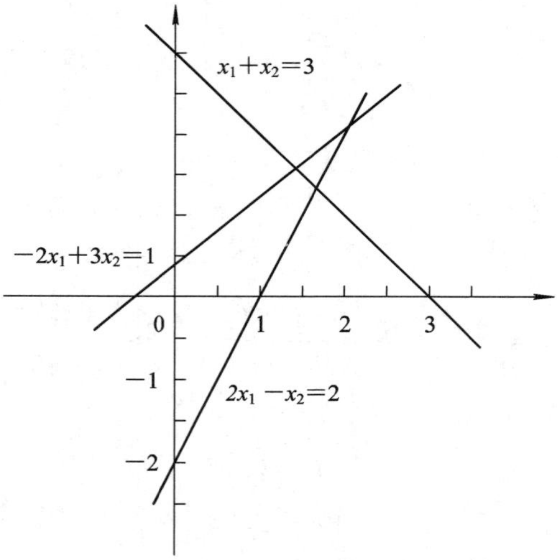

图 3.3　超定线性方程组的几何解释

最后，再看应用 MATLAB 程序如何求解最小二乘解.

例 2　求超定线性方程组

$$\begin{cases}2x_1+3x_2-5x_3=6\\ 3x_1+4x_2+5x_3=2\\ 5x_1+7x_2-3x_3=4\\ 8x_1+3x_2+2x_3=5\end{cases}$$

的最小二乘解.

解 MATLAB 程序如下：

```
>>A=[2，3，-5；3，4，5；5，7，-3；8，3，2 ]；
>>b=[6；2；4；5]；
```

解法 1 >>x=A\b

执行后得

```
x=
    0.64845
    0.18375
  -0.3818
```

解法 2 对正规方程组 $\boldsymbol{A}^{\mathrm{T}}\boldsymbol{AX}=\boldsymbol{A}^{\mathrm{T}}\boldsymbol{b}$ 求解.

```
>>inv(A′ * A) * (A′ * b)
ans=
      0.64845
      0.18375
    -0.3818
```

关于最小二乘问题的详细讨论及其应用，读者可阅读数值线性代数的有关内容.

3.8 应 用 案 例

应用一 药方配制问题.

通过中成药药方配制问题，理解向量组的线性相关性、最大线性无关组、向量的线性表示以及向量空间等知识.

问题：某中药厂用 9 种中草药 A～I，根据不同的比例配制成了 7 种特效药，每种特效药用量成分见表 3.2(单位：克).

表 3.2 七种特效药的配方

中药	1 号成药	2 号成药	3 号成药	4 号成药	5 号成药	6 号成药	7 号成药
A	10	2	14	12	20	38	100
B	12	0	12	25	35	60	55
C	5	3	11	0	5	14	0
D	7	9	25	5	15	47	35
E	0	1	2	25	5	33	6

续表

中药	1号成药	2号成药	3号成药	4号成药	5号成药	6号成药	7号成药
F	25	5	35	5	35	55	50
G	9	4	17	25	2	39	25
H	6	5	16	10	10	25	10
I	8	2	12	0	2	6	20

试解答：

(1) 某医院要购买这7种特效药，但药厂的第3号成药和第6号成药已经卖完，请问能否用其他特效药配制出这两种脱销的药品？

(2) 现在该医院想用这7种草药配制三种新的特效药，表3.3给出了新特效药的成分，请问能否配制？如何配制？

表 3.3　三种新特效药的配方

中药	1号新药	2号新药	3号新药
A	40	162	88
B	62	141	67
C	14	27	8
D	44	102	51
E	53	60	7
F	50	155	80
G	71	118	38
H	41	68	21
I	14	52	30

解　(1) 把每一种特效药看成一个9维列向量：$u1$，$u2$，$u3$，$u4$，$u5$，$u6$，$u7$，分析7个列向量构成向量组的线性相关性. 若该向量组线性无关，则无法配制脱销的特效药；若该向量组线性相关，且能将$u3$，$u6$用其余向量线性表示，则可以配制3号和6号成药.

MATLAB 程序如下：

```
u1=[10; 12; 5; 6; 0; 25; 9; 6; 8];
u2=[2; 0; 3; 9; 1; 5; 4; 5; 2];
u3=[14; 12; 11; 25; 2; 35; 17; 16; 12];
u4=[12; 25; 0; 5; 25; 5; 25; 10; 0];
u5=[20; 35; 5; 15; 5; 35; 2; 10; 2];
u6=[38; 60; 14; 47; 33; 55; 39;235; 6];
u7=[100; 55; 0; 35; 6; 50; 25; 10; 20]
```

```
U=[u1, u2, u3, u4, u5, u6, u7]
[U0, r]=rref(U)
```

运行结果为

```
U0=

    1  0  1  0  0  0  0
    0  1  2  0  0  3  0
    0  0  0  1  0  1  0
    0  0  0  0  1  1  0
    0  0  0  0  0  0  1
    0  0  0  0  0  0  0
    0  0  0  0  0  0  0
    0  0  0  0  0  0  0
    0  0  0  0  0  0  0
```

故可以配制 3 号和 6 号成药.

(2) 三种新药用 $v1$, $v2$, $v3$ 表示，问题化为 $v1$, $v2$, $v3$ 能否由 $u1$, $u2$, $u3$, $u4$, $u5$, $u6$, $u7$ 线性表示，若能表示，则可配制；否则不能配制.

令 U=[u1, u2, u3, u4, u5, u6, u7, v1, v2, v3], [U₀, r]=rref(U)

运行结果为

$$U_0 = \begin{array}{c} \begin{matrix} & & & & & & & v1 & v2 & v3 \end{matrix} \\ \begin{bmatrix} 1 & 0 & 1 & 0 & 0 & 0 & 0 & 1 & 3 & 0 \\ 0 & 1 & 2 & 0 & 0 & 3 & 0 & 3 & 4 & 0 \\ 0 & 0 & 0 & 1 & 0 & 1 & 0 & 2 & 2 & 0 \\ 0 & 0 & 0 & 0 & 1 & 1 & 0 & 0 & 0 & 0 \\ 0 & 0 & 0 & 0 & 0 & 0 & 1 & 0 & 1 & 0 \\ 0 & 0 & 0 & 0 & 0 & 0 & 0 & 0 & 0 & 1 \\ 0 & 0 & 0 & 0 & 0 & 0 & 0 & 0 & 0 & 0 \\ 0 & 0 & 0 & 0 & 0 & 0 & 0 & 0 & 0 & 0 \\ 0 & 0 & 0 & 0 & 0 & 0 & 0 & 0 & 0 & 0 \end{bmatrix} \end{array}$$

由 U_0 的最后三列可以看出结果 $r=1, 2, 4, 5, 7, 10$.

一个最大无关组为 $u1$, $u2$, $u4$, $u5$, $u7$, $v3$，可以看出

$$v1 = u1 + 3u2 + 2u4$$

$$v2 = 3u1 + 4u2 + 2u4 + u7$$

由于 $v3$ 在最大无关组里不能被线性表示，所以无法配制.

应用二　污水处理.

在用化学方法处理污水过程中，有时会涉及复杂的化学反应，这些反应的化学方程式

是分析计算和工艺设计的重要依据. 在定性地检测出反应物和生成物之后，可以通过求解线性方程组配平化学方程式.

某工厂废水含 KOCN，其浓度为 650 mg/L，现用氯氧化法处理，发生如下反应：

$$KOCN+2KOH+Cl_2=KOCN+2KCl+H_2O$$

投入过量液氯，可将氰酸盐进一步化为氮气，请配平下列化学方程式：

$$\_\_KOCN+\_\_KOH+\_\_Cl_2=\_\_CO_2+\_\_N_2+\_\_KCl+\_\_H_2O$$

解 设

$$x_1KOCN+x_2KOH+x_3Cl_2=x_4CO_2+x_5N_2+x_6KCl+x_7H_2O$$

则根据能量守恒原理，可得

$$\begin{cases} x_1+x_2=x_6 \\ x_1+x_2=2x_4+x_7 \\ x_1=x_4 \\ x_1=2x_5 \\ x_2=2x_7 \\ 2x_3=x_6 \end{cases}$$

整理得

$$\begin{cases} x_1+x_2-x_6=0 \\ x_1+x_2-2x_4-x_7=0 \\ x_1-x_4=0 \\ x_1-2x_5=0 \\ x_2-2x_7=0 \\ 2x_3-x_6=0 \end{cases}$$

7 个未知数、6 个方程构成的齐次线性方程组，用 MATLAB 求解.

输入

```
>>A=[1, 1, 0, 0, 0, -1, 0; 1, 1, 0, -2, 0, 0, -1;1, 0, 0, -1, 0, 0, 0; 1, 0, 0, 0, -2, 0, 0; 0, 1, 0, 0, 0, 0, -2; 0, 0, 2, 0, -1, 0];
>>X=null(A, 'r'); format rat, X'
```

执行后得

```
ans=
    1  2  3/2  1  1/2  3  1
```

可得齐次线性方程组的通解为

$$\boldsymbol{X}=k(1,2,3/2,1,1/2,3,1)^T$$

现求最小整数解，取 $k=2$，得 $x=(2,4,3,2,1,6,2)^T$，可见配平后的化学方程式如下：

$$2KOCN+4KOH+3Cl_2=2CO_2+N_2+6KCl+2H_2O$$

当 $R(\boldsymbol{A})=n-1$ 时，$\boldsymbol{Ax}=\boldsymbol{0}$ 的基础解系中含有 1 个(线性无关的)解向量，这时在通解

中取常数 k 为各分量分母的最小公倍数即可，例如取例中

$$1,\ 2,\ 3/2,\ 1,\ 1/2,\ 3,\ 1$$

分母的最小公倍数为 2，故取 $k=2$.

当 $R(\boldsymbol{A})\leqslant n-2$ 时，$\boldsymbol{Ax}=\boldsymbol{0}$ 的基础解系中含有 2 个以上线性无关的解向量，这时可以根据化学方程式中元素的化合价的上升与下降情况，在原方程组中添加新的方程.

应用三　标准正交基在通信原理中的应用.

调制解调技术是现代通信中的关键技术，在通信发展过程中衍生的调制解调方式也是多种多样的. 在通信系统中，基带信号不能直接送入实际信道进行传输，为了更好地适应信号传输通道的频率特性，必须用基带信号对载波进行调制来完成信号传输. 在通信发展的过程中，随着技术的不断进步，研究出很多种调制解调方式，它们之间的不同之处在于用待传输信号去控制载波的不同参数，例如载波的幅度、频率、相位或者它们的组合.

若将向量空间中的向量换成信号，便是信号空间. 信号空间的标准正交基是两两正交且能量均为 1 的信号集合. 基组合便是信号空间，即信号空间中的任意一个信号都可以由基组合得到. 当信号空间中的基给定时，信号的位置完全由组合系数构成的向量决定.

我们可以用两个相互正交的函数 $\sin(\omega_c t)$ 和 $\cos(\omega_c t)$ 作为二维信号空间的一组基，那么二维信号空间中的任意一个信号 $s(t)$ 均可以由此基的线性组合得到.

不同的调制方式能统一成一种模式. 我们知道已调信号的一般数学表达式为

$$S(t)=A(t)\cos[\omega_c t+\varphi(t)] \tag{3-17}$$

其中，ω_c 是载波角频率. 将式(3-17)展开，则

$$\begin{aligned} S(t)&=A(t)\cos\varphi(t)\cos(\omega_c t)-A(t)\sin\varphi(t)\sin(\omega_c t)\\ &=I(t)\cos(\omega_c t)+Q(t)\sin(\omega_c t) \end{aligned} \tag{3-18}$$

其中，

$$\begin{cases} I(t)=A(t)\cos\varphi(t)\\ Q(t)=-A(t)\sin\varphi(t) \end{cases} \tag{3-19}$$

那么式(3-18)显然可以理解为：已调信号 $S(t)$ 是由 $\cos(\omega_c t)$ 和 $\sin(\omega_c t)$ 组合得到的. 另外，从式(3-19)中可以看到，$I(t)$、$Q(t)$ 包含了调制信号的幅度信息和相位信息，这就意味着，只要确定了 $I(t)$、$Q(t)$，便可以实现各种调制方式. 因此，调制过程等价于根据待传输的基带信号获得同相分量 $I(t)$ 和正交分量 $Q(t)$ 后，对基函数 $\cos(\omega_c t)$、$\sin(\omega_c t)$ 进行线性组合的过程. 进一步，解调的过程即为从已调信号中提取线性组合系数 $I(t)$ 和 $Q(t)$，并由其生成基带信号的过程.

表 3.4 给出了几种常见调制方式的 $I(t)$、$Q(t)$. 其中 AM、DSB、SSB 和 FM 所对应的 $m(t)$ 为模拟基带信号，2ASK、2FSK、2PSK、MSK 和 QAM 所对应的 $m(t)$ 为数字基带信号. 数字基带信号 $m(t)=\sum\limits_n a_n g(t-nT_b)$，$g(t)=\begin{cases}1, & 0\leqslant t\leqslant T_b\\ 0, & \text{其他}\end{cases}$，$T_b$ 为码元宽度.

表 3.4　几种常见调制方式的同相分量和正交分量

调制方式	同相分量 $I(t)$	正交分量 $Q(t)$	参数说明
AM	$A+Qm(t)$	0	A 为直流信号，Q 为调幅指数
DSB	$m(t)$	0	
FM	$\cos\left[K_f\int m(\tau)\,\mathrm{d}\tau\right]$	$-\sin\left[K_f\int m(\tau)\,\mathrm{d}\tau\right]$	K_f 为调频指数
SSB	$m(t)$	$\hat{m}(t)$	$\hat{m}(t)$为 $m(t)$的 Hilbert 变换
2ASK	$m(t)$	0	$a_n=0, 1$
2FSK	$\cos\left[D_f\int m(\tau)\,\mathrm{d}\tau\right]$	$-\sin\left[D_f\int m(\tau)\,\mathrm{d}\tau\right]$	$a_n=\pm1$
MSK	$\cos\left(\frac{a_n\pi t}{2T_b}\right)$	$-\sin\left(\frac{a_n\pi t}{2T_b}\right)$	$a_n=\pm1$
2PSK	$\sum_n \cos[\theta_n g(t-nT_b)]$	$-\sum_n \sin[\theta_n g(t-nT_b)]$	θ_n 为 2PSK 调制的信号相位
QAM	$V_m g(t)\cos\theta_m$	$-V_m g(t)\sin\theta_m$	$V_m=\sqrt{A_{mc}^2+A_{ms}^2}$，$\theta_m=\arctan\left(\frac{A_{mc}}{A_{ms}}\right)$，$A_{mc}$、$A_{sc}$ 为正交载波携带信息的信号幅值

如图 3.4 所示，通过图(a)、图(b)可以看到 8QAM 信号的时域波形图和频谱图，直观地看出 QAM 是幅度、相位均受调的一种调制方式；图(c)演示的是 8QAM 信号的同相分量和正交分量，由此加深学生对正交调制概念的理解；通过图(d)、图 (e)和图(f)这三幅图，学生不仅可以直观地看到基带受载波幅度、频率和相位三个参数的影响，而且还可以加深学生对 QAM 调制概念的理解，帮助学生掌握其实现方法.

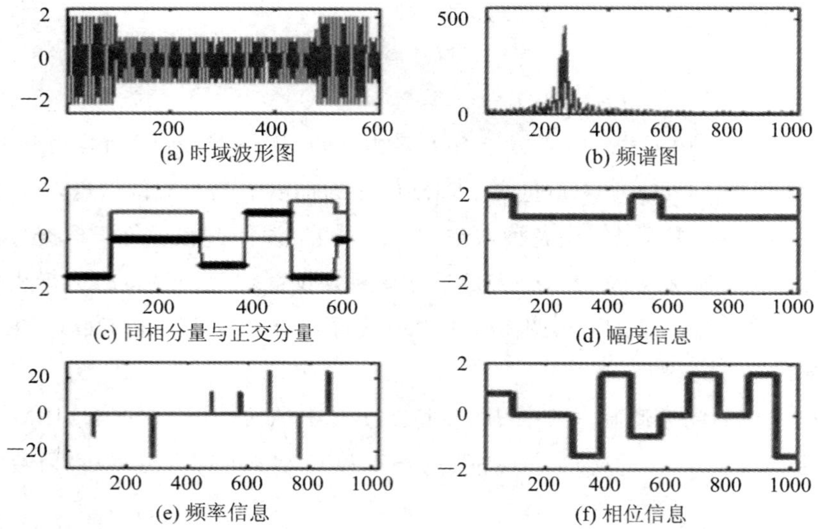

图 3.4　星型 8QAM 波形、频谱图及各参量示意图

教学视频

3-1　线性方程组与向量组的关系

3-2　向量组的线性相关性

3-3　判别向量组线性相关性的几种方法

3-4　超定线性方程组的最小二乘解

3-5　典型例题选讲 3

3-6　线性方程组 $\boldsymbol{Ax}=\boldsymbol{0}$ 与 $\boldsymbol{Ax}=\boldsymbol{b}$ 的通解

习　题　3

一、填空题

1. 已知向量 $2\boldsymbol{\alpha}+\boldsymbol{\beta}=[1,-2,-2,1]^{\mathrm{T}}$，$3\boldsymbol{\alpha}+2\boldsymbol{\beta}=[1,-4,-3,0]^{\mathrm{T}}$，则 $\boldsymbol{\alpha}-2\boldsymbol{\beta}=$______.

2. 若向量组$[1,2,3]^{\mathrm{T}}$，$[2,3,6]^{\mathrm{T}}$，$[-1,2,a]^{\mathrm{T}}$ 可以线性表示任意一个 3 维列向量，那么 a 的取值范围为______.

3. 若向量组 $\boldsymbol{\alpha}_1$，$\boldsymbol{\alpha}_2$，…，$\boldsymbol{\alpha}_m$ 线性无关，则其任一部分组是线性______.

4. 设矩阵 $\boldsymbol{A}=\begin{bmatrix}3 & -2 & 5\\ -6 & -3 & 0\\ -2 & -1 & 4\end{bmatrix}$，向量 $\boldsymbol{\alpha}=\begin{bmatrix}1\\ a\\ 1\end{bmatrix}$，已知 $\boldsymbol{A\alpha}$ 与 $\boldsymbol{\alpha}$ 线性相关，则 $a=$______.

5. 设向量 $\boldsymbol{\alpha}_1=(1,-1,3)^{\mathrm{T}}$，$\boldsymbol{\alpha}_2=(-2,3,-7)^{\mathrm{T}}$，则与 $\boldsymbol{\alpha}_1$，$\boldsymbol{\alpha}_2$ 都正交的单位向量是______.

6. 向量集合 $\boldsymbol{V}_1=\{x=[x_1,x_2,\cdots,x_n]\mid x_1+2x_2+\cdots+nx_n=1,x_i\in\mathbf{R}\}$______(是，不)构成向量空间.

7. 已知 $V=\{\boldsymbol{x}\mid\boldsymbol{x}=(x_1,x_2,x_3)^{\mathrm{T}}\in\mathbf{R}^3$，且 $x_2+x_3=a\}$ 是向量空间，则常数 $a=$______.

8. 若 $\boldsymbol{\alpha}=[a_1, a_2]$，$\boldsymbol{\beta}=[b_1, b_2]$，定义 $(\boldsymbol{\alpha}, \boldsymbol{\beta})=a_1b_1-a_1b_2-a_2b_1+3a_2b_2$，则这样定义______(是，不)满足内积的三个条件.

9. 从 $\mathbf{R}^2$ 的基 $\boldsymbol{\alpha}_1=\begin{bmatrix}1\\1\end{bmatrix}$，$\boldsymbol{\alpha}_2=\begin{bmatrix}-1\\1\end{bmatrix}$ 到基 $\boldsymbol{\beta}_1=\begin{bmatrix}-2\\0\end{bmatrix}$，$\boldsymbol{\beta}_2=\begin{bmatrix}1\\2\end{bmatrix}$ 的过渡矩阵是______.

10. 已知 $\mathbf{R}^3$ 下的一组基为 $\boldsymbol{\alpha}_1=(1, 0, 1)^{\mathrm{T}}$，$\boldsymbol{\alpha}_2=(-1, 0, 0)^{\mathrm{T}}$，$\boldsymbol{\alpha}_3=(0, 1, 2)^{\mathrm{T}}$，则向量 $\boldsymbol{\beta}=(-1, 3, 7)^{\mathrm{T}}$ 在该基下的坐标为______.

二、选择题

1. 若 $\boldsymbol{\alpha}_1, \boldsymbol{\alpha}_2, \boldsymbol{\alpha}_3, \boldsymbol{\alpha}_4$ 是向量空间 $\mathbf{R}^4$ 的一组基，则向量组(　　)亦是 $\mathbf{R}^4$ 的一组基.

A. $\boldsymbol{\alpha}_1-\boldsymbol{\alpha}_2, \boldsymbol{\alpha}_2+\boldsymbol{\alpha}_3, \boldsymbol{\alpha}_3-\boldsymbol{\alpha}_4, \boldsymbol{\alpha}_4-\boldsymbol{\alpha}_1$

B. $\boldsymbol{\alpha}_1+\boldsymbol{\alpha}_2, \boldsymbol{\alpha}_2+\boldsymbol{\alpha}_3, \boldsymbol{\alpha}_3+\boldsymbol{\alpha}_4, \boldsymbol{\alpha}_4+\boldsymbol{\alpha}_1$

C. $\boldsymbol{\alpha}_1-\boldsymbol{\alpha}_4, \boldsymbol{\alpha}_1-\boldsymbol{\alpha}_2, \boldsymbol{\alpha}_2-\boldsymbol{\alpha}_3, 2\boldsymbol{\alpha}_1-\boldsymbol{\alpha}_3-\boldsymbol{\alpha}_4$

D. $\boldsymbol{\alpha}_1, \boldsymbol{\alpha}_2+\boldsymbol{\alpha}_3+\boldsymbol{\alpha}_4, 2\boldsymbol{\alpha}_2+\boldsymbol{\alpha}_3, 3\boldsymbol{\alpha}_2$

2. n 维向量组 $\boldsymbol{\alpha}_1, \boldsymbol{\alpha}_2, \cdots, \boldsymbol{\alpha}_m$ 线性无关的充分必要条件是(　　).

A. 存在一组不全为零的 $k_1, k_2, \cdots, k_m$，使 $k_1\boldsymbol{\alpha}_1+k_2\boldsymbol{\alpha}_2+\cdots+k_m\boldsymbol{\alpha}_m\neq\mathbf{0}$

B. 向量组 $\boldsymbol{\alpha}_1, \boldsymbol{\alpha}_2, \cdots, \boldsymbol{\alpha}_m$ 中总有一个向量不能由其余向量线性表示

C. 向量组 $\boldsymbol{\alpha}_1, \boldsymbol{\alpha}_2, \cdots, \boldsymbol{\alpha}_m$ 中任意两个向量线性无关

D. 向量组 $\boldsymbol{\alpha}_1, \boldsymbol{\alpha}_2, \cdots, \boldsymbol{\alpha}_m$ 中任意一个向量都不能由其余向量线性表示

3. 设向量组 $\boldsymbol{\alpha}_1, \boldsymbol{\alpha}_2, \boldsymbol{\alpha}_3, \boldsymbol{\alpha}_4, \boldsymbol{\beta}$ 线性相关，向量组 $\boldsymbol{\alpha}_2, \boldsymbol{\alpha}_3, \boldsymbol{\alpha}_4, \boldsymbol{\beta}$ 线性无关，则(　　).

A. $\boldsymbol{\beta}$ 能由向量 $\boldsymbol{\alpha}_1, \boldsymbol{\alpha}_2, \boldsymbol{\alpha}_3, \boldsymbol{\alpha}_4$ 线性表示

B. $\boldsymbol{\alpha}_1$ 能由向量 $\boldsymbol{\alpha}_2, \boldsymbol{\alpha}_3, \boldsymbol{\alpha}_4, \boldsymbol{\beta}$ 线性表示

C. 向量 $\boldsymbol{\alpha}_1, \boldsymbol{\alpha}_2, \boldsymbol{\alpha}_3, \boldsymbol{\alpha}_4$ 线性相关

D. 向量 $\boldsymbol{\alpha}_1, \boldsymbol{\alpha}_2, \boldsymbol{\alpha}_3, \boldsymbol{\alpha}_4$ 线性无关

4. 向量组 $\boldsymbol{\alpha}_1=(1, 1, 0, 2)^{\mathrm{T}}$，$\boldsymbol{\alpha}_2=(2, 0, -1, 3)^{\mathrm{T}}$，$\boldsymbol{\alpha}_3=(0, 2, 1, 1)^{\mathrm{T}}$，$\boldsymbol{\alpha}_4=(-1, 1, 1, -2)^{\mathrm{T}}$，$\boldsymbol{\alpha}_5=(3, -1, -2, 4)^{\mathrm{T}}$ 的极大无关组是(　　).

A. $\boldsymbol{\alpha}_1, \boldsymbol{\alpha}_2, \boldsymbol{\alpha}_3$　　B. $\boldsymbol{\alpha}_2, \boldsymbol{\alpha}_3, \boldsymbol{\alpha}_4$　　C. $\boldsymbol{\alpha}_1, \boldsymbol{\alpha}_2, \boldsymbol{\alpha}_5$　　D. $\boldsymbol{\alpha}_2, \boldsymbol{\alpha}_3, \boldsymbol{\alpha}_5$

5. 若 $R(\boldsymbol{\alpha}_1, \boldsymbol{\alpha}_2, \boldsymbol{\alpha}_3, \boldsymbol{\alpha}_4)=3$，$R(\boldsymbol{\alpha}_2, \boldsymbol{\alpha}_3, \boldsymbol{\alpha}_4)=3$，则 $R(\boldsymbol{\alpha}_1, \boldsymbol{\alpha}_2, \boldsymbol{\alpha}_3)=$(　　).

A. 可以是 0　　B. 可能是 1　　C. 可能是 2　　D. 可能是 3

6. 已知 n 维列向量组 $\boldsymbol{\alpha}_1, \boldsymbol{\alpha}_2, \cdots, \boldsymbol{\alpha}_s$ 及 $\boldsymbol{\beta}_1, \boldsymbol{\beta}_2, \cdots, \boldsymbol{\beta}_{s-1}$，分析命题

① $\boldsymbol{\alpha}_1, \boldsymbol{\alpha}_2, \cdots, \boldsymbol{\alpha}_s$ 可以由向量组 $\boldsymbol{\beta}_1, \boldsymbol{\beta}_2, \cdots, \boldsymbol{\beta}_{s-1}$ 线性表示；

② $R(\boldsymbol{\alpha}_1, \boldsymbol{\alpha}_2, \cdots, \boldsymbol{\alpha}_s)=R(\boldsymbol{\beta}_1, \boldsymbol{\beta}_2, \cdots, \boldsymbol{\beta}_{s-1})$；

③ 若 $\boldsymbol{\gamma}_1=\begin{bmatrix}\boldsymbol{\alpha}_1\\\boldsymbol{\beta}_1\end{bmatrix}$，$\boldsymbol{\gamma}_2=\begin{bmatrix}\boldsymbol{\alpha}_2\\\boldsymbol{\beta}_2\end{bmatrix}$，$\cdots$，$\boldsymbol{\gamma}_{s-1}=\begin{bmatrix}\boldsymbol{\alpha}_{s-1}\\\boldsymbol{\beta}_{s-1}\end{bmatrix}$，且 $\boldsymbol{\gamma}_1, \boldsymbol{\gamma}_2, \cdots, \boldsymbol{\gamma}_{s-1}$ 线性相关.

在以上命题中，“向量组 $\boldsymbol{\alpha}_1, \boldsymbol{\alpha}_2, \cdots, \boldsymbol{\alpha}_s$ 线性相关”的充分条件(　　).

A. 只有①是　　B. 只有①和②是

C. ①、②和③都是　　D. 都不是

7. n 维向量组 $\boldsymbol{\alpha}_1$，$\boldsymbol{\alpha}_2$，$\boldsymbol{\alpha}_3$，存在实数 k_1，k_2，k_3，使得 $k_1\boldsymbol{\alpha}_1+k_2\boldsymbol{\alpha}_2+k_3\boldsymbol{\alpha}_3=\mathbf{0}$ 成立，其中 $k_1k_2\neq0$，则有(　　).

A. 向量组 $\boldsymbol{\alpha}_1$，$\boldsymbol{\alpha}_2$ 与向量组 $\boldsymbol{\alpha}_2$，$\boldsymbol{\alpha}_3$ 等价　　B. 向量组 $\boldsymbol{\alpha}_1$，$\boldsymbol{\alpha}_3$ 与向量组 $\boldsymbol{\alpha}_2$，$\boldsymbol{\alpha}_3$ 等价

C. 向量组 $\boldsymbol{\alpha}_1$，$\boldsymbol{\alpha}_2$ 与向量组 $\boldsymbol{\alpha}_1$，$\boldsymbol{\alpha}_3$ 等价　　D. $R(\boldsymbol{\alpha}_1, \boldsymbol{\alpha}_2, \boldsymbol{\alpha}_3)=2$

8. n 元线性方程组 $\boldsymbol{Ax}=\boldsymbol{b}$ 有唯一解的充要条件是(　　).

A. $R(\widetilde{\boldsymbol{A}})=n$　　B. $\boldsymbol{A}$ 为方阵且 $|\boldsymbol{A}|\neq0$

C. $R(\boldsymbol{A})=n$　　D. $R(\boldsymbol{A})=n$，且 $\boldsymbol{b}$ 为 $\boldsymbol{A}$ 的列向量组的线性组合

9. 设 $\boldsymbol{\beta}_1$，$\boldsymbol{\beta}_2$ 是非齐次线性方程组 $\boldsymbol{Ax}=\boldsymbol{b}$ 的两个不同解，$\boldsymbol{\alpha}_1$，$\boldsymbol{\alpha}_2$ 是 $\boldsymbol{Ax}=\mathbf{0}$ 的基础解系，k_1，k_2 是任意常数，则 $\boldsymbol{Ax}=\boldsymbol{b}$ 的通解为(　　).

A. $k_1\boldsymbol{\alpha}_1+k_2(\boldsymbol{\alpha}_1+\boldsymbol{\alpha}_2)+(\boldsymbol{\beta}_1-\boldsymbol{\beta}_2)/2$

B. $k_1\boldsymbol{\alpha}_1+k_2(\boldsymbol{\alpha}_1-\boldsymbol{\alpha}_2)+(\boldsymbol{\beta}_1+\boldsymbol{\beta}_2)/2$

C. $k_1\boldsymbol{\alpha}_1+k_2(\boldsymbol{\beta}_1+\boldsymbol{\beta}_2)+(\boldsymbol{\beta}_1-\boldsymbol{\beta}_2)/2$

D. $k_1\boldsymbol{\alpha}_1+k_2(\boldsymbol{\beta}_1-\boldsymbol{\beta}_2)+(\boldsymbol{\beta}_1+\boldsymbol{\beta}_2)/2$

10. 若 $\boldsymbol{\alpha}_1=\begin{bmatrix}1\\0\\2\end{bmatrix}$，$\boldsymbol{\alpha}_2=\begin{bmatrix}0\\1\\-1\end{bmatrix}$都是线性方程组 $\boldsymbol{Ax}=\mathbf{0}$ 的解，则系数矩阵 $\boldsymbol{A}$ 为(　　).

A. $\begin{bmatrix}-2 & 1 & 1\end{bmatrix}$　　B. $\begin{bmatrix}2 & 0 & -1\\0 & 1 & 1\end{bmatrix}$　　C. $\begin{bmatrix}-1 & 0 & 2\\0 & 1 & -1\end{bmatrix}$　　D. $\begin{bmatrix}0 & 1 & -1\\4 & -2 & -2\\0 & 1 & 1\end{bmatrix}$

三、计算与证明

1. 设有向量组

$$\boldsymbol{\alpha}_1=[1, 1, 1]^{\mathrm{T}}, \boldsymbol{\alpha}_2=[1, 1, -1]^{\mathrm{T}}, \quad \boldsymbol{\alpha}_3=[1, -1, 1]^{\mathrm{T}}, \boldsymbol{\beta}=[1, a, 1]^{\mathrm{T}}$$

试问 a 取何值时，$\boldsymbol{\beta}$ 可表示成 $\boldsymbol{\alpha}_1$，$\boldsymbol{\alpha}_2$，$\boldsymbol{\alpha}_3$ 的线性组合.

2. 设有向量组 $\boldsymbol{\alpha}_1=[2, 1, 5, 3]^{\mathrm{T}}$，$\boldsymbol{\alpha}_2=[1, -1, 2, 1]^{\mathrm{T}}$，$\boldsymbol{\alpha}_3=[0, 3, 1, 1]^{\mathrm{T}}$，$\boldsymbol{\alpha}_4=[1, 2, 3, 2]^{\mathrm{T}}$，$\boldsymbol{\alpha}_5=[-1, 1, -2, -8]^{\mathrm{T}}$，求向量组的秩和它的一个极大线性无关组.

3. 设 4 维向量组 $\boldsymbol{\alpha}_1=[a+1, 1, 1, 1]^{\mathrm{T}}$，$\boldsymbol{\alpha}_2=[2, a+2, 2, 2]^{\mathrm{T}}$，$\boldsymbol{\alpha}_3=[3, 3, a+3, 3]^{\mathrm{T}}$，$\boldsymbol{\alpha}_4=[4, 4, 4, a+4]^{\mathrm{T}}$，当 a 为何值时，$\boldsymbol{\alpha}_1$，$\boldsymbol{\alpha}_2$，$\boldsymbol{\alpha}_3$，$\boldsymbol{\alpha}_4$ 线性相关？当 $\boldsymbol{\alpha}_1$，$\boldsymbol{\alpha}_2$，$\boldsymbol{\alpha}_3$，$\boldsymbol{\alpha}_4$ 线性相关时，求其一个极大线性无关组，并将其余向量用该极大线性无关组线性表示.

4. 已知向量组 $\boldsymbol{\alpha}_1=[1, 2, -1, 1^{\mathrm{T}}$，$\boldsymbol{\alpha}_2=[2, 0, t, 0]^{\mathrm{T}}$，$\boldsymbol{\alpha}_3=[0, -4, 5, -2]^{\mathrm{T}}$的秩为 2，问 t 的值为多少？

5. 已知 $\boldsymbol{\alpha}_1=[1, 0, 2, 3]^{\mathrm{T}}$，$\boldsymbol{\alpha}_2=[1, 1, 3, 5]^{\mathrm{T}}$，$\boldsymbol{\alpha}_3=[1, -1, a+2, 1]^{\mathrm{T}}$，$\boldsymbol{\alpha}_4=[1, 4,

3, $a+8]^T$, $\boldsymbol{\beta}=[1, 1, b+3, 5]^T$.

(1) a, b 为何值时, $\boldsymbol{\beta}$ 不能表示成 $\boldsymbol{\alpha}_1$, $\boldsymbol{\alpha}_2$, $\boldsymbol{\alpha}_3$, $\boldsymbol{\alpha}_4$ 的线性组合?

(2) a, b 为何值时, $\boldsymbol{\beta}$ 能唯一由 $\boldsymbol{\alpha}_1$, $\boldsymbol{\alpha}_2$, $\boldsymbol{\alpha}_3$, $\boldsymbol{\alpha}_4$ 线性表示?

6. 设向量组 $\boldsymbol{\alpha}_1$, $\boldsymbol{\alpha}_2$, …, $\boldsymbol{\alpha}_m$ 线性无关, $\boldsymbol{\beta}_1=\boldsymbol{\alpha}_1+\boldsymbol{\alpha}_2$, $\boldsymbol{\beta}_2=\boldsymbol{\alpha}_2+\boldsymbol{\alpha}_3$, …, $\boldsymbol{\beta}_{m-1}=\boldsymbol{\alpha}_{m-1}+\boldsymbol{\alpha}_m$, $\boldsymbol{\beta}_m=\boldsymbol{\alpha}_m+\boldsymbol{\alpha}_1$. 请分析向量组 $\boldsymbol{\beta}_1$, $\boldsymbol{\beta}_2$, …, $\boldsymbol{\beta}_m$ 的线性相关性.

7. 设 $\boldsymbol{A}$ 是 n 阶可逆方程, 则 n 维向量 $\boldsymbol{\alpha}_1$, $\boldsymbol{\alpha}_2$, …, $\boldsymbol{\alpha}_r(r\leqslant n)$ 线性无关的充要条件是 $\boldsymbol{A\alpha}_1$, $\boldsymbol{A\alpha}_2$, …, $\boldsymbol{A\alpha}_r$ 线性无关.

8. 设向量组Ⅰ: $\boldsymbol{\alpha}_1$, $\boldsymbol{\alpha}_2$, …, $\boldsymbol{\alpha}_s$ 的秩为 r_1, 向量组Ⅱ: $\boldsymbol{\beta}_1$, $\boldsymbol{\beta}_2$, …, $\boldsymbol{\beta}_m$ 的秩为 r_2, 向量组Ⅲ: $\boldsymbol{\alpha}_1$, $\boldsymbol{\alpha}_2$, …, $\boldsymbol{\alpha}_s$, $\boldsymbol{\beta}_1$, $\boldsymbol{\beta}_2$, …, $\boldsymbol{\beta}_m$ 的秩为 r_3, 证明: $\max\{r_1, r_2\}\leqslant r_3\leqslant r_1+r_2$.

9. 已知 $\boldsymbol{\alpha}_1$, $\boldsymbol{\alpha}_2$, $\boldsymbol{\alpha}_3$, $\boldsymbol{\alpha}_4$ 为 n 维向量组, 且 $R(\boldsymbol{\alpha}_1, \boldsymbol{\alpha}_2)=2$, $R(\boldsymbol{\alpha}_1, \boldsymbol{\alpha}_2, \boldsymbol{\alpha}_3)=2$, $R(\boldsymbol{\alpha}_1, \boldsymbol{\alpha}_2, \boldsymbol{\alpha}_4)=3$, 证明 $R(\boldsymbol{\alpha}_1, \boldsymbol{\alpha}_2, 2\boldsymbol{\alpha}_3-3\boldsymbol{\alpha}_4)=3$.

10. 设向量组Ⅰ: $\boldsymbol{\alpha}_1=[1, 0, -2]^T$, $\boldsymbol{\alpha}_2=[0, 1, -3]^T$, $\boldsymbol{\alpha}_3=[1, 3, 0]^T$ 是 $\mathbf{R}^3$ 的一组基, 矩阵 $\boldsymbol{P}=\begin{bmatrix}1 & 1 & 1\\ -1 & -1 & 0\\ -4 & -3 & -3\end{bmatrix}$ 是 $\mathbf{R}^3$ 的另一组基Ⅱ到基Ⅰ的过渡矩阵, 求基Ⅱ.

11. 求下列齐次线性方程组的基础解系, 并写出其通解:

(1) $\begin{cases}2x_1-4x_2+17x_3-6x_4=0\\ x_1+x_2-2x_3+3x_4=0\\ 3x_1+x_2+x_3+5x_4=0\\ 3x_1-x_2+8x_3+x_4=0\end{cases}$;

(2) $\begin{cases}x_1+2x_2+7x_4-4x_5=0\\ x_1-x_2+3x_3-2x_4-x_5=0\\ 2x_1-4x_3+2x_4-4x_5=0\\ x_1+x_2+x_3+4x_4-3x_5=0\end{cases}$.

12. 求解非齐次线性方程组的解.

$$\begin{cases}2x_1+x_2-x_3+x_4=1\\ 3x_1-2x_2+x_3-3x_4=4\\ x_1+4x_2-3x_3+5x_4=-2\end{cases}$$

13. 求一齐次线性方程组, 使它的基础解系为

$$\boldsymbol{\xi}_1=[0, 1, 2, 3]^T,\quad \boldsymbol{\xi}_2=[3, 2, 1, 0]^T$$

14. 设非齐次线性方程组的系数矩阵的秩 $R(\boldsymbol{A}_{5\times 3})=2$, $\boldsymbol{\eta}_1$, $\boldsymbol{\eta}_2$ 是该方程组的两个解, 且有 $\boldsymbol{\eta}_1+\boldsymbol{\eta}_2=[1, 3, 0]^T$, $2\boldsymbol{\eta}_1+3\boldsymbol{\eta}_2=[2, 5, 1]^T$, 求该方程组的通解.

15. 假设 $\boldsymbol{A}$ 是 $s\times n$ 矩阵, $\boldsymbol{\gamma}$ 是线性方程组 $\boldsymbol{Ax}=\boldsymbol{b}$ 的特解, $\boldsymbol{\eta}_1$, $\boldsymbol{\eta}_2$, …, $\boldsymbol{\eta}_{n-r}$ 是 $\boldsymbol{Ax}=\boldsymbol{0}$ 的

基础解系，记

$$\xi_1 = \gamma,\ \xi_2 = \gamma + \eta_1,\ \xi_3 = \gamma + \eta_2,\ \cdots,\ \xi_{n-r+1} = \gamma + \eta_{n-r}$$

证明：(1) $\xi_1, \xi_2, \cdots, \xi_{n-r+1}$线性无关；

(2) $Ax=b$ 的任意解都可以写成$\xi_1, \xi_2, \cdots, \xi_{n-r+1}$的线性组合.

四、机算与应用

1. 向量组 $\alpha_1=[1, 1, 2, 3]^T$，$\alpha_2=[1, -1, 1, 1]^T$，$\alpha_3=[1, 3, 4, 5]^T$，$\alpha_4=[3, 1, 5, 7]^T$ 是否线性相关？

2. 求 $\alpha_1=[1, -1, 2, 4]^T$，$\alpha_2=[0, 3, 1, 2]^T$，$\alpha_3=[3, 0, 7, 14]^T$，$\alpha_4=[1, -1, 2, 0]^T$，$\alpha_5=[2, 1, 5, 0]^T$的最大无关组，并将其余向量用最大无关组表示.

3. 用 MATLAB 随机生成 8 个 9×1 阶矩阵(即 9 维向量)，然后求它们所生成的向量空间的基及维数.

4. 设 H 为由 v_1，v_2 生成的向量空间，K 为由 v_3，v_4 生成的向量空间. 其中

$$v_1 = \begin{bmatrix}5\\3\\8\end{bmatrix},\ v_2 = \begin{bmatrix}1\\3\\4\end{bmatrix},\ v_3 = \begin{bmatrix}2\\-1\\5\end{bmatrix},\ v_4 = \begin{bmatrix}0\\-12\\-18\end{bmatrix}$$

因此 H 和 K 都是 $\mathbf{R}^3$ 的子空间，都是通过原点的直线，其交线为通过原点的一个平面. 现要求寻找一个能生成该直线的非零向量 w.（提示，w 能由 v_1，v_2 与 v_3，v_4 分别线性表示，解线性方程组 $c_1v_1+c_1v_1=c_3v_3+c_4v_4$，即可求得这些系数 c_j.）

5. 对于以下各组 $\mathbf{R}^4$ 空间中的向量，

(1) $x=\begin{bmatrix}1\\1\\1\\1\end{bmatrix},\ y=\begin{bmatrix}1\\2\\3\\4\end{bmatrix}$；　　(2) $x=\begin{bmatrix}1\\1\\1\\1\end{bmatrix},\ y=\begin{bmatrix}1\\-2\\-3\\4\end{bmatrix}$；

(3) $x=\begin{bmatrix}1\\3\\-1\\2\end{bmatrix},\ y=\begin{bmatrix}1\\2\\4\\1\end{bmatrix}$；　　(4) $x=\begin{bmatrix}1\\3\\-1\\2\end{bmatrix},\ y=\begin{bmatrix}1\\2\\3\\-1\end{bmatrix}$.

试讨论：

① 分别用定义计算和 MATLAB 计算它们的 $\|x\|^2$，$\|y\|^2$，$\|x+y\|^2$，并进行比较.

② 在什么情况下 $\|x+y\|^2=\|x\|^2+\|y\|^2$，再给出证明.（提示：$\|x+y\|^2=(x+y)^T(x+y)$）.

③ 用 plotangle 命令画出 x，y 两个向量之间的夹角.

6. 根据开普勒第一定律，当忽略其他天体的重力吸引时，天体运行应该取椭圆、抛物线或双曲线轨道. 在适当的极坐标中，天体的位置(r, θ)满足下列方程：

$$r = \beta + e(r \cdot \cos\theta)$$

其中β为常数，e是轨道的偏心率，对于椭圆$0 \leqslant e < 1$，对于抛物线$e=1$，而对于双曲线$e>1$. 现对一个新发现的天体进行观测得到了表中的数据，试确定其轨道，并预测此天体在$\theta=0.46$弧度时的位置(提示：将表中数据代入方程后，求对应线性方程组的解β、e).

θ	0.88	1.10	1.42	1.77	2.14
r	3.00	2.30	1.65	1.25	1.01

7. 用 MATLAB 求线性方程组$\begin{cases} x_1 + 2x_2 = 1 \\ -x_1 + x_2 = 1 \\ x_1 + 3x_2 = 1 \end{cases}$的最小二乘解.

8. 数据拟合的最小二乘法源于天文学中对行星或彗星这类天体的轨道计算. 1795 年，高斯在计算行星的椭圆轨道时提出并使用了这种方法，这一方法由勒让德于 1805 年首次公布. 由开普勒的研究成果，行星在其轨道平面上的运行轨迹是一个椭圆，而椭圆方程

$$a_1x^2 + 2a_2xy + a_3y^2 + a_4x + a_5y + 1 = 0$$

需要由 5 个参数确定，原则上只要对行星的位置进行 5 次观测就足以确定它的整个轨迹方程. 但由于测量误差，由 5 次观测所确定的轨迹极不可靠，需要进行多次观测，用最小二乘法来消除误差，得到有关轨迹参数的更精确的值. 最小二乘法近似将几十次至上百次的观察所产生的高维空间问题降维后列 5 参数的椭圆轨迹模型的五维空间处理. 行星位置的 10 个观测点数据如表 3.5 所示.

表 3.5 观测点数据

x	1.02	0.95	0.87	0.77	0.67	0.56	0.44	0.30	0.16	0.01
y	0.39	0.32	0.27	0.22	0.18	0.15	0.13	0.12	0.13	0.15

利用最小二乘法确定行星的轨道参数，并确定椭圆方程.

第 4 章

相似矩阵与二次型

本章首先研究在自然科学、工程技术、经济领域有着广泛应用的特征值、特征向量和相似矩阵等问题，然后利用它们来解决二次型问题.

4.1 特征值与特征向量

矩阵的特征值与特征向量不仅在解微分方程和简化矩阵计算中有重要作用，而且在工程技术、经济管理中亦有广泛应用. 例如工程技术中的振动问题和稳定性问题，往往归结为求一个方阵的特征值与特征向量问题.

4.1.1 特征值与特征向量的定义及计算

定义 4.1 设 $\boldsymbol{A}=(a_{ij})$为 n 阶矩阵，如果存在数 λ 和 n 维非零列向量 $\boldsymbol{\alpha}$，使得

$$\boldsymbol{A\alpha}=\lambda\boldsymbol{\alpha} \tag{4-1}$$

则称数 λ 为矩阵 $\boldsymbol{A}$ 的**特征值**(eigenvalue)，非零向量 $\boldsymbol{\alpha}$ 称为矩阵 $\boldsymbol{A}$ 的对应于(或属于)特征值 λ 的**特征向量**(eigenvector).

例如，在矩阵等式$\begin{bmatrix}1 & 2\\2 & 1\end{bmatrix}\begin{bmatrix}1\\1\end{bmatrix}=3\begin{bmatrix}1\\1\end{bmatrix}$中，3 是矩阵$\begin{bmatrix}1 & 2\\2 & 1\end{bmatrix}$的特征值，向量$\begin{bmatrix}1\\1\end{bmatrix}$为矩阵$\begin{bmatrix}1 & 2\\2 & 1\end{bmatrix}$对应于特征值 3 的特征向量.

由式(4-1)可知，$\boldsymbol{\alpha}$ 是矩阵 $\boldsymbol{A}$ 的对应于特征值 λ 的特征向量，则 $\boldsymbol{\alpha}$ 必是 n 元齐次线性方程组

$$(\lambda\boldsymbol{E}-\boldsymbol{A})\boldsymbol{x}=\boldsymbol{0} \tag{4-2}$$

的非零解；反过来，齐次线性方程组(4-2)的任一非零解，也一定是 $\boldsymbol{A}$ 对应于特征值 λ 的特征向量。由线性方程组解的理论，齐次线性方程组(4-2)有非零解的充分必要条件是其系数矩阵的行列式$|\lambda\boldsymbol{E}-\boldsymbol{A}|$等于零，即

$$|\lambda \boldsymbol{E} - \boldsymbol{A}| = \begin{vmatrix} \lambda - a_{11} & -a_{12} & \cdots & -a_{1n} \\ -a_{21} & \lambda - a_{22} & \cdots & -a_{2n} \\ \vdots & \vdots & & \vdots \\ -a_{n1} & -a_{n2} & \cdots & \lambda - a_{nn} \end{vmatrix} = 0 \tag{4-3}$$

设 $\boldsymbol{A}$ 为 n 阶矩阵，含有未知量 λ 的矩阵 $\lambda\boldsymbol{E}-\boldsymbol{A}$ 称为 $\boldsymbol{A}$ 的**特征矩阵**(characteristic matrix)，其行列式 $|\lambda\boldsymbol{E}-\boldsymbol{A}|$ 是 λ 的一元 n 次多项式，称为 $\boldsymbol{A}$ 的**特征多项式**(characteristic polynomial)，方程 $|\lambda\boldsymbol{E}-\boldsymbol{A}|=0$ 称为 $\boldsymbol{A}$ 的**特征方程**(characteristic equation).

若 λ 是矩阵 $\boldsymbol{A}$ 的一个特征值，则 λ 一定是 $\boldsymbol{A}$ 的特征方程的根；反之若 λ 是 $\boldsymbol{A}$ 的特征方程的根，那么 λ 也一定是 $\boldsymbol{A}$ 的一个特征值. 若 λ 是特征方程的 k 重根，则称 λ 为 $\boldsymbol{A}$ 的 k 重特征值. 齐次线性方程组 $(\lambda\boldsymbol{E}-\boldsymbol{A})\boldsymbol{x}=\boldsymbol{0}$ 的每个非零解向量都是 $\boldsymbol{A}$ 对应于特征值 λ 的特征向量，因此齐次线性方程 $(\lambda\boldsymbol{E}-\boldsymbol{A})\boldsymbol{x}=\boldsymbol{0}$ 的解空间称为矩阵 $\boldsymbol{A}$ 对应于特征值 λ 的特征子空间，记为 $\mathbf{V}_\lambda$，$\mathbf{V}_\lambda$ 的维数为 $n-R(\lambda\boldsymbol{E}-\boldsymbol{A})$，它是 λ 对应于线性无关的特征向量的最大个数.

n 阶矩阵 $\boldsymbol{A}$ 的特征值与特征向量的求解步骤如下：

(1) 求 $\boldsymbol{A}$ 的特征多项式 $|\lambda\boldsymbol{E}-\boldsymbol{A}|$；

(2) 求 $\boldsymbol{A}$ 的特征方程 $|\lambda\boldsymbol{E}-\boldsymbol{A}|=0$ 的全体根，并记为

$$\lambda_1, \lambda_2, \cdots, \lambda_n$$

(3) 对每个特征值 λ_i，求出相应齐次线性方程组

$$(\lambda_i\boldsymbol{E}-\boldsymbol{A})\boldsymbol{x}=\boldsymbol{0}$$

的一个基础解系

$$\boldsymbol{\alpha}_1, \boldsymbol{\alpha}_2, \cdots, \boldsymbol{\alpha}_s$$

这就是对应于特征值 λ_i 的线性无关的特征向量，而对应于 λ_i 的全部特征向量就是

$$k_1\boldsymbol{\alpha}_1+k_2\boldsymbol{\alpha}_2+\cdots+k_s\boldsymbol{\alpha}_s$$

其中 $k_1, k_2, \cdots, k_s$ 是任意不全为零的常数.

例 1 求矩阵 $\boldsymbol{A}=\begin{bmatrix} 0 & 1 & 1 \\ 1 & 0 & 1 \\ 1 & 1 & 0 \end{bmatrix}$ 的特征值与特征向量.

解 矩阵 $\boldsymbol{A}$ 的特征多项式

$$|\lambda\boldsymbol{E}-\boldsymbol{A}| = \begin{vmatrix} \lambda & -1 & -1 \\ -1 & \lambda & -1 \\ -1 & -1 & \lambda \end{vmatrix} = \begin{vmatrix} \lambda-2 & -1 & -1 \\ \lambda-2 & \lambda & -1 \\ \lambda-2 & -1 & \lambda \end{vmatrix}$$

$$= (\lambda-2)\begin{vmatrix} 1 & -1 & -1 \\ 1 & \lambda & -1 \\ 1 & -1 & \lambda \end{vmatrix} = (\lambda-2)(\lambda+1)^2$$

所以，$\boldsymbol{A}$ 的特征值 $\lambda_1=\lambda_2=-1$，$\lambda_3=2$.

对于 $\lambda_1=\lambda_2=-1$，解齐次线性方程组 $(-\boldsymbol{E}-\boldsymbol{A})\boldsymbol{x}=\boldsymbol{0}$，由

$$-E-A=\begin{bmatrix}-1&-1&-1\\-1&-1&-1\\-1&-1&-1\end{bmatrix}\to\begin{bmatrix}1&1&1\\0&0&0\\0&0&0\end{bmatrix}$$

得基础解系 $\boldsymbol{\alpha}_1=[-1,1,0]^{\mathrm{T}}$，$\boldsymbol{\alpha}_2=[-1,0,1]^{\mathrm{T}}$，于是，与 $\lambda_1=\lambda_2=-1$ 对应的全体特征向量为 $k_1\boldsymbol{\alpha}_1+k_2\boldsymbol{\alpha}_2$，其中 k_1，k_2 为不全是零的任意常数.

对于 $\lambda_3=2$，解齐次线性方程组 $(2\boldsymbol{E}-\boldsymbol{A})\boldsymbol{x}=\boldsymbol{0}$，由

$$2E-A=\begin{bmatrix}2&-1&-1\\-1&2&-1\\-1&-1&2\end{bmatrix}\to\begin{bmatrix}1&0&-1\\0&1&-1\\0&0&0\end{bmatrix}$$

得基础解系 $\boldsymbol{\alpha}_3=[1,1,1]^{\mathrm{T}}$，于是与 $\lambda_3=2$ 对应的全体特征向量为 $k_3\boldsymbol{\alpha}_3$，k_3 为任意非零常数.

例 2　求矩阵 $\boldsymbol{A}=\begin{bmatrix}3&1&0\\-4&-1&0\\1&0&2\end{bmatrix}$ 的特征值与特征向量.

解　由矩阵 $\boldsymbol{A}$ 的特征方程

$$|\lambda E-A|=\begin{vmatrix}\lambda-3&-1&0\\4&\lambda+1&0\\-1&0&\lambda-2\end{vmatrix}=(\lambda-2)(\lambda-1)^2=0$$

解得 $\boldsymbol{A}$ 的特征值为 $\lambda_1=2$，$\lambda_2=\lambda_3=1$.

对于 $\lambda_1=2$，解齐次线性方程组 $(2\boldsymbol{E}-\boldsymbol{A})\boldsymbol{x}=\boldsymbol{0}$，由

$$2E-A=\begin{bmatrix}-1&-1&0\\4&3&0\\-1&0&0\end{bmatrix}\xrightarrow[\text{行变换}]{\text{初等}}\begin{bmatrix}1&0&0\\0&1&0\\0&0&0\end{bmatrix}$$

得基础解系 $\boldsymbol{\alpha}_1=[0,0,1]^{\mathrm{T}}$，于是，$k_1\boldsymbol{\alpha}_1(k_1\neq0)$ 是 $\boldsymbol{A}$ 对应于特征值 $\lambda_1=2$ 的全部特征向量.

对于 $\lambda_2=\lambda_3=1$，解齐次线性方程组 $(-\boldsymbol{E}-\boldsymbol{A})\boldsymbol{x}=\boldsymbol{0}$，由

$$E-A=\begin{bmatrix}-2&-1&0\\4&2&0\\-1&0&-1\end{bmatrix}\xrightarrow[\text{行变换}]{\text{初等}}\begin{bmatrix}1&0&1\\0&1&-2\\0&0&0\end{bmatrix}$$

得基础解系 $\boldsymbol{\alpha}_2=[-1,2,1]^{\mathrm{T}}$，于是，与 $\lambda_2=\lambda_3=1$ 对应的全部特征向量为 $k_2\boldsymbol{\alpha}_2(k_2\neq0)$.

例 3　求矩阵 $\boldsymbol{A}=\begin{bmatrix}0&-1\\1&0\end{bmatrix}$ 的特征值与特征向量.

解　矩阵 $\boldsymbol{A}$ 的特征方程为

$$|\lambda E-A|=\begin{vmatrix}\lambda&1\\-1&\lambda\end{vmatrix}=\lambda^2+1=0$$

显然，$\boldsymbol{A}$ 在实数集内没有特征值，在复数集内 $\boldsymbol{A}$ 的特征值为 $\lambda_1=i$，$\lambda_2=-i$，其中 $i=\sqrt{-1}$

为虚数单位. 解对应的齐次线性方程组，可求得对应的全部特征向量分别为

$$k_1[i,1]^T,\quad k_2[i,-1]^T$$

其中，k_1，k_2 为任意非零常数.

例 4 求矩阵 $\boldsymbol{A}=\begin{bmatrix}a & d & e\\0 & b & f\\0 & 0 & c\end{bmatrix}$ 的特征值.

解 矩阵 $\boldsymbol{A}$ 的特征多项式为

$$\begin{vmatrix}\lambda-a & -d & -e\\0 & \lambda-b & -f\\0 & 0 & \lambda-c\end{vmatrix}=(\lambda-a)(\lambda-b)(\lambda-c)$$

故 $\boldsymbol{A}$ 的特征值为 $\lambda_1=a$，$\lambda_2=b$，$\lambda_3=c$，即正好是 $\boldsymbol{A}$ 的主对角线元素.

一般地，上三角矩阵、下三角矩阵、对角矩阵的特征值为其主对角线上的元素. 可见，这类矩阵的特征值是最容易求得的.

4.1.2 特征值与特征向量的性质

性质 4.1 设 λ 是 n 阶矩阵 $\boldsymbol{A}$ 的任一特征值，$\boldsymbol{\alpha}$ 为其对应的特征向量，则 $f(\lambda)$ 是矩阵多项式 $f(\boldsymbol{A})$ 的特征值，其对应的特征向量仍为 $\boldsymbol{\alpha}$. 其中 $f(x)=a_0x^m+\cdots+a_{m-1}x+a_m$，即为 x 的 m 次多项式.

证明 由题设，$\boldsymbol{A\alpha}=\lambda\boldsymbol{\alpha}$，则显然有 $\boldsymbol{A}^2\boldsymbol{\alpha}=\boldsymbol{A}(\boldsymbol{A\alpha})=\boldsymbol{A}(\lambda\boldsymbol{\alpha})=\lambda(\boldsymbol{A\alpha})=\lambda^2\boldsymbol{\alpha}$. 依次类推有

$$\boldsymbol{A}^s\boldsymbol{\alpha}=\boldsymbol{A}^{s-1}(\boldsymbol{A\alpha})=\boldsymbol{A}^{s-1}(\lambda\boldsymbol{\alpha})=\lambda\boldsymbol{A}^{s-1}\boldsymbol{\alpha}=\cdots=\lambda^s\boldsymbol{\alpha}$$

故

$$\begin{aligned}f(\boldsymbol{A})\boldsymbol{\alpha}&=(a_0\boldsymbol{A}^m+\cdots+a_{m-1}\boldsymbol{A}+a_m\boldsymbol{E})\boldsymbol{\alpha}\\&=a_0\boldsymbol{A}^m\boldsymbol{\alpha}+\cdots+a_{m-1}\boldsymbol{A\alpha}+a_m\boldsymbol{\alpha}\\&=a_0\lambda^m\boldsymbol{\alpha}+\cdots+a_{m-1}\lambda\boldsymbol{\alpha}+a_m\boldsymbol{\alpha}\\&=(a_0\lambda^m+\cdots+a_{m-1}\lambda+a_m)\boldsymbol{\alpha}\\&=f(\lambda)\boldsymbol{\alpha}\end{aligned}$$

所以，$f(\lambda)$ 是方阵多项式 $f(\boldsymbol{A})$ 的特征值，$\boldsymbol{\alpha}$ 是 $f(\boldsymbol{A})$ 对应于特征值 $f(\lambda)$ 的特征向量.

例 5 设 n 阶矩阵 $\boldsymbol{A}$ 满足 $\boldsymbol{A}^2-3\boldsymbol{A}+2\boldsymbol{E}=\boldsymbol{O}$，证明：$\boldsymbol{A}$ 的特征值只能是 1 与 2.

证明 设 λ 为 $\boldsymbol{A}$ 的任一特征值，对应的特征向量为 $\boldsymbol{\alpha}$，即 $\boldsymbol{A\alpha}=\lambda\boldsymbol{\alpha}$，则

$$(\boldsymbol{A}^2-3\boldsymbol{A}+2\boldsymbol{E})\boldsymbol{\alpha}=\boldsymbol{O\alpha}=\boldsymbol{0}$$

又

$$(\boldsymbol{A}^2-3\boldsymbol{A}+2\boldsymbol{E})\boldsymbol{\alpha}=\lambda^2\boldsymbol{\alpha}-3\lambda\boldsymbol{\alpha}+2\boldsymbol{\alpha}=(\lambda^2-3\lambda+2)\boldsymbol{\alpha}$$

所以 $(\lambda^2-3\lambda+2)\boldsymbol{\alpha}=\boldsymbol{0}$，又因 $\boldsymbol{\alpha}\neq 0$，于是

$$\lambda^2 - 3\lambda + 2 = 0$$

所以

$$\lambda_1 = 1, \lambda_2 = 2$$

性质 4.2 设 λ 为 n 阶矩阵 $\boldsymbol{A}$ 的任一非零特征值，$\boldsymbol{\alpha}$ 为其对应的特征向量，则 $\boldsymbol{A}$ 的伴随矩阵 $\boldsymbol{A}^*$ 的特征值为 $|\boldsymbol{A}|/\lambda$.

证明 依题意，$\boldsymbol{A\alpha}=\lambda\boldsymbol{\alpha}$ 两边左乘 $\boldsymbol{A}$ 的伴随矩阵 $\boldsymbol{A}^*$，有

$$\boldsymbol{A}^*\boldsymbol{A\alpha} = \lambda\boldsymbol{A}^*\boldsymbol{\alpha}$$

由 $\boldsymbol{A}^*\boldsymbol{A}=|\boldsymbol{A}|\boldsymbol{E}$，$\lambda$ 非零，可得

$$|\boldsymbol{A}|\boldsymbol{\alpha} = \lambda\boldsymbol{A}^*\boldsymbol{\alpha}$$

即

$$\frac{|\boldsymbol{A}|}{\lambda}\boldsymbol{\alpha} = \boldsymbol{A}^*\boldsymbol{\alpha}$$

故 $|\boldsymbol{A}|/\lambda$ 为 $\boldsymbol{A}^*$ 的一个特征值.

性质 4.3 若矩阵 $\boldsymbol{A}$ 可逆，则 $1/\lambda$ 是 $\boldsymbol{A}^{-1}$ 的特征值(请读者自证).

性质 4.4 设 n 阶矩阵 $\boldsymbol{A}=(a_{ij})$ 的 n 个特征值为 $\lambda_1, \lambda_2, \cdots, \lambda_n$(重根按重数计算)，则

(1) $\lambda_1 + \lambda_2 + \cdots + \lambda_n = a_{11} + a_{22} + \cdots + a_{nn}$ (4-4)

(2) $\lambda_1\lambda_2\cdots\lambda_n = |\boldsymbol{A}|$ (4-5)

证明 因 $\lambda_1, \lambda_2, \cdots, \lambda_n$ 为矩阵 $\boldsymbol{A}$ 的特征值，则 $\boldsymbol{A}$ 的特征多项式可表示为

$$\begin{aligned}|\lambda\boldsymbol{E}-\boldsymbol{A}| &= (\lambda-\lambda_1)(\lambda-\lambda_2)\cdots(\lambda-\lambda_n) \\ &= \lambda^n - (\lambda_1+\lambda_2+\cdots+\lambda_n)\lambda^{n-1} + \cdots + (-1)^n\lambda_1\lambda_2\cdots\lambda_n \end{aligned} \tag{4-6}$$

另一方面，因为在矩阵 $\boldsymbol{A}$ 的特征多项式

$$|\lambda\boldsymbol{E}-\boldsymbol{A}| = \begin{vmatrix} \lambda-a_{11} & -a_{12} & \cdots & -a_{1n} \\ -a_{21} & \lambda-a_{22} & \cdots & -a_{2n} \\ \vdots & \vdots & & \vdots \\ -a_{n1} & -a_{n2} & \cdots & \lambda-a_{nn} \end{vmatrix}$$

的展开式中，主对角线上 n 个元素乘积 $(\lambda-a_{11})(\lambda-a_{22})\cdots(\lambda-a_{nn})$ 是其中一项，而展开式中的其余各项至多包含 $n-2$ 个主对角线上元素，因而 $\boldsymbol{A}$ 的特征多项式中 λ 的 n 次项与 $n-1$ 次项只能在主对角线上 n 个元素乘积中出现，于是

$$|\lambda\boldsymbol{E}-\boldsymbol{A}| = \lambda^n - (a_{11}+a_{22}+\cdots+a_{nn})\lambda^{n-1} + \cdots + (-1)^n|\boldsymbol{A}| \tag{4-7}$$

比较式(4-6)与式(4-7)中 $n-1$ 次项的系数，得式(4-4)与式(4-5).

由式(4-5)，可得：

推论 4.1 设 $\boldsymbol{A}$ 为 n 阶矩阵，则 $\boldsymbol{A}$ 可逆的充分必要条件是 $\boldsymbol{A}$ 的所有特征值均非零.

n 阶矩阵 $\boldsymbol{A}=(a_{ij})_{n\times n}$ 的主对角线上所有元素之和 $a_{11}+a_{22}+\cdots+a_{nn}$ 称为 $\boldsymbol{A}$ 的**迹**，记作 $\mathrm{tr}(\boldsymbol{A})$，即

$$\mathrm{tr}(\boldsymbol{A}) = a_{11} + a_{22} + \cdots + a_{nn}$$

性质 4.4 说明，n 阶矩阵 $\boldsymbol{A}$ 的所有特征值之和等于 $\boldsymbol{A}$ 的迹，所有特征值的乘积等于 $\boldsymbol{A}$ 的行列式，这样就将特征值与矩阵的迹、行列式联系起来.

例 6　设 n 阶矩阵 $\boldsymbol{A}$ 的 n 个特征值为 0，1，2，…，$n-1$，求矩阵 $\boldsymbol{A}+2\boldsymbol{E}$ 的特征值与行列式 $|\boldsymbol{A}+2\boldsymbol{E}|$.

解　由性质 4.1 可知，$\boldsymbol{A}+2\boldsymbol{E}$ 的 n 个特征值为

$$2,\ 3,\ \cdots,\ n+1$$

由性质 4.4 知，$|\boldsymbol{A}+2\boldsymbol{E}|=2\cdot 3\cdot\cdots\cdot(n+1)=(n+1)!$.

定理 4.1　若 λ_1，…，λ_m 是 $\boldsymbol{A}$ 的互不相同的特征值，$\boldsymbol{\alpha}_1$，$\boldsymbol{\alpha}_2$，…，$\boldsymbol{\alpha}_m$ 是对应的特征向量，则 $\boldsymbol{\alpha}_1$，$\boldsymbol{\alpha}_2$，…，$\boldsymbol{\alpha}_m$ 线性无关.

事实上，设有数 k_1，k_2，…，k_m，使得

$$k_1\boldsymbol{\alpha}_1+k_2\boldsymbol{\alpha}_2+\cdots+k_m\boldsymbol{\alpha}_m=\boldsymbol{0}$$

则

$$\boldsymbol{A}(k_1\boldsymbol{\alpha}_1+k_2\boldsymbol{\alpha}_2+\cdots+k_m\boldsymbol{\alpha}_m)=\boldsymbol{A0}=\boldsymbol{0}$$

即

$$\lambda_1(k_1\boldsymbol{\alpha}_1)+\lambda_2(k_2\boldsymbol{\alpha}_2)+\cdots+\lambda_m(k_m\boldsymbol{\alpha}_m)=\boldsymbol{0}$$

又有

$$\boldsymbol{A}[\lambda_1(k_1\boldsymbol{\alpha}_1)+\lambda_2(k_2\boldsymbol{\alpha}_2)+\cdots+\lambda_m(k_m\boldsymbol{\alpha}_m)]=\boldsymbol{0}$$

即

$$\lambda_1^2(k_1\boldsymbol{\alpha}_1)+\lambda_2^2(k_2\boldsymbol{\alpha}_2)+\cdots+\lambda_m^2(k_m\boldsymbol{\alpha}_m)=\boldsymbol{0}$$

$$\cdots$$

依次类推，有

$$\lambda_1^{m-1}(k_1\boldsymbol{\alpha}_1)+\lambda_2^{m-1}(k_2\boldsymbol{\alpha}_2)+\cdots+\lambda_m^{m-1}(k_m\boldsymbol{\alpha}_m)=\boldsymbol{0}$$

把上述 m 个式子合写成矩阵形式

$$[k_1\boldsymbol{\alpha}_1,\ k_2\boldsymbol{\alpha}_2,\ \cdots,\ k_m\boldsymbol{\alpha}_m]\begin{bmatrix}1 & \lambda_1 & \cdots & \lambda_1^{m-1}\\ 1 & \lambda_2 & \cdots & \lambda_2^{m-1}\\ \vdots & \vdots & & \vdots\\ 1 & \lambda_m & \cdots & \lambda_m^{m-1}\end{bmatrix}=(\boldsymbol{0},\ \boldsymbol{0},\ \cdots,\ \boldsymbol{0}) \tag{4-8}$$

式(4-8)等号左端的第二个矩阵的行列式为范德蒙行列式，因 λ_1，λ_2，…，λ_m 互不相同，故该行列式不等于零，从而该矩阵可逆，将式(4-8)两端右乘该矩阵的逆矩阵，于是

$$[k_1\boldsymbol{\alpha}_1,\ k_2\boldsymbol{\alpha}_2,\ \cdots,\ k_m\boldsymbol{\alpha}_m]=[\boldsymbol{0},\ \boldsymbol{0},\ \cdots,\ \boldsymbol{0}]$$

即 $k_i\boldsymbol{\alpha}_i=\boldsymbol{0}(i=1,\ 2,\ \cdots,\ m)$，又由于特征向量 $\boldsymbol{\alpha}_i\neq\boldsymbol{0}$，所以 $k_i=0(i=1,\ 2,\ \cdots,\ m)$，因此 $\boldsymbol{\alpha}_1$，$\boldsymbol{\alpha}_2$，…，$\boldsymbol{\alpha}_m$ 线性无关.

定理 4.2　设 λ 为 n 阶矩阵 $\boldsymbol{A}$ 的一个 k 重特征值，对应于特征 λ 的线性无关的特征向量的最大个数为 l，则 $k\geqslant l$.

证明略. 本节例 1、例 2 可验证定理 4.2 成立.

推论 4.2　设 λ_1，λ_2，…，λ_m 是 n 阶矩阵 $\boldsymbol{A}$ 的 m 个互不相同的特征值，$\boldsymbol{\alpha}_{i1}$，…，$\boldsymbol{\alpha}_{ik_i}$ 是矩阵 $\boldsymbol{A}$ 对应于特征值 $\lambda_i(i=1,\ 2,\ \cdots,\ m)$的线性无关的特征向量，则向量组

$$\boldsymbol{\alpha}_{11},\ \cdots,\ \boldsymbol{\alpha}_{1k_1},\ \boldsymbol{\alpha}_{21},\ \cdots,\ \boldsymbol{\alpha}_{2k_2},\ \cdots,\ \boldsymbol{\alpha}_{m1},\ \cdots,\ \boldsymbol{\alpha}_{mk_m}$$

线性无关(证明略).

即把矩阵 $\boldsymbol{A}$ 的 m 个互不相同特征值所对应的 m 组各自线性无关的特征向量并在一起仍是线性无关的.

由定理 4.2 可知，n 阶矩阵 $\boldsymbol{A}$ 最多有 n 个线性无关的特征向量. 如例 2 中三阶矩阵 $\boldsymbol{A}$ 有 2 个线性无关的特征向量.

例 7 设 λ_1，λ_2 是矩阵 $\boldsymbol{A}$ 的两个不同特征值，对应的特征向量为 $\boldsymbol{\alpha}_1$，$\boldsymbol{\alpha}_2$，证明：$\boldsymbol{\alpha}_1-\boldsymbol{\alpha}_2$ 一定不是 $\boldsymbol{A}$ 的特征向量.

证明 用反证法，假设 $\boldsymbol{\alpha}_1-\boldsymbol{\alpha}_2$ 是 $\boldsymbol{A}$ 的属于特征值 λ 的特征向量，即

$$\boldsymbol{A}(\boldsymbol{\alpha}_1-\boldsymbol{\alpha}_2)=\lambda(\boldsymbol{\alpha}_1-\boldsymbol{\alpha}_2)$$

又因

$$\boldsymbol{A}(\boldsymbol{\alpha}_1-\boldsymbol{\alpha}_2)=\boldsymbol{A}\boldsymbol{\alpha}_1-\boldsymbol{A}\boldsymbol{\alpha}_2=\lambda_1\boldsymbol{\alpha}_1-\lambda_2\boldsymbol{\alpha}_2$$

于是

$$\lambda(\boldsymbol{\alpha}_1-\boldsymbol{\alpha}_2)=\lambda_1\boldsymbol{\alpha}_1-\lambda_2\boldsymbol{\alpha}_2$$

即

$$(\lambda-\lambda_1)\boldsymbol{\alpha}_1+(\lambda_2-\lambda)\boldsymbol{\alpha}_2=\boldsymbol{0} \tag{4-9}$$

由定理 4.1 知 $\boldsymbol{\alpha}_1$，$\boldsymbol{\alpha}_2$ 线性无关，故由式(4-9)得 $\lambda-\lambda_1=\lambda_2-\lambda=0$，从而 $\lambda_1=\lambda_2$，矛盾！因而 $\boldsymbol{\alpha}_1-\boldsymbol{\alpha}_2$ 不是 $\boldsymbol{A}$ 的特征向量.

请问：$\boldsymbol{\alpha}_1+\boldsymbol{\alpha}_2$ 是矩阵 $\boldsymbol{A}$ 的特征向量吗，请读者思考.

例 8 已知 $\boldsymbol{\alpha}=\begin{pmatrix}1\\b\\1\end{pmatrix}$ 是可逆矩阵 $\begin{pmatrix}2&1&1\\1&2&1\\1&1&a\end{pmatrix}$ 的伴随矩阵的特征向量，特征值为 λ，求 a，b，λ.

解 因为 $\boldsymbol{\alpha}$ 也是 $\boldsymbol{A}=\begin{pmatrix}2&1&1\\1&2&1\\1&1&a\end{pmatrix}$ 的特征向量，$\boldsymbol{A}^*$ 是伴随矩阵，于是

$$\boldsymbol{A}\boldsymbol{\alpha}=\begin{pmatrix}2&1&1\\1&2&1\\1&1&a\end{pmatrix}\begin{pmatrix}1\\b\\1\end{pmatrix}=\begin{pmatrix}3+b\\2+2b\\1+a+b\end{pmatrix}$$

由于它与 $\begin{pmatrix}1\\b\\1\end{pmatrix}$ 线性相关，从而 $\begin{cases}3+b=1+a+b\\3+b=\dfrac{2+2b}{b}\end{cases}$，解之得 $a=2$，$b=1$ 或 -2，所以

$\boldsymbol{A}=\begin{pmatrix}2&1&1\\1&2&1\\1&1&2\end{pmatrix}$，$|\boldsymbol{A}|=4$.

当 $b=1$ 时，$\boldsymbol{A}\boldsymbol{\alpha}=\begin{pmatrix}2&1&1\\1&2&1\\1&1&2\end{pmatrix}\begin{pmatrix}1\\1\\1\end{pmatrix}=\begin{pmatrix}4\\4\\4\end{pmatrix}=4\boldsymbol{\alpha}$，所以 $\boldsymbol{A}^*$ 的特征值 $\lambda=\dfrac{|\boldsymbol{A}|}{4}=1$.

当 $b=-2$ 时，$\boldsymbol{A\alpha}=\begin{pmatrix}2&1&1\\1&2&1\\1&1&2\end{pmatrix}\begin{pmatrix}1\\-2\\1\end{pmatrix}=\begin{pmatrix}1\\-2\\1\end{pmatrix}=\begin{pmatrix}1\\-2\\1\end{pmatrix}=\boldsymbol{\alpha}$，所以 $\boldsymbol{A}^*$ 的特征值 $\lambda=\frac{|\boldsymbol{A}|}{1}=4$.

注：对于具体给定的数值矩阵求特征值、特征向量，一般用特征方程 $|\boldsymbol{A}-\lambda\boldsymbol{E}|=\boldsymbol{0}$，$(\boldsymbol{A}-\lambda\boldsymbol{E})\boldsymbol{\alpha}=\boldsymbol{0}$ 即可.

例 9 已知矩阵 $\boldsymbol{A}$ 第一行 3 个元素是 3，−1，−2，又 $\boldsymbol{\alpha}_1=(1,1,1)^{\mathrm{T}}$，$\boldsymbol{\alpha}_2=(1,2,0)^{\mathrm{T}}$，$\boldsymbol{\alpha}_3=(1,0,1)^{\mathrm{T}}$ 是矩阵 $\boldsymbol{A}$ 的三个特征向量，试求矩阵 $\boldsymbol{A}$.

解 思路：求出 $\boldsymbol{A}$ 的三个特征值.

设矩阵 $\boldsymbol{A}$ 的三个特征值依次为 λ_1，λ_2，λ_3，则

$$\begin{pmatrix}3&-1&-2\\a_2&b_2&c_2\\a_3&b_3&c_3\end{pmatrix}\begin{pmatrix}1\\1\\1\end{pmatrix}=\lambda_1\begin{pmatrix}1\\1\\1\end{pmatrix}$$

利用第 1 行相乘，可得 $\lambda_1=0$.

类似地，由 $\begin{pmatrix}3&-1&-2\\a_2&b_2&c_2\\a_3&b_3&c_3\end{pmatrix}\begin{pmatrix}1\\2\\0\end{pmatrix}=\lambda_2\begin{pmatrix}1\\2\\0\end{pmatrix}$，可得 $\lambda_2=1$. 同理，可得 $\lambda_3=1$.

所以，$\boldsymbol{A}$ 的三个特征值为 0，1，1，由 $\boldsymbol{A}(\boldsymbol{\alpha}_1,\boldsymbol{\alpha}_2,\boldsymbol{\alpha}_3)=(\boldsymbol{0},\boldsymbol{\alpha}_2,\boldsymbol{\alpha}_3)$，得

$$\begin{aligned}\boldsymbol{A}=(\boldsymbol{0},\boldsymbol{\alpha}_2,\boldsymbol{\alpha}_3)(\boldsymbol{\alpha}_1,\boldsymbol{\alpha}_2,\boldsymbol{\alpha}_3)&=\begin{pmatrix}0&1&1\\0&2&0\\0&0&1\end{pmatrix}\begin{pmatrix}1&1&1\\1&2&0\\1&0&1\end{pmatrix}\\&=\begin{pmatrix}0&1&1\\0&2&0\\0&0&1\end{pmatrix}\begin{pmatrix}-2&1&2\\1&0&1\\2&-1&-1\end{pmatrix}=\begin{pmatrix}3&-1&-2\\2&0&-2\\2&-1&-1\end{pmatrix}\end{aligned}$$

在 MATLAB 中可以用下列命令直接求方阵的特征多项式、特征值与特征向量.

f=poly($\boldsymbol{A}$)——计算矩阵 $\boldsymbol{A}$ 的特征多项式. f 是一个行向量，其元素是多项式系数吗？请读者思考.

lamda=roots(f)——计算多项式 f 的根.

lamda=eig($\boldsymbol{A}$)——计算矩阵 $\boldsymbol{A}$ 的特征值.

[$\boldsymbol{P}$，$\boldsymbol{D}$]=eig($\boldsymbol{A}$)——矩阵 $\boldsymbol{D}$ 为矩阵 $\boldsymbol{A}$ 的特征值构成的对角矩阵，矩阵 $\boldsymbol{P}$ 的列为矩阵 $\boldsymbol{A}$ 的单位特征向量，它与 $\boldsymbol{D}$ 中的特征值一一对应.

eigshow($\boldsymbol{A}$)——二阶矩阵的特征值和特征向量的动画，它描述了向量 $\boldsymbol{Ax}$ 随单位向量 $\boldsymbol{x}$ 的变化关系.

例 10 求例 1 中矩阵的特征多项式、特征值与特征向量. MATLAB 命令窗口输入

```
A=[0, 1, 1; 1, 0, 1; 1, 1, 0];
lamda=poly(A)
```

```
[P  D]=eig(A)
```

运行结果为

```
Lamda=
    1.0000     0.0000    -3.0000    -2.0000
P=
   -0.7152     0.3938     0.5774
    0.0166    -0.8163     0.5774
    0.6987     0.4225     0.5774
D=
   -1.0000       0          0
      0       -1.0000       0
      0          0       2.0000
```

从运行结果可以看出，$\boldsymbol{A}$ 的特征多项式为 $\lambda^2-3\lambda-2$，特征值为-1，-1，2，其对应的特征向量依次为$[-0.7152, 0.0166, 0.6987]^{\mathrm{T}}$，$[0.3938, -0.8163, 0.4225]^{\mathrm{T}}$，$[0.5774, 0.5774, 0.5774]^{\mathrm{T}}$.

例 11 已知矩阵：

$$\boldsymbol{A}_1=\begin{bmatrix}-1 & 3\\ 2 & 5\end{bmatrix},\ \boldsymbol{A}_2=\begin{bmatrix}1 & -2\\ -1 & 5\end{bmatrix},\ \boldsymbol{A}_3=\begin{bmatrix}1 & 2\\ 2 & 4\end{bmatrix},\ \boldsymbol{A}_4=\begin{bmatrix}2 & -1\\ 3 & 2\end{bmatrix}$$

求它们的特征值和特征向量，并绘制特征向量图，分析其几何意义.

解 针对矩阵 $\boldsymbol{A}_1$，在 MATLAB 命令窗口中输入：

```
A1=[-1, 3; 2, 5];
[V1, D1]=eig(A1)
eigshow(A1)                 % 显示矩阵 A1 的特征值和特征向量
```

运行结果为

```
V1 = -0.9602      -0.4000
      0.2794      -0.9165
D1 =
    -1.8730           0
         0       5.8730
```

函数 eigshow(A)描述了向量 $\boldsymbol{Ax}$ 随向量 $\boldsymbol{x}$ 的变换关系. 向量 $\boldsymbol{x}$ 为所有的二维单位向量，$\boldsymbol{Ax}$ 为用矩阵 $\boldsymbol{A}$ 对向量 $\boldsymbol{x}$ 进行线性变换的结果(如图 4.1 所示)。如果向量 $\boldsymbol{x}$ 在旋转的过程中，向量 $\boldsymbol{Ax}$ 与向量 $\boldsymbol{x}$ 共线(包括同向和反向)，则此时有等式 $\boldsymbol{Ax}=\lambda\boldsymbol{x}$ 成立，式中，λ 为一实数因子，λ 为正表示两个向量同向，λ 为负表示两个向量反向。人们把向量 $\boldsymbol{x}$ 与向量 $\boldsymbol{Ax}$ 共线的位置称为特征位置，其中实数 λ 就是矩阵 $\boldsymbol{A}$ 的特征值，而此时的 $\boldsymbol{x}$ 即为矩阵 $\boldsymbol{A}$ 的属于 λ 的特征向量。

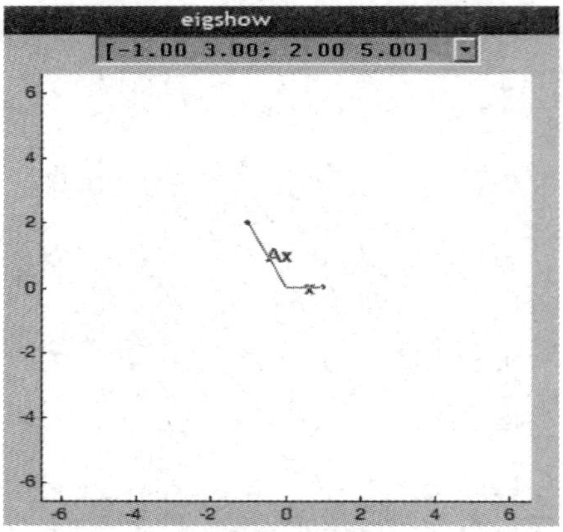

图 4.1　矩阵 $\boldsymbol{A}$ 的特征值与特征向量动画演示

对于矩阵 $\boldsymbol{A}_1$，当向量 $\boldsymbol{x}$ 顺时针旋转时，向量 $\boldsymbol{A}_1\boldsymbol{x}$ 逆时针旋转，则矩阵 $\boldsymbol{A}_1$ 必然存在实特征值，如图 4.2(a)所示；对于矩阵 $\boldsymbol{A}_2$，当向量 $\boldsymbol{x}$ 匀角速度顺时针旋转时，向量 $\boldsymbol{A}_2\boldsymbol{x}$ 也顺时针旋转，其角速度一会变大，一会变小，存在四个特征位置，如图 4.2(b)所示；对于矩阵

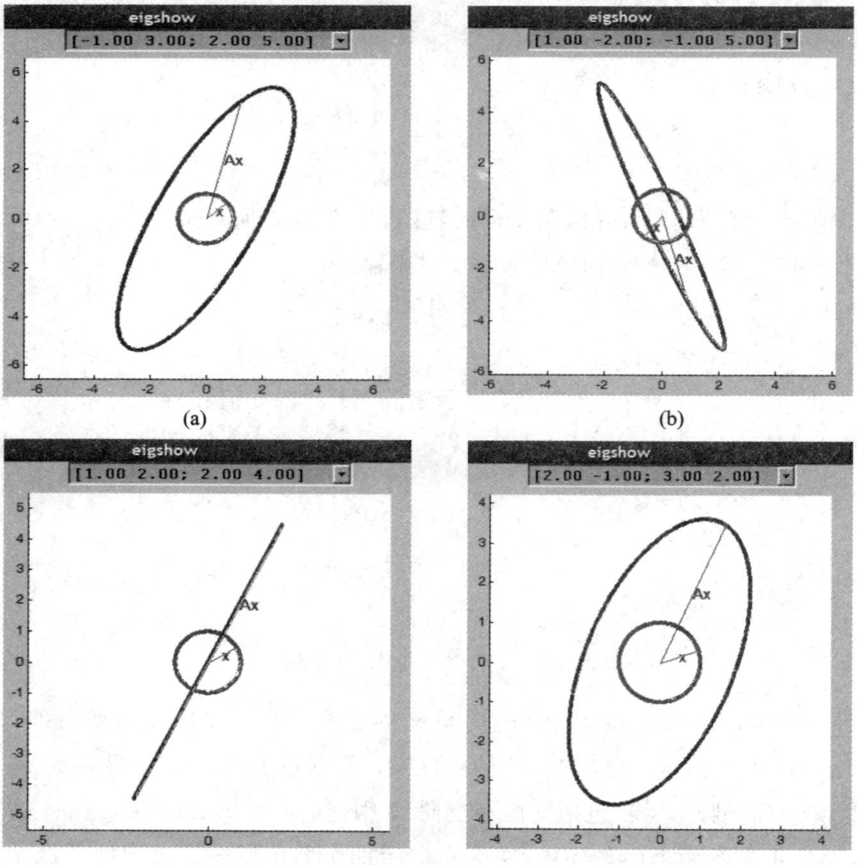

(a)　(b)　(c)　(d)

图 4.2　矩阵 $\boldsymbol{A}_1$，$\boldsymbol{A}_2$，$\boldsymbol{A}_3$，$\boldsymbol{A}_4$ 的特征值与特征向量动画演示

$\boldsymbol{A}_3$，当向量 $\boldsymbol{x}$ 匀角速度顺时针旋转时，向量 $\boldsymbol{A}_3\boldsymbol{x}$ 沿一条过圆心的直线运动，此时矩阵 $\boldsymbol{A}_3$ 有一个特征值为零，如图 4.2(c)所示；对于矩阵 $\boldsymbol{A}_4$，当向量 $\boldsymbol{x}$ 顺时针旋转时，向量 $\boldsymbol{A}_4\boldsymbol{x}$ 也顺时针旋转，但它永远也追不上向量 $\boldsymbol{x}$，它们之间总保持着一定的角度，则矩阵 $\boldsymbol{A}_4$ 没有实特征值，如图 4.2(d)所示。

4.2 相似矩阵

4.2.1 相似矩阵的定义及性质

定义 4.2 设 $\boldsymbol{A}$，$\boldsymbol{B}$ 为 n 阶矩阵，若存在 n 阶可逆矩阵 $\boldsymbol{P}$，使得

$$\boldsymbol{P}^{-1}\boldsymbol{A}\boldsymbol{P}=\boldsymbol{B}$$

则称 $\boldsymbol{A}$ 与 $\boldsymbol{B}$ **相似**(similar between matrix $\boldsymbol{A}$ and $\boldsymbol{B}$)，记作 $\boldsymbol{A}\sim\boldsymbol{B}$.

相似是 n 阶矩阵之间的一种等价关系，这种关系具有下述性质：

(1) 自反性. 对任意 n 阶矩阵 $\boldsymbol{A}$，$\boldsymbol{A}\sim\boldsymbol{A}$.

(2) 对称性. 若 $\boldsymbol{A}\sim\boldsymbol{B}$，则 $\boldsymbol{B}\sim\boldsymbol{A}$.

(3) 传递性. 若 $\boldsymbol{A}\sim\boldsymbol{B}$，$\boldsymbol{B}\sim\boldsymbol{C}$，则 $\boldsymbol{A}\sim\boldsymbol{C}$.

读者不难验证定义 4.2 中(1)～(3)均成立.

定理 4.3 如果 n 阶矩阵 $\boldsymbol{A}$，$\boldsymbol{B}$ 相似，则 $\boldsymbol{A}$ 与 $\boldsymbol{B}$ 有相同的特征多项式，从而有相同的特征值.

证明 由于 $\boldsymbol{A}\sim\boldsymbol{B}$，所以存在可逆矩阵 $\boldsymbol{P}$，使

$$\boldsymbol{P}^{-1}\boldsymbol{A}\boldsymbol{P}=\boldsymbol{B}$$

从而有

$$\begin{aligned}|\lambda\boldsymbol{E}-\boldsymbol{B}|&=|\lambda\boldsymbol{P}^{-1}\boldsymbol{E}\boldsymbol{P}-\boldsymbol{P}^{-1}\boldsymbol{A}\boldsymbol{P}|\\&=|\boldsymbol{P}^{-1}(\lambda\boldsymbol{E}-\boldsymbol{A})\boldsymbol{P}|\\&=|\boldsymbol{P}^{-1}||\lambda\boldsymbol{E}-\boldsymbol{A}||\boldsymbol{P}|\\&=|\lambda\boldsymbol{E}-\boldsymbol{A}|\end{aligned}$$

注意：特征多项式相等是矩阵相似的必要条件，而不是充分条件.

例如，$\boldsymbol{E}=\begin{bmatrix}1&0\\0&1\end{bmatrix}$与矩阵$\begin{bmatrix}1&1\\0&1\end{bmatrix}$有相同的特征多项式. 显然，与单位 $\boldsymbol{E}$ 相似的矩阵只能是单位矩阵，故$\begin{bmatrix}1&0\\0&1\end{bmatrix}$与$\begin{bmatrix}1&1\\0&1\end{bmatrix}$不相似.

性质 4.5 若 $\boldsymbol{A}$ 与 $\boldsymbol{B}$ 相似，则有下列结论成立：

(1) $\boldsymbol{A}$ 与 $\boldsymbol{B}$ 有相同的秩，即 $R(\boldsymbol{A})=R(\boldsymbol{B})$；

(2) $\boldsymbol{A}$ 与 $\boldsymbol{B}$ 有相同的迹，即 $\mathrm{tr}(\boldsymbol{A})=\mathrm{tr}(\boldsymbol{B})$；

(3) $\boldsymbol{A}$ 与 $\boldsymbol{B}$ 有相同的行列式，即 $|\boldsymbol{A}|=|\boldsymbol{B}|$

(4) 若 $\boldsymbol{A}\sim\boldsymbol{B}$，且矩阵 $\boldsymbol{A}$ 可逆，则矩阵 $\boldsymbol{B}$ 也可逆，且 $\boldsymbol{A}^{-1}\sim\boldsymbol{B}^{-1}$.

事实上，由定理 4.3 知，当 $\boldsymbol{A}\sim\boldsymbol{B}$ 时，$|\boldsymbol{A}|=|\boldsymbol{B}|$，所以当 $|\boldsymbol{A}|\neq 0$ 时，必有 $|\boldsymbol{B}|\neq 0$，即当 $\boldsymbol{A}$ 可逆时，$\boldsymbol{B}$ 也可逆. 设 $\boldsymbol{P}$ 为可逆矩阵，且 $\boldsymbol{B}=\boldsymbol{P}^{-1}\boldsymbol{A}\boldsymbol{P}$，则

$$\boldsymbol{B}^{-1}=(\boldsymbol{P}^{-1}\boldsymbol{A}\boldsymbol{P})^{-1}=\boldsymbol{P}^{-1}\boldsymbol{A}^{-1}\boldsymbol{P}$$

即

$$\boldsymbol{A}^{-1}\sim\boldsymbol{B}^{-1}$$

(5) 若 $\boldsymbol{A}\sim\boldsymbol{B}$，对任一多项式 $g(x)=a_m x^m+\cdots+a_1 x+a_0$，则

$$g(\boldsymbol{A})\sim g(\boldsymbol{B})$$

因 $\boldsymbol{A}\sim\boldsymbol{B}$，故存在可逆矩阵 $\boldsymbol{P}$，使 $\boldsymbol{P}^{-1}\boldsymbol{A}\boldsymbol{P}=\boldsymbol{B}$，故

$$\begin{aligned}
g(\boldsymbol{B})&=a_m\boldsymbol{B}^m+\cdots+a_1\boldsymbol{B}+a_0\boldsymbol{E}\\
&=a_m(\boldsymbol{P}^{-1}\boldsymbol{A}\boldsymbol{P})^m+\cdots+a_1(\boldsymbol{P}^{-1}\boldsymbol{A}\boldsymbol{P})+a_0\boldsymbol{E}\\
&=a_m\boldsymbol{P}^{-1}\boldsymbol{A}^m\boldsymbol{P}+\cdots+a_1\boldsymbol{P}^{-1}\boldsymbol{A}\boldsymbol{P}+a_0\boldsymbol{P}^{-1}\boldsymbol{E}\boldsymbol{P}\\
&=\boldsymbol{P}^{-1}(a_m\boldsymbol{A}^m+\cdots+a_1\boldsymbol{A}+a_0\boldsymbol{E})\boldsymbol{P}\\
&=\boldsymbol{P}^{-1}g(\boldsymbol{A})\boldsymbol{P}
\end{aligned}$$

故

$$g(\boldsymbol{A})\sim g(\boldsymbol{B})$$

若 $\boldsymbol{A}$ 相似于对角矩阵 $\mathrm{diag}(\lambda_1, \lambda_2, \cdots, \lambda_n)$，则 $g(\boldsymbol{A})$ 相似于对角矩阵 $\mathrm{diag}(g(\lambda_1), g(\lambda_2), \cdots, g(\lambda_n))$.

矩阵间的相似关系实质上是矩阵的一种分解，特别地，若矩阵 $\boldsymbol{A}$ 与一个对角矩阵 $\boldsymbol{\Lambda}$ 相似，则有 $\boldsymbol{A}=\boldsymbol{P}^{-1}\boldsymbol{\Lambda}\boldsymbol{P}$. 这种分解将 $\boldsymbol{A}$ 的有关性质研究转化为对角矩阵 $\boldsymbol{\Lambda}$ 的研究. 那么，是否每个矩阵能相似于对角矩阵？如果能相似于对角矩阵，怎样求出这个对角矩阵及相应的可逆矩阵 $\boldsymbol{P}$？下面我们就来讨论这个问题.

4.2.2 矩阵可对角化的条件

定义 4.3 设 $\boldsymbol{A}$ 为 n 阶矩阵，如果存在一个 n 阶可逆矩阵 $\boldsymbol{P}$，使 $\boldsymbol{P}^{-1}\boldsymbol{A}\boldsymbol{P}$ 为对角矩阵，则称 $\boldsymbol{A}$ **可对角化**(Matrix $\boldsymbol{A}$ can be diagonalized).

定理 4.4 n 阶矩阵 $\boldsymbol{A}$ 可对角化的充分必要条件是 $\boldsymbol{A}$ 有 n 个线性无关的特征向量.

证明 先证必要性. 因为 n 阶矩阵 $\boldsymbol{A}$ 相似于对角矩阵 $\boldsymbol{\Lambda}$，所以存在可逆矩阵 $\boldsymbol{P}$ 使

$$\boldsymbol{P}^{-1}\boldsymbol{A}\boldsymbol{P}=\boldsymbol{\Lambda}=\mathrm{diag}(\lambda_1, \lambda_2, \cdots, \lambda_n)$$

于是 $\boldsymbol{A}\boldsymbol{P}=\boldsymbol{P}\boldsymbol{\Lambda}$，若 $\boldsymbol{P}=(\boldsymbol{\alpha}_1, \boldsymbol{\alpha}_2, \cdots, \boldsymbol{\alpha}_n)$，代入 $\boldsymbol{A}\boldsymbol{P}=\boldsymbol{P}\boldsymbol{\Lambda}$ 可得

$$[\boldsymbol{A}\boldsymbol{\alpha}_1, \boldsymbol{A}\boldsymbol{\alpha}_2, \cdots, \boldsymbol{A}\boldsymbol{\alpha}_n]=[\lambda_1\boldsymbol{\alpha}_1, \lambda_2\boldsymbol{\alpha}_2, \cdots, \lambda_n\boldsymbol{\alpha}_n]$$

即

$$\boldsymbol{A}\boldsymbol{\alpha}_i=\lambda_i\boldsymbol{\alpha}_i,\quad i=1, 2, \cdots, n$$

由此可知，$\boldsymbol{\alpha}_i$ 是 $\boldsymbol{A}$ 的对应于特征值 λ_i 的特征向量，因 $\boldsymbol{P}$ 可逆，所以 $\boldsymbol{\alpha}_1, \boldsymbol{\alpha}_2, \cdots, \boldsymbol{\alpha}_n$ 线性无关.

再证充分性. 设 $\boldsymbol{\alpha}_1, \boldsymbol{\alpha}_2, \cdots, \boldsymbol{\alpha}_n$ 是 $\boldsymbol{A}$ 的 n 个线性无关的特征向量，它们所对应的特征值依次为 $\lambda_1, \lambda_2, \cdots, \lambda_n$，于是有

$$\boldsymbol{A}\boldsymbol{\alpha}_i = \lambda_i\boldsymbol{\alpha}_i, \qquad i = 1, 2, \cdots, n$$

记 $\boldsymbol{P}=[\boldsymbol{\alpha}_1, \boldsymbol{\alpha}_2, \cdots, \boldsymbol{\alpha}_n]$，显然 $\boldsymbol{P}$ 可逆，且

$$\begin{aligned}\boldsymbol{AP} &= [\boldsymbol{A}\boldsymbol{\alpha}_1, \boldsymbol{A}\boldsymbol{\alpha}_2, \cdots, \boldsymbol{A}\boldsymbol{\alpha}_n] \\ &= [\lambda_1\boldsymbol{\alpha}_1, \lambda_2\boldsymbol{\alpha}_2, \cdots, \lambda_n\boldsymbol{\alpha}_n] \\ &= (\boldsymbol{\alpha}_1, \boldsymbol{\alpha}_2, \cdots, \boldsymbol{\alpha}_n)\begin{bmatrix}\lambda_1 & & & \\ & \lambda_2 & & \\ & & \ddots & \\ & & & \lambda_n\end{bmatrix} = \boldsymbol{P\Lambda}\end{aligned} \tag{4-10}$$

用 $\boldsymbol{P}^{-1}$ 左乘式(4-10)两端得 $\boldsymbol{P}^{-1}\boldsymbol{AP}=\boldsymbol{\Lambda}$，即 $\boldsymbol{A}$ 可对角化.

由定理 4.1 及定理 4.4 可得.

推论 4.3 如果 n 阶矩阵 $\boldsymbol{A}$ 的 n 个特征值互不相同，则 $\boldsymbol{A}$ 一定可对角化.

定理 4.5 n 阶矩阵 $\boldsymbol{A}$ 可对角化的充分必要条件是对于 $\boldsymbol{A}$ 的每个 k 重特征值 λ，则有 $R(\lambda\boldsymbol{E}-\boldsymbol{A})=n-k$.

或者说，矩阵 $\boldsymbol{A}$ 可对角化的充分必要条件是 $\boldsymbol{A}$ 的每个特征值的线性无关的特征向量的个数(也称几何重数)等于该特征值的重数(也称代数重数).

例 1 判断上节例 1 与例 2 中的矩阵 $\boldsymbol{A}$ 是否相似于对角矩阵？若可对角化，求出 $\boldsymbol{A}$ 的相似对角矩阵 $\boldsymbol{\Lambda}$ 及可逆矩阵 $\boldsymbol{P}$，使 $\boldsymbol{P}^{-1}\boldsymbol{AP}=\boldsymbol{\Lambda}$.

解 (1) 上节例 1 的三阶矩阵 $\boldsymbol{A}$ 有 3 个线性无关的特征向量，$\boldsymbol{\alpha}_1=[-1, 1, 0]^{\mathrm{T}}$，$\boldsymbol{\alpha}_2=[-1, 0, 1]^{\mathrm{T}}$，$\boldsymbol{\alpha}_3=[1, 1, 1]^{\mathrm{T}}$，分别对应于特征值 $\lambda_1=\lambda_2=-1$，$\lambda_3=2$，所以矩阵 $\boldsymbol{A}$ 可对角化，令

$$\boldsymbol{P} = [\boldsymbol{\alpha}_1, \boldsymbol{\alpha}_2, \boldsymbol{\alpha}_3] = \begin{bmatrix}-1 & -1 & 1 \\ 1 & 0 & 1 \\ 0 & 1 & 1\end{bmatrix}$$

则

$$\boldsymbol{P}^{-1}\boldsymbol{AP} = \mathrm{diag}(-1, -1, 2)$$

(2) 对于上节例 2 的矩阵 $\boldsymbol{A}$，其二重特征值 $\lambda_1=\lambda_2=1$，仅有 1 个线性无关的特征向量，故矩阵 $\boldsymbol{A}$ 不能对角化.

例 2 设三阶矩阵 $\boldsymbol{A}=\begin{bmatrix}1 & -1 & 1 \\ 2 & 4 & a \\ -3 & -3 & 5\end{bmatrix}$ 的特征方程有一个二重根，求 a 的值，并讨论 $\boldsymbol{A}$ 是否可对角化.

解 因 $\boldsymbol{A}$ 的特征多项式

$$|\lambda \boldsymbol{E}-\boldsymbol{A}|=\begin{vmatrix}\lambda-1 & 1 & -1\\ -2 & \lambda-4 & -a\\ 3 & 3 & \lambda-5\end{vmatrix}$$

$$=(\lambda-2)(\lambda^2-8\lambda+18+3a)$$

若 $\lambda=2$ 是特征方程 $(\lambda-2)(\lambda^2-8\lambda+18+3a)=0$ 的二重根，则 $\lambda=2$ 必是 $\lambda^2-8\lambda+18+3a=0$ 的根，从而

$$2^2-8\times 2+18+3a=0$$

解得 $a=-2$，所以 $\boldsymbol{A}$ 的特征值为 2，2，6. 可计算得矩阵 $2\boldsymbol{E}-\boldsymbol{A}$ 的秩为 1，故 $\boldsymbol{A}$ 的特征值 2 对应的线性无关的特征向量有两个，从而 $\boldsymbol{A}$ 可对角化.

若 $\lambda=2$ 不是特征方程的二重根，则方程 $\lambda^2-8\lambda+18+3a=0$ 有两个相等根，从而得 $a=-2/3$. 所以 $\boldsymbol{A}$ 的特征值为 2，4，4，二重特征值是 4，对应的特征矩阵 $4\boldsymbol{E}-\boldsymbol{A}$ 的秩为 2，故特征值 $\lambda=4$ 对应的线性无关的特征向量只有一个，从而 $\boldsymbol{A}$ 不能对角化.

例 3 设 $\boldsymbol{A}$ 为三阶矩阵，$\boldsymbol{\alpha}_1$，$\boldsymbol{\alpha}_2$，$\boldsymbol{\alpha}_3$ 是线性无关的三维列向量，且满足 $\boldsymbol{A\alpha}_1=\boldsymbol{\alpha}_1+\boldsymbol{\alpha}_2+\boldsymbol{\alpha}_3$，$\boldsymbol{A\alpha}_2=2\boldsymbol{\alpha}_2+\boldsymbol{\alpha}_3$，$\boldsymbol{A\alpha}_3=2\boldsymbol{\alpha}_2+3\boldsymbol{\alpha}_3$.

(1) 求矩阵 $\boldsymbol{B}$，使 $\boldsymbol{A}[\boldsymbol{\alpha}_1,\boldsymbol{\alpha}_2,\boldsymbol{\alpha}_3]=[\boldsymbol{\alpha}_1,\boldsymbol{\alpha}_2,\boldsymbol{\alpha}_3]\boldsymbol{B}$.

(2) 判断 $\boldsymbol{A}$ 是否对角化.

(3) 求 $\boldsymbol{B}^m$.

解 (1) 由题设及矩阵分块乘法可得

$$\boldsymbol{A}[\boldsymbol{\alpha}_1,\boldsymbol{\alpha}_2,\boldsymbol{\alpha}_3]=[\boldsymbol{\alpha}_1,\boldsymbol{\alpha}_2,\boldsymbol{\alpha}_3]\begin{bmatrix}1 & 0 & 0\\ 1 & 2 & 2\\ 1 & 1 & 3\end{bmatrix}$$

所以

$$\boldsymbol{B}=\begin{bmatrix}1 & 0 & 0\\ 1 & 2 & 2\\ 1 & 1 & 3\end{bmatrix}$$

(2) 因向量组 $\boldsymbol{\alpha}_1$，$\boldsymbol{\alpha}_2$，$\boldsymbol{\alpha}_3$ 线性无关，所以矩阵 $[\boldsymbol{\alpha}_1,\boldsymbol{\alpha}_2,\boldsymbol{\alpha}_3]$ 是可逆矩阵，由(1)得

$$[\boldsymbol{\alpha}_1,\boldsymbol{\alpha}_2,\boldsymbol{\alpha}_3]^{-1}\boldsymbol{A}[\boldsymbol{\alpha}_1,\boldsymbol{\alpha}_2,\boldsymbol{\alpha}_3]=\boldsymbol{B}$$

即矩阵 $\boldsymbol{A}$ 与矩阵 $\boldsymbol{B}$ 相似.

$$|\lambda\boldsymbol{E}-\boldsymbol{B}|=\begin{vmatrix}\lambda-1 & 0 & 0\\ -1 & \lambda-2 & -2\\ -1 & -1 & \lambda-3\end{vmatrix}=(\lambda-4)(\lambda-1)^2$$

故 $\boldsymbol{B}$ 的特征值(也就是 $\boldsymbol{A}$ 的特征值)为 $\lambda_1=4$，$\lambda_2=\lambda_3=1$.

当 $\lambda_1=4$ 时，解齐次线性方程组 $(4\boldsymbol{E}-\boldsymbol{B})\boldsymbol{x}=\boldsymbol{0}$，得 $\boldsymbol{B}$ 的对应于特征值 4 的特征向量为 $\boldsymbol{\xi}_1=[0,1,1]^{\mathrm{T}}$.

当 $\lambda_2=\lambda_3=1$ 时，解齐次线性方程组 $(\boldsymbol{E}-\boldsymbol{B})\boldsymbol{x}=\boldsymbol{0}$，得 $\boldsymbol{B}$ 的对应于特征值 1 的线性无关的特征向量为

$$\boldsymbol{\xi}_2=[1,-1,0]^{\mathrm{T}},\quad \boldsymbol{\xi}_3=[2,-1,0]^{\mathrm{T}}$$

令 $\boldsymbol{Q}=[\boldsymbol{\xi}_3,\boldsymbol{\xi}_2,\boldsymbol{\xi}_1]$，即有

$$\boldsymbol{Q}^{-1}\boldsymbol{B}\boldsymbol{Q}=\mathrm{diag}(1,1,4)$$

再者 $\boldsymbol{P}=[\boldsymbol{\alpha}_1,\boldsymbol{\alpha}_2,\boldsymbol{\alpha}_3]\boldsymbol{Q}$，亦有

$$\begin{aligned}\boldsymbol{P}^{-1}\boldsymbol{A}\boldsymbol{P}&=\boldsymbol{Q}^{-1}[\boldsymbol{\alpha}_1,\boldsymbol{\alpha}_2,\boldsymbol{\alpha}_3]^{-1}\boldsymbol{A}[\boldsymbol{\alpha}_1,\boldsymbol{\alpha}_2,\boldsymbol{\alpha}_3]\boldsymbol{Q}\\&=\boldsymbol{Q}^{-1}\boldsymbol{B}\boldsymbol{Q}\\&=\mathrm{diag}(1,1,4)\end{aligned}$$

故 $\boldsymbol{A}$ 可对角化.

(3) 由(2)知

$$\boldsymbol{B}=\boldsymbol{Q}\mathrm{diag}(1,1,4)\boldsymbol{Q}^{-1}$$

故

$$\begin{aligned}\boldsymbol{B}^m&=\boldsymbol{Q}\mathrm{diag}(1^m,1^m,4^m)\boldsymbol{Q}^{-1}\\&=\begin{bmatrix}2&1&0\\-1&-1&1\\0&0&1\end{bmatrix}\begin{bmatrix}1&0&0\\0&1&0\\0&0&4^m\end{bmatrix}\begin{bmatrix}1&1&-1\\-1&-2&2\\0&0&1\end{bmatrix}=\begin{bmatrix}1&0&0\\0&1&-1+4^m\\0&0&4^m\end{bmatrix}\end{aligned}$$

例 4 已知 n 维向量 $\boldsymbol{\alpha}=(a_1,a_2,\cdots,a_n)$，$\boldsymbol{\beta}=(b_1,b_2,\cdots,b_n)$ 是两个非零的正交向量，**证明**：(1) n 阶方阵 $\boldsymbol{A}=\boldsymbol{\alpha}^{\mathrm{T}}\boldsymbol{\beta}$ 的特征值全为零；(2) $\boldsymbol{A}$ 不可对角化.

证 (1)（**解法 1**） 因为 $\boldsymbol{\alpha}=(a_1,a_2,\cdots,a_n)$ 非零，不妨设 $a_1\neq 0$，则

$$\det(\boldsymbol{A}-\lambda\boldsymbol{E})=\begin{vmatrix}a_1b_1-\lambda&a_1b_2&\cdots&a_1b_n\\a_2b_1&a_2b_2-\lambda&\cdots&a_2b_n\\\cdots&\cdots&\cdots&\cdots\\a_nb_1&a_nb_2&\cdots&a_nb_n-\lambda\end{vmatrix}$$

$$=a_1\begin{vmatrix}b_1-\dfrac{\lambda}{a_1}&b_2&\cdots&b_n\\a_2b_1&a_2b_2-\lambda&\cdots&a_2b_n\\\cdots&\cdots&\cdots&\cdots\\a_nb_1&a_nb_2&\cdots&a_nb_n-\lambda\end{vmatrix}$$

$$=a_1\begin{vmatrix}b_1-\dfrac{\lambda}{a_1}&b_2&\cdots&b_n\\\dfrac{a_2}{a_1}\lambda&-\lambda&\cdots&0\\\cdots&\cdots&\cdots&\cdots\\\dfrac{a_n}{a_1}\lambda&0&\cdots&-\lambda\end{vmatrix}=a_1\begin{vmatrix}b_1-\dfrac{\lambda}{a_1}+\displaystyle\sum_{k=2}^{n}\dfrac{a_kb_k}{a_1}&b_2&\cdots&b_n\\0&-\lambda&\cdots&0\\\cdots&\cdots&\cdots&\cdots\\0&0&\cdots&-\lambda\end{vmatrix}$$

$$= a_1(-\lambda)^{n-1}(b_1 - \frac{\lambda}{a_1} + \sum_{k=2}^{n}\frac{a_k b_k}{a_1})$$

$$= (-\lambda)^{n-1}(-\frac{\lambda}{a_1} + \frac{\alpha\beta^T}{a_1}) = (-\lambda)^n = 0$$

即 $\boldsymbol{\alpha\beta}^{\mathrm{T}}=0$，所以，$\lambda=0$ 为 $\boldsymbol{A}$ 的 n 重特征值.

(解法 2) 设 λ 为 $\boldsymbol{A}$ 的任一特征值，对应的特征值向量为 $\boldsymbol{X}$，即 $\boldsymbol{AX}=\lambda\boldsymbol{X}$. 则

$$\boldsymbol{A}^2\boldsymbol{X}=\boldsymbol{A}(\boldsymbol{AX})=\lambda(\boldsymbol{AX})=\lambda^2\boldsymbol{X}$$

因为 $\boldsymbol{A}^2=0$，所以 $\lambda^2\boldsymbol{X}=0$，又 $\boldsymbol{X}\neq 0$，所以，$\lambda=0$ 为 n 重特征值.

(解法 3) 设 λ 为 $\boldsymbol{A}$ 的任一特征值，对应的特征值向量为 $\boldsymbol{X}$，即 $\boldsymbol{AX}=\boldsymbol{\alpha}^{\mathrm{T}}\boldsymbol{\beta X}=\lambda\boldsymbol{X}$.

若 $\boldsymbol{\beta X}=0$，$\boldsymbol{AX}=\boldsymbol{\alpha}^{\mathrm{T}}\boldsymbol{\beta X}=0=0\boldsymbol{X}$，即 0 是 $\boldsymbol{A}$ 的特征值.

若 $\boldsymbol{\beta X}\neq 0$，则将 $\boldsymbol{\alpha}^{\mathrm{T}}\boldsymbol{\beta X}=\lambda\boldsymbol{X}$ 两边左乘 $\boldsymbol{\beta}$，并利用 $\boldsymbol{\beta\alpha}^{\mathrm{T}}=0$，得 $0=\lambda(\boldsymbol{\beta X})$，即 $\lambda=0$，所以，$\boldsymbol{A}$ 的特征值全为 0。

(2) 因 $1\leqslant R(\boldsymbol{A})=R(\boldsymbol{\alpha}^{\mathrm{T}}\boldsymbol{\beta})\leqslant R(\boldsymbol{\beta})=1$，即 $R(\boldsymbol{A})=1$.

由 $(\boldsymbol{A}-\lambda\boldsymbol{E})\boldsymbol{X}=0\Rightarrow\boldsymbol{AX}=0$(因为 $\lambda=0$)，由 $R(\boldsymbol{A})=1\Rightarrow\boldsymbol{AX}=0$ 的基础解系只含有 $(n-1)$ 个解向量，即对应于 n 重特征值 0 只有 $(n-1)$ 个线性无关的特征向量，故 $\boldsymbol{A}$ 不可对角化。

用 MATLAB 判断矩阵 $\boldsymbol{A}$ 是否可对角化的步骤如下：

(1) 求矩阵 $\boldsymbol{A}$ 的特征值；

(2) 对每个重特征值求特征子空间的维数；

(3) 作出判断；

(4) 若可对角化，求出可逆矩阵 $\boldsymbol{P}$，使 $\boldsymbol{P}^{-1}\boldsymbol{AP}$ 为对角阵.

例 5 判断下列矩阵 $\boldsymbol{A}$ 是否可对角化. 若能对角化，求出可逆矩阵 $\boldsymbol{P}$，使 $\boldsymbol{P}^{-1}\boldsymbol{AP}$ 为对角阵.

(1) $\boldsymbol{A}=\begin{bmatrix}3&2&3\\2&3&3\\1&1&4\end{bmatrix}$； (2) $\boldsymbol{A}=\begin{bmatrix}3&-1&-2\\2&0&-2\\2&-1&-1\end{bmatrix}$； (3) $\boldsymbol{A}=\begin{bmatrix}5&4&1\\-1&1&0\\0&0&5\end{bmatrix}$.

解：(1) 在 MATLAB 命令窗口键入

```
A=[3, 2, 3; 2, 3, 3; 1, 1, 4];
l=eig(A)
```

运行结果为

```
l=
    7.0000
    1.0000
    2.0000
```

从运行结果可以看到，$\boldsymbol{A}$ 有三个不同特征值 7，1，2，从而 $\boldsymbol{A}$ 可对角化.

在 MATLAB 命令窗口继续键入

```
[P, D]=eig(A)
```

运行结果为

```
P=
    -0.6396    -0.7071    -0.5774
    -0.6396    -0.7071    -0.5774
    -0.4284     0.0000     0.5774
D=
    7.0000      0         0
       0      1.0000      0
       0        0       2.0000
```

(2) 在 MATLAB 命令窗口键入

```
A=[3, -1, -2; 2, 0, -2; 2, -1, -1];
t=eig(A)
```

运行结果为

```
t=
    1.0000
    0.0000
    1.0000
```

从运行结果可以看出，$\boldsymbol{A}$ 有 2 重特征值 $\lambda_1=\lambda_2=1$，是否对角化的关键为是否存在属于特征 1 的两个线性无关的特征向量，即齐次线性方程组$(\boldsymbol{E}-\boldsymbol{A})\boldsymbol{x}=\boldsymbol{0}$ 的解空间中基础解系所含向量的个数是否等于 2，即判断 $3-R(\boldsymbol{E}-\boldsymbol{A})$是否等于 2.

在 MATLAB 命令窗口继续键入

```
if 3-rank(3*eye(3)-A)==2
    disp('能对角化')
    [P, D]=eig(A)
    else
      disp('不能对角化')
    end
```

运行结果为

```
能对角化
P=
    0.7276   -0.5774   -0.0704
    0.4851   -0.5774   -0.9186
    0.4851   -0.5774    0.3889
```

(3) 请读者来完成。

4.3 实对称矩阵的对角化

由上节讨论我们知道，n 阶矩阵不一定能对角化，但有一类特殊矩阵——实对称矩阵，它们一定可以对角化.

定理 4.6 实对称矩阵的特征值都为实数.

证明 设 λ 是 n 阶实对称矩阵 $\boldsymbol{A}$ 的任一特征值，$\boldsymbol{\alpha}=[a_1, a_2, \cdots, a_n]^{\mathrm{T}}$ 是对应的特征向量，则有

$$\boldsymbol{A\alpha}=\lambda\boldsymbol{\alpha}$$

两端取转置并求其共轭，得

$$\overline{\boldsymbol{\alpha}^{\mathrm{T}}\boldsymbol{A}^{\mathrm{T}}}=\overline{\lambda\boldsymbol{\alpha}^{\mathrm{T}}}$$

注意到$\overline{\boldsymbol{A}^{\mathrm{T}}}=\boldsymbol{A}$，因而

$$\overline{\boldsymbol{\alpha}^{\mathrm{T}}}\boldsymbol{A\alpha}=\overline{\lambda\boldsymbol{\alpha}^{\mathrm{T}}}\boldsymbol{\alpha}=\lambda^{\mathrm{T}}\,\overline{\boldsymbol{\alpha}^{\mathrm{T}}}\boldsymbol{\alpha}$$

又

$$\overline{\boldsymbol{\alpha}^{\mathrm{T}}}\boldsymbol{A\alpha}=\overline{\boldsymbol{\alpha}^{\mathrm{T}}}\lambda\boldsymbol{\alpha}=\lambda\,\overline{\boldsymbol{\alpha}^{\mathrm{T}}}\boldsymbol{\alpha}$$

从而$(\lambda-\bar{\lambda})\overline{\boldsymbol{\alpha}^{\mathrm{T}}}\boldsymbol{\alpha}=0$，因 $\boldsymbol{\alpha}\neq\boldsymbol{0}$，

$$\overline{\boldsymbol{\alpha}^{\mathrm{T}}}\boldsymbol{\alpha}=\bar{a}_1a_1+\bar{a}_2a_2+\cdots+\bar{a}_na_n>0$$

故 $\lambda=\bar{\lambda}$，即 λ 是实数.

定理 4.7 实对称矩阵不同特征值所对应的特征向量必正交.

证明 设 λ_1，λ_2 为实对称矩阵 $\boldsymbol{A}$ 的两个不同特征值，$\boldsymbol{\alpha}_1$，$\boldsymbol{\alpha}_2$ 分别是对应于 λ_1，λ_2 的特征向量，于是

$$\boldsymbol{A\alpha}_1=\lambda_1\boldsymbol{\alpha}_1,\quad \boldsymbol{A\alpha}_2=\lambda_2\boldsymbol{\alpha}_2$$

因而

$$\lambda_1\boldsymbol{\alpha}_1^{\mathrm{T}}\boldsymbol{\alpha}_2=(\boldsymbol{A\alpha}_1)^{\mathrm{T}}\boldsymbol{\alpha}_2=\boldsymbol{\alpha}_1^{\mathrm{T}}\boldsymbol{A}^{\mathrm{T}}\boldsymbol{\alpha}_2=\boldsymbol{\alpha}_1^{\mathrm{T}}\boldsymbol{A\alpha}_2=\lambda_2\boldsymbol{\alpha}_1^{\mathrm{T}}\boldsymbol{\alpha}_2$$

故

$$(\lambda_1-\lambda_2)\boldsymbol{\alpha}_1^{\mathrm{T}}\boldsymbol{\alpha}_2=0$$

由于 $\lambda_1\neq\lambda_2$，从而 $\boldsymbol{\alpha}_1^{\mathrm{T}}\boldsymbol{\alpha}_2=0$，即 $\boldsymbol{\alpha}_1$ 与 $\boldsymbol{\alpha}_2$ 正交.

定理 4.8 设 $\boldsymbol{A}$ 为 n 阶实对称矩阵，则存在正交矩阵 $\boldsymbol{Q}$，使得

$$\boldsymbol{Q}^{\mathrm{T}}\boldsymbol{AQ}=\boldsymbol{Q}^{-1}\boldsymbol{AQ}=\begin{bmatrix}\lambda_1 & & & \\ & \lambda_2 & & \\ & & \ddots & \\ & & & \lambda_n\end{bmatrix}$$

其中 λ_1，λ_2，$\cdots$，λ_n 为 $\boldsymbol{A}$ 的特征值.

* **证明** 对矩阵 $\boldsymbol{A}$ 的阶数 n 用数学归纳法.

当 $n=1$ 时，$\boldsymbol{A}$ 本身就是对角矩阵，结论显然成立.

假设对任意 $n-1$ 阶实对称矩阵命题成立. 现设 $\boldsymbol{\alpha}_1=[a_1, a_2, \cdots, a_n]^{\mathrm{T}}$ 为 n 阶实对称矩阵 $\boldsymbol{A}$ 的对应于特征值 λ_1 的单位特征向量，不妨设 $a_1\neq0$，则 n 维向量组

$$\boldsymbol{\alpha}_1,\ \boldsymbol{\varepsilon}_2=[0,1,\cdots,0]^{\mathrm{T}},\ \cdots,\ \boldsymbol{\varepsilon}_n=[0,0,\cdots,1]^{\mathrm{T}}$$

线性无关，用第3章3.4.2中的Schmidt正交化方法，可得$\mathbf{R}^n$的标准正交基$\boldsymbol{\alpha}_1,\boldsymbol{\alpha}_2,\cdots,\boldsymbol{\alpha}_n$，从而矩阵

$$\boldsymbol{P}=[\boldsymbol{\alpha}_1,\boldsymbol{\alpha}_2,\cdots,\boldsymbol{\alpha}_n]$$

为正交矩阵，且

$$\boldsymbol{P}^{-1}\boldsymbol{A}\boldsymbol{P}=\boldsymbol{P}^{\mathrm{T}}\boldsymbol{A}\boldsymbol{P}=\begin{bmatrix}\boldsymbol{\alpha}_1^{\mathrm{T}}\\ \boldsymbol{\alpha}_2^{\mathrm{T}}\\ \vdots\\ \boldsymbol{\alpha}_n^{\mathrm{T}}\end{bmatrix}\boldsymbol{A}[\boldsymbol{\alpha}_1,\boldsymbol{\alpha}_2,\cdots,\boldsymbol{\alpha}_n]$$

$$=\begin{bmatrix}\boldsymbol{\alpha}_1^{\mathrm{T}}\boldsymbol{A}\boldsymbol{\alpha}_1 & \boldsymbol{\alpha}_1^{\mathrm{T}}\boldsymbol{A}\boldsymbol{\alpha}_2 & \cdots & \boldsymbol{\alpha}_1^{\mathrm{T}}\boldsymbol{A}\boldsymbol{\alpha}_n\\ \boldsymbol{\alpha}_2^{\mathrm{T}}\boldsymbol{A}\boldsymbol{\alpha}_1 & \boldsymbol{\alpha}_2^{\mathrm{T}}\boldsymbol{A}\boldsymbol{\alpha}_2 & \cdots & \boldsymbol{\alpha}_2^{\mathrm{T}}\boldsymbol{A}\boldsymbol{\alpha}_n\\ \vdots & \vdots & & \vdots\\ \boldsymbol{\alpha}_n^{\mathrm{T}}\boldsymbol{A}\boldsymbol{\alpha}_1 & \boldsymbol{\alpha}_n^{\mathrm{T}}\boldsymbol{A}\boldsymbol{\alpha}_2 & \cdots & \boldsymbol{\alpha}_n^{\mathrm{T}}\boldsymbol{A}\boldsymbol{\alpha}_n\end{bmatrix}=\begin{bmatrix}\lambda_1 & \boldsymbol{0}^{\mathrm{T}}\\ \boldsymbol{0} & \boldsymbol{B}\end{bmatrix}$$

其中

$$\boldsymbol{B}=\begin{bmatrix}\boldsymbol{\alpha}_2^{\mathrm{T}}\boldsymbol{A}\boldsymbol{\alpha}_2 & \cdots & \boldsymbol{\alpha}_2^{\mathrm{T}}\boldsymbol{A}\boldsymbol{\alpha}_n\\ \vdots & & \vdots\\ \boldsymbol{\alpha}_n^{\mathrm{T}}\boldsymbol{A}\boldsymbol{\alpha}_2 & \cdots & \boldsymbol{\alpha}_n^{\mathrm{T}}\boldsymbol{A}\boldsymbol{\alpha}_n\end{bmatrix}$$

为$n-1$阶实对称矩阵，由归纳假设，存在$n-1$阶正交矩阵$\boldsymbol{P}_1$，使得

$$\boldsymbol{P}_1^{\mathrm{T}}\boldsymbol{B}\boldsymbol{P}_1=\boldsymbol{P}_1^{-1}\boldsymbol{B}\boldsymbol{P}_1=\mathrm{diag}(\lambda_2,\lambda_3,\cdots,\lambda_n)$$

令$\boldsymbol{Q}=\boldsymbol{P}\begin{bmatrix}1 & \boldsymbol{0}^{\mathrm{T}}\\ \boldsymbol{0} & \boldsymbol{P}_1\end{bmatrix}$，显然$\boldsymbol{Q}$为正交矩阵，且

$$\boldsymbol{Q}^{-1}\boldsymbol{A}\boldsymbol{Q}=\boldsymbol{Q}^{\mathrm{T}}\boldsymbol{A}\boldsymbol{Q}=\begin{bmatrix}1 & \boldsymbol{0}^{\mathrm{T}}\\ \boldsymbol{0} & \boldsymbol{P}_1\end{bmatrix}^{\mathrm{T}}\boldsymbol{P}^{\mathrm{T}}\boldsymbol{A}\boldsymbol{P}\begin{bmatrix}1 & \boldsymbol{0}^{\mathrm{T}}\\ \boldsymbol{0} & \boldsymbol{P}_1\end{bmatrix}$$

$$=\begin{bmatrix}1 & \boldsymbol{0}^{\mathrm{T}}\\ \boldsymbol{0} & \boldsymbol{P}_1^{\mathrm{T}}\end{bmatrix}\begin{bmatrix}\lambda_1 & \boldsymbol{0}^{\mathrm{T}}\\ \boldsymbol{0} & \boldsymbol{B}\end{bmatrix}\begin{bmatrix}1 & \boldsymbol{0}^{\mathrm{T}}\\ \boldsymbol{0} & \boldsymbol{P}_1\end{bmatrix}$$

$$=\begin{bmatrix}\lambda_1 & \boldsymbol{0}^{\mathrm{T}}\\ \boldsymbol{0} & \boldsymbol{P}_1^{\mathrm{T}}\boldsymbol{B}\boldsymbol{P}_1\end{bmatrix}=\mathrm{diag}(\lambda_1,\lambda_2,\cdots,\lambda_n)$$

由定理4.8可得下面推论。

推论4.4　设$\boldsymbol{A}$为n阶实对称矩阵，λ为$\boldsymbol{A}$的k重特征值，则$\boldsymbol{A}$必有k个对应于特征值λ的线性无关的特征向量.

对于实对称矩阵$\boldsymbol{A}$，求正交矩阵$\boldsymbol{Q}$，使$\boldsymbol{Q}^{-1}\boldsymbol{A}\boldsymbol{Q}$为对角阵的步骤如下：

(1) 求$\boldsymbol{A}$的全部不同的特征值$\lambda_1,\lambda_2,\cdots,\lambda_s$.

(2) 对每个特征值$\lambda_i(i=1,2,\cdots,s)$，求出齐次线性方程组$(\lambda_i\boldsymbol{E}-\boldsymbol{A})\boldsymbol{x}=\boldsymbol{0}$的基础解系，将其正交化、单位化.

(3) 所得的正交单位特征向量作为列向量组构成正交矩阵$\boldsymbol{Q}$，则

$$\boldsymbol{Q}^{-1}\boldsymbol{A}\boldsymbol{Q}=\boldsymbol{Q}^{\mathrm{T}}\boldsymbol{A}\boldsymbol{Q}=\mathrm{diag}(\lambda_1,\lambda_2,\cdots,\lambda_n)$$

例 1 设$\boldsymbol{A}=\begin{bmatrix}4 & -2 & 2\\ -2 & 1 & 4\\ 2 & 4 & 1\end{bmatrix}$，求一正交矩阵$\boldsymbol{Q}$，使$\boldsymbol{Q}^{-1}\boldsymbol{AQ}$为对角矩阵.

解 $\boldsymbol{A}$的特征多项式

$$|\lambda\boldsymbol{E}-\boldsymbol{A}|=\begin{vmatrix}\lambda-4 & 2 & -2\\ 2 & \lambda-1 & -4\\ -2 & -4 & \lambda-1\end{vmatrix}=(\lambda-5)^2(\lambda+4)$$

故$\boldsymbol{A}$的特征值为$\lambda_1=\lambda_2=5$，$\lambda_3=-4$.

当$\lambda_1=\lambda_2=5$时，解齐次线性方程组$(5\boldsymbol{E}-\boldsymbol{A})\boldsymbol{x}=\boldsymbol{0}$，得基础解系$\boldsymbol{\alpha}_1=[2,-1,0]^{\mathrm{T}}$，$\boldsymbol{\alpha}_2=[2,0,1]^{\mathrm{T}}$. 将它们正交化、单位化，得

$$\boldsymbol{q}_1=\left[\frac{2\sqrt{5}}{5},-\frac{\sqrt{5}}{5},0\right]^{\mathrm{T}},\quad \boldsymbol{q}_2=\left[\frac{2\sqrt{5}}{15},\frac{4\sqrt{5}}{15},\frac{\sqrt{5}}{3}\right]^{\mathrm{T}}$$

当$\lambda_3=-4$时，解齐次线性方程组$(-4\boldsymbol{E}-\boldsymbol{A})\boldsymbol{x}=\boldsymbol{0}$，得到基础解系$\boldsymbol{\alpha}_3=[1,2,-2]^{\mathrm{T}}$，单位化得$\boldsymbol{q}_3=\left[\frac{1}{3},\frac{2}{3},-\frac{2}{3}\right]^{\mathrm{T}}$，于是，得正交矩阵

$$\boldsymbol{Q}=(q_1,q_2,q_3)=\begin{bmatrix}\frac{2\sqrt{5}}{5} & \frac{2\sqrt{5}}{15} & \frac{1}{3}\\ -\frac{\sqrt{5}}{5} & \frac{4\sqrt{5}}{15} & \frac{2}{3}\\ 0 & \frac{\sqrt{5}}{3} & -\frac{2}{3}\end{bmatrix}$$

则

$$\boldsymbol{Q}^{-1}\boldsymbol{AQ}=\boldsymbol{Q}^{\mathrm{T}}\boldsymbol{AQ}=\begin{bmatrix}5 & & \\ & 5 & \\ & & -4\end{bmatrix}$$

请读者思考：正交矩阵$\boldsymbol{Q}$唯一吗？

例 2 设$\boldsymbol{B}$是三阶非奇异实矩阵，$\boldsymbol{A}=\boldsymbol{B}^{\mathrm{T}}\boldsymbol{B}$有特征值$-1$，1，1，对应于$-1$的特征向量为$\boldsymbol{\alpha}_1=(0,1,1)^{\mathrm{T}}$，求$\boldsymbol{A}$.

解法 1 由$\boldsymbol{A}=\boldsymbol{B}^{\mathrm{T}}\boldsymbol{B}$知，$\boldsymbol{A}$是实对称矩阵，设对应于$\lambda=1$的特征向量为$\boldsymbol{x}=[x_1,x_2,x_3]^{\mathrm{T}}$，由定理4.7知，$\boldsymbol{x}$与$\boldsymbol{\alpha}_1$正交，则

$$x_2+x_3=0$$

解得对应于$\lambda=1$的两个正交的特征向量$\boldsymbol{\alpha}_2=[1,0,0]^{\mathrm{T}}$，$\boldsymbol{\alpha}_3=[0,1,-1]^{\mathrm{T}}$，将$\boldsymbol{\alpha}_1$，$\boldsymbol{\alpha}_2$，$\boldsymbol{\alpha}_3$单位化得

$$\boldsymbol{e}_1=\frac{1}{\sqrt{2}}[0,1,1]^{\mathrm{T}},\quad \boldsymbol{e}_2=[1,0,0]^{\mathrm{T}},\quad \boldsymbol{e}_3=\frac{1}{\sqrt{2}}[0,1,-1]^{\mathrm{T}}$$

于是，得正交矩阵$\boldsymbol{Q}=(\boldsymbol{e}_1,\boldsymbol{e}_2,\boldsymbol{e}_3)$，且

$$Q^{-1}AQ = Q^{T}AQ = \operatorname{diag}(-1, 1, 1)$$

故

$$\begin{aligned} A &= Q\operatorname{diag}(-1, 1, 1)Q^{T} \\ &= \begin{bmatrix} 1 & 0 & 0 \\ 0 & \frac{1}{\sqrt{2}} & \frac{1}{\sqrt{2}} \\ 0 & -\frac{1}{\sqrt{2}} & \frac{1}{\sqrt{2}} \end{bmatrix} \begin{bmatrix} -1 & & \\ & 1 & \\ & & 1 \end{bmatrix} \begin{bmatrix} 1 & 0 & 0 \\ 0 & \frac{1}{\sqrt{2}} & -\frac{1}{\sqrt{2}} \\ 0 & \frac{1}{\sqrt{2}} & \frac{1}{\sqrt{2}} \end{bmatrix} \\ &= \begin{bmatrix} 1 & 0 & 0 \\ 0 & 0 & -1 \\ 0 & -1 & 0 \end{bmatrix} \end{aligned}$$

解法 2 由于 $A=B^{T}B$ 是实对称矩阵，故存在三阶正交矩阵 Q 使

$$Q^{T}AQ = \operatorname{diag}(-1, 1, 1)$$

将 Q 按列分块成

$$Q = [q_1, q_2, q_3]，其中\ q_1 = \frac{1}{\|\alpha_1\|}\alpha_1 = \frac{1}{\sqrt{2}}\begin{pmatrix} 0 \\ 1 \\ 1 \end{pmatrix}$$

则

$$\begin{aligned} A &= Q\operatorname{diag}(-1, 1, 1)Q^{T} \\ &= (q_1, q_2, q_3)\begin{bmatrix} -1 & & \\ & 1 & \\ & & 1 \end{bmatrix}\begin{bmatrix} q_1^{T} \\ q_2^{T} \\ q_3^{T} \end{bmatrix} \\ &= -q_1q_1^{T} + q_2q_2^{T} + q_3q_3^{T} \end{aligned}$$

又 $QQ^{T}=E$，即 $q_1q_1^{T}+q_2q_2^{T}+q_3q_3^{T}=E$，从而

$$\begin{aligned} A - E &= -2q_1q_1^{T} \\ &= -2\frac{1}{\sqrt{2}}\begin{bmatrix} 0 \\ 1 \\ 1 \end{bmatrix}\frac{1}{\sqrt{2}}(0, 1, 1) \\ &= -\begin{bmatrix} 0 & 0 & 0 \\ 0 & 1 & 1 \\ 0 & 1 & 1 \end{bmatrix} \end{aligned}$$

故

$$A = E - \begin{bmatrix} 0 & 0 & 0 \\ 0 & 1 & 1 \\ 0 & 1 & 1 \end{bmatrix} = \begin{bmatrix} 1 & 0 & 0 \\ 0 & 0 & -1 \\ 0 & -1 & 0 \end{bmatrix}$$

4.4 二次型及其标准形

二次型的研究起源于二次曲线与二次曲面的化简问题，它的理论已广泛应用于自然科学与工程技术之中.

4.4.1 二次型的定义

定义 4.4 n 个变量 $x_1, x_2, \cdots, x_n$ 的二次齐次多项式

$$f(x_1, x_2, \cdots, x_n)=a_{11}x_1^2+2a_{12}x_1x_2+\cdots+2a_{1n}x_1x_n+a_{22}x_2^2+\cdots+2a_{2n}x_2x_n+\cdots+a_{nn}x_n^2 \tag{4-11}$$

称为 ***n* 元二次型**(quadratic form in n unknowns).

$a_{ij}(i, j=1,2, \cdots, n)$称为二次型 $f(x_1, x_2, \cdots, x_n)$的系数，当 a_{ij} 为实数时，称 $f(x_1, x_2, \cdots, x_n)$为**实二次型**，当 a_{ij} 为复数时，称其为**复二次型**，以下主要讨论实二次型.

设 $a_{ij}=a_{ji}$，则有 $2a_{ij}x_ix_j=a_{ij}x_ix_j+a_{ji}x_jx_i$，于是二次型(4-11)可改写成

$$\begin{aligned}f(x_1, x_2, \cdots, x_n) &= a_{11}x_1^2+a_{12}x_1x_2+\cdots+a_{1n}x_1x_n\\&\quad+a_{21}x_2x_1+a_{22}x_2^2+\cdots+a_{2n}x_2x_n\\&\quad+\cdots\\&\quad+a_{n1}x_nx_1+a_{n2}x_nx_2+\cdots+a_{nn}x_n^2\\&=\sum_{j=1}^{n}\sum_{i=1}^{n}a_{ij}x_ix_j\end{aligned}$$

又

$$\begin{aligned}f(x_1, x_2, \cdots, x_n) &= (x_1, x_2, \cdots, x_n)\begin{bmatrix}a_{11}x_1+a_{12}x_2+\cdots+a_{1n}x_n\\a_{21}x_1+a_{22}x_2+\cdots+a_{2n}x_n\\\vdots\\a_{n1}x_1+a_{n2}x_2+\cdots+a_{nn}x_n\end{bmatrix}\\&=(x_1, x_2, \cdots, x_n)\begin{bmatrix}a_{11}&a_{12}&\cdots&a_{1n}\\a_{21}&a_{22}&\cdots&a_{2n}\\\vdots&\vdots&&\vdots\\a_{n1}&a_{n2}&\cdots&a_{nn}\end{bmatrix}\begin{bmatrix}x_1\\x_2\\\vdots\\x_n\end{bmatrix}\end{aligned}$$

令

$$A = \begin{bmatrix} a_{11} & a_{12} & \cdots & a_{1n} \\ a_{21} & a_{22} & \cdots & a_{2n} \\ \vdots & \vdots & & \vdots \\ a_{n1} & a_{n2} & \cdots & a_{nn} \end{bmatrix}, \quad x = \begin{bmatrix} x_1 \\ x_2 \\ \vdots \\ x_n \end{bmatrix}$$

则式(4 - 11)的二次型可以表示成

$$f(x_1, x_2, \cdots, x_n) = \boldsymbol{x}^{\mathrm{T}} \boldsymbol{A} \boldsymbol{x}$$

或

$$f(\boldsymbol{x}) = \boldsymbol{x}^{\mathrm{T}} \boldsymbol{A} \boldsymbol{x} \tag{4 - 12}$$

其中，$\boldsymbol{A}^{\mathrm{T}}=\boldsymbol{A}$ 为实对称矩阵，将式(4 - 12)称为二次型式(4 - 11)的矩阵形式，对称矩阵 $\boldsymbol{A}$ 称为二次型式(4 - 11)的**矩阵**，$\boldsymbol{A}$ 的秩称为二次型式(4 - 11)的**秩**. 这样，实二次型与实对称矩阵之间就建立了一一对应关系.

例如二次型

$$f(x_1, x_2, x_3) = x_1^2 + 2x_2^2 - 3x_3^2 + 2x_1x_2 - 4x_1x_3 + 6x_2x_3$$

的矩阵为

$$\boldsymbol{A} = \begin{bmatrix} 1 & 1 & -2 \\ 1 & 2 & 3 \\ -2 & 3 & -3 \end{bmatrix}$$

矩阵 $\boldsymbol{A}=\begin{bmatrix} 2 & -3 \\ -3 & 1 \end{bmatrix}$对应的二次型为

$$f(x_1, x_2) = 2x_1^2 - 6x_1x_2 + x_2^2$$

仅含平方项的二次型称为**标准形**(standard form).

很显然，二次型 $\boldsymbol{x}^{\mathrm{T}}\boldsymbol{A}\boldsymbol{x}$ 为标准形的充分必要条件是 $\boldsymbol{A}$ 为对角矩阵. 研究二次型的目的之一，就是寻找一个线性变换将其化为标准形.

设 $\boldsymbol{y}=[y_1, y_2, \cdots, y_n]^{\mathrm{T}}$，$\boldsymbol{C}$ 为 n 阶可逆矩阵，则 $\boldsymbol{x}=\boldsymbol{C}\boldsymbol{y}$ 称为一个**可逆线性变换**.

n 元二次型 $f(x_1, x_2, \cdots, x_n)=\boldsymbol{x}^{\mathrm{T}}\boldsymbol{A}\boldsymbol{x}$ 经可逆线性变换 $\boldsymbol{x}=\boldsymbol{C}\boldsymbol{y}$ 变成

$$\begin{aligned} f(x_1, x_2, \cdots, x_n) &= \boldsymbol{x}^{\mathrm{T}}\boldsymbol{A}\boldsymbol{x} \xlongequal{\boldsymbol{x}=\boldsymbol{C}\boldsymbol{y}} (\boldsymbol{C}\boldsymbol{y})^{\mathrm{T}}\boldsymbol{A}(\boldsymbol{C}\boldsymbol{y}) \\ &= \boldsymbol{y}^{\mathrm{T}}(\boldsymbol{C}^{\mathrm{T}}\boldsymbol{A}\boldsymbol{C})\boldsymbol{y} \\ &= g(y_1, y_2, \cdots, y_n) \end{aligned} \tag{4 - 13}$$

由于 $\boldsymbol{A}$ 是对称矩阵，所以$(\boldsymbol{C}^{\mathrm{T}}\boldsymbol{A}\boldsymbol{C})^{\mathrm{T}}=\boldsymbol{C}^{\mathrm{T}}\boldsymbol{A}^{\mathrm{T}}\boldsymbol{C}=\boldsymbol{C}^{\mathrm{T}}\boldsymbol{A}\boldsymbol{C}$，可见式(4 - 13)右端 $g(y_1, y_2, \cdots, y_n)$ 是关于 $y_1, y_2, \cdots, y_n$ 的二次型，其二次型的矩阵为 $\boldsymbol{C}^{\mathrm{T}}\boldsymbol{A}\boldsymbol{C}$.

如果式(4 - 12)右端的二次型为标准形，即

$$g(y_1, y_2, \cdots, y_n) = \lambda_1 y_1^2 + \lambda_2 y_2^2 + \cdots + \lambda_n y_n^2$$

则此时有

$$C^{\mathrm{T}}AC = \begin{bmatrix} \lambda_1 & & & \\ & \lambda_2 & & \\ & & \ddots & \\ & & & \lambda_n \end{bmatrix}$$

因此，二次型 $f(x_1, x_2, \cdots, x_n)$ 化成标准形等价于给实对称矩阵 $\boldsymbol{A}$ 找到一个可逆的线性变换 $\boldsymbol{C}$，使得 $\boldsymbol{C}^{\mathrm{T}}\boldsymbol{AC}$ 为对角矩阵.

4.4.2 矩阵的合同

定义 4.5 设 $\boldsymbol{A}$，$\boldsymbol{B}$ 为 n 阶矩阵，如果存在可逆矩阵 $\boldsymbol{C}$，使 $\boldsymbol{C}^{\mathrm{T}}\boldsymbol{AC}=\boldsymbol{B}$，则称 $\boldsymbol{A}$ 与 $\boldsymbol{B}$ **是合同的**($\boldsymbol{B}$ is congruent to $\boldsymbol{A}$)或(congruent between $\boldsymbol{A}$ and $\boldsymbol{B}$)，记为 $\boldsymbol{A}\simeq\boldsymbol{B}$.

矩阵的合同也是一种等价关系，它具有下面性质.

(1) 自反性. 对任意 n 阶矩阵，有 $\boldsymbol{A}\simeq\boldsymbol{A}$.

(2) 对称性. 若 $\boldsymbol{A}\simeq\boldsymbol{B}$，则 $\boldsymbol{B}\simeq\boldsymbol{A}$.

(3) 传递性. 若 $\boldsymbol{A}\simeq\boldsymbol{B}$，$\boldsymbol{B}\simeq\boldsymbol{C}$，则 $\boldsymbol{A}\simeq\boldsymbol{C}$.

定理 4.9 设 n 阶矩阵 $\boldsymbol{A}$ 与 $\boldsymbol{B}$ 合同，且 $\boldsymbol{A}$ 为对称矩阵，则 $\boldsymbol{B}$ 也是对称矩阵，且

$$R(\boldsymbol{A})=R(\boldsymbol{B})$$

证明 因 $\boldsymbol{A}$ 与 $\boldsymbol{B}$ 合同，即存在 n 阶可逆矩阵 $\boldsymbol{C}$，使得 $\boldsymbol{C}^{\mathrm{T}}\boldsymbol{AC}=\boldsymbol{B}$，又 $\boldsymbol{A}^{\mathrm{T}}=\boldsymbol{A}$，于是

$$\boldsymbol{B}^{\mathrm{T}} = (\boldsymbol{C}^{\mathrm{T}}\boldsymbol{AC})^{\mathrm{T}} = \boldsymbol{C}^{\mathrm{T}}\boldsymbol{A}^{\mathrm{T}}\boldsymbol{C} = \boldsymbol{C}^{\mathrm{T}}\boldsymbol{AC} = \boldsymbol{B}$$

故 $\boldsymbol{B}$ 为对称矩阵.

又因 $\boldsymbol{B}=\boldsymbol{C}^{\mathrm{T}}\boldsymbol{AC}$，而 $\boldsymbol{C}$，$\boldsymbol{C}^{\mathrm{T}}$ 均为可逆矩阵，因此 $R(\boldsymbol{A})=R(\boldsymbol{B})$.

4.4.3 化二次型为标准形

二次型的基本问题是研究如何通过可逆线性变换化为标准形. 下面介绍三种化二次型为标准形的方法.

1. 正交变换法

若 $\boldsymbol{Q}$ 为正交矩阵，则称线性变换 $\boldsymbol{x}=\boldsymbol{Qy}$ 为**正交变换**(orthogonal transformation).

容易验证，正交变换保持向量的内积、长度和夹角不变，因而正交变换保持几何图形的大小和形状不变.

定理 4.10 对于任意 n 元实二次型

$$f(x_1, x_2, \cdots, x_n) = \boldsymbol{x}^{\mathrm{T}}\boldsymbol{Ax}$$

总存在正交变换 $\boldsymbol{x}=\boldsymbol{Qy}$，使

$$f(x_1, x_2, \cdots, x_n) \xlongequal{x=Qy} \lambda_1 y_1^2 + \lambda_2 y_2^2 + \cdots + \lambda_n y_n^2$$

其中 $\lambda_1, \lambda_2, \cdots, \lambda_n$ 为 $\boldsymbol{A}$ 的全部特征值.

证明 由定理 4.8 知，对 n 阶实对称矩阵 $\boldsymbol{A}$ 必存在正交矩阵，使得

$$\boldsymbol{Q}^{\mathrm{T}}\boldsymbol{A}\boldsymbol{Q} = \boldsymbol{Q}^{-1}\boldsymbol{A}\boldsymbol{Q} = \operatorname{diag}(\lambda_1, \lambda_2, \cdots, \lambda_n)$$

故实二次型 $f(x_1, x_2, \cdots, x_n)$ 经正交变换 $\boldsymbol{x}=\boldsymbol{Q}\boldsymbol{y}$ 化为

$$\begin{aligned} f(x_1, x_2, \cdots, x_n) &= \boldsymbol{x}^{\mathrm{T}}\boldsymbol{A}\boldsymbol{x} \xlongequal{x=Qy} \boldsymbol{y}^{\mathrm{T}}(\boldsymbol{Q}^{\mathrm{T}}\boldsymbol{A}\boldsymbol{Q})\boldsymbol{y} \\ &= \lambda_1 y_1^2 + \lambda_2 y_2^2 + \cdots + \lambda_n y_n^2 \end{aligned}$$

例 1 用正交变换法化二次型

$$f(x_1, x_2, x_3) = 3x_1^2 + 3x_2^2 + 9x_3^2 + 4x_1x_2 - 8x_1x_3 - 8x_2x_3$$

为标准形.

解法 1 二次型的矩阵 $\boldsymbol{A} = \begin{bmatrix} 3 & 2 & -4 \\ 2 & 3 & -4 \\ -4 & -4 & 9 \end{bmatrix}$

$\boldsymbol{A}$ 的特征多项式 $|\lambda\boldsymbol{E} - \boldsymbol{A}| = \begin{vmatrix} \lambda-3 & -2 & 4 \\ -2 & \lambda-3 & 4 \\ 4 & 4 & \lambda-9 \end{vmatrix} = (\lambda-1)^2(\lambda-13)$，所以 $\boldsymbol{A}$ 的特征值为 $\lambda_1 = \lambda_2 = 1$，$\lambda_3 = 13$，对应的特征向量分别为

$$\boldsymbol{\alpha}_1 = \begin{bmatrix} 1 \\ -1 \\ 0 \end{bmatrix}, \boldsymbol{\alpha}_2 = \begin{bmatrix} 2 \\ 0 \\ 1 \end{bmatrix}, \boldsymbol{\alpha}_3 = \begin{bmatrix} 1 \\ 1 \\ -2 \end{bmatrix}$$

将 $\boldsymbol{\alpha}_1$，$\boldsymbol{\alpha}_2$ 正交化，得

$$\boldsymbol{p}_1 = \begin{bmatrix} 1 \\ -1 \\ 0 \end{bmatrix}, \quad \boldsymbol{p}_2 = \begin{bmatrix} 1 \\ 1 \\ 1 \end{bmatrix}$$

再将 $\boldsymbol{p}_1$，$\boldsymbol{p}_2$，$\boldsymbol{\alpha}_3$ 单位化

$$\boldsymbol{q}_1 = \begin{bmatrix} \frac{1}{\sqrt{2}} \\ -\frac{1}{\sqrt{2}} \\ 0 \end{bmatrix}, \quad \boldsymbol{q}_2 = \begin{bmatrix} \frac{1}{\sqrt{3}} \\ \frac{1}{\sqrt{3}} \\ \frac{1}{\sqrt{3}} \end{bmatrix}, \quad \boldsymbol{q}_3 = \begin{bmatrix} \frac{1}{\sqrt{6}} \\ \frac{1}{\sqrt{6}} \\ -\frac{2}{\sqrt{6}} \end{bmatrix}$$

于是，二次型 f 经正交变换 $\boldsymbol{x}=\boldsymbol{Q}\boldsymbol{y}$，$\boldsymbol{Q}=(\boldsymbol{q}_1, \boldsymbol{q}_2, \boldsymbol{q}_3)$，即

$$\boldsymbol{x}=\begin{bmatrix}x_1\\x_2\\x_3\end{bmatrix}=\begin{bmatrix}\frac{1}{\sqrt{2}} & \frac{1}{\sqrt{3}} & \frac{1}{\sqrt{6}}\\-\frac{1}{\sqrt{2}} & \frac{1}{\sqrt{3}} & \frac{1}{\sqrt{6}}\\0 & \frac{1}{\sqrt{3}} & -\frac{2}{\sqrt{6}}\end{bmatrix}\begin{bmatrix}y_1\\y_2\\y_3\end{bmatrix}=\boldsymbol{Qy}$$

化为标准形 $f=y_1^2+y_2^2+13y_3^2$.

解法 2 用 MATLAB 计算.

在 MATLAB 命令窗口键入

```
A=[3, 2, -4; 2, 3, -4; -4, -4, 9]
[Q, D]=eig(A)
```

运行结果为

```
Q=

  0.5774    0.7071   -0.4082
  0.5774   -0.7071   -0.4082
  0.5774         0    0.8165

D=

  1.0000         0         0
       0    1.0000         0
       0         0   13.0000
```

从运行结果可知：二次型 f 经正交变换 $\boldsymbol{x}=\boldsymbol{Qy}$ 化为标准形 $f=y_1^2+y_2^2+13y_3^2$. $f=1$ 的几何图形是一个椭球面，如图 4.3 所示。

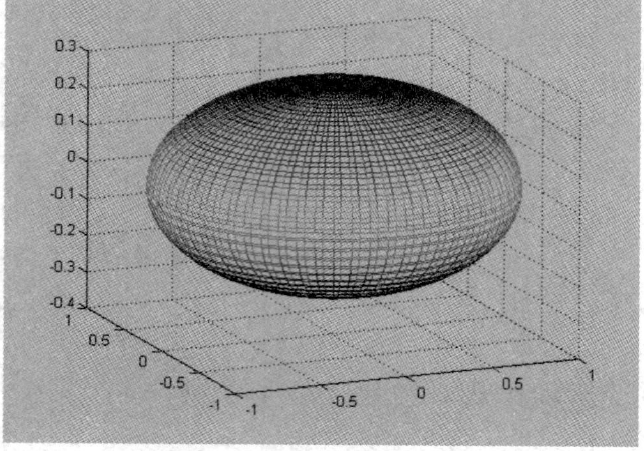

图 4.3　$y_1^2+y_2^2+13y_3^2=1$ 图形——椭球面

例 2 已知二次型

$$f(x_1, x_2, x_3) = x_1^2 + x_2^2 + x_3^2 + 2ax_1x_2 + 2bx_2x_3 + 2x_1x_3$$

经正交变换化为标准形 $f = y_2^2 + 2y_3^2$，求参数 a，b 及所用的正交变换.

解 由于二次型矩阵 $\boldsymbol{A} = \begin{bmatrix} 1 & a & 1 \\ a & 1 & b \\ 1 & b & 1 \end{bmatrix}$，依题意由定理 4.10 可知，$\boldsymbol{A}$ 的特征值为 0，1，2，故

$$|-\boldsymbol{A}| = 0, \ |\boldsymbol{E} - \boldsymbol{A}| = 0, \ |2\boldsymbol{E} - \boldsymbol{A}| = 0$$

解之得 $a = b = 0$.

经计算对应于特征值 $\lambda_1 = 0$ 的单位特征向量为 $\left(\frac{1}{\sqrt{2}}, 0, -\frac{1}{\sqrt{2}}\right)^{\mathrm{T}}$，对应于特征值 $\lambda_2 = 1$ 的单位特征向量为 $(0, 1, 0)^{\mathrm{T}}$，对应于特征值 $\lambda_3 = 2$ 的单位特征向量为 $\left(\frac{1}{\sqrt{2}}, 0, \frac{1}{\sqrt{2}}\right)^{\mathrm{T}}$，于是，所求正交变换为

$$\boldsymbol{x} = \begin{bmatrix} x_1 \\ x_2 \\ x_3 \end{bmatrix} = \begin{bmatrix} \frac{1}{\sqrt{2}} & 0 & \frac{1}{\sqrt{2}} \\ 0 & 1 & 0 \\ -\frac{1}{\sqrt{2}} & 0 & \frac{1}{\sqrt{2}} \end{bmatrix} \begin{bmatrix} y_1 \\ y_2 \\ y_3 \end{bmatrix} = \boldsymbol{Qy}$$

2. 配方法

利用公式 $(a \pm b)^2 = a^2 \pm 2ab + b^2$ 及 $(a-b)(a+b) = a^2 - b^2$ 将二次型配成标准形的方法，称为配方法，现举例说明.

例 3 化二次型 $f(x_1, x_2, x_3) = 2x_1^2 + 4x_1x_2 + 8x_1x_3 + x_2^2 + 14x_2x_3 - x_3^2$ 为标准形，并写出所用的可逆线性变换.

解 由于 $f(x_1, x_2, x_3)$ 含有 x_1 的平方项，把含 x_1 的项归在一起配方，得

$$\begin{aligned} f(x_1, x_2, x_3) &= 2[x_1^2 + 2x_1x_2 + 4x_1x_3] + x_2^2 + 14x_2x_3 - x_3^2 \\ &= 2(x_1 + x_2 + 2x_3)^2 - (x_2 - 3x_3)^2 \end{aligned}$$

令

$$\begin{cases} y_1 = x_1 + x_2 + 2x_3 \\ y_2 = x_2 - 3x_3 \\ y_3 = x_3 \end{cases}$$

即

$$\begin{cases} x_1 = y_1 - y_2 - 5y_3 \\ x_2 = y_2 + 3y_3 \\ x_3 = y_3 \end{cases}$$

所以，可逆线性变换 $\boldsymbol{x}=\boldsymbol{P}\boldsymbol{y}$，即

$$\boldsymbol{x}=\begin{bmatrix}x_1\\x_2\\x_3\end{bmatrix}=\begin{bmatrix}1&-1&-5\\0&1&3\\0&0&1\end{bmatrix}\begin{bmatrix}y_1\\y_2\\y_3\end{bmatrix}=\boldsymbol{P}\boldsymbol{y}$$

其中 $\boldsymbol{P}$ 为可逆矩阵. 所以二次型 f 化为标准形 $f(x_1, x_2, x_3)=2y_1^2-y_2^2$.

例 4 将二次型 $f(x_1, x_2, x_3)=x_1x_2-3x_1x_3+x_2x_3$ 化为标准形，并求出所用的可逆线性变换.

解 由于二次型 $f(x_1, x_2, x_3)$不含平方项，可先作可逆线性变换，使其出现平方项. 先作线性变换

$$\begin{cases}x_1=y_1+y_2\\x_2=y_1-y_2\\x_3=y_3\end{cases}\tag{4-14}$$

则 $f(x_1, x_2, x_3)=y_1^2-y_2^2-2y_1y_3-4y_2y_3$，再配方得

$$\begin{aligned}f(x_1, x_2, x_3)&=[y_1^2-2y_1y_3+y_3^2]-y_2^2-4y_2y_3-y_3^2\\&=(y_1-y_3)^2-(y_2+2y_3)^2+3y_3^2\end{aligned}$$

令

$$\begin{cases}z_1=y_1-y_3\\z_2=y_2+2y_3\\z_3=y_3\end{cases}\tag{4-15}$$

即

$$\begin{cases}y_1=z_1-z_3\\y_2=z_2-2z_3\\y_3=z_3\end{cases}$$

则二次型 f 化为标准形 $f(x_1, x_2, x_3)=z_1^2-z_2^2+3z_3^2$. 将式(4-15)代入式(4-14)，则所用的可逆线性变换为

$$\begin{cases}x_1=z_1+z_2-3z_3\\x_2=z_1-z_2+z_3\\x_3=z_3\end{cases}$$

一般地，n 个变量的二次型都可以用配方法化为标准形. 如果二次型中没有平方项，先用平方差公式使它成为有平方项的二次型；有了平方项后，再集中含某一平方项的变量的所有项，然后配方；对剩下的 $n-1$ 个变量的二次型继续这一作法，直到将二次型用可逆线性变换化为标准形为止.

3. 初等变换法

由前面的讨论我们知道，任意一个实二次型都唯一地对应于一个实对称矩阵 $\boldsymbol{A}$，而实对称矩阵 $\boldsymbol{A}$ 必合同于对角矩阵 $\boldsymbol{\Lambda}$，也就是存在可逆矩阵 $\boldsymbol{C}$，使

$$C^{T}AC = \Lambda$$

由于 C 是可逆矩阵，而可逆矩阵可表示为初等矩阵的乘积，即存在初等矩阵 P_1，P_2，…，P_m，使

$$C = P_1 P_2 \cdots P_m$$

于是

$$P_m^{T} \cdots P_2^{T} P_1^{T} A P_1 P_2 \cdots P_m = \Lambda \tag{4-16}$$

$$E P_1 P_2 \cdots P_m = C \tag{4-17}$$

上面式(4-16)与式(4-17)表示，把对称矩阵 A 作初等列变换和相应的初等行变换，当 A 化为对角矩阵 Λ 的同时，单位矩阵 E 经初等列变换化为变换矩阵 C.

由此可见，对 $2n\times n$ 矩阵 $\begin{bmatrix} A \\ \hdashline E \end{bmatrix}$ 施行一次初等列变换及相应的初等行变换，直至把 A 化为对角矩阵 Λ，即

$$\begin{bmatrix} A \\ \hdashline E \end{bmatrix} \xrightarrow[EP_1P_2\cdots P_m]{P_m^{T}\cdots P_2^{T}P_1^{T}AP_1P_2\cdots P_m} \begin{bmatrix} \Lambda \\ \hdashline C \end{bmatrix} \tag{4-18}$$

且有 $C^{T}AC=\Lambda$.

例 5　用初等变换法将例 3 中的二次型化为标准形，并求出所用的线性变换.

解　该二次型的矩阵为

$$A = \begin{bmatrix} 2 & 2 & 4 \\ 2 & 1 & 7 \\ 4 & 7 & -1 \end{bmatrix}$$

则

$$\begin{bmatrix} A \\ \hdashline E \end{bmatrix} = \begin{bmatrix} 2 & 2 & 4 \\ 2 & 1 & 7 \\ 4 & 7 & -1 \\ \hdashline 1 & 0 & 0 \\ 0 & 1 & 0 \\ 0 & 0 & 1 \end{bmatrix} \xrightarrow[\substack{c_2-c_1 \\ c_3-2c_1}]{\substack{r_2-r_1 \\ r_3-2r_1}} \begin{bmatrix} 2 & 0 & 0 \\ 0 & -1 & 3 \\ 0 & 3 & -9 \\ 1 & -1 & -2 \\ 0 & 1 & 0 \\ 0 & 0 & 1 \end{bmatrix} \xrightarrow[c_3+3c_2]{r_3+3r_2} \begin{bmatrix} 2 & 0 & 0 \\ 0 & -1 & 0 \\ 0 & 0 & 0 \\ \hdashline 1 & -1 & -5 \\ 0 & 1 & 3 \\ 0 & 0 & 1 \end{bmatrix}$$

于是

$$C = \begin{bmatrix} 1 & -1 & -5 \\ 0 & 1 & 3 \\ 0 & 0 & 1 \end{bmatrix}$$

且

$$C^{T}AC = \begin{bmatrix} 2 & 0 & 0 \\ 0 & -1 & 0 \\ 0 & 0 & 0 \end{bmatrix}$$

令 $\boldsymbol{x}=\boldsymbol{C}\boldsymbol{y}$，则二次型 f 化为标准形

$$f(x_1, x_2, x_3) = 2y_1^2 - y_2^2$$

例 6 用初等变换法将例 4 中的二次型化为标准形.

解 该二次型的矩阵为

$$\boldsymbol{A} = \begin{bmatrix} 0 & \frac{1}{2} & -\frac{3}{2} \\ \frac{1}{2} & 0 & \frac{1}{2} \\ -\frac{3}{2} & \frac{1}{2} & 0 \end{bmatrix}$$

$$\begin{bmatrix} \boldsymbol{A} \\ \cdots \\ \boldsymbol{E} \end{bmatrix} = \begin{bmatrix} 0 & \frac{1}{2} & -\frac{3}{2} \\ \frac{1}{2} & 0 & \frac{1}{2} \\ -\frac{3}{2} & \frac{1}{2} & 0 \\ \hdashline 1 & 0 & 0 \\ 0 & 1 & 0 \\ 0 & 0 & 1 \end{bmatrix} \xrightarrow[c_1+c_2]{r_1+r_2} \begin{bmatrix} 1 & \frac{1}{2} & -1 \\ \frac{1}{2} & 0 & \frac{1}{2} \\ -1 & \frac{1}{2} & 0 \\ \hdashline 1 & 0 & 0 \\ 1 & 1 & 0 \\ 0 & 0 & 1 \end{bmatrix}$$

$$\xrightarrow[\substack{c_2-\frac{1}{2}c_1 \\ c_3+c_1}]{\substack{r_2-\frac{1}{2}r_1 \\ r_3+r_1}} \begin{bmatrix} 1 & 0 & 0 \\ 0 & -\frac{1}{4} & 1 \\ 0 & 1 & -1 \\ \hdashline 1 & -\frac{1}{2} & 1 \\ 1 & \frac{1}{2} & 1 \\ 0 & 0 & 1 \end{bmatrix} \xrightarrow[c_3+4c_2]{r_3+4r_2} \begin{bmatrix} 1 & 0 & 0 \\ 0 & -\frac{1}{4} & 0 \\ 0 & 0 & 3 \\ \hdashline 1 & -\frac{1}{2} & -1 \\ 1 & \frac{1}{2} & 3 \\ 0 & 0 & 1 \end{bmatrix}$$

于是

$$\boldsymbol{C} = \begin{bmatrix} 1 & -\frac{1}{2} & -1 \\ 1 & \frac{1}{2} & 3 \\ 0 & 0 & 1 \end{bmatrix}$$

则
$$\boldsymbol{C}^{\mathrm{T}}\boldsymbol{A}\boldsymbol{C} = \mathrm{diag}\left(1, -\frac{1}{4}, 3\right)$$

设 $\boldsymbol{x}=\boldsymbol{C}\boldsymbol{y}$，则原二次型 f 化为标准形

$$f(x_1, x_2, x_3) = y_1^2 - \frac{1}{4}y_2^2 + 3y_3^2$$

二次型的规范形 从例4和例6可以看出，二次型化为标准形时，由于所用的可逆线性变换不同，得到的标准形也可能不同，这就是说，二次型的标准形不是唯一的.

设实二次型 $f(x_1, x_2, \cdots, x_n)$ 经过可逆线性变换化为标准形

$$f(x_1, x_2, \cdots, x_n) = d_1 y_1^2 + \cdots + d_p y_p^2 - d_{p+1} y_{p+1}^2 - \cdots - d_r y_r^2 \tag{4-19}$$

其中 r 为二次型 $f(x_1, x_2, \cdots, x_n)$ 的秩，$d_i > 0(i=1, 2, \cdots, r)$ 再作一次可逆线性变换：

$$\begin{cases} y_1 = \dfrac{1}{\sqrt{d_1}} z_1 \\ \quad\vdots \\ y_r = \qquad \dfrac{1}{\sqrt{d_r}} z_r \\ y_{r+1} = \qquad\qquad z_{r+1} \\ \quad\vdots \\ y_n = \qquad\qquad\qquad z_n \end{cases}$$

则式(4-19)变化为

$$f(x_1, x_2, \cdots, x_n) = z_1^2 + \cdots + z_p^2 - z_{p+1}^2 - \cdots - z_r^2 \tag{4-20}$$

称式(4-20)为二次型 $f(x_1, x_2, \cdots, x_n)$ 的**规范标准形**，简称**规范形**(norm form).

定理 4.11 任何实二次型 $f(x_1, x_2, \cdots, x_n) = \boldsymbol{x}^{\mathrm{T}} \boldsymbol{A} \boldsymbol{x}$ 总可以经过适当的可逆线性变换化为规范形，而且规范形是唯一的.

定理4.11的存在性上面已经证明，下面证明唯一性.

证明 设 $\boldsymbol{x} = \boldsymbol{C}\boldsymbol{z}$ 与 $\boldsymbol{x} = \boldsymbol{B}\boldsymbol{t}$ 这两个可逆线性变换都将秩为 r 的实二次型 $f(x_1, x_2, \cdots, x_n) = \boldsymbol{x}^{\mathrm{T}} \boldsymbol{A} \boldsymbol{x}$ 化为规范形，即

$$f \xlongequal{\boldsymbol{x} = \boldsymbol{C}\boldsymbol{z}} z_1^2 + z_2^2 + \cdots + z_p^2 - z_{p+1}^2 - \cdots - z_r^2$$

$$f \xlongequal{\boldsymbol{x} = \boldsymbol{B}\boldsymbol{t}} t_1^2 + t_2^2 + \cdots + t_q^2 - t_{q+1}^2 - \cdots - t_r^2$$

假设 $p > q$，对于给定的 $\boldsymbol{x} = [x_1, x_2, \cdots, x_n]^{\mathrm{T}}$，对应的 $\boldsymbol{z} = [z_1, z_2, \cdots, z_n]^{\mathrm{T}}$ 与 $\boldsymbol{t} = [t_1, t_2, \cdots, t_n]^{\mathrm{T}}$ 满足

$$\begin{aligned} f &= z_1^2 + z_2^2 + \cdots + z_p^2 - z_{p+1}^2 - \cdots - z_r^2 \\ &= t_1^2 + t_2^2 + \cdots + t_q^2 - t_{q+1}^2 - \cdots - r_r^2 \end{aligned} \tag{4-21}$$

其中

$$\boldsymbol{t} = \boldsymbol{B}^{-1} \boldsymbol{C} \boldsymbol{z} \tag{4-22}$$

现设 $\boldsymbol{B}^{-1}\boldsymbol{C} = (h_{ij})_{n \times n}$，构造齐次线性方程组

$$\begin{cases} h_{11} z_1 + h_{12} z_2 + \cdots + h_{1n} z_n = 0 \\ \qquad\vdots \\ h_{q1} z_1 + h_{q2} z_2 + \cdots + h_{qn} z_n = 0 \\ \qquad z_{p+1} = 0 \\ \qquad\vdots \\ \qquad z_n = 0 \end{cases} \tag{4-23}$$

方程组(4-23)是齐次线性方程组，它含有 n 个未知量和 $q+n-p$ 个方程. 由假设 $p>q$ 知 $q+n-p<n$，因此式(4-23)有非零解 $(z_1^*, z_2^*, \cdots, z_p^*, 0, \cdots, 0)^{\mathrm{T}}$，代入式(4-22)，可得 $t=(0, \cdots, 0, t_{q+1}^*, \cdots, t_n^*)$，将 z 与 t 的这两组值分别代入式(4-19)，得

$$\text{一方面}\quad f=(z_1^*)^2+(z_2^*)^2+\cdots+(z_p^*)^2>0$$

$$\text{另一方面}\quad f=-(t_{q+1}^*)^2-(t_{q+2}^*)^2-\cdots-(t_r^*)^2\leqslant 0$$

这就产生矛盾！这说明 $p\leqslant q$.

同理可证 $p\geqslant q$，因而 $p=q$. 唯一性得证.

此定理称作**惯性定律**(law of inertia).

由定理 4.11 可知，实二次型的标准形中，系数为正的平方项的个数 p 与化二次型为标准形时所用的可逆线性变换无关，它是由二次型唯一确定的. 同样，系数为负的平方项的个数 $r-p$ 也是由二次型自身确定的.

定义 4.6 实二次型 $f=\boldsymbol{x}^{\mathrm{T}}\boldsymbol{A}\boldsymbol{x}$ 的标准形中正平方项的个数 p 称为二次型 f 的**正惯性指数**(positive inertia index)；负平方项的个数 q 称为二次型 f 的**负惯性指数**(negative inertia index)；它们的差 $p-q$ 称为二次型 f 的**符号差**(symbolipool).

例如，例 4 中的二次型的正惯性指数为 2，负惯性指数为 1，符号差为 1.

由于实二次型与实对称矩阵是一一对应的，由定理 4.11 有下面结论.

定理 4.12 任何实对称矩阵必合同于如下形式的对角矩阵：

$$\begin{bmatrix} \boldsymbol{E}_p & & \\ & -\boldsymbol{E}_q & \\ & & \boldsymbol{0} \end{bmatrix}$$

其中，p 为正惯性指数，q 为负惯性指数.

例 7 已知二次型 $f(x, y, z)=x^2+y^2+z^2-xy-yz-xz$，

(1) 求一个正交变换将 f 化成标准形，并指明 $f=a^2$ 表示什么曲面？

(2) 求平面 $x+y+z=b$ 被曲面 $f=a^2$ 所截下的部分的面积.

解 (1) 二次型 f 的矩阵为 $\boldsymbol{A}=\begin{pmatrix} 1 & -\frac{1}{2} & -\frac{1}{2} \\ -\frac{1}{2} & 1 & -\frac{1}{2} \\ -\frac{1}{2} & -\frac{1}{2} & 1 \end{pmatrix}$，其特征值 $\lambda_{1,2}=\frac{3}{2}$，$\lambda_3=0$.

$\lambda_{1,2}=\frac{3}{2}$ 对应的线性无关的特征向量为 $\boldsymbol{\xi}_1=(-2, 1, 1)^{\mathrm{T}}$，$\boldsymbol{\xi}_2=(0, -1, 1)^{\mathrm{T}}$，正交规范化得 $\boldsymbol{p}_1=\left(-\frac{2}{\sqrt{6}}, \frac{1}{\sqrt{6}}, \frac{1}{\sqrt{6}}\right)^{\mathrm{T}}$，$\boldsymbol{p}_2=\left(0, -\frac{1}{\sqrt{2}}, \frac{1}{\sqrt{2}}\right)^{\mathrm{T}}$.

$\lambda_3=0$ 对应的线性无关的特征向量为 $\boldsymbol{\xi}_3=(1, 1, 1)^{\mathrm{T}}$，单位化得 $\boldsymbol{p}_3=\left(\frac{1}{\sqrt{3}}, \frac{1}{\sqrt{3}}, \frac{1}{\sqrt{3}}\right)^{\mathrm{T}}$.

令正交变换 $\begin{pmatrix} x \\ y \\ z \end{pmatrix} = (p_1, p_2, p_3)\begin{pmatrix} x_1 \\ y_1 \\ z_1 \end{pmatrix}$，可得标准形 $f=\frac{3}{2}x_1^2+\frac{3}{2}y_1^2$，则 $f=a^2$ 表示圆柱面.

(2) 由(1)得 $b=x+y+z=(1, 1, 1)\begin{pmatrix} x \\ y \\ z \end{pmatrix}=\sqrt{3}z_1$，经正交变换，平面为$\sqrt{3}z_1=b$，故平面 $x+y+z=b$ 被曲面 $f=a^2$ 所截下部分的面积为 $\pi\left(\sqrt{\frac{2}{3}}a\right)^2=\frac{2\pi}{3}a^2$.

4.5 正定二次型

本节讨论一类在数学、物理、力学领域中都有广泛应用的实二次型——正定二次型.

定义 4.7 设 $f(x_1, x_2, \cdots, x_n)=\boldsymbol{x}^{\mathrm{T}}\boldsymbol{A}\boldsymbol{x}$ 为 n 个变量的实二次型.

(1) 如果对任何非零向量 $\boldsymbol{x}=(x_1, x_2, \cdots, x_n)$，都有

$$f(x_1, x_2, \cdots, x_n) = \boldsymbol{x}^{\mathrm{T}}\boldsymbol{A}\boldsymbol{x} > 0(<0)$$

则称 $f=\boldsymbol{x}^{\mathrm{T}}\boldsymbol{A}\boldsymbol{x}$ 为**正定(负定)二次型**，并称二次型矩阵 $\boldsymbol{A}$ 为**正定(负定)矩阵**(positive definite matrix (negative definite matrix)).

(2) 如果对任何非零向量 $\boldsymbol{x}=(x_1, x_2, \cdots, x_n)$，都有

$$f(x_1, x_2, \cdots, x_n) = \boldsymbol{x}^{\mathrm{T}}\boldsymbol{A}\boldsymbol{x} \geqslant 0(\leqslant 0)$$

则称 $f=x^{\mathrm{T}}Ax$ 为**半正定(半负定)二次型**，并称二次型矩阵 $\boldsymbol{A}$ 为**半正定(半负定)矩阵**(positive semi-defintite matrix (negative semi-definite matrix)).

(3) 如果二次型 $f(x_1, x_2, \cdots, x_n)$既不是半正定又不是半负定的，则称 $f=\boldsymbol{x}^{\mathrm{T}}\boldsymbol{A}\boldsymbol{x}$ 为不定的，矩阵 $\boldsymbol{A}$ 称为**不定矩阵**(uncertain matrix).

例如，三元二次型 $f(x_1, x_2, x_3)=x_1^2+x_2^2+x_3^2$ 是正定二次型，$g(x_1, x_2, x_3)=-x_1^2-2x_2^2-x_3^2$ 为负定二次型，而 $h(x_1, x_2, x_3)=x_1^2+x_2^2$ 是半正定二次型.

由定义 4.7 可知，$f=\boldsymbol{x}^{\mathrm{T}}\boldsymbol{A}\boldsymbol{x}$ 为正定二次型的充要条件是 $-f=\boldsymbol{x}^{\mathrm{T}}(-\boldsymbol{A})\boldsymbol{x}$ 为负定二次型；半正定与半负定二次型也有类似的结论. 下面我们主要讨论正定二次型.

显然，对于规范二次型，容易判断其是否为正定二次型，但一般的二次型就不是显然的了，但下列命题成立.

定理 4.13 可逆的线性变换不改变二次型的正定性.

证明 设二次型 $f(x_1, x_2, \cdots, x_n)=\boldsymbol{x}^{\mathrm{T}}\boldsymbol{A}\boldsymbol{x}$ 经可逆线性变换 $\boldsymbol{x}=\boldsymbol{C}\boldsymbol{y}$，化为

$$\begin{aligned} f(x_1, x_2, \cdots, x_n) &= \boldsymbol{x}^{\mathrm{T}}\boldsymbol{A}\boldsymbol{x} = \boldsymbol{y}^{\mathrm{T}}(\boldsymbol{C}^{\mathrm{T}}\boldsymbol{A}\boldsymbol{C})\boldsymbol{y} = \boldsymbol{y}^{\mathrm{T}}\boldsymbol{B}\boldsymbol{y} \\ &= g(y_1, y_2, \cdots, y_n) \end{aligned}$$

若 $\boldsymbol{x}^{\mathrm{T}}\boldsymbol{A}\boldsymbol{x}$ 为正定二次型，即对任意非零向量 $\boldsymbol{x}$，恒有 $\boldsymbol{x}^{\mathrm{T}}\boldsymbol{A}\boldsymbol{x}>0$，于是，对任意一个非零

向量 $\boldsymbol{y}_0$，都可由 $\boldsymbol{x}=\boldsymbol{C}\boldsymbol{y}$ 得到非零向量 $\boldsymbol{x}_0$（若 $\boldsymbol{x}_0=\boldsymbol{0}$，则 $\boldsymbol{y}_0=\boldsymbol{C}^{-1}\boldsymbol{x}_0=\boldsymbol{0}$，与 $\boldsymbol{y}_0\neq\boldsymbol{0}$ 矛盾!），因而

$$\boldsymbol{y}_0^{\mathrm{T}}\boldsymbol{B}\boldsymbol{y}_0=\boldsymbol{y}_0^{\mathrm{T}}(\boldsymbol{C}^{\mathrm{T}}\boldsymbol{A}\boldsymbol{C})\boldsymbol{y}_0=(\boldsymbol{C}\boldsymbol{y}_0)^{\mathrm{T}}\boldsymbol{A}(\boldsymbol{C}\boldsymbol{y}_0)=\boldsymbol{x}_0^{\mathrm{T}}\boldsymbol{A}\boldsymbol{x}_0>0$$

由定义 4.11 可知，二次型 $g(y_1, y_2, \cdots, y_n)=\boldsymbol{y}^{\mathrm{T}}\boldsymbol{B}\boldsymbol{y}$ 是正定二次型.

同样，若 $\boldsymbol{y}^{\mathrm{T}}\boldsymbol{B}\boldsymbol{y}$ 是正定二次型，则 $\boldsymbol{x}^{\mathrm{T}}\boldsymbol{A}\boldsymbol{x}$ 也是正定二次型，故二次型 $\boldsymbol{x}^{\mathrm{T}}\boldsymbol{A}\boldsymbol{x}$ 与 $\boldsymbol{y}^{\mathrm{T}}\boldsymbol{B}\boldsymbol{y}$ 有相同的正定性.

由二次型与对称矩阵是一一对应的及定义 4.7 可得.

推论 4.5 设 n 阶实矩阵 $\boldsymbol{A}$ 与 $\boldsymbol{B}$ 合同，则 $\boldsymbol{A}$ 正定的充分必要条件是 $\boldsymbol{B}$ 也正定.

定理 4.14 设 $f(x_1, x_2, \cdots, x_n)=\boldsymbol{x}^{\mathrm{T}}\boldsymbol{A}\boldsymbol{x}$ 是 n 元实二次型，则下列命题等价.

(1) $f=\boldsymbol{x}^{\mathrm{T}}\boldsymbol{A}\boldsymbol{x}$ 是正定二次型，即矩阵 $\boldsymbol{A}$ 是正定矩阵；

(2) $\boldsymbol{A}$ 的特征值均为正数；

(3) $f=\boldsymbol{x}^{\mathrm{T}}\boldsymbol{A}\boldsymbol{x}$ 的正惯性指数为 n；

(4) $\boldsymbol{A}$ 与单位矩阵 $\boldsymbol{E}$ 合同；

(5) 存在可逆矩阵 $\boldsymbol{B}$，使 $\boldsymbol{A}=\boldsymbol{B}^{\mathrm{T}}\boldsymbol{B}$.

证明 采用(1)⇒(2)⇒(3)⇒(4)⇒(5)⇒(1)证明上述等价命题.

(1) ⇒(2)设 λ 为 $\boldsymbol{A}$ 的任一特征值，$\boldsymbol{\alpha}$ 为对应的实特征向量，则 $\boldsymbol{A}\boldsymbol{\alpha}=\lambda\boldsymbol{\alpha}$，且 $\boldsymbol{\alpha}\neq\boldsymbol{0}$，由于 $\boldsymbol{x}^{\mathrm{T}}\boldsymbol{A}\boldsymbol{x}$ 是正定二次型，可得 $\lambda\boldsymbol{\alpha}^{\mathrm{T}}\boldsymbol{\alpha}=\boldsymbol{\alpha}^{\mathrm{T}}\boldsymbol{A}\boldsymbol{\alpha}>0$. 又因 $\boldsymbol{\alpha}^{\mathrm{T}}\boldsymbol{\alpha}=\|\boldsymbol{\alpha}\|^2>0$，所以 $\lambda=\dfrac{\boldsymbol{\alpha}^{\mathrm{T}}\boldsymbol{A}\boldsymbol{\alpha}}{\boldsymbol{\alpha}^{\mathrm{T}}\boldsymbol{\alpha}}>0$.

(2)⇒(3) 由于 $\boldsymbol{A}$ 的特征值都是正数，由定理 4.10 及定理 4.11 可知，$\boldsymbol{A}$ 的正惯性指数等于 $\boldsymbol{A}$ 的正特征值的个数，故结论成立.

(3)⇒(4) 由定理 4.12 可知，结论成立.

(4)⇒(5) 因为 $\boldsymbol{A}$ 与单位矩阵 $\boldsymbol{E}$ 合同，即存在可逆矩阵 $\boldsymbol{C}$，使得

$$\boldsymbol{C}^{\mathrm{T}}\boldsymbol{A}\boldsymbol{C}=\boldsymbol{E}$$

从而 $\boldsymbol{A}=(\boldsymbol{C}^{\mathrm{T}})^{-1}\boldsymbol{E}\boldsymbol{C}^{-1}=(\boldsymbol{C}^{-1})^{\mathrm{T}}\boldsymbol{C}^{-1}$；令 $\boldsymbol{B}=\boldsymbol{C}^{-1}$，则 $\boldsymbol{A}=\boldsymbol{B}^{\mathrm{T}}\boldsymbol{B}$.

(5)⇒(1) 对任意 n 维非零向量 $\boldsymbol{x}$，由于矩阵 $\boldsymbol{B}$ 是可逆的，所以 $\boldsymbol{B}\boldsymbol{x}\neq\boldsymbol{0}$，于是

$$\boldsymbol{x}^{\mathrm{T}}\boldsymbol{A}\boldsymbol{x}=\boldsymbol{x}^{\mathrm{T}}\boldsymbol{B}^{\mathrm{T}}\boldsymbol{B}\boldsymbol{x}=(\boldsymbol{B}\boldsymbol{x})^{\mathrm{T}}(\boldsymbol{B}\boldsymbol{x})=\|\boldsymbol{B}\boldsymbol{x}\|^2>0$$

故 $f(x_1, x_2, \cdots, x_n)=\boldsymbol{x}^{\mathrm{T}}\boldsymbol{A}\boldsymbol{x}$ 为正定二次型.

推论 4.6 设 $\boldsymbol{A}=(a_{ij})$是 n 阶正定矩阵，则

(1) 矩阵 $\boldsymbol{A}$ 的主对角线元 $a_{ii}>0(i=1, 2, \cdots, n)$；

(2) 矩阵 $\boldsymbol{A}$ 的行列式$|\boldsymbol{A}|>0$.

(证明留给读者完成)

下面先给出顺序主子式的概念.

定义 4.8 设 $\boldsymbol{A}=(a_{ij})$为 n 阶方阵，依次取 $\boldsymbol{A}$ 的前 k 行与前 k 列所构成的子式

$$\Delta_k=\begin{vmatrix} a_{11} & a_{12} & \cdots & a_{1k} \\ a_{21} & a_{22} & \cdots & a_{2k} \\ \vdots & \vdots & \vdots & \vdots \\ a_{k1} & a_{k2} & \cdots & a_{kk} \end{vmatrix},\quad k=1, 2, \cdots, n$$

称为矩阵 $\boldsymbol{A}$ 的 k 阶顺序主子式.

显然，n 阶矩阵 $\boldsymbol{A}$ 的顺序主子式有且只有 n 个.

下面给出了判断二次型正定性的常用方法.

定理 4.15 n 元实二次型 $f(x_1, x_2, \cdots, x_n)=\boldsymbol{x}^{\mathrm{T}}\boldsymbol{A}\boldsymbol{x}$ 正定的充要条件是 $\boldsymbol{A}$ 的 n 个顺序主子式均大于零. 该定理也称为霍尔维茨定理.

由此可知，n 阶实对称矩阵 $\boldsymbol{A}$ 正定的充要条件是 $\boldsymbol{A}$ 的 n 个顺序主子式全大于零.

***证** 必要性. 设 $f(x_1, x_2, \cdots, x_n)=\boldsymbol{x}^{\mathrm{T}}\boldsymbol{A}\boldsymbol{x}=\sum\limits_{j=1}^{n}\sum\limits_{i=1}^{n}a_{ij}x_ix_j$ 是正定的，即 $\forall\, \boldsymbol{x}=(x_1, x_2, \cdots, x_n)^{\mathrm{T}}\neq\boldsymbol{0}$，$\boldsymbol{x}^{\mathrm{T}}\boldsymbol{A}\boldsymbol{x}>0$. 设 $\boldsymbol{A}$ 的 k 阶顺序主子式为 $|\boldsymbol{A}_k|$，$\forall\, \boldsymbol{y}_k=(x_1, x_2, \cdots, x_k)^{\mathrm{T}}\neq\boldsymbol{0}$，令

$$\boldsymbol{x}=\begin{bmatrix}\boldsymbol{y}_k\\ \boldsymbol{0}\end{bmatrix}=(x_1, \cdots, x_k, 0, \cdots, 0)^{\mathrm{T}}$$

则

$$\boldsymbol{x}^{\mathrm{T}}\boldsymbol{A}\boldsymbol{x}=\sum_{j=1}^{k}\sum_{i=1}^{k}a_{ij}x_ix_j=\boldsymbol{y}_k^{\mathrm{T}}\boldsymbol{A}_k\boldsymbol{y}_k>0$$

即 $\boldsymbol{A}_k$ 为正定矩阵，从而 $|\boldsymbol{A}_k|>0(k=1, 2, \cdots, n)$.

充分性. 对 $\boldsymbol{A}$ 的阶数 n 用数学归纳法.

当 $n=1$ 时，$\boldsymbol{A}=(a_{11})$；$a_{11}>0$，对应的二次型 $f(x_1)=a_{11}x_1^2$ 显然为正定二次型.

假设命题对 $n-1$ 元实二次型成立，以下证明结论对 n 元二次型也成立. 将 $\boldsymbol{A}$ 分块为

$$\boldsymbol{A}=\begin{bmatrix}\boldsymbol{A}_{n-1} & \boldsymbol{\alpha}\\ \boldsymbol{\alpha}^{\mathrm{T}} & a_{nn}\end{bmatrix}$$

因为 $\boldsymbol{A}_{n-1}$ 为 $n-1$ 阶实对称矩阵，且 $\boldsymbol{A}_{n-1}$ 的各阶顺序主子式均为 A 的顺序主子式，从而全大于 0，由归纳假设 $\boldsymbol{A}_{n-1}$ 是正定矩阵，由定理 4.15 可知，存在 $n-1$ 阶可逆实矩阵 $\boldsymbol{Q}$，使

$$\boldsymbol{Q}^{\mathrm{T}}\boldsymbol{A}_{n-1}\boldsymbol{Q}=\boldsymbol{E}_{n-1}$$

令 $\boldsymbol{P}=\begin{bmatrix}\boldsymbol{Q} & -\boldsymbol{A}_{n-1}^{-1}\boldsymbol{\alpha}\\ \boldsymbol{0}^{\mathrm{T}} & 1\end{bmatrix}$，则 $\boldsymbol{P}$ 可逆，于是

$$\begin{aligned}\boldsymbol{P}^{\mathrm{T}}\boldsymbol{A}\boldsymbol{P}&=\begin{bmatrix}\boldsymbol{Q}^{\mathrm{T}} & \boldsymbol{0}\\ -\boldsymbol{\alpha}^{\mathrm{T}}\boldsymbol{A}_{n-1}^{-1} & 1\end{bmatrix}\begin{bmatrix}\boldsymbol{A}_{n-1} & \boldsymbol{\alpha}\\ \boldsymbol{\alpha}^{\mathrm{T}} & a_{nn}\end{bmatrix}\begin{bmatrix}\boldsymbol{Q} & -\boldsymbol{A}_{n-1}^{-1}\boldsymbol{\alpha}\\ \boldsymbol{0}^{\mathrm{T}} & 1\end{bmatrix}\\ &=\begin{bmatrix}\boldsymbol{E}_{n-1} & \boldsymbol{0}\\ \boldsymbol{0}^{\mathrm{T}} & b\end{bmatrix}\triangleq\boldsymbol{B}\end{aligned}$$

其中 $b=a_{nn}-\boldsymbol{\alpha}^{\mathrm{T}}\boldsymbol{A}_{m-1}\boldsymbol{\alpha}$，由于 $\boldsymbol{A}$ 与 $\boldsymbol{B}$ 合同及 $|\boldsymbol{A}|>0$，得 $|\boldsymbol{B}|=b>0$. 对二次型 $f(x_1, x_2, \cdots, x_n)=\boldsymbol{x}^{\mathrm{T}}\boldsymbol{A}\boldsymbol{x}$ 作可逆线性变换，得

$$f=\boldsymbol{x}^{\mathrm{T}}\boldsymbol{A}\boldsymbol{x}\xlongequal{\boldsymbol{x}=\boldsymbol{P}\boldsymbol{y}}y_1^2+\cdots+y_{n-1}^2+by_n^2$$

故 $f(x_1, x_2, \cdots, x_n)$ 的正惯指数为 n，于是 $f=\boldsymbol{x}^{\mathrm{T}}\boldsymbol{A}\boldsymbol{x}$ 是正定二次型.

例 1 判断二次型

$$f(x_1, x_2, x_3)=5x_1^2+3x_2^2+7x_3^2+4x_1x_2-4x_2x_3$$

是否为正定二次型.

解 二次型矩阵为

$$A=\begin{bmatrix}5&2&0\\2&3&-2\\0&-2&7\end{bmatrix}$$

它的各阶顺序主子式依次为

$$\Delta_1=5>0,\quad \Delta_2=\begin{vmatrix}5&2\\2&3\end{vmatrix}=11>0$$

$$\Delta_3=\begin{vmatrix}5&2&0\\2&3&-2\\0&-2&7\end{vmatrix}=57>0$$

所以，二次型 $f(x_1, x_2, x_3)$是正定二次型.

例 2 问当 t 为何值时，二次型

$$f(x_1, x_2, x_3)=x_1^2+x_2^2+5x_3^2+2tx_1x_2-2x_1x_3+4x_2x_3$$

为正定二次型.

解 二次型矩阵为

$$A=\begin{bmatrix}1&t&-1\\t&1&2\\-1&2&5\end{bmatrix}$$

A 的各阶顺序主子式依次为

$$\Delta_1=1,\quad \Delta_2=1-t^2,\quad \Delta_3=\begin{vmatrix}1&t&-1\\t&1&2\\-1&2&5\end{vmatrix}=-4t-5t^2$$

当 $\Delta_1>0$，$\Delta_2>0$，$\Delta_3>0$ 时，即 $-\frac{4}{5}<t<0$ 时，$f(x_1, x_2, x_3)$为正定二次型.

例 3 设 $\boldsymbol{A}$ 为 n 阶实反对称矩阵，$\boldsymbol{B}$ 为 n 阶正定矩阵，证明：$\boldsymbol{B}-\boldsymbol{A}^2$ 是正定矩阵.

证明 由题意 $\boldsymbol{A}^{\mathrm{T}}=\boldsymbol{A}$，因$(\boldsymbol{B}-\boldsymbol{A}^2)^{\mathrm{T}}=\boldsymbol{B}^{\mathrm{T}}-(\boldsymbol{A}^{\mathrm{T}})^2=\boldsymbol{B}-(-\boldsymbol{A})^2=\boldsymbol{B}-\boldsymbol{A}^2$，故 $\boldsymbol{B}-\boldsymbol{A}^2$ 是实对称矩阵.

对任意非零 n 维向量 $\boldsymbol{x}$，有

$$\begin{aligned}\boldsymbol{x}^{\mathrm{T}}(\boldsymbol{B}-\boldsymbol{A}^2)\boldsymbol{x}&=\boldsymbol{x}^{\mathrm{T}}\boldsymbol{B}\boldsymbol{x}-\boldsymbol{x}^{\mathrm{T}}\boldsymbol{A}^2\boldsymbol{x}\\&=\boldsymbol{x}^{\mathrm{T}}\boldsymbol{B}\boldsymbol{x}+\boldsymbol{x}^{\mathrm{T}}\boldsymbol{A}^{\mathrm{T}}\boldsymbol{A}\boldsymbol{x}\\&=\boldsymbol{x}^{\mathrm{T}}\boldsymbol{B}\boldsymbol{x}+\|\boldsymbol{A}\boldsymbol{x}\|^2\end{aligned}$$

由于 $\boldsymbol{B}$ 正定，故 $\boldsymbol{x}^{\mathrm{T}}\boldsymbol{B}\boldsymbol{x}>0$，而向量 $\boldsymbol{A}\boldsymbol{x}$ 的长度 $\|\boldsymbol{A}\boldsymbol{x}\|\geqslant 0$，故

$$\boldsymbol{x}^{\mathrm{T}}(\boldsymbol{B}-\boldsymbol{A}^2)\boldsymbol{x}>0$$

故 $\boldsymbol{B}-\boldsymbol{A}^2$ 是正定矩阵.

由于二次型 $f=\boldsymbol{x}^{\mathrm{T}}\boldsymbol{A}\boldsymbol{x}$ 正定的充分必要条件是 $-f=\boldsymbol{x}^{\mathrm{T}}(-\boldsymbol{A})\boldsymbol{x}$ 负定，于是有下面结论.

推论 4.7 对于 n 元实二次型 $f=\boldsymbol{x}^{\mathrm{T}}\boldsymbol{A}\boldsymbol{x}$，则下列命题等价.

(1) f 是负定二次型；

(2) f 的负惯性指数为 n；

(3) $\boldsymbol{A}$ 的特征值全为负数；

(4) $\boldsymbol{A}$ 合同于 $-\boldsymbol{E}$；

(5) $\boldsymbol{A}$ 的奇数阶顺序主子式全为负数，偶数阶顺序主子式全为正数，即 $(-1)^k\Delta_k>0$ $(k=1, 2, \cdots, n)$.

例 4 设 $\boldsymbol{A}$ 为 3 阶实对称矩阵，满足条件 $\boldsymbol{A}^2+2\boldsymbol{A}=\boldsymbol{O}$ 且 $\boldsymbol{A}$ 的秩 $R(\boldsymbol{A})=2$，

(1) 求 $\boldsymbol{A}$ 的全部特征值；(2) 当 k 为何值时，$\boldsymbol{A}+k\boldsymbol{E}$ 为正定矩阵.

解 (1) **解法 1.** 设 λ 是 $\boldsymbol{A}$ 的特征值，由题设知，λ 必满足 $\lambda^2+2\lambda=0$，得 $\lambda=-2$ 或 $\lambda=0$. 所以 $\boldsymbol{A}$ 的特征值只可能是 -2 和 0，但 $\boldsymbol{A}$ 有无特征值 -2 或有几个则需进一步讨论.

因为 $\boldsymbol{A}$ 为实对称阵.

所以 $\boldsymbol{A}$ 可经正交变换化为对角阵 $\boldsymbol{\Lambda}$，又因 $R(\boldsymbol{A})=2$，故 $R(\boldsymbol{\Lambda})=2$.

于是，$\boldsymbol{\Lambda}$ 的对角元素即 -2，-2，0，因此 $\boldsymbol{A}$ 的特征值为 $\lambda_1=\lambda_2=-2$，$\lambda_3=0$.

解法 2. 由题设知 $\boldsymbol{A}(\boldsymbol{A}+2\boldsymbol{E})=0$，两边取行列式得 $|\boldsymbol{A}||\boldsymbol{A}+2\boldsymbol{E}|=0\Rightarrow|\boldsymbol{A}+2\boldsymbol{E}|=0$ 或 $|\boldsymbol{A}|=0$. 由 $|\boldsymbol{A}+2\boldsymbol{E}|=0$ 知 -2 是 $\boldsymbol{A}$ 的特征值；由 $|\boldsymbol{A}|=0$ 知 0 是 $\boldsymbol{A}$ 的特征值.

从而，$\boldsymbol{A}$ 的特征值只可能是 -2 和 0，其余解法同解法 1.

(2) 易知 $\boldsymbol{A}+k\boldsymbol{E}$ 也对称，由(1)知 $\boldsymbol{A}$ 的特征值为 -2，-2，0，所以 $\boldsymbol{A}+k\boldsymbol{E}$ 的特征值为 $-2+k$，$-2+k$，k，由此可得，当 $k>2$ 时，$\boldsymbol{A}+k\boldsymbol{E}$ 的特征值全为正，即 $\boldsymbol{A}+k\boldsymbol{E}$ 为正定矩阵.

用 MATLAB 软件也能判断对称矩阵的正定性.

例 5 判断下列矩阵的正定性.

$$(1)\ \boldsymbol{A}=\begin{bmatrix}1&1&-1\\1&2&-1\\-1&-1&5\end{bmatrix};\quad (2)\ \boldsymbol{B}=\begin{bmatrix}-3&2&1\\2&-3&0\\1&0&-3\end{bmatrix};\quad (3)\ \boldsymbol{C}=\begin{bmatrix}1&2&3\\2&2&-1\\3&-1&5\end{bmatrix}.$$

解 在 MATLAB 命令窗口键入：

```
A=[1, 1, -1; 1, 2, -1; -1, -1, 5];
B=[-3, 2, 1; 2, -3, 0; 1, 0, -3];
C=[1, 2, 3; 2, 2, -1; 3, -1, 5];
```

运行结果：

```
eig(A)=
    0.3542
    2.0000
    5.6458
eig(B)=
    -5.2361
    -3.0000
```

```
    -0.7639
eig(C)=
    -1.8900
     3.2835
     6.6065
```

从矩阵特征值的正负可得，矩阵 $\boldsymbol{A}$ 正定，矩阵 $\boldsymbol{B}$ 负定，矩阵 $\boldsymbol{C}$ 不定.

4.6* 矩 阵 分 解

矩阵分解就是将矩阵表示成为结构简单或者特殊矩阵的乘积形式. 一方面这些分解能明显地反映出原矩阵的某些数值特征，如矩阵的秩、行列式、特征值及奇异值等；另一方面分解的过程提供了理论分析依据和有效的数值方法. 实际上在前面我们已经讨论了几种矩阵分解.

4.6.1 矩阵的秩分解及满秩分解

由第一章学习我们知道，对任何秩为 r 的 $m\times n$ 矩阵 $\boldsymbol{A}$，必存在 m 阶可逆矩阵 $\boldsymbol{P}_1$ 及 n 阶可逆矩阵 $\boldsymbol{Q}_1$，使

$$\boldsymbol{P}_1\boldsymbol{A}\boldsymbol{Q}_1=\begin{bmatrix}\boldsymbol{E}_r & \boldsymbol{0}\\ \boldsymbol{0} & \boldsymbol{0}\end{bmatrix}$$

故

$$\boldsymbol{A}=\boldsymbol{P}_1^{-1}\begin{bmatrix}\boldsymbol{E}_r & \boldsymbol{0}\\ \boldsymbol{0} & \boldsymbol{0}\end{bmatrix}\boldsymbol{Q}_1^{-1}$$

即

$$\boldsymbol{A}=\boldsymbol{P}\begin{bmatrix}\boldsymbol{E}_r & \boldsymbol{0}\\ \boldsymbol{0} & \boldsymbol{0}\end{bmatrix}\boldsymbol{Q} \tag{4-24}$$

其中 $\boldsymbol{P}_1^{-1}=\boldsymbol{P}$，$\boldsymbol{Q}=\boldsymbol{Q}_1^{-1}$，称式(4-24)为矩阵 $\boldsymbol{A}$ 的秩分解.

例 1 设 $\boldsymbol{A}$ 为 $m\times n$ 矩阵，且其秩 r，证明存在秩为 r 的 $m\times r$ 与 $r\times n$ 的矩阵 $\boldsymbol{B}$，$\boldsymbol{C}$，使 $\boldsymbol{A}=\boldsymbol{B}\boldsymbol{C}$.

证明 因 $\boldsymbol{A}$ 的秩为 r，由 $\boldsymbol{A}$ 的秩分解式(4-24)可得

$$\begin{aligned}\boldsymbol{A}&=\boldsymbol{P}\begin{bmatrix}\boldsymbol{E}_r & \boldsymbol{0}\\ \boldsymbol{0} & \boldsymbol{0}\end{bmatrix}\boldsymbol{Q}\\ &=\boldsymbol{P}\begin{bmatrix}\boldsymbol{E}_r\\ \boldsymbol{0}\end{bmatrix}[\boldsymbol{E}_r,\ \boldsymbol{0}]\boldsymbol{Q}\end{aligned}$$

其中 $\boldsymbol{P}, \boldsymbol{Q}$ 为可逆矩阵，令 $\boldsymbol{B}=\boldsymbol{P}\begin{bmatrix}\boldsymbol{E}_r\\ \boldsymbol{0}\end{bmatrix}$，显然 $\boldsymbol{B}$ 是 $m\times r$ 矩阵，$\boldsymbol{C}=[\boldsymbol{E}_r, \boldsymbol{0}]\boldsymbol{Q}$ 是 $r\times n$ 矩阵，易得 $\boldsymbol{B}$、$\boldsymbol{C}$ 的秩均为 r，从而 $\boldsymbol{A}=\boldsymbol{BC}$.

称 $\boldsymbol{A}=\boldsymbol{BC}$ 为矩阵 $\boldsymbol{A}$ 的满秩分解，它在矩阵的广义逆中有重要应用.

4.6.2 对角分解

在 4.2 节中我们知道，若 $\boldsymbol{A}$ 可对角化，则存在可逆矩阵 $\boldsymbol{P}$，使 $\boldsymbol{A}=\boldsymbol{P\Lambda P}^{-1}$，这种分解式称为 n 阶矩阵 $\boldsymbol{A}$ 的相似对角分解. 利用相似对角分解式解决了线性代数的许多问题.

在 4.5 节中，我们知道任何 n 阶实对称矩阵 $\boldsymbol{A}$ 必合同于对角矩阵 $\boldsymbol{D}$，即存在可逆矩阵 $\boldsymbol{C}$，使 $\boldsymbol{A}=\boldsymbol{C}^{\mathrm{T}}\boldsymbol{DC}$，这种分解式称矩阵 $\boldsymbol{A}$ 的合同对角分解.

例 2 设 $\boldsymbol{A}$ 为 n 阶实对称矩阵，证明存在标准正交向量组 $\boldsymbol{q}_1, \boldsymbol{q}_2, \cdots, \boldsymbol{q}_n$，使

$$\boldsymbol{A}=\lambda_1\boldsymbol{q}_1\boldsymbol{q}_1^{\mathrm{T}}+\lambda_2\boldsymbol{q}_2\boldsymbol{q}_2^{\mathrm{T}}+\cdots+\lambda_n\boldsymbol{q}_n\boldsymbol{q}_n^{\mathrm{T}} \tag{4-25}$$

其中 $\lambda_1, \lambda_2, \cdots, \lambda_n$ 为 $\boldsymbol{A}$ 的特征值.

证明 设 $\boldsymbol{A}$ 为 n 阶实对称矩阵，其特征值为 $\lambda_1, \lambda_2, \cdots, \lambda_n$，则存在正交矩阵 $\boldsymbol{Q}$，使

$$\boldsymbol{A}=\boldsymbol{Q}\,\mathrm{diag}(\lambda_1, \lambda_2, \cdots, \lambda_n)\boldsymbol{Q}^{\mathrm{T}}$$

将正交矩阵 $\boldsymbol{Q}$ 按列分块为

$$\boldsymbol{Q}=[\boldsymbol{q}_1, \boldsymbol{q}_2, \cdots, \boldsymbol{q}_n]$$

故

$$\begin{aligned}\boldsymbol{A}&=[\boldsymbol{q}_1, \boldsymbol{q}_2, \cdots, \boldsymbol{q}_n]\begin{bmatrix}\lambda_1 & & & \\ & \lambda_2 & & \\ & & \ddots & \\ & & & \lambda_n\end{bmatrix}\begin{bmatrix}\boldsymbol{q}_1^{\mathrm{T}}\\ \boldsymbol{q}_2^{\mathrm{T}}\\ \vdots\\ \boldsymbol{q}_n^{\mathrm{T}}\end{bmatrix}\\ &=\lambda_1\boldsymbol{q}_1\boldsymbol{q}_1^{\mathrm{T}}+\lambda_2\boldsymbol{q}_2\boldsymbol{q}_2^{\mathrm{T}}+\cdots+\lambda_n\boldsymbol{q}_n\boldsymbol{q}_n^{\mathrm{T}}\end{aligned}$$

称式(4-25)为矩阵 $\boldsymbol{A}$ 的谱分解.

4.6.3 矩阵的 *LU* 分解

例 3 用初等行变换将矩阵

$$\boldsymbol{A}=\begin{bmatrix}1 & 1 & 1\\ 2 & 1 & -3\\ 3 & 5 & 2\end{bmatrix}$$

化为阶梯形矩阵.

解

$$A \xrightarrow[r_3-3r_1]{r_2-2r_1} \begin{bmatrix} 1 & 1 & 1 \\ 0 & -1 & -5 \\ 0 & 2 & -1 \end{bmatrix} \xrightarrow{r_3+2r_2} \begin{bmatrix} 1 & 1 & 1 \\ 0 & -1 & -5 \\ 0 & 0 & -11 \end{bmatrix}$$

由初等变换与初等矩阵的关系可得

$$\begin{bmatrix} 1 & 0 & 0 \\ 0 & 1 & 0 \\ 0 & 2 & 1 \end{bmatrix}\begin{bmatrix} 1 & 0 & 0 \\ 0 & 1 & 1 \\ -3 & 0 & 1 \end{bmatrix}\begin{bmatrix} 1 & 0 & 0 \\ -2 & 1 & 0 \\ 0 & 0 & 1 \end{bmatrix}A = \begin{bmatrix} 1 & 1 & 1 \\ 0 & -1 & -5 \\ 0 & 0 & -11 \end{bmatrix} = U$$

故

$$\begin{aligned} A &= \begin{bmatrix} 1 & 0 & 0 \\ 2 & 1 & 0 \\ 0 & 0 & 1 \end{bmatrix}\begin{bmatrix} 1 & 0 & 0 \\ 0 & 1 & 0 \\ 3 & 0 & 1 \end{bmatrix}\begin{bmatrix} 1 & 0 & 0 \\ 0 & 1 & 0 \\ 0 & -2 & 1 \end{bmatrix}U \\ &= \begin{bmatrix} 1 & 0 & 0 \\ 2 & 1 & 0 \\ 3 & -2 & 1 \end{bmatrix}U \end{aligned}$$

若记

$$L = \begin{bmatrix} 1 & 0 & 0 \\ 2 & 1 & 0 \\ 3 & -2 & 1 \end{bmatrix}$$

则

$$A = LU = \begin{bmatrix} 1 & 0 & 0 \\ 2 & 1 & 0 \\ 3 & -2 & 1 \end{bmatrix}\begin{bmatrix} 1 & 1 & 1 \\ 0 & -1 & -5 \\ 0 & 0 & -11 \end{bmatrix} \tag{4-26}$$

式(4－26)说明：矩阵 $\boldsymbol{A}$ 可分解成一个下三角矩阵与一个上三角矩阵的乘积.

定义 4.9 设 $\boldsymbol{A}$ 为 n 阶矩阵，如果 $\boldsymbol{A}$ 可分解成一个单位下三角矩阵 $\boldsymbol{L}$(主对角线元素全为 1 的下三角矩阵)与一个上三角矩阵 $\boldsymbol{U}$ 的乘积，称 $\boldsymbol{A}$ 可作 $\boldsymbol{LU}$ 分解，亦称 $\boldsymbol{A}$ 可作三角分解.

值得注意的是，$\boldsymbol{A}$ 的三角分解式不是唯一的. 设 $\boldsymbol{A}$ 有三角分解式

$$A = LU$$

取 $\boldsymbol{D}$ 为可逆的对角矩阵(主对角线元素均不为 0)，则有下三角矩阵 $\boldsymbol{L}_1=\boldsymbol{LD}$，上三角矩阵 $\boldsymbol{U}_1=\boldsymbol{D}^{-1}\boldsymbol{U}$，使

$$A = LU = (LD)(D^{-1}U) = L_1U_1$$

从而 $\boldsymbol{L}_1\boldsymbol{U}_1$ 也是 $\boldsymbol{A}$ 的一个三角分解式. 虽然方阵的三角分解不是唯一的，但有下述结论.

定理 4.16 设 n 阶矩阵 $\boldsymbol{A}=(a_{ij})$，则 $\boldsymbol{A}$ 有唯一的 $\boldsymbol{LU}$ 分解的充分必要条件是 $\boldsymbol{A}$ 的前 $n-1$ 个顺序主子式均不为 0.

证明 充分性. 因 $\boldsymbol{A}$ 的一阶顺序主子式 $\Delta_1=a_{11}\neq 0$，对矩阵 $\boldsymbol{A}$ 施行初等行变换

$$A \xrightarrow[i=2,\cdots,n]{r_i-\frac{a_{i1}}{a_{11}}r_1} \begin{bmatrix} a_{11} & a_{12} & \cdots & a_{1n} \\ 0 & a_{22}^{(1)} & \cdots & a_{2n}^{(1)} \\ & & \vdots & \\ 0 & a_{n2}^{(1)} & \cdots & a_{nn}^{(1)} \end{bmatrix} = A^{(1)}$$

$A^{(1)}$ 的二阶顺序主子式 $\Delta_2^{(1)}=a_{11}a_{22}^{(1)}=a_{11}(a_{22}-\frac{a_{21}a_{21}}{a_{11}})=a_{11}a_{22}-a_{12}a_{21}=\Delta_2\neq0$，即 $a_{22}^{(1)}\neq0$.

对矩阵 $A^{(1)}$ 施以初等行变换 $r_i-\frac{a_{i2}^{(1)}}{a_{22}^{(1)}}r_2$，$(i=3,\cdots,n)$化为 $A^{(2)}$，这样一直下去，直到将 A 化为上三角矩阵 U. 由矩阵的初等变换与初等矩阵的关系可知，存在单位下三角矩阵 L_1^{-1}，L_2^{-1}，…，L_{n-1}^{-1}，使

$$L_{n-1}^{-1}\cdots L_2^{-1}L_1^{-1}A=U$$

故

$$A=L_1L_2\cdots L_{n-1}U$$

由单位下三角矩阵的乘积仍为单位下三角矩阵. 记 $L=L_1L_2\cdots L_{n-1}$，则 A 有 LU 分解式

$$A=LU$$

必要性及唯一性留给读者自证.

由定理 4.16 可知，可逆矩阵 A 不一定都能作唯一的 LU 分解，但是可以证明适当地交换 A 的某些行所得矩阵一定可作 LU 分解，即存在置换矩阵 P，使 PA 有 LU 分解. 这里置换矩阵是对单位矩阵的行进行重排所得的矩阵.

例 4 求矩阵 $A=\begin{bmatrix} 2 & 1 & 3 \\ 1 & 2 & 1 \\ 4 & 5 & 5 \end{bmatrix}$ 的 LU 分解.

解 因 $\Delta_1=2$，$\Delta_2=5$，所以 A 有唯一的 LU 分解，由初等行变换构造矩阵

$$L_1^{-1}=\begin{bmatrix} 1 & 0 & 0 \\ -\frac{1}{2} & 1 & 0 \\ -2 & 0 & 1 \end{bmatrix}，\text{则 } L_1=\begin{bmatrix} 1 & 0 & 0 \\ \frac{1}{2} & 1 & 0 \\ 2 & 0 & 1 \end{bmatrix}$$

则

$$L_1^{-1}A=\begin{bmatrix} 2 & 1 & 3 \\ 0 & \frac{3}{2} & -\frac{1}{2} \\ 0 & 3 & -1 \end{bmatrix}$$

构造矩阵

$$L_2^{-1}=\begin{bmatrix} 1 & 0 & 0 \\ 0 & 1 & 0 \\ 0 & -2 & 1 \end{bmatrix}，\text{则 } L_2=\begin{bmatrix} 1 & 0 & 0 \\ 0 & 1 & 0 \\ 0 & 2 & 1 \end{bmatrix}$$

从而
$$L_2^{-1}L_1^{-1}A=\begin{bmatrix}2&1&3\\0&\frac{3}{2}&-\frac{1}{2}\\0&0&0\end{bmatrix}=U$$
于是，A 的 LU 分解式为
$$A=L_1L_2U=\begin{bmatrix}1&0&0\\\frac{1}{2}&1&0\\2&2&1\end{bmatrix}\begin{bmatrix}2&1&3\\0&\frac{3}{2}&-\frac{1}{2}\\0&0&0\end{bmatrix}=LU$$
故 A 的三角分解式为 $A=LU$.

如果 n 元非齐次线性方程 $Ax=b$ 的系数矩阵 A 非奇异，由定理 4.17 知，存在一置换矩阵 P，使 PA 有 LU 分解式
$$PA=LU$$
于是，与 $Ax=b$ 同解的方程组为 $PAx=Pb$，解此方程组等价于解三角方程组
$$\begin{cases}Ly=Pb\\Ux=y\end{cases}$$
因为 $PAx=L(Ux)=Ly=Pb$.

4.6.4 矩阵的 QR 分解

矩阵的 QR 分解是联系数值线性代数各种算法的纽带，它在最小二乘法、矩阵的特征值和奇异值等问题起着关键作用.

定义 4.10 如果 n 阶实矩阵 A 可分解成为正交矩阵 Q 与上三角矩阵 R 的乘积，即
$$A=QR \tag{4-27}$$
则称式(4-27)是 A 的一个 **QR 分解**或称为 A 的一个**正交三角分解**(orthogonal trigonometric decomposition).

定理 4.17 设 A 是 n 阶非奇异实矩阵，则 A 可唯一地分解成正交矩阵 Q 与主对线元素均为正数的上三角矩阵 R 的乘积，即 $A=QR$.

证明 存在性. 由于 A 是非奇异实矩阵，故 A 的列向量组 $\alpha_1, \alpha_2, \cdots, \alpha_n$ 线性无关. 由 Schmidt 正交化方法可得正交向量组：
$$\begin{aligned}\beta_1&=\alpha_1\\\beta_2&=\alpha_2-t_{21}\beta_1\\&\vdots\\\beta_n&=\alpha_n-t_{n1}\beta_1-\cdots-t_{n,n-1}\beta_{n-1}\end{aligned}$$
其中 $t_{ij}=\dfrac{<\alpha_i, \beta_j>}{<\beta_j, \beta_j>}(j<i)$，上式可整理为

$$\begin{aligned}\boldsymbol{\alpha}_1 &= \boldsymbol{\beta}_1\\ \boldsymbol{\alpha}_2 &= t_{21}\boldsymbol{\beta}_1+\boldsymbol{\beta}_2\\ &\vdots\\ \boldsymbol{\alpha}_n &= t_{n1}\boldsymbol{\beta}_1+t_{n2}\boldsymbol{\beta}_2+\cdots+t_{n,\,n-1}\boldsymbol{\beta}_{n-1}+\boldsymbol{\beta}_n\end{aligned}$$

于是

$$\begin{aligned}[\boldsymbol{\alpha}_1,\boldsymbol{\alpha}_2,\cdots,\boldsymbol{\alpha}_n] &= [\boldsymbol{\beta}_1,\boldsymbol{\beta}_2,\cdots,\boldsymbol{\beta}_n]\begin{bmatrix}1 & t_{21} & \cdots & t_{n1}\\ 0 & 1 & \cdots & t_{n2}\\ & & \vdots & \\ 0 & 0 & \cdots & 1\end{bmatrix}\\ &\triangleq [\boldsymbol{\beta}_1,\boldsymbol{\beta}_2,\cdots,\boldsymbol{\beta}_n]\boldsymbol{C}\end{aligned}$$

再对 $\boldsymbol{\beta}_1,\boldsymbol{\beta}_2,\cdots,\boldsymbol{\beta}_n$ 单位化

$$\boldsymbol{q}_i=\frac{1}{\|\boldsymbol{\beta}_i\|}\boldsymbol{\beta}_i,\ i=1,2,\cdots,n$$

则

$$\boldsymbol{A}=[\boldsymbol{q}_1,\boldsymbol{q}_2,\cdots,\boldsymbol{q}_n]\begin{bmatrix}\|\boldsymbol{\beta}_1\| & & & \\ & \|\boldsymbol{\beta}_2\| & & \\ & & \ddots & \\ & & & \|\boldsymbol{\beta}_n\|\end{bmatrix}\boldsymbol{C}$$

令 $\boldsymbol{Q}=[\boldsymbol{q}_1,\boldsymbol{q}_2,\cdots,\boldsymbol{q}_n]$，那么 $\boldsymbol{Q}$ 是正交矩阵，再令

$$\begin{aligned}\boldsymbol{R} &= \begin{bmatrix}\|\boldsymbol{\beta}_1\| & & & \\ & \|\boldsymbol{\beta}_2\| & & \\ & & \ddots & \\ & & & \|\boldsymbol{\beta}_n\|\end{bmatrix}\begin{bmatrix}1 & t_{21} & \cdots & t_{n1}\\ 0 & 1 & \cdots & t_{n2}\\ & & \vdots & \\ 0 & 0 & \cdots & 1\end{bmatrix}\\ &= \begin{bmatrix}\|\boldsymbol{\beta}_1\| & \dfrac{<\boldsymbol{\alpha}_2,\boldsymbol{\beta}_1>}{\|\boldsymbol{\beta}_1\|} & \cdots & \dfrac{<\boldsymbol{\alpha}_n,\boldsymbol{\beta}_1>}{\|\boldsymbol{\beta}_1\|}\\ & \|\boldsymbol{\beta}_2\| & \ddots & \vdots\\ & & \ddots & \dfrac{<\boldsymbol{\alpha}_n,\boldsymbol{\beta}_{n-1}>}{\|\boldsymbol{\beta}_{n-1}\|}\\ & & & \|\boldsymbol{\beta}_n\|\end{bmatrix}\end{aligned}$$

由于 $\|\boldsymbol{\beta}_i\|>0(i=1,2,\cdots,n)$，因而 $\boldsymbol{R}$ 的主对角线元素全为正数，故 $\boldsymbol{A}$ 有 $\boldsymbol{QR}$ 分解

$$\boldsymbol{A}=\boldsymbol{QR}$$

唯一性. 设 $\boldsymbol{A}$ 有两个分解式

$$\boldsymbol{A}=\boldsymbol{QR}=\boldsymbol{Q}_1\boldsymbol{R}_1$$

由此可得

$$\boldsymbol{Q}=\boldsymbol{Q}_1\boldsymbol{R}_1\boldsymbol{R}^{-1}=\boldsymbol{Q}_1\boldsymbol{D}$$

其中 $\boldsymbol{D}=\boldsymbol{R}_1\boldsymbol{R}^{-1}$ 仍是非奇异的主对角线为正数的上三角矩阵，于是

$$\boldsymbol{E}=\boldsymbol{Q}^{\mathrm{T}}\boldsymbol{Q}=(\boldsymbol{Q}_1\boldsymbol{D})^{\mathrm{T}}(\boldsymbol{Q}_1\boldsymbol{D})=\boldsymbol{D}^{\mathrm{T}}\boldsymbol{D}$$

因此 $\boldsymbol{D}$ 是正交矩阵，并且由 $\boldsymbol{D}^{\mathrm{T}}=\boldsymbol{D}^{-1}$ 以及下三角矩阵的转置矩阵为上三角矩阵，可推导得 $\boldsymbol{D}$ 为单位矩阵，从而 $\boldsymbol{Q}_1=\boldsymbol{Q}$，$\boldsymbol{R}_1=\boldsymbol{R}$，即分解式是唯一的.

例 5 求矩阵 $\boldsymbol{A}=\begin{bmatrix}1&1&1\\2&1&2\\2&0&3\end{bmatrix}$ 的 $\boldsymbol{QR}$ 分解.

解 $\boldsymbol{A}$ 的列向量组为

$$\boldsymbol{\alpha}_1=\begin{bmatrix}1\\2\\2\end{bmatrix},\quad \boldsymbol{\alpha}_2=\begin{bmatrix}1\\1\\0\end{bmatrix},\quad \boldsymbol{\alpha}_3=\begin{bmatrix}1\\2\\3\end{bmatrix}$$

先将 $\boldsymbol{\alpha}_1$，$\boldsymbol{\alpha}_2$，$\boldsymbol{\alpha}_3$ Schmidt 正交化，有

$$\boldsymbol{\beta}_1=\boldsymbol{\alpha}_1$$

$$\boldsymbol{\beta}_2=\boldsymbol{\alpha}_2-\frac{1}{3}\boldsymbol{\beta}_1=\frac{1}{3}\begin{bmatrix}2\\1\\-2\end{bmatrix}$$

$$\boldsymbol{\beta}_3=\boldsymbol{\alpha}_3-\frac{11}{9}\boldsymbol{\beta}_1+\frac{2}{3}\boldsymbol{\beta}_2=\frac{1}{9}\begin{bmatrix}2\\-2\\1\end{bmatrix}$$

再将 $\boldsymbol{\beta}_1$，$\boldsymbol{\beta}_2$，$\boldsymbol{\beta}_3$ 单位化，得

$$\boldsymbol{q}_1=\frac{1}{3}\begin{bmatrix}1\\2\\2\end{bmatrix},\qquad \boldsymbol{q}_2=\frac{1}{3}\begin{bmatrix}2\\1\\-2\end{bmatrix},\qquad \boldsymbol{q}_3=\frac{1}{3}\begin{bmatrix}2\\-2\\1\end{bmatrix}$$

由于 $\|\boldsymbol{\beta}_1\|=3$，$\|\boldsymbol{\beta}_2\|=1$，$\|\boldsymbol{\beta}_3\|=\frac{1}{3}$，所以

$$\boldsymbol{A}=[\boldsymbol{\alpha}_1,\boldsymbol{\alpha}_2,\boldsymbol{\alpha}_3]=[\boldsymbol{\beta}_1,\boldsymbol{\beta}_1,\boldsymbol{\beta}_2]\begin{bmatrix}1&\frac{1}{3}&\frac{11}{9}\\0&1&-\frac{2}{3}\\0&0&1\end{bmatrix}$$

$$=[\boldsymbol{q}_1,\boldsymbol{q}_2,\boldsymbol{q}_3]\begin{bmatrix}3&0&0\\0&1&0\\0&0&\frac{1}{3}\end{bmatrix}\begin{bmatrix}1&\frac{1}{3}&\frac{11}{9}\\0&1&-\frac{2}{3}\\0&0&1\end{bmatrix}$$

$$=[\boldsymbol{q}_1,\boldsymbol{q}_2,\boldsymbol{q}_3]\begin{bmatrix}3&1&\frac{11}{3}\\0&1&-\frac{2}{3}\\0&0&\frac{1}{3}\end{bmatrix}=\boldsymbol{QR}$$

故 $\boldsymbol{A}$ 有分解式

$$\boldsymbol{A}=\frac{1}{3}\begin{bmatrix}1 & 2 & 2\\ 2 & 1 & -2\\ 2 & -2 & 1\end{bmatrix}\begin{bmatrix}3 & 1 & \frac{11}{3}\\ 0 & 1 & -\frac{2}{3}\\ 0 & 0 & \frac{1}{3}\end{bmatrix}$$

例 6 设 $\boldsymbol{A}$ 为 n 阶实矩阵，证明：$\boldsymbol{A}$ 为正定矩阵的充分必要条件是存在可逆下三角矩阵 $\boldsymbol{L}$，使 $\boldsymbol{A}=\boldsymbol{L}\boldsymbol{L}^{\mathrm{T}}$.

证明 充分性显然成立，只须证明必要性.

设 $\boldsymbol{A}$ 为正定矩阵，由定理 4.13 知，存在可逆矩阵 $\boldsymbol{C}$，使 $\boldsymbol{A}=\boldsymbol{C}^{\mathrm{T}}\boldsymbol{C}$，对 $\boldsymbol{C}$ 应用推论 4.17，存在正交矩阵 $\boldsymbol{Q}$ 及可逆的上三角矩阵 $\boldsymbol{L}^{\mathrm{T}}$($\boldsymbol{L}$ 是下三角矩阵)，使 $\boldsymbol{C}=\boldsymbol{Q}\boldsymbol{L}^{\mathrm{T}}$，于是

$$\boldsymbol{A}=\boldsymbol{C}^{\mathrm{T}}\boldsymbol{C}=(\boldsymbol{Q}\boldsymbol{L}^{\mathrm{T}})^{\mathrm{T}}(\boldsymbol{Q}\boldsymbol{L}^{\mathrm{T}})=\boldsymbol{L}\boldsymbol{Q}^{\mathrm{T}}\boldsymbol{Q}\boldsymbol{L}^{\mathrm{T}}=\boldsymbol{L}\boldsymbol{L}^{\mathrm{T}}$$

此例说明，任意正定矩阵 $\boldsymbol{A}$ 都可分解为一个非奇异下三角矩阵 $\boldsymbol{L}$ 与其转置 $\boldsymbol{L}^{\mathrm{T}}$ 的乘积，即 $\boldsymbol{A}=\boldsymbol{L}\boldsymbol{L}^{\mathrm{T}}$，$\boldsymbol{A}$ 的这种分解式称为**正定矩阵的乔列斯基分解**(cholesky decomposition).

用 MATLAB 也可对矩阵进行各种分解.

例 7 设 $\boldsymbol{A}=\begin{bmatrix}1 & 2 & 3\\ 2 & 5 & 7\\ 3 & 7 & 11\end{bmatrix}$，对 $\boldsymbol{A}$ 进行 $\boldsymbol{LU}$ 分解、$\boldsymbol{QR}$ 分解以及 cholesky 分解.

解 在 MATLAB 命令窗口键入

```
A=[1, 2, 3; 2, 5, 7; 3, 7, 11];
[L, U]=Lu(A)        %对矩阵 A 进行 LU 分解
[Q, R]=qr(A)        %对矩阵 A 进行 QR 分解
L=chol(A)           %对矩阵 A 进行 cholesky 分解
```

运行结果为

```
L=
    0.3333   -1.0000   1.0000
    0.6667    1.0000        0
    1.0000         0        0
U=
    3.0000   7.0000    1.0000
         0   0.3333   -0.3333
         0        0   -1.0000
Q=
   -0.2673    0.77715   -0.5774
   -0.5345   -0.6172    -0.5774
   -0.8018   -0.1543    -0.5774
```

R=

−3.7417	−8.8196	−13.3631
0	−0.4629	−0.3086
0	0	0.5774

L=

1	2	3
0	1	1
0	1	1

从运行结果中可知，$\boldsymbol{A}=\boldsymbol{LU}$，$\boldsymbol{A}=\boldsymbol{QR}$，$\boldsymbol{A}=\boldsymbol{L}^{\mathrm{T}}\boldsymbol{L}$，注意 $\boldsymbol{A}=\boldsymbol{LU}$ 中 $\boldsymbol{L}$ 不是下三角矩阵，这里 $\boldsymbol{L}$ 相当于一个置换矩阵与一个单位下三角矩阵的乘积.

4.7 应用案例

应用一　分子结构的振动频率——特征值的应用.

二氧化碳分子可看成中间一个碳原子，左右分别以弹簧(化学键)连接两个氧原子，构成一个三质量振动系统(如图 4.4 所示)，其方程为

$$m_{\mathrm{o}}\frac{\mathrm{d}^2x_1}{\mathrm{d}t^2}=-kx_1+kx_2$$

$$m_{\mathrm{c}}\frac{\mathrm{d}^2x_2}{\mathrm{d}t^2}=-2kx_2+kx_1+kx_3$$

$$m_{\mathrm{o}}\frac{\mathrm{d}^2x_3}{\mathrm{d}t^2}=kx_2-kx_3$$

请分析它们的振动频率.

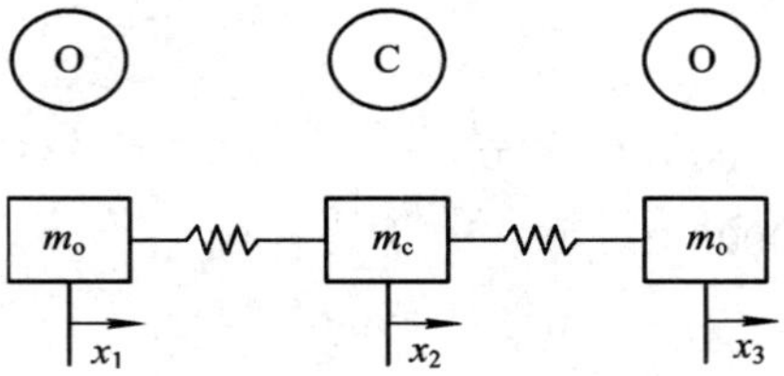

图 4.4　三质量振动系统

解　设三个原子沿轴向的振动具有同样的频率 ω，$x_j=A_j\mathrm{e}^{i\omega t}$，则代入方程后得到

$$-\omega^2A_1=-\frac{k}{m_{\mathrm{o}}}A_1+\frac{k}{m_{\mathrm{o}}}A_2$$

$$-\omega^2A_2=-\frac{2k}{m_{\mathrm{c}}}A_2+\frac{k}{m_{\mathrm{c}}}A_1+\frac{k}{m_{\mathrm{c}}}A_3$$

$$-\omega^2A_3=\frac{k}{m_{\mathrm{o}}}A_2-\frac{k}{m_{\mathrm{o}}}A_3$$

化简后得

$$\begin{cases} \left(\dfrac{k}{m_o}-\omega^2\right)A_1-\dfrac{k}{m_o}A_2=0 \\ -\dfrac{k}{m_c}A_1+\left(\dfrac{2k}{m_c}-\omega^2\right)A_2-\dfrac{k}{m_c}A_3=0 \\ -\dfrac{k}{m_o}A_2+\left(\dfrac{k}{m_o}-\omega^2\right)A_3=0 \end{cases}$$

写成矩阵形式

$$\begin{bmatrix} \left(\dfrac{k}{m_o}-\omega^2\right) & -\dfrac{k}{m_o} & 0 \\ -\dfrac{k}{m_c} & \left(\dfrac{2k}{m_c}-\omega^2\right) & -\dfrac{k}{m_c} \\ 0 & -\dfrac{k}{m_o} & \left(\dfrac{k}{m_o}-\omega^2\right) \end{bmatrix}\begin{bmatrix} A_1 \\ A_2 \\ A_3 \end{bmatrix}=\boldsymbol{O}$$

振动的频率 ω 的平方就取决于这个系数矩阵的特征值，因为有三个特征值，对应于三个频率，取其中的最大值. 由此写出机算程序及其运行结果如下.

MATLAB 程序

```
format long
k=14.2e2, mo=16*1.6605e-27, mc=12*1.6605e-27,
A=[k/mo, -k/mo, 0; -k/mc, 2*k/mc, -k/mc; 0, -k/mo, k/mo],
[x,y]=eig(A)
omega=sqrt(y)
lamyla=2*pi*3*10^8./max(omega))
```

运行结果为

```
A=1.0e+029 *
  0.53447756699789  -0.53447756699789                  0
 -0.71263675599719   1.42527351199438  -0.71263675599719
                 0  -0.53447756699789   0.53447756699789
x=
 -0.33129457822454  -0.70710678118655   0.57735026918963
  0.88345220859877  -0.00000000000000   0.57735026918963
 -0.33129457822454   0.70710678118655   0.57735026918963
y=   1.0e+029 *
  1.95975107899227                  0                  0
                 0   0.53447756699789                  0
                 0                  0  -0.00000000000000
omega=1.0e+0.14 *
```

4.42690758768722	0	0
0	2.31187708799126	0
0	0	0+0.00000003580566i

lamda= 4.257951074914227e−006 m≈ μm

应用二 求斐波那契数列中第 100 项.

已知斐波那契数列 Fs：0，1，1，2，3，5，8，13，…，其中生成规则为 $F_{k+2}=F_{k+1}+F_k$ ($k\geqslant 1$)，这是一个整数数列，其中每项等于前面两项之和. 问题：找出 F_{100}？

解 一种方法就是利用 $F_6=8$，$F_7=13$ 可得 $F_8=21$，利用 F_7 和 F_8 得到 F_9，依次可得 F_{100}. 但是应用线性代数有一种更好的方法求解 F_{100}.

给出矩阵方程 $\boldsymbol{u}_{k+1}=\boldsymbol{A}\boldsymbol{u}_k$，其中 $\boldsymbol{u}_k=\begin{bmatrix}F_{k+1}\\F_k\end{bmatrix}$，由规则 $\begin{cases}F_{k+2}=F_{k+1}+F_k\\F_{k+1}=F_{k+1}\end{cases}$ 得到 $\boldsymbol{u}_{k+1}=\begin{bmatrix}1&1\\1&0\end{bmatrix}\boldsymbol{u}_k$，每一步都要乘矩阵 $\boldsymbol{A}=\begin{bmatrix}1&1\\1&0\end{bmatrix}$，则 100 步后就得到 $\boldsymbol{u}_{100}=\boldsymbol{A}^{100}\boldsymbol{u}_0$，其中

$$\boldsymbol{u}_0=\begin{bmatrix}1\\0\end{bmatrix},\ \boldsymbol{u}_1=\begin{bmatrix}1\\1\end{bmatrix},\ \boldsymbol{u}_2=\begin{bmatrix}2\\1\end{bmatrix},\ \boldsymbol{u}_3=\begin{bmatrix}3\\2\end{bmatrix},\ \cdots,\ \boldsymbol{u}_{100}=\begin{bmatrix}F_{101}\\F_{100}\end{bmatrix}$$

然后将这个问题就转化为将矩阵 $\boldsymbol{A}$ 相似对角化，这样很容易计算出 $\boldsymbol{A}^{100}$.

首先求 $\boldsymbol{A}$ 的特征值. 令

$$\det(\boldsymbol{A}-\lambda\boldsymbol{I})=\begin{vmatrix}1-\lambda&1\\1&-\lambda\end{vmatrix}=\lambda^2-\lambda-1=0$$

得到两个特征值为 $\lambda_1=\dfrac{1+\sqrt{5}}{2}\approx 1.618$，$\lambda_2=\dfrac{1-\sqrt{5}}{2}\approx -0.618$，求得对应的特征向量分别为

$$\boldsymbol{p}_1=\begin{bmatrix}\lambda_1\\1\end{bmatrix},\quad \boldsymbol{p}_2=\begin{bmatrix}\lambda_2\\1\end{bmatrix}$$

因而

$$\boldsymbol{P}=\begin{bmatrix}\lambda_1&\lambda_2\\1&1\end{bmatrix},\quad \boldsymbol{P}^{-1}=\frac{1}{\lambda_1-\lambda_2}\begin{bmatrix}1&-\lambda_2\\-1&\lambda_1\end{bmatrix}$$

所以

$$\boldsymbol{u}_k=\boldsymbol{P}\boldsymbol{\Lambda}^k\boldsymbol{P}^{-1}\boldsymbol{u}_0=\frac{1}{\lambda_1-\lambda_2}\begin{bmatrix}\lambda_1&\lambda_2\\1&1\end{bmatrix}\begin{bmatrix}\lambda_1^k&0\\0&\lambda_2^k\end{bmatrix}\begin{bmatrix}1&-\lambda_2\\-1&\lambda_1\end{bmatrix}\begin{bmatrix}1\\0\end{bmatrix}=\frac{1}{\lambda_1-\lambda_2}\begin{bmatrix}\lambda_1^{k+1}-\lambda_2^{k+1}\\\lambda_1^k-\lambda_2^k\end{bmatrix}$$

$$\boldsymbol{u}_k=\begin{bmatrix}F_{k+1}\\F_k\end{bmatrix}=\frac{1}{\lambda_1-\lambda_2}\begin{bmatrix}\lambda_1^{k+1}&-\lambda_2^{k+1}\\\lambda_1^k&-\lambda_2^k\end{bmatrix}$$

即

$$F_{k+1}=\frac{\lambda_1^{k+1}-\lambda_2^{k+1}}{\lambda_1-\lambda_2}$$

用下列 MATLAB 语句可以很快求出各项 Fibonacci 数。

```
lamda1=(1+sqrt(5))/2, lamda2=(1-sqrt(5))/2
for k=[1, 3, 5, 10, 20, 50, 100]
    F=(lamda1^k-lamda2^k)/(lamda1-lamda2); [k, F],
end
```

算出的结果见下表：

k	3	5	10	20	50	100
F	2	5	55	6765	12586269025	3.5422e+020

所以，$F_{100}=3.5422\times10^{20}$.

应用三　人口迁徙问题.

先介绍马尔科夫链的相关知识. 马尔科夫链在许多学科如生物学、市场营销、工业生产、化学、工程学及物理学等领域中有广泛的应用.

一个具有非负分量且各分量的数值相加等于1的向量称为概率向量，各列向量均为概率向量的方阵称为随机矩阵. 设一个概率向量序列 $\boldsymbol{x}_0$，$\boldsymbol{x}_1$，$\boldsymbol{x}_2$，…和一个随机矩阵 $\boldsymbol{A}$，使得

$$\boldsymbol{x}_1=\boldsymbol{A}\boldsymbol{x}_0,\ \boldsymbol{x}_2=\boldsymbol{A}\boldsymbol{x}_1,\ \boldsymbol{x}_3=\boldsymbol{A}\boldsymbol{x}_2,\ \cdots$$

称为马尔科夫链.

马尔科夫链可用一阶差分方程来描述：

$$\boldsymbol{x}_{k+1}=\boldsymbol{A}\boldsymbol{x}_k,\ k=0,1,2,\cdots$$

当向量 $x\in\mathbf{R}^n$，用在 $\mathbf{R}^n$ 中的一个马尔科夫链描述一个系统或实验时，$\boldsymbol{x}_k$ 中的数值分别列出系统在 n 个可能状态中的概率，或实验结果是 n 个可能结果之一的概率. $\boldsymbol{x}_k$ 称为状态向量.

若 $\boldsymbol{A}$ 是随机矩阵，满足 $\boldsymbol{A}\boldsymbol{q}=\boldsymbol{q}$ 的概率向量 $\boldsymbol{q}$ 称为随机矩阵 $\boldsymbol{A}$ 的稳态向量. 若随机矩阵 $\boldsymbol{A}$ 的幂 $\boldsymbol{A}^k$ 仅包含正的数值，称 $\boldsymbol{A}$ 是一个正则随机矩阵.

关于马尔科夫链我们有下面的结论.

若 $\boldsymbol{A}$ 是一个 n 阶正则随机矩阵，则 $\boldsymbol{A}$ 具有唯一的稳态向量 $\boldsymbol{q}$. 进一步，若 $\boldsymbol{x}_0$ 为任一个起始状态，且 $\boldsymbol{x}_{k+1}=\boldsymbol{A}\boldsymbol{x}_k$，$k=0,1,2,\cdots$，则当 $k\to\infty$ 时，马尔科夫链 $\{\boldsymbol{x}_k\}$ 收敛到 $\boldsymbol{q}$.

这个结论表明初始状态对马尔科夫链的长期行为是没有影响的.

下面举一个人口迁徙问题的例子.

设在一个大城市中的总人口是固定的. 人口的分布则因居民在市区和郊区之间迁徙而变化. 每年有6%的市区居民搬到郊区去住，而有2%的郊区居民搬到市区. 假如开始时有30%的居民住在市区，70%的居民住在郊区，问10年后市区和郊区的居民人口比例是多少？30年、50年后又如何？请分析人口分布变化的趋势.

解　这个问题可以用矩阵来描述. 把人口变量用市区和郊区两个分量表示，设市区和郊区初始人口数量分别为：$\boldsymbol{x}_{c0}=0.3$，$x_{s0}=0.7$，一年以后，

市区人口为　$\boldsymbol{x}_{c1}=(1-0.06)x_{c0}+0.02x_{s0}$

郊区人口为 $x_{s1}=0.06x_{c0}+(1-0.02)x_{s0}$

用矩阵可表示成:

$$x_1=\begin{bmatrix}x_{c1}\\x_{s1}\end{bmatrix}=\begin{bmatrix}0.94&0.02\\0.06&0.98\end{bmatrix}\begin{bmatrix}0.3\\0.7\end{bmatrix}=Ax_0=\begin{bmatrix}0.2960\\0.7040\end{bmatrix}$$

易知 **A** 是一个正则随机矩阵.

(1) 从初始到第 k 年，此关系保持不变，因此有

$$x_k=Ax_{k-1}=A^2x_{k-2}=\cdots=A^kx_0 \tag{4-28}$$

MATLAB 程序如下:

```
A=[0.94, 0.02; 0.06, 0.98], x0=[0.3; 0.7]
x1=A*x0, x10=A^10*x0, x30=A^30*x0,
x50=A^50*x0
```

运行结果为

$$x_1=\begin{bmatrix}0.2960\\0.7040\end{bmatrix},\ x_{10}=\begin{bmatrix}0.2717\\0.7283\end{bmatrix},\ x_{30}=\begin{bmatrix}0.2541\\0.7459\end{bmatrix},\ x_{50}=\begin{bmatrix}0.2508\\0.7492\end{bmatrix}$$

(2) 人口分布趋势分析. 先将矩阵 **A** 对角化.

MATLAB 程序如下:

```
A=[0.94, 0.02; 0.06, 0.98];
[P, D]=eig(A)
```

结果

```
P=
    -0.7071   -0.3162
     0.7071   -0.9487
D=
     0.9200        0
          0   1.0000
```

$A=PDP^{-1}$

令

$$P=(p_1,\ p_2),\ p_1=0.7071\begin{pmatrix}-1\\1\end{pmatrix},\ p_2\approx-0.3162\begin{pmatrix}1\\3\end{pmatrix}$$

$$x_k=PD^kP^{-1}x_0=(p_1,\ p_2)\begin{bmatrix}(0.9200)^k&0\\0&(1.0000)^k\end{bmatrix}\begin{bmatrix}-0.7071&-0.3162\\0.7071&-0.9487\end{bmatrix}^{-1}\begin{bmatrix}0.3\\0.7\end{bmatrix}$$

$$x_k=-0.0707(0.92)^kp_1-0.7906(1.)^kp_2\approx0.25(1)^k\begin{bmatrix}1\\3\end{bmatrix}-0.05(0.92)^k\begin{bmatrix}-1\\1\end{bmatrix} \tag{4-29}$$

式(4-29)中的第二项会随着 k 的增大趋向于零. 如果只取小数点后两位，则只要 $k>27$，

第二项就可以忽略不计，从而得到

$$\boldsymbol{x}_k \big|_{k>27} = \boldsymbol{A}^k \boldsymbol{x}_0 \approx 0.25\begin{bmatrix}1\\3\end{bmatrix} = \begin{bmatrix}0.25\\0.75\end{bmatrix} = \boldsymbol{q}$$

即 $k \to \infty$ 时，有 $\{\boldsymbol{x}_k\}$ 收敛到稳态变量 $\boldsymbol{q}$.

因此，无限增加时间 k，市区和郊区人口之比将趋向一组常数 0.25/0.75.

教学视频

4-1 特征值与特征向量的几何意义

4-2 求斐波那契数列的通项

4-3 矩阵的三种标准形

4-4 阵列天线波到达方向估计

4-5 典型例题选讲 4

4-6 知识拓展

习 题 4

一、填空题

1. 设 n 阶矩阵 $\boldsymbol{A}$ 有一个特征值是 3，则矩阵 $\boldsymbol{A}^3-3\boldsymbol{A}+\boldsymbol{E}$ 必有特征值________.

2. 若 3 阶矩阵 $\boldsymbol{A}$ 的各行元素之和均为 3，则 $\boldsymbol{A}$ 必有特征值________；其对应的特征向量为________.

3. 设 3 阶矩阵 $\boldsymbol{A}$ 的特征值 -1，1，2，且 $\boldsymbol{A}$ 与 $\boldsymbol{B}$ 相似，则 $\det(\boldsymbol{B}^2-4\boldsymbol{B}^{-1}+2\boldsymbol{E})=$____.

4. 设 3 阶实对称矩阵 $\boldsymbol{A}$ 的特征值为 0，1，2，$\boldsymbol{A}$ 的属于特征值 0，1 的特征向量分别为 $\boldsymbol{\alpha}_1=(1,\ -1,\ 2)^{\mathrm{T}}$，$\boldsymbol{\alpha}_2=(2,\ 0,\ -1)^{\mathrm{T}}$，则 $\boldsymbol{A}$ 的属于特征值 2 的特征向量为________.

5. 设 $\boldsymbol{A}$ 为 5 阶正交矩阵，且 $|\boldsymbol{A}|>0$，那么 $\boldsymbol{A}$ 的伴随矩阵 $\boldsymbol{A}^*$ 的一个特征值为________.

6. 设 n 阶实对称矩阵 $\boldsymbol{A}$ 满足 $\boldsymbol{A}^3+\boldsymbol{A}=\boldsymbol{O}$，则 $\boldsymbol{A}=$________.

7. 设 n 阶矩阵 $\boldsymbol{A}$ 有单特征值 0，则 $R(\boldsymbol{A})=$________.

8. 已知矩阵 $\boldsymbol{A}=\begin{bmatrix}1&3&2\\0&0&x\\0&x&0\end{bmatrix}$ 可以对角化，则 x 满足______.

9. 若矩阵 $\begin{bmatrix}3&0&0\\0&0&2\\0&1&x\end{bmatrix}$ 与矩阵 $\begin{bmatrix}3&0&0\\0&2&0\\0&0&y\end{bmatrix}$ 相似，则 $x=$__________，$y=$__________.

10. 设 $\boldsymbol{A}$ 为3阶矩阵，$\boldsymbol{\alpha}_1$，$\boldsymbol{\alpha}_2$，$\boldsymbol{\alpha}_3$ 为线性无关的3维列向量，已知 $\boldsymbol{A\alpha}_1=\boldsymbol{0}$，$\boldsymbol{A\alpha}_2=2\boldsymbol{\alpha}_1-2\boldsymbol{\alpha}_2$，$\boldsymbol{A\alpha}_3=-2\boldsymbol{\alpha}_1+3\boldsymbol{\alpha}_2+\boldsymbol{\alpha}_3$，那么 $\boldsymbol{A}$ 的所有特征值为__________，对应的特征向量分别为__________.

11. 二次型 $f(x_1, x_2, x_3)=x_1^2+2x_2^2-5x_3^2+2x_1x_2-4x_1x_3+8x_2x_3$ 的矩阵为______.

12. 若实对称矩阵 $\boldsymbol{A}=\begin{bmatrix}1&1&0\\1&2&t\\0&t&3\end{bmatrix}$ 是正定矩阵，则 t 的取值范围为__________.

13. 若二次型 $f(x_1, x_2, x_3)=2x^2+4x_1x_2+ax_2^2+x_3^2$ 经正交变换化为标准形 $f=4y_1^2+y_3^2$，则常数 $a=$__________.

14. 设二次型为 $ax_1^2+ax_2^2+ax_3^2-2x_1x_2-2x_1x_3+2x_2x_3$，当 $a=$______时，其秩为2.

15. 已知二次型为 $f(x_1, x_2, x_3)=2x_1^2+3x_2^2+3x_3^2+2x_2x_3$，则在 $x_1^2+x_2^2+x_3^2=1$ 的条件下，$f(x_1, x_2, x_3)$的最大值与最小值分别为__________.

二、选择题

1. 若 n 阶矩阵 $\boldsymbol{A}$ 满足 $\boldsymbol{A}^3=\boldsymbol{A}$，则(　　)

A. $\boldsymbol{A}-\boldsymbol{E}$ 为可逆矩阵　　B. $\boldsymbol{A}$ 为可逆矩阵

C. $\boldsymbol{A}+\boldsymbol{E}$ 为可逆矩阵　　D. $\boldsymbol{A}-\boldsymbol{E}$ 为奇异矩阵

2. 设 $\lambda=1$ 是可逆矩阵 $\boldsymbol{A}$ 的一个特征值，则矩阵 $\boldsymbol{A}^{-2}$ 必有特征值(　　).

A. 0　　B. 1　　C. 2　　D. 3

3. 在下列矩阵中，不可对角化的矩阵为(　　).

A. $\begin{bmatrix}1&2\\2&4\end{bmatrix}$　　B. $\begin{bmatrix}2&1\\6&3\end{bmatrix}$　　C. $\begin{bmatrix}1&-4\\1&5\end{bmatrix}$　　D. $\begin{bmatrix}2&1\\2&3\end{bmatrix}$

4. 设 $\boldsymbol{A}$ 为3阶实对称矩阵，$R(\boldsymbol{A}-2\boldsymbol{E})=1$，$R(\boldsymbol{A}+2\boldsymbol{E})=3$，且 $\boldsymbol{A}^3+\boldsymbol{A}^2-4\boldsymbol{A}-4\boldsymbol{E}=\boldsymbol{O}$，那么 $\boldsymbol{A}$ 的特征值为(　　).

A. 0，2，−2　　B. −1，2，2　　C. −1，−2，2　　D. 1，2，−2

5. 若 n 阶矩阵 $\boldsymbol{A}$ 与 $\boldsymbol{B}$ 相似，则(　　).

A. $\boldsymbol{A}-\lambda\boldsymbol{E}=\boldsymbol{B}-\lambda\boldsymbol{E}$　　B. $\boldsymbol{A}$ 与 $\boldsymbol{B}$ 有相同的特征值与特征向量

C. $\boldsymbol{A}$ 与 $\boldsymbol{B}$ 均可对角化　　D. $\boldsymbol{A}+\lambda\boldsymbol{E}$ 与 $\boldsymbol{B}+\lambda\boldsymbol{E}$ 相似

6. n 阶矩阵 $\boldsymbol{A}$ 可对角化的充分必要条件是(　　).

A. $\boldsymbol{A}$ 有 n 个不同的特征值　　B. $\boldsymbol{A}$ 为实对称矩阵

C. $\boldsymbol{A}$ 有 n 个线性无关的特征向量　　D. $\boldsymbol{A}$ 有 n 个不同的特征向量

7. 设 $\boldsymbol{A}$，$\boldsymbol{B}$ 均为 n 阶矩阵，且 $\boldsymbol{A}$ 与 $\boldsymbol{B}$ 合同，则(　　).

A. $\boldsymbol{A}$ 与 $\boldsymbol{B}$ 相似　　B. $|\boldsymbol{A}|=|\boldsymbol{B}|$

C. $\boldsymbol{A}$ 与 $\boldsymbol{B}$ 有相同的特征多项式　　D. $R(\boldsymbol{A})=R(\boldsymbol{B})$

8. 设 $\boldsymbol{A}$ 为 n 阶实对称矩阵，则 $\boldsymbol{A}$ 是正定矩阵的充分必要条件是(　).

A. 二次型 $\boldsymbol{x}^{\mathrm{T}}\boldsymbol{A}\boldsymbol{x}$ 的负惯性指数为零　　B. $\boldsymbol{A}$ 没有负特征值

C. 存在 n 阶矩阵 $\boldsymbol{C}$，使得 $\boldsymbol{A}=\boldsymbol{C}^{\mathrm{T}}C$　　D. $\boldsymbol{A}$ 与单位矩阵合同

9. 二次型 $f(x_1, x_2, x_3)=(x_1+ax_2-2x_3)^2+(2x_2+3x_3)^2+(x_1+3x_2+ax_3)^2$ 是正定二次型的充分必要条件是(　).

A. $a>1$　　B. $a<1$　　C. $a\neq 1$　　D. $a=1$

10. 如果实对称矩阵 $\boldsymbol{A}$ 与矩阵 $\boldsymbol{B}=\begin{bmatrix}0&0&2\\0&1&0\\2&0&0\end{bmatrix}$ 合同，则二次型 $\boldsymbol{x}^{\mathrm{T}}\boldsymbol{A}\boldsymbol{x}$ 的规范形为(　).

A. $y_1^2+y_2^2+y_3^2$　　B. $y_1^2+y_2^2-y_3^2$　　C. $y_1^2-y_2^2-y_3^2$　　D. $y_1^2+y_2^2$

三、计算与证明

1. 求下列矩阵的特征值和特征向量.

(1) $\begin{bmatrix}2&5\\4&1\end{bmatrix}$；　(2) $\begin{bmatrix}1&0&0\\1&1&1\\0&0&1\end{bmatrix}$；　(3) $\begin{bmatrix}0&0&1\\0&1&0\\1&0&0\end{bmatrix}$；　(4) $\begin{bmatrix}1&2&2\\2&1&2\\2&2&1\end{bmatrix}$；

(5) $\begin{bmatrix}2&-1&2\\5&-3&3\\-1&0&-2\end{bmatrix}$；　(6) $\begin{bmatrix}0&1&1&1\\1&0&1&1\\1&1&0&1\\1&1&1&0\end{bmatrix}$.

2. 若 n 阶方阵 $\boldsymbol{A}$ 满足 $\boldsymbol{A}^2=\boldsymbol{A}$，证明 $\boldsymbol{A}$ 的特征值只能是 0 或 1.

3. 已知矩阵 $\boldsymbol{A}=\begin{bmatrix}2&2&-1\\a&-3&2\\3&b&-2\end{bmatrix}$，如果 $\boldsymbol{A}$ 的特征值 λ 对应的一个特征向量为 $\boldsymbol{\alpha}=(1, -2, 3)^{\mathrm{T}}$，求 a，b 和 λ 的值.

4. 设 $\boldsymbol{A}=\begin{bmatrix}1&0&1\\0&3&0\\1&0&x\end{bmatrix}$ 的一个特征值 $\lambda_1=0$，求 $\boldsymbol{A}$ 的其他特征值 λ_2，λ_3.

5. 已知矩阵

$$\boldsymbol{A}=\begin{bmatrix}0&-2&-4\\-2&x&-2\\-4&-2&0\end{bmatrix} \text{ 与 } \boldsymbol{B}=\begin{bmatrix}4&&\\&y&\\&&-5\end{bmatrix}$$

相似，求 x，y 的值.

6. 设 $\boldsymbol{A}$ 为非奇异矩阵，证明：$\boldsymbol{AB}\sim\boldsymbol{BA}$.

7. 若 $\boldsymbol{A}\sim\boldsymbol{B}$，证明：对任意正整数 m，$\boldsymbol{A}^m\sim\boldsymbol{B}^m$.

8. 若$\boldsymbol{A}$可对角化，$f(x)$是x的一元多项式，证明：$f(\boldsymbol{A})$也可对角化.

9. 将下列向量组正交单位化.

(1) $\boldsymbol{\alpha}_1=(1, 2, 2, -1)^{\mathrm{T}}$，$\boldsymbol{\alpha}_2=(1, 1, -5, 3)^{\mathrm{T}}$；

(2) $\boldsymbol{\alpha}_1=(1, -2, 2)^{\mathrm{T}}$，$\boldsymbol{\alpha}_2=(1, 0, 1)^{\mathrm{T}}$，$\boldsymbol{\alpha}_3=(3, 2, 1)^{\mathrm{T}}$.

10. 设$\boldsymbol{A}$为n阶正交矩阵，$\boldsymbol{\alpha}$为n维列向量，证明：$\|\boldsymbol{A\alpha}\|=\|\boldsymbol{\alpha}\|$.

11. 求正交矩阵$\boldsymbol{Q}$，使$\boldsymbol{Q}^{\mathrm{T}}\boldsymbol{AQ}$为对角矩阵.

(1) $\boldsymbol{A}=\begin{bmatrix}3 & 2 & 4\\ 2 & 0 & 2\\ 4 & 2 & 3\end{bmatrix}$；　　(2) $\boldsymbol{A}=\begin{bmatrix}1 & 1 & 1 & 1\\ 1 & 1 & 1 & 1\\ 1 & 1 & 1 & 1\\ 1 & 1 & 1 & 1\end{bmatrix}$.

12. 设3阶实对称矩阵$\boldsymbol{A}$的特征值为5，2，2，特征值5对应的特征向量为$\boldsymbol{x}=(1, 1, 1)^{\mathrm{T}}$，求$\boldsymbol{A}$.

13. 已知$\boldsymbol{\alpha}=\begin{bmatrix}1\\ 1\\ -1\end{bmatrix}$是矩阵$\boldsymbol{A}=\begin{bmatrix}2 & -1 & 2\\ 5 & a & 3\\ -1 & b & -2\end{bmatrix}$的一个特征向量.

(1) 确定参数a，b及特征向量$\boldsymbol{\alpha}$所对应的特征值.

(2) 问$\boldsymbol{A}$是否可对角化？请说明理由.

14. 设矩阵$\boldsymbol{A}=\begin{bmatrix}6 & -8 & -4\\ 0 & -2 & 0\\ 12 & -12 & -8\end{bmatrix}$，求$\boldsymbol{A}^{100}$.

15. 设矩阵$\boldsymbol{A}=\begin{bmatrix}0 & -1 & 4\\ -1 & 3 & a\\ 4 & a & 0\end{bmatrix}$，正交矩阵$\boldsymbol{Q}$，使$\boldsymbol{Q}^{\mathrm{T}}\boldsymbol{AQ}$为对角矩阵，若$\boldsymbol{Q}$的第1列为$\frac{1}{\sqrt{6}}(1, 2, 1)^{\mathrm{T}}$，求参数$a$及正交矩阵$\boldsymbol{Q}$.

16. 用配方法化下列二次型为标准形，并求所用的可逆线性变换.

(1) $f(x_1, x_2, x_3)=x_1^2+2x_2^2+5x_3^2+2x_1x_2+2x_1x_3+8x_2x_3$；

(2) $f(x_1, x_2, x_3)=x_1x_2+2x_1x_3+4x_2x_3$.

17. 用初等变换法化16题中的二次型为标准形，并求所用的可逆线性变换.

18. 用正交变换法化下列二次型为标准形，并求所用的正交变换.

(1) $f(x_1, x_2, x_3)=2x_1^2+5x_2^2+5x_3^2+4x_1x_2-4x_1x_3-8x_2x_3$；

(2) $f(x_1, x_2, x_3)=3x_2^2-3x_3^2+4x_1x_2-4x_1x_3-8x_2x_3$.

19. 已知二次曲面方程

$$x^2+ay^2+z^2+2bxy+2xz+2yz=4$$

可以经正交变换

$$(x, y, z)^{\mathrm{T}} = \boldsymbol{Q}(\xi, \eta, \rho)^{\mathrm{T}}$$

化为椭圆柱面方程 $\eta^2+4\rho^2=4$，求 a，b 的值及正交矩阵 $\boldsymbol{Q}$.

20. 已知二次型 $f(x_1, x_2, x_3)=\boldsymbol{x}^{\mathrm{T}}\boldsymbol{A}\boldsymbol{x}$ 在正交变换 $\boldsymbol{x}=\boldsymbol{Q}\boldsymbol{y}$ 下的标准形为 $y_1^2+y_2^2$，且 $\boldsymbol{Q}$ 的第 3 列为 $(1, 0, 1)^{\mathrm{T}}$ 的单位化向量.

(1) 求矩阵 $\boldsymbol{A}$；

(2) 证明：$\boldsymbol{A}+\boldsymbol{E}$ 为正定矩阵.

21. 判断下列二次型是否为正定二次型.

(1) $f(x_1, x_2, x_3)=3x_1^2+4x_2^2+5x_2^2+4x_1x_2-4x_2x_3$；

(2) $f(x_1, x_2, x_3, x_4)=x_1^2+2x_2^2+4x_3^2+4x_4^2-2x_1x_2+4x_2x_3-8x_3x_4$.

22. 判断下列矩阵是否为正定矩阵.

(1) $\begin{bmatrix} 2 & -1 & -1 \\ -1 & 2 & -1 \\ -1 & -2 & 2 \end{bmatrix}$；　(2) $\begin{bmatrix} 1 & 1 & 1 & 1 \\ 1 & 2 & 2 & 2 \\ 1 & 2 & 3 & 3 \\ 1 & 2 & 3 & 4 \end{bmatrix}$.

23. 参数 t 满足什么条件时，下列二次型正定.

(1) $f(x_1, x_2, x_3)=x_1^2+4x_2^2+3x_3^2+2tx_1x_2+2x_1x_2$；

(2) $f(x_1, x_2, x_3)=x_1^2+x_2^2+5x_3^2+2tx_1x_2-2x_1x_2+4x_2x_3$.

24. 参数 t 满足什么条件时，下列矩阵正定.

(1) $\begin{bmatrix} 1 & t & 1 \\ t & 2 & 0 \\ 1 & 0 & 1-t \end{bmatrix}$；　(2) $\begin{bmatrix} t & -2 & -t \\ -2 & 1 & 2 \\ -t & 2 & 5 \end{bmatrix}$.

25. 设 n 阶矩阵 $\boldsymbol{A}$ 是正定矩阵($n\geqslant 2$)，m 为正整数，证明：$\boldsymbol{A}^{-1}$，$\boldsymbol{A}^*$，$\boldsymbol{A}^m$，$\boldsymbol{A}^m+\boldsymbol{A}^{m-1}+\cdots+\boldsymbol{A}+\boldsymbol{E}$ 均为正定矩阵.

26. 设 $\boldsymbol{A}$ 为实对称矩阵且满足 $\boldsymbol{A}^2-5\boldsymbol{A}+4\boldsymbol{E}=\boldsymbol{O}$，证明：$\boldsymbol{A}$ 为正定矩阵.

27. 设 $\boldsymbol{A}$，$\boldsymbol{B}$ 均为 n 阶正定矩阵，k，l 为正实数. 证明：$k\boldsymbol{A}+l\boldsymbol{B}$，$k\boldsymbol{A}$ 为正定矩阵.

28. 设 $\boldsymbol{A}$ 为 $m\times n$ 实矩阵，且 $R(\boldsymbol{A})=m$，证明：$\boldsymbol{A}\boldsymbol{A}^{\mathrm{T}}$ 是正定矩阵.

29. 设 $\boldsymbol{A}$ 为 n 阶正定矩阵，证明：$\det(\boldsymbol{A}+\boldsymbol{E})>1$.

30. 设 $\boldsymbol{A}$ 为正定矩阵，证明：$\boldsymbol{A}$ 为正交矩阵的充分必要条件是 $\boldsymbol{A}$ 为单位矩阵.

31. 设 n 阶正交矩阵 $\boldsymbol{A}$ 按列分块为 $\boldsymbol{A}=(\boldsymbol{\alpha}_1, \boldsymbol{\alpha}_2, \cdots, \boldsymbol{\alpha}_n)$，$k$ 为实数，$\boldsymbol{H}=\boldsymbol{E}-k\boldsymbol{\alpha}_1\boldsymbol{\alpha}_1^{\mathrm{T}}$.

(1) 证明：矩阵 $\boldsymbol{H}$ 是实对称矩阵.

(2) 证明：$\boldsymbol{\alpha}_1$，$\boldsymbol{\alpha}_2$，$\cdots$，$\boldsymbol{\alpha}_n$ 都是矩阵 $\boldsymbol{H}$ 的特征向量，并求所对应的特征值.

(3) 给出矩阵 $\boldsymbol{H}$ 可逆的充要条件.

(4) k 为何值时，$\boldsymbol{H}$ 是正交矩阵.

(5) k 为何值时，$\boldsymbol{H}$ 是正定矩阵.

四、机算与应用

1. 已知矩阵 $\boldsymbol{A}=\begin{pmatrix}1&0&2&3&7&8\\0&2&1&1&1&3\\5&6&7&8&1&-2\\1&-1&0&7&2&5\\3&1&8&3&1&7\\0&-1&2&1&0&3\end{pmatrix}$，求其特征值与特征向量.

2. 用正交变换把二次型 $f(x_1, x_2, x_3, x_4)=2x_1x_2+2x_1x_3-2x_1x_4-2x_2x_3+2x_2x_4+2x_3x_4$ 化为标准形.

3. 将矩阵 $\boldsymbol{A}=\begin{pmatrix}1&1&1\\1&2&3\\1&3&6\end{pmatrix}$ 进行 $\boldsymbol{LU}$ 分解、$\boldsymbol{QR}$ 分解及 cholesky 分解.

4. 某试验性生产线每年一月份进行熟练工和非熟练工的人数统计，然后将 $\frac{1}{6}$ 的熟练工支援其他生产部门，其缺额由招收新的非熟练工补齐，新老非熟练工经过培训及实践至年终考核有 $\frac{2}{5}$ 成为熟练工. 设第 n 年一月统计的熟练工和非熟练工所占的百分比分别为 x_n 和 y_n，记成向量 $\begin{bmatrix}x_n\\y_n\end{bmatrix}$.

(1) 求 $\begin{bmatrix}x_{n+1}\\y_{n+1}\end{bmatrix}$ 与 $\begin{bmatrix}x_n\\y_n\end{bmatrix}$ 的关系式，并写成矩阵形式 $\begin{bmatrix}x_{n+1}\\y_{n+1}\end{bmatrix}=\boldsymbol{A}\begin{bmatrix}x_n\\y_n\end{bmatrix}$.

(2) 验证 $\boldsymbol{\eta}_1=\begin{bmatrix}4\\1\end{bmatrix}$，$\boldsymbol{\eta}_2=\begin{bmatrix}-1\\1\end{bmatrix}$ 是 $\boldsymbol{A}$ 的两个线性无关的特征向量，并求出相应的特征值.

(3) 当 $\begin{bmatrix}x_1\\y_1\end{bmatrix}=\begin{bmatrix}0.5\\0.5\end{bmatrix}$ 时，求 $\begin{bmatrix}x_{n+1}\\y_{n+1}\end{bmatrix}$.

第5章

线性空间与线性变换

线性空间是线性代数最基本的数学概念之一，用来研究现实世界中各种线性问题，其理论和方法已经渗透到自然科学、工程技术、经济管理的各个领域.

5.1　线性空间

本节给出了数域、线性空间的概念及性质.

5.1.1　数域

定义 5.1　设 $\boldsymbol{F}$ 是一个包含数 0 和 1 的集合，如果 $\boldsymbol{F}$ 中任意两个数的和、差、积、商(除数不为零)都在 $\boldsymbol{F}$ 中，则称 $\boldsymbol{F}$ 是一个**数域**(number field).

有理数集 $\mathbf{Q}$、实数集 $\mathbf{R}$、复数集 $\mathbf{C}$ 都是数域，它们分别称为**有理数域**(rational number field)、**实数域**(real number field)、**复数域**(complex number field).

但自然数集 $\mathbf{N}$ 不是数域，因为 1，2 均在 $\mathbf{N}$ 中，而 $1-2=-1\notin\mathbf{N}$，同理可得，整数集 $\mathbf{Z}$ 也不是数域.

若集合 $\boldsymbol{V}$ 中定义了某种运算，$\boldsymbol{V}$ 中任意元素进行运算所得结果均在 $\boldsymbol{V}$ 中，则称这种运算是封闭的.

显然，自然数集对于加法是封闭的，而对减法不封闭. 整数集对于加法、减法、乘法是封闭的，但除法不封闭. 而数域是对加法、减法、除法(除数不为零)这四种运算都封闭的数集.

除了常见的数域 $\mathbf{Q}$，$\mathbf{R}$，$\mathbf{C}$ 而外，还有许多数域，例如

$$\mathbf{Q}(\sqrt{3})=\{a+b\sqrt{3}\mid a,b\in\mathbf{Q}\}$$

也是一个数域.

虽然有很多数域，但是可以证明，每个数域都包含有理数域，即有理数域是最小的数域.

5.1.2　线性空间的定义

在第 3 章中，我们以平面二维向量、空间三维向量为背景，引出了 n 维向量，并定义了

n 维向量的加法和数乘运算，这些运算满足 8 条运算规律. 在第 1 章，定义了 $m\times n$ 矩阵的加法和数乘运算. 也有类似 n 维向量的 8 条规律. 在现实世界中还有大量的类似现象. 下面给出线性空间的概念.

定义 5.2 设 $\boldsymbol{V}$ 是一个非空集合. 其元素用 $\boldsymbol{\alpha}$, $\boldsymbol{\beta}$, $\boldsymbol{\gamma}$, $\boldsymbol{\delta}$, …表示，$\boldsymbol{F}$ 是一个数域，其元素用 k, l, …表示，如果下面条件满足：

(1) 在集合 $\boldsymbol{V}$ 的元素间定义了一种运算，叫作加法. 即对于 $\boldsymbol{V}$ 中任意两个元素 $\boldsymbol{\alpha}$ 和 $\boldsymbol{\beta}$，在 $\boldsymbol{V}$ 中都有唯一的元素 $\boldsymbol{\gamma}$ 与之对应，称为 $\boldsymbol{\alpha}$ 与 $\boldsymbol{\beta}$ 的和，记作 $\boldsymbol{\gamma}=\boldsymbol{\alpha}+\boldsymbol{\beta}$.

(2) 在数域 $\boldsymbol{F}$ 的数与集合 $\boldsymbol{V}$ 的元素之间定义了一种运算，叫作数量乘法，也就是说，对于 $\boldsymbol{F}$ 任意一个数 k 与 $\boldsymbol{V}$ 中任一元素 $\boldsymbol{\alpha}$，在 $\boldsymbol{V}$ 中都有唯一的元素 $\boldsymbol{\delta}$ 与之对应，$\boldsymbol{\delta}=k\boldsymbol{\alpha}$ 称为 k 与 $\boldsymbol{\alpha}$ 的数量乘积.

(3) $\boldsymbol{V}$ 中定义的加法与数量乘法满足下列运算律：

① $\boldsymbol{\alpha}+\boldsymbol{\beta}=\boldsymbol{\beta}+\boldsymbol{\alpha}$；

② $(\boldsymbol{\alpha}+\boldsymbol{\beta})+\boldsymbol{\gamma}=\boldsymbol{\alpha}+(\boldsymbol{\beta}+\boldsymbol{\gamma})$；

③ 在 $\boldsymbol{V}$ 中有一个元素 $\boldsymbol{0}$，对 $\boldsymbol{V}$ 中任一元素 $\boldsymbol{\alpha}$，都有 $\boldsymbol{\alpha}+\boldsymbol{0}=\boldsymbol{\alpha}$(具有这样性质的元素，称为零元素)；

④ 对于 $\boldsymbol{V}$ 中每一元素 $\boldsymbol{\alpha}$，都有 $\boldsymbol{V}$ 中元素 $\boldsymbol{\beta}$，使 $\boldsymbol{\alpha}+\boldsymbol{\beta}=\boldsymbol{0}$，$\boldsymbol{\beta}$ 称为 $\boldsymbol{\alpha}$ 的负元素；

⑤ $k(\boldsymbol{\alpha}+\boldsymbol{\beta})=k\boldsymbol{\alpha}+k\boldsymbol{\beta}$；

⑥ $(k+l)\boldsymbol{\alpha}=k\boldsymbol{\alpha}+l\boldsymbol{\alpha}$；

⑦ $k(l\boldsymbol{\alpha})=(kl)\boldsymbol{\alpha}$；

⑧ $1\boldsymbol{\alpha}=\boldsymbol{\alpha}$.

则称 $\boldsymbol{V}$ 为**数域 $\boldsymbol{F}$ 上的线性空间(或向量空间)**，简称 $\boldsymbol{V}$ 为**线性空间**(linear space)或**向量空间**(vector space).

$\boldsymbol{V}$ 中所定义的加法及数量乘法(简称数乘)运算统称为 $\boldsymbol{V}$ 的**线性运算**. $\boldsymbol{V}$ 中的元素也称为**向量**，$\boldsymbol{F}$ 中的元素也称为**数量**或**标量**. 当 $\boldsymbol{F}$ 为实数域 $\mathbf{R}$ 时，称 $\boldsymbol{V}$ 为**实线性空间**(real linear space)；当 $\boldsymbol{F}$ 为复数域 $\mathbf{C}$ 时，称 $\boldsymbol{V}$ 为**复线性空间**(complex linear space).

例 1 所有分量均为数域 $\boldsymbol{F}$ 上的数构成的 n 维向量，按照向量的加法与数量乘法构成线性空间，记为 $\boldsymbol{F}^n$.

例 2 所有元素均为数域 $\boldsymbol{F}$ 上的数构成的 $m\times n$ 矩阵，按照矩阵的加法与数乘构成线性空间，记为 $\boldsymbol{F}^{m\times n}$，称其为**矩阵空间**(matrix space).

例 3 设 $\boldsymbol{Ax}=\boldsymbol{0}$ 是复系数的齐次线性方程组，它的全体解向量对于向量的加法与数乘构成复向量空间，记为 $N(\boldsymbol{A})$，称其为齐次线性方程组 $\boldsymbol{Ax}=\boldsymbol{0}$ 的**解空间**(solution space).

例 4 全体系数为数域 $\boldsymbol{F}$ 上的数的一元多项式，按通常的多项式的加法和数与多项式的乘法，构成线性空间，记为 $\boldsymbol{F}[x]$，称其为**多项式空间**(polynomial space).

特别地，次数小于 n 的实系数多项式的全体，对于多项式的加法和数与多项式的乘法也构成线性空间. 记为 $\mathbf{R}[x]_n$.

闭区间$[a, b]$上的全体连续函数，按函数的加法和数与函数的乘法构成线性空间，记为$\boldsymbol{C}[a, b]$，称其为**函数空间**(function space).

可以验证，常系数二阶线性微分方程$y''-6y'+5y=0$的所有解，对于函数的加法和数与函数的乘法也构成线性空间.

5.1.3 线性空间的性质

性质 5.1 零向量是唯一的.

证明 设$\mathbf{0}$，$\mathbf{0}_1$是$\boldsymbol{V}$中的两个零向量，则由零向量的定义可得

$$\mathbf{0}_1+\mathbf{0}=\mathbf{0}_1, \quad \mathbf{0}+\mathbf{0}_1=\mathbf{0}$$

故

$$\mathbf{0}_1=\mathbf{0}_1+\mathbf{0}=\mathbf{0}+\mathbf{0}_1=\mathbf{0}$$

性质 5.2 向量空间$\boldsymbol{V}$中每个向量的负向量是唯一的.

证明 设向量$\boldsymbol{\alpha}$有两个负向量$\boldsymbol{\beta}$和$\boldsymbol{\gamma}$，由负向量的定义可得$\boldsymbol{\alpha}+\boldsymbol{\beta}=\mathbf{0}$，$\boldsymbol{\alpha}+\boldsymbol{\gamma}=0$，从而

$$\boldsymbol{\beta}=\boldsymbol{\beta}+\mathbf{0}=\boldsymbol{\beta}+(\boldsymbol{\alpha}+\boldsymbol{\gamma})=(\boldsymbol{\beta}+\boldsymbol{\alpha})+\boldsymbol{\gamma}=\mathbf{0}+\boldsymbol{\gamma}=\boldsymbol{\gamma}$$

故向量$\boldsymbol{\alpha}$的负向量唯一. 通常将向量$\boldsymbol{\alpha}$的唯一负向量记为$-\boldsymbol{\alpha}$.

利用负向量，可定义向量减法：$\boldsymbol{\alpha}-\boldsymbol{\beta}=\boldsymbol{\alpha}+(-\boldsymbol{\beta})$.

性质 5.3 对向量空间$\boldsymbol{V}$中任一向量$\boldsymbol{\alpha}$与任一数k，有$0\boldsymbol{\alpha}=\mathbf{0}$；$k\mathbf{0}=\mathbf{0}$；$(-1)\boldsymbol{\alpha}=-\boldsymbol{\alpha}$.

证明 首先

$$\boldsymbol{\alpha}=1\boldsymbol{\alpha}=(1+0)\boldsymbol{\alpha}=1\boldsymbol{\alpha}+0\boldsymbol{\alpha}=\boldsymbol{\alpha}+0\boldsymbol{\alpha}$$

又

$$\begin{aligned}\mathbf{0}&=-\boldsymbol{\alpha}+\boldsymbol{\alpha}=-\boldsymbol{\alpha}+(\boldsymbol{\alpha}+0\boldsymbol{\alpha})=(-\boldsymbol{\alpha}+\boldsymbol{\alpha})+0\boldsymbol{\alpha}\\&=\mathbf{0}+0\boldsymbol{\alpha}=0\boldsymbol{\alpha}\end{aligned}$$

其次

$$\begin{aligned}k\mathbf{0}&=k(\boldsymbol{\alpha}+(-\boldsymbol{\alpha}))=k\boldsymbol{\alpha}+(-k)\boldsymbol{\alpha}\\&=(k-k)\boldsymbol{\alpha}=\mathbf{0}\end{aligned}$$

最后，因$\boldsymbol{\alpha}+(-\boldsymbol{\alpha})=1\boldsymbol{\alpha}+(-1)\boldsymbol{\alpha}=(1-1)\boldsymbol{\alpha}=0\boldsymbol{\alpha}=\mathbf{0}$，所以$(-1)\boldsymbol{\alpha}=-\boldsymbol{\alpha}$.

性质 5.4 对向量空间$\boldsymbol{V}$中任一向量$\boldsymbol{\alpha}$与任一数k，若$k\boldsymbol{\alpha}=\mathbf{0}$，则$k=0$或$\boldsymbol{\alpha}=\mathbf{0}$.

证明 若$k\neq 0$，则$\boldsymbol{\alpha}=1\boldsymbol{\alpha}=(k^{-1}k)\boldsymbol{\alpha}=k^{-1}(k\boldsymbol{\alpha})=k^{-1}\mathbf{0}=\mathbf{0}$.

5.1.4 线性子空间

定义 5.3 若$\boldsymbol{W}$为数域$\boldsymbol{F}$上的线性空间$\boldsymbol{V}$的非空子集合，且$\boldsymbol{W}$满足如下条件：

(1) 对任意$k\in\boldsymbol{F}$，$\boldsymbol{\alpha}\in\boldsymbol{W}$，则$k\boldsymbol{\alpha}\in\boldsymbol{W}$；

(2) 对任意$\boldsymbol{\alpha},\boldsymbol{\beta}\in\boldsymbol{W}$，则$\boldsymbol{\alpha}+\boldsymbol{\beta}\in\boldsymbol{W}$，

则称$\boldsymbol{W}$为$\boldsymbol{V}$的**线性子空间**，简称**子空间**(subspace).

换句话说，$\boldsymbol{W}$是向量空间$\boldsymbol{V}$的子空间，当且仅当$\boldsymbol{W}$对$\boldsymbol{V}$中的加法与数乘运算是封

闭的.

若 $\boldsymbol{W}$ 是线性空间 $\boldsymbol{V}$ 的子空间，由定义 5.3 不难得出它也是线性空间.

不难证明下列子空间：

(1) n 元复系数齐次线性方程组 $\boldsymbol{Ax}=\boldsymbol{0}$ 的解空间是 $\boldsymbol{C}^n$ 的一个线性子空间.

(2) 全体 n 阶对称矩阵、n 阶对角矩阵、n 阶下三角矩阵、n 阶上三角矩阵构成矩阵空间 $\boldsymbol{F}^{n\times n}$ 的子空间.

可验证下列集合构成子空间.

$\boldsymbol{V}=\left\{\begin{bmatrix}0 & 0 & a_1\\ 0 & a_2 & 0\end{bmatrix} a_1,\ a_2\in\boldsymbol{F}\right\}$构成 $\boldsymbol{F}^{2\times 3}$ 的子空间.

函数集合$\{f(x)\in\boldsymbol{C}[a,\ b],\ f(2)=0\}$是线性空间 $\boldsymbol{C}[a,\ b]$的子空间.

例 5 设 $\boldsymbol{V}$ 是数域 $\boldsymbol{F}$ 上的线性空间，$\boldsymbol{\alpha}_1,\ \boldsymbol{\alpha}_2,\ \cdots,\ \boldsymbol{\alpha}_n$ 是 $\boldsymbol{V}$ 中的一组向量，则

$$\boldsymbol{W}=\{\boldsymbol{\alpha}\mid\boldsymbol{\alpha}=k_1\boldsymbol{\alpha}_1+k_2\boldsymbol{\alpha}_2+\cdots+k_n\boldsymbol{\alpha}_n,\ k_i\in\boldsymbol{F},\ i=1,\ 2,\ \cdots,\ n\}$$

是 $\boldsymbol{V}$ 的子空间，这个子空间是由 $\boldsymbol{\alpha}_1,\ \boldsymbol{\alpha}_2,\ \cdots,\ \boldsymbol{\alpha}_n$ 的一切线性组合构成的，称为由 $\boldsymbol{\alpha}_1,\ \boldsymbol{\alpha}_2,\ \cdots,\ \boldsymbol{\alpha}_n$ 生成(张成)的子空间，记为 $\boldsymbol{L}(\boldsymbol{\alpha}_1,\ \boldsymbol{\alpha}_2,\ \cdots,\ \boldsymbol{\alpha}_n)$或 $\mathrm{span}(\boldsymbol{\alpha}_1,\ \boldsymbol{\alpha}_2,\ \cdots,\ \boldsymbol{\alpha}_n)$.

例 6 判断下列集合不构成子空间.

(1) n 元实系数非齐次线性方程组 $\boldsymbol{Ax}=\boldsymbol{b}$ 的解集合，不是 $\mathbf{R}^n$ 的子空间，这是因为非齐次线性方程 $\boldsymbol{Ax}=\boldsymbol{b}$ 的解对加法不封闭.

(2) 全体 n 阶可逆实矩阵构成的集合 $\boldsymbol{W}$ 不是 $\mathbf{R}^{n\times n}$的子空间，这是因为数 0 与任何可逆矩阵的乘积不是可逆矩阵(因为零矩阵不可逆)，即 $\boldsymbol{W}$ 对数乘运算不封闭.

5.2 线性空间的基与向量的坐标

5.2.1 基、维数、坐标

由于数域 $\boldsymbol{F}$ 上的线性空间 $\boldsymbol{V}$ 和 $\boldsymbol{F}^n$ 关于其线性运算同样满足相同的 8 条规则和性质，因此在 $\boldsymbol{F}^n$ 中向量的线性相关性、极大无关组、秩等概念及其有关的结论，也都适用于一般的线性空间 $\boldsymbol{V}$. 在这里只列出几个主要概念.

定义 5.4 设 $\boldsymbol{\alpha}_1,\ \boldsymbol{\alpha}_2,\ \cdots,\ \boldsymbol{\alpha}_m$ 是数域 $\boldsymbol{F}$ 上的线性空间 $\boldsymbol{V}$ 中的 m 个向量，$k_1,\ \cdots,\ k_m$ 是 $\boldsymbol{F}$ 中的数，则称 $k_1\boldsymbol{\alpha}_1+k_2\boldsymbol{\alpha}_2+\cdots+k_m\boldsymbol{\alpha}_m=\boldsymbol{\beta}$ 为向量组 $\boldsymbol{\alpha}_1,\ \boldsymbol{\alpha}_2,\ \cdots,\ \boldsymbol{\alpha}_m$ 的一个线性组合，或 $\boldsymbol{\beta}$ 可由向量组 $\boldsymbol{\alpha}_1,\ \boldsymbol{\alpha}_2,\ \cdots,\ \boldsymbol{\alpha}_m$ **线性表示**(linear representation).

定义 5.5 设 $\boldsymbol{\alpha}_1,\ \boldsymbol{\alpha}_2,\ \cdots,\ \boldsymbol{\alpha}_m$ 是数域 $\boldsymbol{F}$ 上的线性空间 $\boldsymbol{V}$ 中的向量，若存在 $\boldsymbol{F}$ 中不全为零的数 $k_1,\ k_2,\ \cdots,\ k_m$，使 $k_1\boldsymbol{\alpha}_1+k_2\boldsymbol{\alpha}_2+\cdots+k_m\boldsymbol{\alpha}_m=\boldsymbol{0}$，则称向量组 $\boldsymbol{\alpha}_1,\ \boldsymbol{\alpha}_2,\ \cdots,\ \boldsymbol{\alpha}_m$ **线性相关**(linear dependent)，否则称向量组 $\boldsymbol{\alpha}_1,\ \boldsymbol{\alpha}_2,\ \cdots,\ \boldsymbol{\alpha}_m$ **线性无关**(linear independent).

定义 5.6 设 $\boldsymbol{V}$ 是数域 $\boldsymbol{F}$ 上的线性空间，$\boldsymbol{\alpha}_1,\ \boldsymbol{\alpha}_2,\ \cdots,\ \boldsymbol{\alpha}_n$ 是 $\boldsymbol{V}$ 中 n 个线性无关的向量，

若 $\boldsymbol{V}$ 中任一向量 $\boldsymbol{\alpha}$ 均可由 $\boldsymbol{\alpha}_1$，$\boldsymbol{\alpha}_2$，…，$\boldsymbol{\alpha}_n$ 线性表示，则称线性空间 $\boldsymbol{V}$ 是 **n 维线性空间**（n-dimensional linear space），n 称为 $\boldsymbol{V}$ 的**维数**（dimension），记作 $\dim\boldsymbol{V}=n$，而称 $\boldsymbol{\alpha}_1$，$\boldsymbol{\alpha}_2$，…，$\boldsymbol{\alpha}_n$ 为 $\boldsymbol{V}$ 的一组**基**（base）．如果 $\boldsymbol{V}$ 中有任意多个线性无关的向量，则称 $\boldsymbol{V}$ 是**无限维线性空间**（infinite dimensional linear space）．

容易证明，在 $\mathbf{R}[x]$中，1，x，x^2，…，x^n（n 为任意正整数）是线性无关的，因此 $\mathbf{R}[x]$ 是无限维线性空间．$\boldsymbol{C}[a,b]$也是无限维线性空间．在本书中仅讨论有限维线性空间．

在 n 维线性空间 $\boldsymbol{V}$ 中，任意 $n+1$ 个向量都可以由 $\boldsymbol{V}$ 的一组基线性表示，因而这 $n+1$ 个向量必线性相关．故在 n 维线性空间 $\boldsymbol{V}$ 中，任何 n 个线性无关的向量都是 $\boldsymbol{V}$ 的一组基．

确定了线性空间 $\boldsymbol{V}$ 的基与维数以后，$\boldsymbol{V}$ 的任一向量均可以由这组基线性表示，而且表示式是唯一确定的．

定义 5.7 设 $\boldsymbol{\alpha}_1$，$\boldsymbol{\alpha}_2$，…，$\boldsymbol{\alpha}_n$ 是 n 维线性空间 $\boldsymbol{V}$ 的一组基，$\boldsymbol{\beta}\in\boldsymbol{V}$ 且有

$$\boldsymbol{\beta}=x_1\boldsymbol{\alpha}_1+x_2\boldsymbol{\alpha}_2+\cdots+x_n\boldsymbol{\alpha}_n$$

则称$(x_1, x_2, \cdots, x_n)^{\mathrm{T}}$ 为 $\boldsymbol{\beta}$ 在基 $\boldsymbol{\alpha}_1$，$\boldsymbol{\alpha}_2$，…，$\boldsymbol{\alpha}_n$ 下的坐标向量．

例 1 求 $\mathbf{R}^{2\times2}$的一组基，并求 $\boldsymbol{A}=\begin{bmatrix}1 & 2\\ 3 & 4\end{bmatrix}$在这组基下的坐标．

解 显然，$\boldsymbol{E}_{11}=\begin{bmatrix}1 & 0\\ 0 & 1\end{bmatrix}$，$\boldsymbol{E}_{12}=\begin{bmatrix}0 & 1\\ 0 & 0\end{bmatrix}$，$\boldsymbol{E}_{21}=\begin{bmatrix}0 & 0\\ 1 & 0\end{bmatrix}$，$\boldsymbol{E}_{22}=\begin{bmatrix}0 & 0\\ 0 & 1\end{bmatrix}$是 $\mathbf{R}^{2\times2}$ 中的向量．若有实数 k_1，k_2，k_3，k_4，使得

$$k_1\boldsymbol{E}_{11}+k_2\boldsymbol{E}_{12}+k_3\boldsymbol{E}_{21}+k_4\boldsymbol{E}_{22}=\boldsymbol{O}$$

即

$$\begin{bmatrix}k_1 & k_2\\ k_3 & k_4\end{bmatrix}=\begin{bmatrix}0 & 0\\ 0 & 0\end{bmatrix}$$

从而 $k_1=k_2=k_3=k_4=0$，故 $\boldsymbol{E}_{11}$，$\boldsymbol{E}_{12}$，$\boldsymbol{E}_{21}$，$\boldsymbol{E}_{22}$是线性无关的．而任给 $\boldsymbol{B}=\begin{bmatrix}a & b\\ c & d\end{bmatrix}\in\mathbf{R}^{2\times2}$，可表示为

$$\boldsymbol{B}=a\boldsymbol{E}_{11}+b\boldsymbol{E}_{12}+c\boldsymbol{E}_{21}+d\boldsymbol{E}_{22}$$

因此 $\mathbf{R}^{2\times2}$是 4 维向量空间，$\boldsymbol{E}_{11}$，$\boldsymbol{E}_{12}$，$\boldsymbol{E}_{21}$，$\boldsymbol{E}_{22}$是 $\mathbf{R}^{2\times2}$ 的一组基，$\boldsymbol{B}$ 在这组基下的坐标为$(a,b,c,d)^{\mathrm{T}}$．

显然，$\boldsymbol{A}$ 在这组基下的坐标为$(1, 2, 3, 4)^{\mathrm{T}}$．

类似地，线性空间 $\boldsymbol{F}^{m\times n}$是 $m\times n$ 维向量空间，$\boldsymbol{E}_{11}$，…，$\boldsymbol{E}_{1n}$，…，$\boldsymbol{E}_{m,n}$是 $\boldsymbol{F}^{m\times n}$的一组基，其中 $\boldsymbol{E}_{ij}$是第 i 行第 j 列的元素为 1，而其余元素为 0 的 $m\times n$ 矩阵．

例 2 求线性空间 $\mathbf{R}[x]_n$ 的一组基与维数．

解 显然 1，x，…，x^{n-1}是 $\mathbf{R}[x]_n$ 中的向量且线性无关，而任给 $p(x)=a_0+a_1x+\cdots+a_{n-1}x^{n-1}\in\mathbf{R}[x]$可由 1，$x$，…，$x^{n-1}$线性表示，因而 1，$x$，…，$x^{n-1}$是 $\boldsymbol{F}[x]_n$ 的一组基．其维数 $\dim\mathbf{R}[x]_n=n$．

例 3 设 $\boldsymbol{\alpha}_1, \boldsymbol{\alpha}_2, \cdots, \boldsymbol{\alpha}_m$ 是数域 $\boldsymbol{F}$ 上的线性空间 $\boldsymbol{V}$ 中的一组向量，求由 $\boldsymbol{\alpha}_1, \boldsymbol{\alpha}_2, \cdots, \boldsymbol{\alpha}_m$ 生成的子空间

$$\mathrm{span}(\boldsymbol{\alpha}_1, \boldsymbol{\alpha}_2, \cdots, \boldsymbol{\alpha}_m) = \left\{\boldsymbol{\alpha} \mid \boldsymbol{\alpha} = \sum_{i=1}^{m} k_i\boldsymbol{\alpha}_i,\ k_i \in \boldsymbol{F},\ i = 1, 2, \cdots, m\right\}$$

的基与维数.

解 若 $\boldsymbol{\alpha}_1, \boldsymbol{\alpha}_2, \cdots, \boldsymbol{\alpha}_m$ 全为 $\mathbf{0}$，则 $\mathrm{span}(\boldsymbol{\alpha}_1, \boldsymbol{\alpha}_2, \cdots, \boldsymbol{\alpha}_m)$ 为零空间，则它的维数为零，没有基.

若 $\boldsymbol{\alpha}_1, \boldsymbol{\alpha}_2, \cdots, \boldsymbol{\alpha}_m$ 不全为 $\mathbf{0}$，不妨设其极大无关组为 $\boldsymbol{\alpha}_1, \boldsymbol{\alpha}_2, \cdots, \boldsymbol{\alpha}_s$，则 $\forall \boldsymbol{\alpha} \in \mathrm{span}(\boldsymbol{\alpha}_1, \boldsymbol{\alpha}_2, \cdots, \boldsymbol{\alpha}_m)$，则 $\boldsymbol{\alpha}$ 可由 $\boldsymbol{\alpha}_1, \boldsymbol{\alpha}_2, \cdots, \boldsymbol{\alpha}_s$ 线性表示，从而 $\mathrm{span}(\boldsymbol{\alpha}_1, \boldsymbol{\alpha}_2, \cdots, \boldsymbol{\alpha}_m)$ 是 s 维的，$\boldsymbol{\alpha}_1, \boldsymbol{\alpha}_2, \cdots, \boldsymbol{\alpha}_s$ 是它的一组基.

设 $\boldsymbol{\alpha}_1, \boldsymbol{\alpha}_2, \cdots, \boldsymbol{\alpha}_n$ 是数域 $\boldsymbol{F}$ 上线性空间 $\boldsymbol{V}$ 的一组基，$\boldsymbol{\alpha}, \boldsymbol{\beta} \in \boldsymbol{V}$，在此基下就有

$$\boldsymbol{\alpha} = x_1\boldsymbol{\alpha}_1 + x_2\boldsymbol{\alpha}_2 + \cdots + x_n\boldsymbol{\alpha}_n = (\boldsymbol{\alpha}_1, \boldsymbol{\alpha}_2, \cdots, \boldsymbol{\alpha}_n)\begin{bmatrix} x_1 \\ x_2 \\ \vdots \\ x_n \end{bmatrix}$$

$$\boldsymbol{\beta} = y_1\boldsymbol{\alpha}_1 + y_2\boldsymbol{\alpha}_2 + \cdots + y_n\boldsymbol{\alpha}_n = (\boldsymbol{\alpha}_1, \boldsymbol{\alpha}_2, \cdots, \boldsymbol{\alpha}_n)\begin{bmatrix} y_1 \\ y_2 \\ \vdots \\ y_n \end{bmatrix}$$

于是

$$\boldsymbol{\alpha} + \boldsymbol{\beta} = (x_1 + y_1)\boldsymbol{\alpha}_1 + (x_2 + y_2)\boldsymbol{\alpha}_2 + \cdots + (x_n + y_n)\boldsymbol{\alpha}_n$$
$$k\boldsymbol{\alpha} = kx_1\boldsymbol{\alpha}_1 + kx_2\boldsymbol{\alpha}_2 + \cdots + kx_n\boldsymbol{\alpha}_n$$

即 $\boldsymbol{\alpha}, \boldsymbol{\beta}, \boldsymbol{\alpha}+\boldsymbol{\beta}, k\boldsymbol{\alpha}$ 在基 $\boldsymbol{\alpha}_1, \boldsymbol{\alpha}_2, \cdots, \boldsymbol{\alpha}_n$ 下的坐标向量有如下关系式：

$$\begin{bmatrix} x_1 + y_1 \\ x_2 + y_2 \\ \vdots \\ x_n + y_n \end{bmatrix} = \begin{bmatrix} x_1 \\ x_2 \\ \vdots \\ x_n \end{bmatrix} + \begin{bmatrix} y_1 \\ y_2 \\ \vdots \\ y_n \end{bmatrix},\quad \begin{bmatrix} kx_1 \\ kx_2 \\ \vdots \\ kx_n \end{bmatrix} = k\begin{bmatrix} x_1 \\ x_2 \\ \vdots \\ x_n \end{bmatrix}$$

通过以上讨论可以看出，在 n 维实线性空间 $\boldsymbol{V}$ 中取定基 $\boldsymbol{\alpha}_1, \boldsymbol{\alpha}_2, \cdots, \boldsymbol{\alpha}_n$ 后，$\boldsymbol{V}$ 中向量 $\boldsymbol{\alpha}$ 就与 $\boldsymbol{F}^n$ 中的向量 $(x_1, x_2, \cdots, x_n)^{\mathrm{T}}$ 之间建立了一一对应关系，而且这种对应关系保持着线性组合的对应，因此 $\boldsymbol{V}$ 与 $\boldsymbol{F}^n$ 有相同的结构，我们称 $\boldsymbol{V}$ 与 $\boldsymbol{F}^n$ 是**同构的**，于是讨论 $\boldsymbol{V}$ 中元素的线性关系，也就可以通过讨论它们坐标向量的线性关系进行，而后者我们已经相当熟悉了.

5.2.2 基变换与坐标变换

我们知道，n 维线性空间 $\boldsymbol{V}$ 的基是不唯一的，那么同一向量在两组基下的坐标有什么

关系？以下我们来讨论这个问题.

设 $\boldsymbol{\alpha}_1, \boldsymbol{\alpha}_2, \cdots, \boldsymbol{\alpha}_n$ 与 $\boldsymbol{\beta}_1, \boldsymbol{\beta}_2, \cdots, \boldsymbol{\beta}_n$ 为 n 维线性空间 $\mathbf{V}$ 的两组基，则 $\boldsymbol{\beta}_1, \boldsymbol{\beta}_2, \cdots, \boldsymbol{\beta}_n$ 可由 $\mathbf{V}$ 的基 $\boldsymbol{\alpha}_1, \boldsymbol{\alpha}_2, \cdots, \boldsymbol{\alpha}_n$ 表示：

$$\begin{cases} \boldsymbol{\beta}_1 = a_{11}\boldsymbol{\alpha}_1 + a_{21}\boldsymbol{\alpha}_2 + \cdots + a_{n1}\boldsymbol{\alpha}_n \\ \boldsymbol{\beta}_2 = a_{12}\boldsymbol{\alpha}_1 + a_{22}\boldsymbol{\alpha}_2 + \cdots + a_{n2}\boldsymbol{\alpha}_n \\ \quad\vdots \\ \boldsymbol{\beta}_n = a_{1n}\boldsymbol{\alpha}_1 + a_{2n}\boldsymbol{\alpha}_2 + \cdots + a_{nn}\boldsymbol{\alpha}_n \end{cases} \tag{5-1}$$

或者写成矩阵形式

$$(\boldsymbol{\beta}_1, \boldsymbol{\beta}_2, \cdots, \boldsymbol{\beta}_n) = (\boldsymbol{\alpha}_1, \boldsymbol{\alpha}_2, \cdots, \boldsymbol{\alpha}_n)\begin{bmatrix} a_{11} & a_{12} & \cdots & a_{1n} \\ a_{21} & a_{22} & \cdots & a_{2n} \\ & & \vdots & \\ a_{n1} & a_{n2} & \cdots & a_{nn} \end{bmatrix} \tag{5-2}$$

若记 $\boldsymbol{A}=(a_{ij})_{n\times n}$，那么式(5-2)就可写为

$$(\boldsymbol{\beta}_1, \boldsymbol{\beta}_2, \cdots, \boldsymbol{\beta}_n) = (\boldsymbol{\alpha}_1, \boldsymbol{\alpha}_2, \cdots, \boldsymbol{\alpha}_n)\boldsymbol{A} \tag{5-3}$$

则称 n 阶矩阵 $\boldsymbol{A}$ 为由基 $\boldsymbol{\alpha}_1, \boldsymbol{\alpha}_2, \cdots, \boldsymbol{\alpha}_n$ 到基 $\boldsymbol{\beta}_1, \boldsymbol{\beta}_2, \cdots, \boldsymbol{\beta}_n$ 的**过渡矩阵**(transition matrix).

过渡矩阵 $\boldsymbol{A}$ 具有下列性质：

(1) 过渡矩阵 $\boldsymbol{A}$ 的第 j 列恰为 $\boldsymbol{\beta}_j$ 在基 $\boldsymbol{\alpha}_1, \boldsymbol{\alpha}_2, \cdots, \boldsymbol{\alpha}_n$ 下的坐标；

(2) 过渡矩阵 $\boldsymbol{A}$ 可逆. 事实上，由 $\boldsymbol{\beta}_1, \boldsymbol{\beta}_2, \cdots, \boldsymbol{\beta}_n$ 线性无关，则 $\boldsymbol{A}$ 的列向量组线性无关，故 $\boldsymbol{A}$ 为可逆矩阵.

定理 5.1 设 $\boldsymbol{\alpha}_1, \boldsymbol{\alpha}_2, \cdots, \boldsymbol{\alpha}_n$ 和 $\boldsymbol{\beta}_1, \boldsymbol{\beta}_2, \cdots, \boldsymbol{\beta}_n$ 是 n 维线性空间 $\mathbf{V}$ 的两组基，由基 $\boldsymbol{\alpha}_1, \boldsymbol{\alpha}_2, \cdots, \boldsymbol{\alpha}_n$ 到基 $\boldsymbol{\beta}_1, \boldsymbol{\beta}_2, \cdots, \boldsymbol{\beta}_n$ 的过渡矩阵为 $\boldsymbol{A}=(a_{ij})_{n\times n}$，即

$$(\boldsymbol{\beta}_1, \boldsymbol{\beta}_2, \cdots, \boldsymbol{\beta}_n) = (\boldsymbol{\alpha}_1, \boldsymbol{\alpha}_2, \cdots, \boldsymbol{\alpha}_n)\boldsymbol{A}$$

若向量 $\boldsymbol{\eta}$ 在这两组基下的坐标分别为 $\boldsymbol{x}=(x_1, x_2, \cdots, x_n)^{\mathrm{T}}$ 和 $\boldsymbol{y}=(y_1, y_2, \cdots, y_n)^{\mathrm{T}}$，那么

$$\boldsymbol{x} = \boldsymbol{A}\boldsymbol{y} \tag{5-4}$$

或者等价地有

$$\boldsymbol{y} = \boldsymbol{A}^{-1}\boldsymbol{x} \tag{5-5}$$

式(5-4)或式(5-5)称为**坐标变换公式**(coordinate transformation formula).

证明 $\boldsymbol{\eta}$ 在基 $\boldsymbol{\alpha}_1, \boldsymbol{\alpha}_2, \cdots, \boldsymbol{\alpha}_n$ 下的坐标为 $\boldsymbol{x}$，即

$$\boldsymbol{\eta} = (\boldsymbol{\alpha}_1, \boldsymbol{\alpha}_2, \cdots, \boldsymbol{\alpha}_n)\begin{bmatrix} x_1 \\ x_2 \\ \vdots \\ x_n \end{bmatrix} = (\boldsymbol{\alpha}_1, \boldsymbol{\alpha}_2, \cdots, \boldsymbol{\alpha}_n)\boldsymbol{x}$$

而 $\boldsymbol{\eta}$ 在基 $\boldsymbol{\beta}_1, \boldsymbol{\beta}_2, \cdots, \boldsymbol{\beta}_n$ 下的坐标为 $\boldsymbol{y}$，并注意到 $\boldsymbol{A}$ 为两组基之间的过渡矩阵，即 $(\boldsymbol{\beta}_1, \boldsymbol{\beta}_2, \cdots, \boldsymbol{\beta}_n)=(\boldsymbol{\alpha}_1, \boldsymbol{\alpha}_2, \cdots, \boldsymbol{\alpha}_n)\boldsymbol{A}$，故

$$\boldsymbol{\eta}=(\boldsymbol{\beta}_1,\boldsymbol{\beta}_2,\cdots,\boldsymbol{\beta}_n)\boldsymbol{y}=(\boldsymbol{\alpha}_1,\boldsymbol{\alpha}_2,\cdots,\boldsymbol{\alpha}_n)\boldsymbol{A}\boldsymbol{y}$$

这说明 $\boldsymbol{\eta}$ 在基 $\boldsymbol{\alpha}_1,\boldsymbol{\alpha}_2,\cdots,\boldsymbol{\alpha}_n$ 下的坐标为 $\boldsymbol{A}\boldsymbol{y}$，由于向量在基下的坐标是唯一的，故

$$\boldsymbol{x}=\boldsymbol{A}\boldsymbol{y}$$

例 4 在 $\mathbf{R}[x]_3$ 中，已知从基 $\boldsymbol{\alpha}_1,\boldsymbol{\alpha}_2,\boldsymbol{\alpha}_3$ 到 $\boldsymbol{\beta}_1,\boldsymbol{\beta}_2,\boldsymbol{\beta}_3$ 的过渡矩阵为 $\boldsymbol{A}$，求基 $\boldsymbol{\alpha}_1,\boldsymbol{\alpha}_2,\boldsymbol{\alpha}_3$，其中

$$\boldsymbol{\beta}_1=2-x^2,\ \boldsymbol{\beta}_2=1+3x+2x^2,\ \boldsymbol{\beta}_3=-2+x+x^2$$

$$\boldsymbol{A}=\begin{bmatrix}1&2&3\\0&1&4\\0&0&1\end{bmatrix}$$

解 由 $(\boldsymbol{\beta}_1,\boldsymbol{\beta}_2,\boldsymbol{\beta}_3)=(\boldsymbol{\alpha}_1,\boldsymbol{\alpha}_2,\boldsymbol{\alpha}_3)\boldsymbol{A}$，得

$$\begin{aligned}(\boldsymbol{\alpha}_1,\boldsymbol{\alpha}_2,\boldsymbol{\alpha}_3)&=(\boldsymbol{\beta}_1,\boldsymbol{\beta}_2,\boldsymbol{\beta}_3)\boldsymbol{A}^{-1}\\&=(1,x,x^2)\begin{bmatrix}2&1&-2\\0&3&1\\-1&2&1\end{bmatrix}\begin{bmatrix}1&-2&5\\0&1&-4\\0&0&1\end{bmatrix}\\&=(1,x,x^2)\begin{bmatrix}2&-3&4\\0&3&-11\\-1&4&-12\end{bmatrix}\end{aligned}$$

所以，$\boldsymbol{\alpha}_1=2-x^2$，$\boldsymbol{\alpha}_2=-3+3x+4x^2$，$\boldsymbol{\alpha}_3=4-11x-12x^2$.

5.3 线性变换

线性变换是将线性空间映到自身的一个映射，它具有保持向量间的线性关系不变的特点. 本节介绍线性变换的概念，并讨论其基本性质.

5.3.1 映射

定义 5.8 设 $\boldsymbol{M}$ 与 $\boldsymbol{N}$ 是两个非空集合，如果有一个法则 f，使得对 $\boldsymbol{M}$ 中每个元素 a 都有 $\boldsymbol{N}$ 中唯一确定的 b 与之对应，那么就称 f 是 $\boldsymbol{M}$ 到 $\boldsymbol{N}$ 的一个**映射**(mapping)，记作

$$f:\boldsymbol{M}\to\boldsymbol{N}$$

并称 b 为 a 在 f 下的**像**(image)，而 a 称为 b 在映射 f 下的一个**原像**(preimage)，记作

$$f:a\to b\ 或\ f(a)=b$$

集合 $\boldsymbol{M}$ 称为映射 f 的**定义域**(domain of definition).

由集合 $\boldsymbol{M}$ 到 $\boldsymbol{M}$ 的映射 f，称为变换.

例 1 $f(x)=\mathrm{e}^x$ 是 $\mathbf{R}\to(0,+\infty)$ 的一个映射.

例 2　设 $\boldsymbol{A}$ 为 $m\times n$ 实矩阵，则

$$f:\boldsymbol{x}\rightarrow\boldsymbol{Ax}\text{ 或 }f(\boldsymbol{x})=\boldsymbol{Ax}$$

是 $\mathbf{R}^n$ 到 $\mathbf{R}^m$ 的一个映射.

例 3　f：$p(x)\rightarrow p'(x)$是 $\mathbf{R}[x]$到 $\mathbf{R}[x]$上的一个映射(变换).

设 f 是集合 $\boldsymbol{M}$ 到集合 $\boldsymbol{N}$ 的映射.

如果对于任意 $a,b\in\boldsymbol{M}$，$a\neq b$ 都有 $f(a)\neq f(b)$，则称 f 是**单射**(single mapping).

如果对于任意 $b\in\boldsymbol{N}$，都有 $a\in\boldsymbol{M}$，使 $f(a)=b$，则称 f 是**满射**(full mapping).

如果 f 既是单射，又是满射，则称 f 是**双射**(double mapping)(或称**一一映射**).

上面例 1 中的映射是一个双射；例 2 中的映射在矩阵 $\boldsymbol{A}$ 是列满秩矩阵时是单射，$\boldsymbol{A}$ 是行满秩矩阵时是满射，$\boldsymbol{A}$ 是满秩矩阵(即可逆矩阵)时是双射；而例 3 中的映射是满射，但不是单射.

5.3.2　线性变换的定义

定义 5.9　设数域 $\boldsymbol{F}$ 上的线性空间 $\boldsymbol{V}_1$ 与 $\boldsymbol{V}_2$ 分别是 n 维和 m 维的. T 是 $\boldsymbol{V}_1$ 到 $\boldsymbol{V}_2$ 的一个映射，且满足

(1) 对任意 $\boldsymbol{\alpha},\boldsymbol{\beta}\in\boldsymbol{V}_1$，有 $T(\boldsymbol{\alpha}+\boldsymbol{\beta})=T(\boldsymbol{\alpha})+T(\boldsymbol{\beta})$；

(2) 对任意 $\boldsymbol{\alpha}\in\boldsymbol{V}$，$k\in F$，有 $T(k\boldsymbol{\alpha})=kT(\boldsymbol{\alpha})$.

则称 T 是从线性空间 $\boldsymbol{V}_1$ 到 $\boldsymbol{V}_2$ 的**线性映射**(linear mapping).

若 $\boldsymbol{V}_2=\boldsymbol{F}$，则称该线性映射为**线性函数**(linear function).

若 $\boldsymbol{V}_1=\boldsymbol{V}_2$，则称该线性映射为线性空间 $\boldsymbol{V}_1$ 上的线性变换，简称**线性变换**(linear transformation).本章以后各节主要研究线性变换的性质与表示法.

例 4　(1) 不难验证，在线性空间 $\mathbf{R}[x]$中，求导运算 $D(f(x))=f'(x)$，$f(x)\in\mathbf{R}[x]$是 $\mathbf{R}[x]$上的线性变换.

(2) 在线性空间 $\boldsymbol{C}[a,b]$中，积分运算

$$J(f(x))=\int_a^x f(t)\mathrm{d}t,\ f(x)\in\boldsymbol{C}[a,b]$$

是 $\boldsymbol{C}[a,b]$上的线性变换.

例 5　设 $\boldsymbol{A}$ 为 n 阶实矩阵，在 $\mathbf{R}^n$ 中定义变换如下：$T_{\boldsymbol{A}}(x)=\boldsymbol{Ax}$，$\boldsymbol{x}\in\mathbf{R}^n$.

证明：$T_{\boldsymbol{A}}$ 是 $\mathbf{R}^n$ 上的线性变换.

证明　对任意 $\boldsymbol{x}$，$\boldsymbol{y}\in\mathbf{R}^n$，$k\in\mathbf{R}$

$$T_{\boldsymbol{A}}(\boldsymbol{x}+\boldsymbol{y})=\boldsymbol{A}(\boldsymbol{x}+\boldsymbol{y})=\boldsymbol{Ax}+\boldsymbol{Ay}=T_{\boldsymbol{A}}(\boldsymbol{x})+T_{\boldsymbol{A}}(\boldsymbol{y})$$

$$T_{\boldsymbol{A}}(k\boldsymbol{x})=\boldsymbol{A}(k\boldsymbol{x})=k(\boldsymbol{Ax})=kT_{\boldsymbol{A}}(\boldsymbol{x})$$

所以 $T_{\boldsymbol{A}}$ 是 $\mathbf{R}^n$ 上的线性变换.

例 6　把 $\mathbf{R}^3$ 中的向量 $\boldsymbol{\alpha}=(x_1,x_2,x_3)^{\mathrm{T}}$，投影到 xoy 平面上的向量 $\boldsymbol{\beta}=(x_1,x_2,0)$的

投影变换 P(如图 5.1 所示).

$$P(\boldsymbol{\alpha}) = \boldsymbol{\beta},\ 即\ P(x_1, x_2, x_3) = (x_1, x_2, 0)$$

是 $\mathbf{R}^3$ 的一个线性变换(证明留给读者).

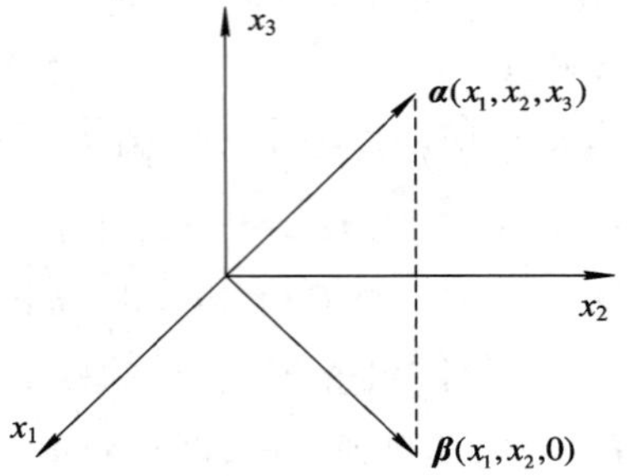

图 5.1

例 7 在线性空间 $\mathbf{V}$ 中,定义变换 I

$$I(\boldsymbol{\alpha}) = \lambda\boldsymbol{\alpha},\ \boldsymbol{\alpha} \in \mathbf{V}$$

其中 λ 是给定的数域 $\boldsymbol{F}$ 上的数,则 I 是 $\mathbf{V}$ 的线性变换.

当 $\lambda=0$ 时,$\forall\,\boldsymbol{\alpha}\in\mathbf{V}$,恒有 $I(\boldsymbol{\alpha})=\mathbf{0}$,则称 I 为**零变换**(zero transformation).

当 $\lambda=1$ 时,$\forall\,\boldsymbol{\alpha}\in\mathbf{V}$,恒有 $I(\boldsymbol{\alpha})=\boldsymbol{\alpha}$,则称 I 为**恒等变换**(identity transformation).

5.3.3 线性变换的性质

设 T 为线性空间 $\mathbf{V}$ 上的一个线性变换,k 为数域 $\boldsymbol{F}$ 上的数.

性质 5.5 $T(\mathbf{0})=\mathbf{0}$.

性质 5.6 $T(-\boldsymbol{\alpha})=-T(\boldsymbol{\alpha})$.

性质 5.5 和性质 5.6 可由定义 5.8 直接得出.

性质 5.7 若 $\boldsymbol{\beta}=k_1\boldsymbol{\alpha}_1+k_2\boldsymbol{\alpha}_2+\cdots+k_m\boldsymbol{\alpha}_m$,则

$$T(\boldsymbol{\beta}) = k_1T(\boldsymbol{\alpha}_1)+k_2T(\boldsymbol{\alpha}_2)+\cdots+k_mT(\boldsymbol{\alpha}_m)$$

证明

$$\begin{aligned}T(\boldsymbol{\beta}) &= T(k_1\boldsymbol{\alpha}_1+k_2\boldsymbol{\alpha}_2+\cdots+k_m\boldsymbol{\alpha}_m)\\ &= T(k_1\boldsymbol{\alpha}_1)+T(k_2\boldsymbol{\alpha}_2+\cdots+k_m\boldsymbol{\alpha}_m)\\ &= k_1T(\boldsymbol{\alpha}_1)+T(k_2\boldsymbol{\alpha}_2)+T(k_3\boldsymbol{\alpha}_3+\cdots+k_m\boldsymbol{\alpha}_m)\\ &= \cdots\\ &= k_1T(\boldsymbol{\alpha}_1)+k_2T(\boldsymbol{\alpha}_2)+\cdots+k_mT(\boldsymbol{\alpha}_m)\end{aligned}$$

性质 5.8 若向量组 $\boldsymbol{\alpha}_1, \boldsymbol{\alpha}_2, \cdots, \boldsymbol{\alpha}_m$ 线性相关,则向量组 $T(\boldsymbol{\alpha}_1), T(\boldsymbol{\alpha}_2), \cdots, T(\boldsymbol{\alpha}_m)$ 也线性相关.

证明 因 $\boldsymbol{\alpha}_1, \boldsymbol{\alpha}_2, \cdots, \boldsymbol{\alpha}_m$ 线性相关,故存在不全为 0 的数 $k_1, k_2, \cdots, k_m$,使

$$k_1\boldsymbol{\alpha}_1+k_2\boldsymbol{\alpha}_2+\cdots+k_m\boldsymbol{\alpha}_m = \mathbf{0}$$

上式两边取像，由性质 5.1 及性质 5.3 知

$$k_1T(\boldsymbol{\alpha}_1)+k_2T(\boldsymbol{\alpha}_2)+\cdots+k_mT(\boldsymbol{\alpha}_m)=T(\mathbf{0})=\mathbf{0}$$

所以 $T(\boldsymbol{\alpha}_1)$，$T(\boldsymbol{\alpha}_2)$，…，$T(\boldsymbol{\alpha}_m)$线性相关.

由上可知线性变换将线性相关向量组变成相关向量组，但对线性无关组，性质 5.4 不成立，如零变换可将线性无关向量组变成相关向量组，在例 6 中，$\boldsymbol{\alpha}_1=(1, 2, 3)$，$\boldsymbol{\alpha}_2=(2, 4, 5)$线性无关，而 $P(\boldsymbol{\alpha}_1)=(1, 2, 0)$，$P(\boldsymbol{\alpha}_2)=(2, 4, 0)$线性相关.

5.4 线性变换的矩阵表示

本节将讨论线性变换与矩阵之间的关系。

5.4.1 线性变换的矩阵

设 $\boldsymbol{\alpha}_1$，$\boldsymbol{\alpha}_2$，…，$\boldsymbol{\alpha}_n$ 是 n 维线性空间 $\mathbf{V}$ 的一组基，T 是 $\mathbf{V}$ 上的线性变换，那么对 $\mathbf{V}$ 中的向量

$$\boldsymbol{\xi}=x_1\boldsymbol{\alpha}_1+x_2\boldsymbol{\alpha}_2+\cdots+x_n\boldsymbol{\alpha}_n \tag{5-6}$$

由线性变换的性质，有

$$T(\boldsymbol{\xi})=x_1T(\boldsymbol{\alpha}_1)+x_2T(\boldsymbol{\alpha}_2)+\cdots+x_nT(\boldsymbol{\alpha}_n) \tag{5-7}$$

因此，对于线性变换 T，如果知道 T 关于基 $\boldsymbol{\alpha}_1$，$\boldsymbol{\alpha}_2$，…，$\boldsymbol{\alpha}_n$ 的像 $T(\boldsymbol{\alpha}_1)$，$T(\boldsymbol{\alpha}_2)$，…，$T(\boldsymbol{\alpha}_n)$，则 $\mathbf{V}$ 中任一向量 $\boldsymbol{\xi}$ 的像 $T(\boldsymbol{\xi})$就完全确定.

由于 $\mathbf{V}$ 的基 $\boldsymbol{\alpha}_1$，$\boldsymbol{\alpha}_2$，…，$\boldsymbol{\alpha}_n$ 的像 $T(\boldsymbol{\alpha}_1)$，$T(\boldsymbol{\alpha}_2)$，…，$T(\boldsymbol{\alpha}_n)$可由 $\mathbf{V}$ 的基 $\boldsymbol{\alpha}_1$，$\boldsymbol{\alpha}_2$，…，$\boldsymbol{\alpha}_n$ 线性表示，即有

$$\begin{cases} T(\boldsymbol{\alpha}_1)=a_{11}\boldsymbol{\alpha}_1+a_{21}\boldsymbol{\alpha}_2+\cdots+a_{n1}\boldsymbol{\alpha}_n \\ T(\boldsymbol{\alpha}_2)=a_{12}\boldsymbol{\alpha}_1+a_{22}\boldsymbol{\alpha}_2+\cdots+a_{n2}\boldsymbol{\alpha}_n \\ \qquad\vdots \\ T(\boldsymbol{\alpha}_n)=a_{1n}\boldsymbol{\alpha}_1+a_{2n}\boldsymbol{\alpha}_2+\cdots+a_{nn}\boldsymbol{\alpha}_n \end{cases} \tag{5-8}$$

若记

$$T(\boldsymbol{\alpha}_1, \boldsymbol{\alpha}_2, \cdots, \boldsymbol{\alpha}_n)=(T(\boldsymbol{\alpha}_1), T(\boldsymbol{\alpha}_2), \cdots, T(\boldsymbol{\alpha}_n)) \tag{5-9}$$

则式(5-8)可写成矩阵形式

$$\begin{aligned} T(\boldsymbol{\alpha}_1, \boldsymbol{\alpha}_2, \cdots, \boldsymbol{\alpha}_n) &=(T(\boldsymbol{\alpha}_1), T(\boldsymbol{\alpha}_2), \cdots, T(\boldsymbol{\alpha}_n)) \\ &=(\boldsymbol{\alpha}_1, \boldsymbol{\alpha}_2, \cdots, \boldsymbol{\alpha}_n)\begin{bmatrix} a_{11} & a_{12} & \cdots & a_{1n} \\ a_{21} & a_{22} & \cdots & a_{2n} \\ & & \cdots & \\ a_{n1} & a_{n2} & \cdots & a_{nn} \end{bmatrix} \end{aligned}$$

或

$$T(\boldsymbol{\alpha}_1, \boldsymbol{\alpha}_2, \cdots, \boldsymbol{\alpha}_n) = (\boldsymbol{\alpha}_1, \boldsymbol{\alpha}_2, \cdots, \boldsymbol{\alpha}_n)\boldsymbol{A} \tag{5-10}$$

其中式(5-10)右端 n 阶矩阵 $\boldsymbol{A}$ 是式(5-8)右端 $\boldsymbol{\alpha}_1, \boldsymbol{\alpha}_2, \cdots, \boldsymbol{\alpha}_n$ 的系数矩阵的转置，$\boldsymbol{A}$ 的第 j 列是 $T(\boldsymbol{\alpha}_j)$ 在基 $\boldsymbol{\alpha}_1, \boldsymbol{\alpha}_2, \cdots, \boldsymbol{\alpha}_n$ 下的坐标.

定义 5.10 设 $\boldsymbol{\alpha}_1, \boldsymbol{\alpha}_2, \cdots, \boldsymbol{\alpha}_n$ 为 n 维线性空间 $\boldsymbol{V}$ 的一组基，T 为 $\boldsymbol{V}$ 的一个线性变换. 若 n 阶矩阵 $\boldsymbol{A}$ 满足

$$T(\boldsymbol{\alpha}_1, \boldsymbol{\alpha}_2, \cdots, \boldsymbol{\alpha}_n) = (\boldsymbol{\alpha}_1, \boldsymbol{\alpha}_2, \cdots, \boldsymbol{\alpha}_n)\boldsymbol{A}$$

则称 n 阶矩阵 $\boldsymbol{A}$ 为线性变换 T 在基 $\boldsymbol{\alpha}_1, \boldsymbol{\alpha}_2, \cdots, \boldsymbol{\alpha}_n$ 下的**表示矩阵**(representation matrix).

对于给定的 $\boldsymbol{V}$ 上的线性变换 T，由式(5-8)可得，线性变换 T 在基 $\boldsymbol{\alpha}_1, \boldsymbol{\alpha}_2, \cdots, \boldsymbol{\alpha}_n$ 下的矩阵的第 j 列是基向量 $\boldsymbol{\alpha}_j$ 的像 $T(\boldsymbol{\alpha}_j)$ 在基 $\boldsymbol{\alpha}_1, \boldsymbol{\alpha}_2, \cdots, \boldsymbol{\alpha}_n$ 下的坐标，由坐标的唯一性可知，线性变换 T 在基 $\boldsymbol{\alpha}_1, \boldsymbol{\alpha}_2, \cdots, \boldsymbol{\alpha}_n$ 下的矩阵 $\boldsymbol{A}$ 是唯一的. 对于给定的 n 阶矩阵 $\boldsymbol{A}$，由式(5-8)可得，基向量 $\boldsymbol{\alpha}_j$ 的像 $T(\boldsymbol{\alpha}_j)$ 被 $\boldsymbol{A}$ 完全确定，从而也唯一地确定了一个线性变换 T. 故在给定线性空间 $\boldsymbol{V}$ 的一组基后，线性空间 $\boldsymbol{V}$ 上的线性变换 T 与 n 阶矩阵 $\boldsymbol{A}$ 之间是一一对应的，即

$$T \xLeftrightarrow{\alpha_1, \alpha_2, \cdots, \alpha_n} \boldsymbol{A} \tag{5-11}$$

例 1 求线性空间 $\mathbf{R}[x]_3$ 上的微分变换 D：$D(f(x))=f'(x)$，$f(x)\in\mathbf{R}[x]_3$ 在基 $1, x-2, (x-2)^2$ 下的矩阵.

解 由

$$D(1) = 0 = 0\cdot 1 + 0\cdot(x-2) + 0\cdot(x-2)^2$$
$$D(x-2) = 1 = 1\cdot 1 + 0\cdot(x-2) + 0\cdot(x-2)^2$$
$$D(x-2)^2 = 2(x-2) = 0\cdot 1 + 2\cdot(x-2) + 0\cdot(x-2)^2$$

可得 D 在基 $1, x-2, (x-2)^2$ 下的矩阵为

$$\begin{bmatrix} 0 & 1 & 0 \\ 0 & 0 & 2 \\ 0 & 0 & 0 \end{bmatrix}$$

由线性变换 T 在一组基下的矩阵，容易得到 $\boldsymbol{V}$ 中向量 $\boldsymbol{\xi}$ 的坐标与它的像 $T(\boldsymbol{\xi})$ 的坐标之间的关系.

定理 5.2 设 T 是 n 维线性空间 $\boldsymbol{V}$ 上的线性变换，T 在基 $\boldsymbol{\alpha}_1, \boldsymbol{\alpha}_2, \cdots, \boldsymbol{\alpha}_n$ 下的矩阵为 $\boldsymbol{A}$，向量 $\boldsymbol{\xi}$ 在基 $\boldsymbol{\alpha}_1, \boldsymbol{\alpha}_2, \cdots, \boldsymbol{\alpha}_n$ 下的坐标为 $\boldsymbol{x}=(x_1, x_2, \cdots, x_n)^{\mathrm{T}}$，$T(\boldsymbol{\xi})$ 在基 $\boldsymbol{\alpha}_1, \boldsymbol{\alpha}_2, \cdots, \boldsymbol{\alpha}_n$ 下的坐标为 $\boldsymbol{y}=(y_1, y_2, \cdots, y_n)^{\mathrm{T}}$，则

$$\boldsymbol{y} = \boldsymbol{A}\boldsymbol{x} \tag{5-12}$$

证明 由题设知

$$\begin{aligned} T(\boldsymbol{\alpha}_1, \boldsymbol{\alpha}_2, \cdots, \boldsymbol{\alpha}_n) &= (T(\boldsymbol{\alpha}_1), T(\boldsymbol{\alpha}_2), \cdots, T(\boldsymbol{\alpha}_n)) \\ &= (\boldsymbol{\alpha}_1, \boldsymbol{\alpha}_2, \cdots, \boldsymbol{\alpha}_n)\boldsymbol{A} \end{aligned} \tag{5-13}$$

$$\boldsymbol{\xi} = x_1\boldsymbol{\alpha}_1 + x_2\boldsymbol{\alpha}_2 + \cdots + x_n\boldsymbol{\alpha}_n = (\boldsymbol{\alpha}_1, \boldsymbol{\alpha}_2, \cdots, \boldsymbol{\alpha}_n)\begin{bmatrix} x_1 \\ x_2 \\ \vdots \\ x_n \end{bmatrix}$$

则

$$\begin{aligned} T(\boldsymbol{\xi}) &= x_1 T(\boldsymbol{\alpha}_1) + x_2 T(\boldsymbol{\alpha}_2) + \cdots + x_n T(\boldsymbol{\alpha}_n) \\ &= (T(\boldsymbol{\alpha}_1), T(\boldsymbol{\alpha}_2), \cdots, T(\boldsymbol{\alpha}_n))\begin{bmatrix} x_1 \\ x_2 \\ \vdots \\ x_n \end{bmatrix} \\ &\xlongequal{\text{由式(5-13)}} (\boldsymbol{\alpha}_1, \boldsymbol{\alpha}_2, \cdots, \boldsymbol{\alpha}_n)\boldsymbol{A}\boldsymbol{x} \end{aligned}$$

故 $T(\boldsymbol{\xi})$在基 $\boldsymbol{\alpha}_1, \boldsymbol{\alpha}_2, \cdots, \boldsymbol{\alpha}_n$ 下的坐标为

$$\boldsymbol{y} = \boldsymbol{A}\boldsymbol{x}$$

例 2 已知 $\mathbf{R}^3$ 中的一组基为

$$\boldsymbol{\alpha}_1 = \begin{bmatrix} 1 \\ 0 \\ 1 \end{bmatrix}, \quad \boldsymbol{\alpha}_2 = \begin{bmatrix} 1 \\ -1 \\ 1 \end{bmatrix}, \quad \boldsymbol{\alpha}_3 = \begin{bmatrix} 1 \\ 2 \\ -1 \end{bmatrix}$$

线性变换 T 将 $\boldsymbol{\alpha}_1, \boldsymbol{\alpha}_2, \boldsymbol{\alpha}_3$ 分别变成

$$T(\boldsymbol{\alpha}_1) = \begin{bmatrix} 1 \\ 1 \\ 1 \end{bmatrix}, \quad T(\boldsymbol{\alpha}_2) = \begin{bmatrix} -1 \\ -4 \\ 1 \end{bmatrix}, \quad T(\boldsymbol{\alpha}_3) = \begin{bmatrix} 1 \\ 7 \\ -3 \end{bmatrix}$$

(1) 求 T 在基 $\boldsymbol{\alpha}_1, \boldsymbol{\alpha}_2, \boldsymbol{\alpha}_3$ 下的矩阵.

(2) 已知 $T(\boldsymbol{\beta})$在基 $\boldsymbol{\alpha}_1, \boldsymbol{\alpha}_2, \boldsymbol{\alpha}_3$ 下的坐标为$(2, 1, -2)^{\mathrm{T}}$，问 $T(\boldsymbol{\beta})$的原像是否唯一？并求出 $\boldsymbol{\beta}$ 在基 $\boldsymbol{\alpha}_1, \boldsymbol{\alpha}_2, \boldsymbol{\alpha}_3$ 下的坐标.

解 (1) 由$(T(\boldsymbol{\alpha}_1), T(\boldsymbol{\alpha}_2), T(\boldsymbol{\alpha}_3)) = (\boldsymbol{\alpha}_1, \boldsymbol{\alpha}_2, \boldsymbol{\alpha}_3)\boldsymbol{A}$ 知

$$\begin{bmatrix} 1 & -1 & 1 \\ 1 & -4 & 7 \\ 1 & 1 & -3 \end{bmatrix} = \begin{bmatrix} 1 & 1 & 1 \\ 0 & -1 & 2 \\ 1 & 1 & -1 \end{bmatrix}\boldsymbol{A}$$

解此矩阵方程可得

$$\boldsymbol{A} = \begin{bmatrix} 2 & -2 & 2 \\ -1 & 2 & -3 \\ 0 & -1 & 2 \end{bmatrix}$$

(2) 设 $\boldsymbol{\beta}$ 在基 $\boldsymbol{\alpha}_1, \boldsymbol{\alpha}_2, \boldsymbol{\alpha}_3$ 下的坐标为$(x_1, x_2, x_3)^{\mathrm{T}}$，由定理 5.2 可得

$$\begin{bmatrix} 2 & -2 & 2 \\ -1 & 2 & -3 \\ 0 & -1 & 2 \end{bmatrix}\begin{bmatrix} x_1 \\ x_2 \\ x_3 \end{bmatrix}=\begin{bmatrix} 2 \\ 1 \\ -2 \end{bmatrix}$$

解此方程组得

$$(x_1, x_2, x_3)^{\mathrm{T}}=(3, 2, 0)^{\mathrm{T}}+k(1, 2, 1)^{\mathrm{T}}$$

其中 k 为任意常数，故 $T(\boldsymbol{\beta})$的原像不唯一.

5.4.2 线性变换在不同基下矩阵的关系

线性变换的矩阵是对给定的基而言的. 一个线性变换在不同基下的矩阵一般是不同的，它们之间有什么关系呢?

定理 5.3 设 $\boldsymbol{\alpha}_1, \boldsymbol{\alpha}_2, \cdots, \boldsymbol{\alpha}_n$ 和 $\boldsymbol{\beta}_1, \boldsymbol{\beta}_2, \cdots, \boldsymbol{\beta}_n$ 是 n 维线性空间 $\boldsymbol{V}$ 的两组基，$\boldsymbol{V}$ 上的线性变换 T 在这两组基下的矩阵分别为 $\boldsymbol{A}$ 和 $\boldsymbol{B}$，且从基 $\boldsymbol{\alpha}_1, \boldsymbol{\alpha}_2, \cdots, \boldsymbol{\alpha}_n$ 到基 $\boldsymbol{\beta}_1, \boldsymbol{\beta}_2, \cdots, \boldsymbol{\beta}_n$ 的过渡矩阵为 $\boldsymbol{P}$，那么

$$\boldsymbol{B}=\boldsymbol{P}^{-1}\boldsymbol{A}\boldsymbol{P}$$

证明 根据已知条件有

$$T(\boldsymbol{\alpha}_1, \boldsymbol{\alpha}_2, \cdots, \boldsymbol{\alpha}_n)=(\boldsymbol{\alpha}_1, \boldsymbol{\alpha}_2, \cdots, \boldsymbol{\alpha}_n)\boldsymbol{A}$$

$$T(\boldsymbol{\beta}_1, \boldsymbol{\beta}_2, \cdots, \boldsymbol{\beta}_n)=(\boldsymbol{\beta}_1, \boldsymbol{\beta}_2, \cdots, \boldsymbol{\beta}_n)\boldsymbol{B}$$

$$(\boldsymbol{\beta}_1, \boldsymbol{\beta}_2, \cdots, \boldsymbol{\beta}_n)=(\boldsymbol{\alpha}_1, \boldsymbol{\alpha}_2, \cdots, \boldsymbol{\alpha}_n)\boldsymbol{P}$$

于是

$$(\boldsymbol{\alpha}_1, \boldsymbol{\alpha}_2, \cdots, \boldsymbol{\alpha}_n)=(\boldsymbol{\beta}_1, \boldsymbol{\beta}_2, \cdots, \boldsymbol{\beta}_n)\boldsymbol{P}^{-1}$$

由线性变换的性质可得

$$\begin{aligned} T(\boldsymbol{\beta}_1, \boldsymbol{\beta}_2, \cdots, \boldsymbol{\beta}_n) &= T[(\boldsymbol{\alpha}_1, \boldsymbol{\alpha}_2, \cdots, \boldsymbol{\alpha}_n)\boldsymbol{P}] \\ &= T(\boldsymbol{\alpha}_1, \boldsymbol{\alpha}_2, \cdots, \boldsymbol{\alpha}_n)\boldsymbol{P} \\ &= (\boldsymbol{\alpha}_1, \boldsymbol{\alpha}_2, \cdots, \boldsymbol{\alpha}_n)\boldsymbol{A}\boldsymbol{P} \\ &= (\boldsymbol{\beta}_1, \boldsymbol{\beta}_2, \cdots, \boldsymbol{\beta}_n)\boldsymbol{P}^{-1}\boldsymbol{A}\boldsymbol{P} \end{aligned}$$

因线性变换 T 在给定基下的矩阵是唯一的，故有

$$\boldsymbol{B}=\boldsymbol{P}^{-1}\boldsymbol{A}\boldsymbol{P}$$

定理 5.3 表明，同一个线性变换在不同基下的矩阵是相似的. 反之，若线性变换 T 在某组基下的矩阵 $\boldsymbol{A}$ 相似于矩阵 $\boldsymbol{B}$，即存在可逆矩阵 $\boldsymbol{P}$，使 $\boldsymbol{B}=\boldsymbol{P}^{-1}\boldsymbol{A}\boldsymbol{P}$，则必可找到线性空间 $\boldsymbol{V}$ 的另一组基，使线性变换 T 在该基下的矩阵恰为 $\boldsymbol{B}$，而矩阵 $\boldsymbol{P}$ 恰为这两组基之间的过渡矩阵.

例 3 设 $\mathbf{R}^3$ 的线性变换 T 在自然基 $\boldsymbol{\varepsilon}_1, \boldsymbol{\varepsilon}_2, \boldsymbol{\varepsilon}_3$ 下的矩阵为

$$\boldsymbol{A}=\begin{bmatrix} 3 & -1 & -1 \\ -1 & 3 & -1 \\ -1 & -1 & 3 \end{bmatrix}$$

求 T 在基 $\boldsymbol{\beta}_1=(1, 1, 1)^{\mathrm{T}}$，$\boldsymbol{\beta}_2=(1, -1, 0)^{\mathrm{T}}$，$\boldsymbol{\beta}_3=(1, 0, -1)^{\mathrm{T}}$ 下的矩阵.

解 由自然基 $\boldsymbol{\varepsilon}_1$，$\boldsymbol{\varepsilon}_2$，$\boldsymbol{\varepsilon}_3$ 到基 $\boldsymbol{\beta}_1$，$\boldsymbol{\beta}_2$，$\boldsymbol{\beta}_3$ 的过渡矩阵为

$$\boldsymbol{P}=\begin{bmatrix}1 & 1 & 1\\ 1 & -1 & 0\\ 1 & 0 & -1\end{bmatrix}$$

则

$$\boldsymbol{P}^{-1}=\frac{1}{3}\begin{bmatrix}1 & 1 & 1\\ 1 & -2 & 1\\ 1 & 1 & -2\end{bmatrix}$$

由定理 5.3 知，T 在基 $\boldsymbol{\beta}_1$，$\boldsymbol{\beta}_2$，$\boldsymbol{\beta}_3$ 下的矩阵为

$$\begin{aligned}\boldsymbol{B}&=\boldsymbol{P}^{-1}\boldsymbol{A}\boldsymbol{P}\\&=\frac{1}{3}\begin{bmatrix}1 & 1 & 1\\ 1 & -2 & 1\\ 1 & 1 & -2\end{bmatrix}\begin{bmatrix}3 & -1 & -1\\ -1 & 3 & -1\\ -1 & -1 & 3\end{bmatrix}\begin{bmatrix}1 & 1 & 1\\ 1 & -1 & 0\\ 1 & 0 & -1\end{bmatrix}\\&=\begin{bmatrix}1 & 0 & 0\\ 0 & 4 & 0\\ 0 & 0 & 4\end{bmatrix}\end{aligned}$$

例 4 设 $\mathbf{R}[x]_3$ 中的两组基为

$$\boldsymbol{\alpha}_1=1+x^2,\ \boldsymbol{\alpha}_2=2+x,\ \boldsymbol{\alpha}_3=1+x+x^2$$

和

$$\boldsymbol{\beta}_1=1+2x-x^2,\ \boldsymbol{\beta}_2=2+2x-x^2,\ \boldsymbol{\beta}_3=2-x-x^2$$

线性变换 T 由下式确定

$$T(\boldsymbol{\alpha}_i)=\boldsymbol{\beta}_i,\quad i=1, 2, 3$$

试求：

(1) 由基 $\boldsymbol{\alpha}_1$，$\boldsymbol{\alpha}_2$，$\boldsymbol{\alpha}_3$ 到基 $\boldsymbol{\beta}_1$，$\boldsymbol{\beta}_2$，$\boldsymbol{\beta}_3$ 的过渡矩阵；

(2) T 在 $\boldsymbol{\alpha}_1$，$\boldsymbol{\alpha}_2$，$\boldsymbol{\alpha}_3$ 下的矩阵；

(3) T 在 $\boldsymbol{\beta}_1$，$\boldsymbol{\beta}_2$，$\boldsymbol{\beta}_3$ 下的矩阵.

解 (1) 设由自然基 1，x，x^2 分别到基 $\boldsymbol{\alpha}_1$，$\boldsymbol{\alpha}_2$，$\boldsymbol{\alpha}_3$ 和 $\boldsymbol{\beta}_1$，$\boldsymbol{\beta}_2$，$\boldsymbol{\beta}_3$ 的过渡矩阵为 $\boldsymbol{Q}_1$，$\boldsymbol{Q}_2$，由 $\boldsymbol{\alpha}_1$，$\boldsymbol{\alpha}_2$，$\boldsymbol{\alpha}_3$ 到 $\boldsymbol{\beta}_1$，$\boldsymbol{\beta}_2$，$\boldsymbol{\beta}_3$ 的过渡矩阵为 $\boldsymbol{P}$，依题意有

$$(\boldsymbol{\alpha}_1, \boldsymbol{\alpha}_2, \boldsymbol{\alpha}_3)=(1, x, x^2)\begin{bmatrix}1 & 2 & 1\\ 0 & 1 & 1\\ 1 & 0 & 1\end{bmatrix}=(1, x, x^2)\boldsymbol{Q}_1$$

$$(\boldsymbol{\beta}_1, \boldsymbol{\beta}_2, \boldsymbol{\beta}_3)=(1, x, x^2)\begin{bmatrix}1 & 2 & 2\\ 2 & 2 & -1\\ -1 & -1 & -1\end{bmatrix}=(1, x, x^2)\boldsymbol{Q}_2$$

故 $$(\boldsymbol{\beta}_1,\boldsymbol{\beta}_2,\boldsymbol{\beta}_3)=(1,x,x^2)\boldsymbol{Q}_2=(\boldsymbol{\alpha}_1,\boldsymbol{\alpha}_2,\boldsymbol{\alpha}_3)\boldsymbol{Q}_1^{-1}\boldsymbol{Q}_2$$

从而

$$\boldsymbol{P}=\boldsymbol{Q}_1^{-1}\boldsymbol{Q}_2=\begin{bmatrix}1&2&1\\0&1&1\\1&0&1\end{bmatrix}^{-1}\begin{bmatrix}1&2&2\\2&2&-1\\-1&-1&-1\end{bmatrix}$$

$$=\begin{bmatrix}-2&-\frac{3}{2}&\frac{3}{2}\\1&\frac{3}{2}&\frac{3}{2}\\1&\frac{1}{2}&-\frac{5}{2}\end{bmatrix}$$

(2) 依题意，有

$$\begin{aligned}T(\boldsymbol{\alpha}_1,\boldsymbol{\alpha}_2,\boldsymbol{\alpha}_3)&=(\boldsymbol{\beta}_1,\boldsymbol{\beta}_2,\boldsymbol{\beta}_3)\\&=(\boldsymbol{\alpha}_1,\boldsymbol{\alpha}_2,\boldsymbol{\alpha}_3)\boldsymbol{P}\end{aligned}$$

故 T 在 $\boldsymbol{\alpha}_1$，$\boldsymbol{\alpha}_2$，$\boldsymbol{\alpha}_3$ 下的矩阵为

$$\boldsymbol{P}=\begin{bmatrix}-2&-\frac{3}{2}&\frac{3}{2}\\1&\frac{3}{2}&\frac{3}{2}\\1&\frac{1}{2}&-\frac{5}{2}\end{bmatrix}$$

(3) 由定理 5.3 知，T 在 $\boldsymbol{\beta}_1$，$\boldsymbol{\beta}_2$，$\boldsymbol{\beta}_3$ 下的矩阵为

$$\boldsymbol{P}^{-1}\boldsymbol{P}\boldsymbol{P}=\boldsymbol{P}$$

5.5 线性变换的特征值与特征向量

由于线性变换在不同基下的矩阵是相似的，在研究线性变换时，我们自然希望能找到一组基，使线性变换在该基下的矩阵具有较简单的形式，这就产生了线性变换的特征值与特征向量.

5.5.1 特征值与特征向量

定义 5.11 设 T 是数域 $\boldsymbol{F}$ 上线性空间 $\mathbf{V}$ 的线性变换，若存在数 $\lambda\in\boldsymbol{F}$ 和非零向量 $\boldsymbol{\alpha}\in\mathbf{V}$，使得

$$T(\boldsymbol{\alpha})=\lambda\boldsymbol{\alpha}$$

则称 λ 为 T 的一个特征值，而 $\boldsymbol{\alpha}$ 称为 T 属于特征值 λ 的特征向量.

由定义 5.10 可得特征值与特征向量的性质：

(1) 设 $\boldsymbol{\alpha}$ 是线性变换 T 属于特征值λ 的特征向量，则对任一非零数 k，$k\boldsymbol{\alpha}$ 也是属于特征值λ 的特征向量；

(2) 设 $\boldsymbol{\alpha}_1$，$\boldsymbol{\alpha}_2$ 是线性变换 T 属于特征值λ 的特征向量，则 $\boldsymbol{\alpha}_1+\boldsymbol{\alpha}_2(\neq\mathbf{0})$是属于特征值$\lambda$ 的特征向量；

(3) 线性变换 T 属于特征值λ 的特征向量$\boldsymbol{\alpha}_1$，$\boldsymbol{\alpha}_2$，…，$\boldsymbol{\alpha}_m$ 的线性组合

$$k_1\boldsymbol{\alpha}_1+k_2\boldsymbol{\alpha}_2+\cdots+k_k\boldsymbol{\alpha}_m$$

也是属于特征值λ 的特征向量，其中 k_1，k_2，…，k_m 不全为 0.

由性质(1)、(2)、(3)容易验证

$$\{\boldsymbol{\alpha}\mid T(\boldsymbol{\alpha})=\lambda\boldsymbol{\alpha}\} \tag{5-14}$$

是线性空间 $\mathbf{V}$ 的一个子空间. 这个子空间称为线性空间 $\mathbf{V}$ 上线性变换 T 关于特征值λ 的特征子空间，记为 $\mathbf{V}_\lambda$，即 $\mathbf{V}_\lambda=\{\boldsymbol{\alpha}\mid T(\boldsymbol{\alpha})=\lambda\boldsymbol{\alpha}, \boldsymbol{\alpha}\in\mathbf{V}\}$.

容易看出，线性变换的特征值和特征向量的概念与矩阵的特征值和特征向量的概念几乎是一样的，不过前者具有更加广泛的适用性.

设 $\boldsymbol{\alpha}_1$，$\boldsymbol{\alpha}_2$，…，$\boldsymbol{\alpha}_n$ 为n 维线性空间 $\mathbf{V}$ 的一组基，$\mathbf{A}$ 为线性变换 T 在这组基下的矩阵，T 的属于特征值λ 的特征向量为 $\boldsymbol{\alpha}$，则

$$\boldsymbol{\alpha}=x_1\boldsymbol{\alpha}_1+x_2\boldsymbol{\alpha}_2+\cdots+x_n\boldsymbol{\alpha}_n=(\boldsymbol{\alpha}_1, \boldsymbol{\alpha}_2, \cdots, \boldsymbol{\alpha}_n)\begin{bmatrix}x_1\\x_2\\\vdots\\x_n\end{bmatrix}$$

从而

$$\begin{aligned}T(\boldsymbol{\alpha})&=x_1T(\boldsymbol{\alpha}_1)+x_2T(\boldsymbol{\alpha}_2)+\cdots+x_nT(\boldsymbol{\alpha}_n)\\&=(T\boldsymbol{\alpha}_1), T(\boldsymbol{\alpha}_2), \cdots, T(\boldsymbol{\alpha}_n))\begin{bmatrix}x_1\\x_2\\\vdots\\x_n\end{bmatrix}\\&=(\boldsymbol{\alpha}_1, \boldsymbol{\alpha}_2, \cdots, \boldsymbol{\alpha}_n)\mathbf{A}\begin{bmatrix}x_1\\x_2\\\vdots\\x_n\end{bmatrix}\end{aligned}$$

又

$$\begin{aligned}\lambda\boldsymbol{\alpha}&=\lambda x_1\boldsymbol{\alpha}_1+\lambda x_2\boldsymbol{\alpha}_2+\cdots+\lambda x_n\boldsymbol{\alpha}_n\\&=(\boldsymbol{\alpha}_1, \boldsymbol{\alpha}_2, \cdots, \boldsymbol{\alpha}_n)\lambda\begin{bmatrix}x_1\\x_2\\\vdots\\x_n\end{bmatrix}\end{aligned}$$

故

$$\mathbf{A}\begin{bmatrix}x_1\\x_2\\\vdots\\x_n\end{bmatrix}=\lambda\begin{bmatrix}x_1\\x_2\\\vdots\\x_n\end{bmatrix} \tag{5-15}$$

由式(5-15)可得，λ 是线性变换 T 的特征值，则 λ 也是矩阵 $\mathbf{A}$ 的特征值，因此有下述定理.

定理 5.4 设 T 是 n 维线性空间 $\mathbf{V}$ 上的线性变换，T 在 $\mathbf{V}$ 的基 $\boldsymbol{\alpha}_1$，$\boldsymbol{\alpha}_2$，…，$\boldsymbol{\alpha}_n$ 下的矩阵为 $\mathbf{A}$，则：

(1) λ 是 T 的特征值的充要条件是 λ 为 $\mathbf{A}$ 的特征值.

(2) $\boldsymbol{\alpha}\in\mathbf{V}$ 是 T 的属于特征值 λ 的特征向量的充要条件是 $\boldsymbol{\alpha}$ 在基 $\boldsymbol{\alpha}_1$，$\boldsymbol{\alpha}_2$，…，$\boldsymbol{\alpha}_n$ 下的坐标是矩阵 $\mathbf{A}$ 的属于特征值 λ 的特征向量.

定理 5.4 将线性变换 T 的特征值与特征向量问题转化为矩阵 $\mathbf{A}$ 的特征值与特征向量问题. 由于线性变换 T 在不同基下的矩阵是相似的，而相似矩阵有相同的特征值，故 T 的特征值不依赖于线性空间 $\mathbf{V}$ 的基的选择.

例 1 求 $\mathbf{R}[x]_3$ 上微分变换 D 的特征值和对应的特征向量.

解 易知 D 在基 1，x，x^2 下的矩阵为

$$\mathbf{A}=\begin{bmatrix}0&1&0\\0&0&2\\0&0&0\end{bmatrix}$$

矩阵 $\mathbf{A}$ 的特征多项式为

$$|\lambda\mathbf{E}-\mathbf{A}|=\begin{vmatrix}\lambda&-1&0\\0&\lambda&-2\\0&0&\lambda\end{vmatrix}=\lambda^3$$

因而 D 的特征值也就是矩阵 $\mathbf{A}$ 的特征值为 $\lambda_1=\lambda_2=\lambda_3=0$，由 $(\lambda\mathbf{E}-\mathbf{A})\boldsymbol{x}=\mathbf{0}$，即

$$\begin{bmatrix}0&-1&0\\0&0&-2\\0&0&0\end{bmatrix}\begin{bmatrix}x_1\\x_2\\x_3\end{bmatrix}=\begin{bmatrix}0\\0\\0\end{bmatrix}$$

得矩阵 $\mathbf{A}$ 的所有特征向量为

$$\boldsymbol{x}=k(1,0,0)^{\mathrm{T}},\ k\in\mathbf{R},\ k\neq0$$

从而 D 的所有特征向量为

$$k(1\cdot1+0\cdot x+0\cdot x^2)=k,\ k\in\mathbf{R}\text{ 且 }k\neq0$$

5.5.2 值域与核

定义 5.12 设 T 是线性空间 $\mathbf{V}$ 中的线性变换，$\mathbf{V}$ 中所有元素在 T 下的像所组成的集合.

$$\{\boldsymbol{\beta} \mid \boldsymbol{\beta} = T(\boldsymbol{\alpha}),\ \boldsymbol{\alpha} \in \mathbf{V}\}$$

称为 T 的**值域**(range)(或**像集**)，记作 $\mathrm{Im}T$ 或 $T(\mathbf{V})$.

零向量 $\mathbf{0}$ 的所有原像的集合

$$\{\boldsymbol{\alpha} \mid T(\boldsymbol{\alpha}) = \mathbf{0},\ \boldsymbol{\alpha} \in \mathbf{V}\}$$

称为 T 的**核**(kernel)(或**零空间**)，记作 $\mathrm{Ker}T$ 或 $T^{-1}(\mathbf{0})$.

关于线性变换的值域与核有以下性质：

(1) 线性变换 T 的值域 $\mathrm{Im}T$ 是 $\mathbf{V}$ 的子空间；

(2) 线性变换 T 的核 $\mathrm{Ker}T$ 是 $\mathbf{V}$ 的子空间.

证明 这里仅给出(1)的证明，(2)的证明留给读者.

由于 $T(\mathbf{0})=\mathbf{0}$，所以 $\mathrm{Im}T$ 是非空集合，而且对任意 $\boldsymbol{\beta}_1, \boldsymbol{\beta}_2 \in \mathrm{Im}T$，存在 $\boldsymbol{\alpha}_1, \boldsymbol{\alpha}_2 \in V$，使 $T(\boldsymbol{\alpha}_1)=\boldsymbol{\beta}_1$，$T(\boldsymbol{\alpha}_2)=\boldsymbol{\beta}_2$，于是

$$\boldsymbol{\beta}_1 + \boldsymbol{\beta}_2 = T(\boldsymbol{\alpha}_1) + T(\boldsymbol{\alpha}_2) = T(\boldsymbol{\alpha}_1 + \boldsymbol{\alpha}_2) \in \mathrm{Im}T$$

$$k\boldsymbol{\beta}_1 = kT(\boldsymbol{\alpha}_1) = T(k\boldsymbol{\alpha}_1) \in \mathrm{Im}T$$

所以，$\mathrm{Im}T$ 是 $\mathbf{V}$ 的一个子空间.

关于线性变换 T 的值域的维数与基有下列定理.

定理 5.5 设 $\mathbf{V}$ 是 n 维线性空间，$\mathbf{V}$ 上的线性变换 T 在 $\mathbf{V}$ 的基 $\boldsymbol{\alpha}_1, \boldsymbol{\alpha}_2, \cdots, \boldsymbol{\alpha}_n$ 下的矩阵 $\mathbf{A}$，则

(1) $\mathrm{Im}T$ 的维数等于向量组 $T(\boldsymbol{\alpha}_1), T(\boldsymbol{\alpha}_2), \cdots, T(\boldsymbol{\alpha}_n)$ 的秩，也等于矩阵 $\mathbf{A}$ 的秩.

(2) $\mathrm{Im}T$ 的基是向量组 $T(\boldsymbol{\alpha}_1), T(\boldsymbol{\alpha}_2), \cdots, T(\boldsymbol{\alpha}_n)$ 的一个极大无关组.

证明 $\forall \boldsymbol{\beta} \in \mathrm{Im}T$，存在 $\mathbf{V}$ 中的向量 $\boldsymbol{\alpha}$，使

$$T(\boldsymbol{\alpha}) = \boldsymbol{\beta}$$

故

$$\boldsymbol{\alpha} = x_1\boldsymbol{\alpha}_1 + x_2\boldsymbol{\alpha}_2 + \cdots + x_n\boldsymbol{\alpha}_n \tag{5-16}$$

则

$$\boldsymbol{\beta} = T(\boldsymbol{\alpha}) = x_1 T(\boldsymbol{\alpha}_1) + x_2 T(\boldsymbol{\alpha}_2) + \cdots + x_n T(\boldsymbol{\alpha}_n)$$

这就表示，$\mathrm{Im}T$ 中任意向量均可由向量组 $T(\boldsymbol{\alpha}_1), T(\boldsymbol{\alpha}_2), \cdots, T(\boldsymbol{\alpha}_n)$ 线性表示，从而可由 $T(\boldsymbol{\alpha}_1), T(\boldsymbol{\alpha}_2), \cdots, T(\boldsymbol{\alpha}_n)$ 的一个极大无关组线性表示，故 $T(\boldsymbol{\alpha}_1), T(\boldsymbol{\alpha}_2), \cdots, T(\boldsymbol{\alpha}_n)$ 的一个极大无关组是 $\mathrm{Im}T$ 的基，且 $\dim(\mathrm{Im}T)=$ 秩$(T(\boldsymbol{\alpha}_1), T(\boldsymbol{\alpha}_2), \cdots, T(\boldsymbol{\alpha}_n))$.

另一方面，由式(5-16)知 $\boldsymbol{\alpha}$ 在基 $\boldsymbol{\alpha}_1, \boldsymbol{\alpha}_2, \cdots, \boldsymbol{\alpha}_n$ 下的坐标 $\boldsymbol{x}=(x_1, x_2, \cdots, x_n)^{\mathrm{T}}$. 由定理 5.2 知，$\boldsymbol{\beta}=T(\boldsymbol{\alpha})$ 在 $\boldsymbol{\alpha}_1, \boldsymbol{\alpha}_2, \cdots, \boldsymbol{\alpha}_n$ 下的坐标为 $\mathbf{A}\boldsymbol{x}$. 若记 $\mathbf{A}$ 的列向量为 $\boldsymbol{\xi}_1, \boldsymbol{\xi}_2, \cdots, \boldsymbol{\xi}_n$，则

$$\mathbf{A}\boldsymbol{x} = x_1\boldsymbol{\xi}_1 + x_2\boldsymbol{\xi}_2 + \cdots + x_n\boldsymbol{\xi}_n$$

因而 $\{\mathbf{A}\boldsymbol{x} \mid \boldsymbol{x} \in \mathbf{R}^n\}$ 是 $\boldsymbol{\xi}_1, \boldsymbol{\xi}_2, \cdots, \boldsymbol{\xi}_n$ 生成的子空间，于是它的维数即为列向量组 $\boldsymbol{\xi}_1, \boldsymbol{\xi}_2, \cdots, \boldsymbol{\xi}_n$ 的秩，也就是 $\mathbf{A}$ 的秩，故 $\dim(\mathrm{Im}T)=R(\mathbf{A})$.

关于线性变换的核的维数与基，有下列定理.

定理 5.6 设 $\mathbf{V}$ 是 n 维线性空间，$\mathbf{V}$ 上的线性变换 T 在 $\mathbf{V}$ 的基 $\boldsymbol{\alpha}_1, \boldsymbol{\alpha}_2, \cdots, \boldsymbol{\alpha}_n$ 下的矩阵为 $\mathbf{A}$，则

(1) T 的核 $\mathrm{Ker}T$ 的维数等于 $n-R(\boldsymbol{A})$.

(2) $\boldsymbol{V}$ 中齐次线性方程组 $\boldsymbol{Ax}=\boldsymbol{0}$ 的基础解系构成 T 的核 $\mathrm{Ker}T$ 的基.

证明 对 $\boldsymbol{V}$ 中任意向量 $\boldsymbol{\alpha}=x_1\boldsymbol{\alpha}_1+x_2\boldsymbol{\alpha}_2+\cdots+x_n\boldsymbol{\alpha}_n=(\boldsymbol{\alpha}_1, \boldsymbol{\alpha}_2, \cdots, \boldsymbol{\alpha}_n)\boldsymbol{x}$，有

$$T(\boldsymbol{\alpha})=(\boldsymbol{\alpha}_1, \boldsymbol{\alpha}_2, \cdots, \boldsymbol{\alpha}_n)\boldsymbol{Ax}$$

从而 $T(\boldsymbol{\alpha})=\boldsymbol{0}$ 的充分必要条件为 $\boldsymbol{Ax}=\boldsymbol{0}$，这意味着 $\mathrm{Ker}T$ 由所有坐标满足齐次方程组

$$\boldsymbol{Ax}=\boldsymbol{0}$$

的向量组成. 而 $\boldsymbol{Ax}=\boldsymbol{0}$ 的基础解系，其秩为 $n-R(\boldsymbol{A})$，故命题成立.

例 2 求 $\mathbf{R}[x]_3$ 上的微分变换 D 的值域与核.

解 对任意

$$a+bx+cx^2\in\mathbf{R}[x]_3$$

$$D(a+bx+cx^2)=b+2cx$$

它可由 $\mathbf{R}[x]_2$ 的基 1，x 线性表示，又因为 D 的值域是子空间，从而 $\mathbf{R}[x]_3$ 上微分变换 D 的值域为 $\mathbf{R}[x]_2$.

由微积分可知，导数为 0 的实多项式必是常数，即

$$\mathrm{Ker}D=\mathbf{R}$$

例 3 求 $\mathbf{R}^3$ 上的线性变换

$$T[(x_1, x_2, x_3)^{\mathrm{T}}]=(x_1+x_2+x_3, -x_1-2x_3, x_2-x_3)^{\mathrm{T}}$$

的值域与核的基与维数.

解 对 $\mathbf{R}^3$ 的任意向量 $(x_1, x_2, x_3)^{\mathrm{T}}$，依题意

$$T\begin{bmatrix}x_1\\x_2\\x_3\end{bmatrix}=\begin{bmatrix}x_1+x_2+x_3\\-x_1-2x_3\\x_2-x_3\end{bmatrix}=x_1\begin{bmatrix}1\\-1\\0\end{bmatrix}+x_2\begin{bmatrix}1\\0\\1\end{bmatrix}+x_3\begin{bmatrix}1\\-2\\-1\end{bmatrix}\tag{5-17}$$

将式(5-17)左端的三个向量记为 $\boldsymbol{\alpha}_1, \boldsymbol{\alpha}_2, \boldsymbol{\alpha}_3$，则 T 的全体像的集合就是 $\boldsymbol{\alpha}_1, \boldsymbol{\alpha}_2, \boldsymbol{\alpha}_3$ 的所有线性组合，也就是说 T 的值域是由 $\boldsymbol{\alpha}_1, \boldsymbol{\alpha}_2, \boldsymbol{\alpha}_3$ 生成的子空间，即

$$\mathrm{Im}T=\mathrm{span}(\boldsymbol{\alpha}_1, \boldsymbol{\alpha}_2, \boldsymbol{\alpha}_3)$$

由 $\boldsymbol{\alpha}_3=2\boldsymbol{\alpha}_1-\boldsymbol{\alpha}_2$，而 $\boldsymbol{\alpha}_1, \boldsymbol{\alpha}_2$ 线性无关，所以 $\boldsymbol{\alpha}_1, \boldsymbol{\alpha}_2$ 为 $\boldsymbol{\alpha}_1, \boldsymbol{\alpha}_2, \boldsymbol{\alpha}_3$ 的一个极大线性无关组，因此

$$\mathrm{Im}T=\mathrm{span}(\boldsymbol{\alpha}_1, \boldsymbol{\alpha}_2)$$

$$\dim(\mathrm{Im}T)=R(\boldsymbol{\alpha}_1, \boldsymbol{\alpha}_2, \boldsymbol{\alpha}_3)=2$$

T 的核是像为零向量的全体原像，即满足

$$\begin{aligned}T[(x_1, x_2, x_3)^{\mathrm{T}}]&=(x_1+x_2+x_3, -x_1-2x_3, x_2-x_3)^{\mathrm{T}}\\&=(0, 0, 0)\end{aligned}$$

的全体 (x_1, x_2, x_3) 也就是齐次线性方程组

$$\begin{cases}x_1+x_2+x_3=0\\-x_1-2x_3=0\\x_2-x_3=0\end{cases}\tag{5-18}$$

的解空间. 方程组(5-18)的基础解系为 $\boldsymbol{\xi}=(-2,1,1)^{\mathrm{T}}$，所以 T 的核为

$$\mathrm{Ker}T=\mathrm{span}(\boldsymbol{\xi}),\ \dim(\mathrm{Ker}T)=1.$$

从上面两例可以看出

$$\dim(\mathrm{Im}T)+\dim(\mathrm{Ker}T)=\dim\boldsymbol{V}$$

一般地，设 T 是 n 维线性空间 $\boldsymbol{V}$ 上的一个线性变换，则

$$\dim(\mathrm{Im}T)+\dim(\mathrm{Ker}T)=n$$

5.6 应用案例

线性变换在实际中有着广泛的应用，下面我们举几个应用实例.

应用一 构造斜体字体.

在计算机的字库中，只需对正体字体作一个线性变换，就可产生相应的斜体字体.

每一个正体字体都可以用一个矩阵 $\boldsymbol{X}$ 来表示，$\boldsymbol{X}$ 的某一列表示正体字体上某一点(比较简单的是字体的某个顶点)的坐标. 设 $\boldsymbol{A}$ 为一个2阶方阵，则 $\boldsymbol{AX}$ 的第 j 列对应于 $\boldsymbol{X}$ 的第 j 列，以 $\boldsymbol{AX}$ 的每一列为坐标的点就构成斜体字母.

例 1 设英文大写正体字母N的各个顶点构成的矩阵 $\boldsymbol{X}$ 为

$$\boldsymbol{X}=\begin{bmatrix}0 & 0.50 & 0.50 & 6.00 & 6.00 & 5.50 & 5.50 & 0\\ 0 & 0 & 6.42 & 0 & 8.00 & 8.00 & 1.58 & 8.00\end{bmatrix}$$

产生斜体字母N，并绘制字母N的正体与斜体的图形.

解 取2阶矩阵 $\boldsymbol{A}=\begin{bmatrix}1 & 0.25\\ 0 & 1\end{bmatrix}$，对正体N的每一点 $\boldsymbol{x}$ 作线性变换 $\boldsymbol{y}=T(\boldsymbol{x})=\boldsymbol{Ax}$，$\boldsymbol{y}=T(\boldsymbol{x})=\boldsymbol{Ax}$ 的图形就是N的斜体字母，如图5.2所示.

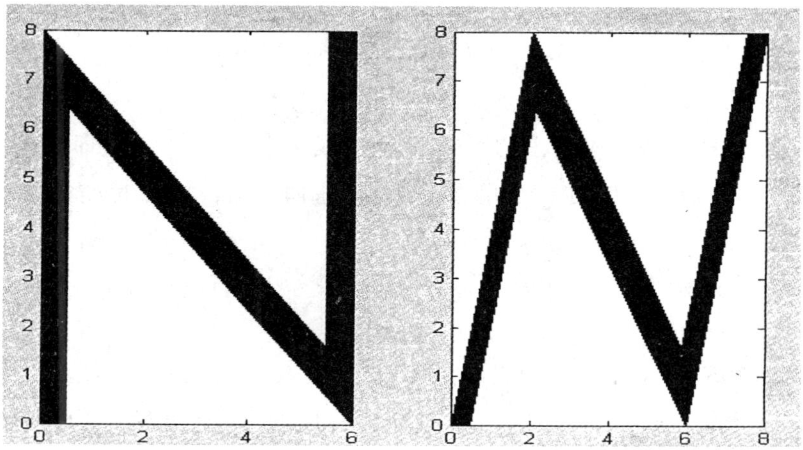

图 5.2 构造的图形

给 $\boldsymbol{X}$ 增加一列为第 1 列，使绘出的图形封闭. MATLAB 程序如下：

```
X=[0, 0.5, 0.5, 6, 6, 5.5, 5.5, 0; 0, 0, 6.42, 0, 8, 8, 1.58, 8];
X0=[X, X(i, 1)];     %把第 1 列添加到 X 的最后 1 列后
A=[1, 0.25; 0, 1]
Y=A * X0
subplot(1, 2, 1), fill(x0(1, :), x(2, :), 'red');
subplot(1, 2, 2), fill(y(1, :), y(2, :), 'black').
```

应用二　刚体的平面运动.

例 2　以平面坐标系的一个闭合图形来描述刚体，这个刚体可用一个矩阵 $\boldsymbol{X}$ 来表示，$\boldsymbol{X}$ 的某列表示刚体一个顶点的坐标. 为了使图形闭合，$\boldsymbol{X}$ 的最后一列和第一列相同，为了实现刚体的平移变换，给矩阵 $\boldsymbol{X}$ 添加元素都为 1 的一行，使矩阵 $\boldsymbol{X}$ 的形状为 $3\times n$.

设

$$\boldsymbol{M}=\begin{bmatrix}1 & 0 & c_1\\ 0 & 1 & c_2\\ 0 & 0 & 1\end{bmatrix}$$

$$\boldsymbol{R}=\begin{bmatrix}\cos t & -\sin t & 0\\ \sin t & \cos t & 0\\ 0 & 0 & 1\end{bmatrix}$$

对 $\mathbf{R}^3$ 上每一点 $\boldsymbol{X}$ 作线性变换

$$\boldsymbol{y}_1=\boldsymbol{Mx},\quad \boldsymbol{y}_2=\boldsymbol{Rx}$$

则点 $\boldsymbol{y}_1$ 是点 $\boldsymbol{x}$ 沿 x 轴正方向平移 c_1，沿 y 轴正方向平移 c_2 后的结果. 而点 $\boldsymbol{y}_2$ 是点 x 以坐标原点为中心逆时针旋转 t 弧度的结果.

事实上，对平面上点 $(a, b)^{\mathrm T}$，取 $\boldsymbol{x}=(a, b, 1)^{\mathrm T}$，则

$$\boldsymbol{y}_1=\boldsymbol{Mx}=\begin{bmatrix}1 & 0 & c_1\\ 0 & 1 & c_2\\ 0 & 0 & 1\end{bmatrix}\begin{bmatrix}a\\ b\\ 1\end{bmatrix}=\begin{bmatrix}a+c_1\\ b+c_2\\ 1\end{bmatrix}$$

所以经线性变换 $\boldsymbol{y}_1=\boldsymbol{Mx}$ 后，平面上的点 $(a, b)^{\mathrm T}$ 变成 $(a+c_1, b+c_2)^{\mathrm T}$，即点 $(a+c_1, b+c_2)^{\mathrm T}$ 是将点 $(a, b)^{\mathrm T}$ 沿 x 轴正向移动 c_1 个单位，沿 y 轴正向移动 c_2 个单位的结果，而

$$\boldsymbol{y}_2=\boldsymbol{Rx}=\begin{bmatrix}\cos t & -\sin t & 0\\ \sin t & \cos t & 0\\ 0 & 0 & 1\end{bmatrix}\begin{bmatrix}a\\ b\\ 1\end{bmatrix}=\begin{bmatrix}a\cos t-b\sin t\\ a\sin t+b\cos t\\ 1\end{bmatrix}$$

故经旋转变换 $\boldsymbol{y}_2=\boldsymbol{Rx}$ 后，平面上的点 $(a, b)^{\mathrm T}$ 变为 $(a\cos t-b\sin t, a\sin t+b\cos t)^{\mathrm T}$，即点 $(a\cos t-\sin t, a\sin t+b\cos t)$ 是将点 $(a, b)^{\mathrm T}$ 以坐标原点为中心旋转 t 弧度的结果.

例 3　用下列数据表示大写字母 A，对图形 A 进行以下平面运动，并绘制移动前后的图形.

x	0	4	6	10	8	5	3.5	6.1	6.5	3.2	2	0
y	0	14	14	0	0	11	6	6	4.5	4.5	0	0

(1) 向上移动 15，向左移动 30；

(2) 逆时针旋转$\frac{\pi}{3}$；

(3) 选逆时针旋转 135°，然后向上移动 30，向左移动 20.

解 (1) 构造刚体 A 的矩阵

$$\boldsymbol{X}=\begin{bmatrix}0 & 4 & 6 & 10 & 8 & 5 & 3.5 & 6.1 & 6.5 & 3.2 & 2 & 0\\0 & 14 & 14 & 0 & 0 & 11 & 6 & 6 & 4.5 & 4.5 & 0 & 0\\1 & 1 & 1 & 1 & 1 & 1 & 1 & 1 & 1 & 1 & 1 & 1\end{bmatrix}$$

及平移变换矩阵

$$\boldsymbol{M}=\begin{bmatrix}1 & 0 & -30\\0 & 1 & 15\\0 & 0 & 1\end{bmatrix}$$

(2) 写出旋转变换矩阵

$$\boldsymbol{R}=\begin{bmatrix}\cos\frac{\pi}{3} & -\sin\frac{\pi}{3} & 0\\ \sin\frac{\pi}{3} & \cos\frac{\pi}{3} & 0\\ 0 & 0 & 1\end{bmatrix}$$

(3) 写出旋转变换矩阵及平移变换矩阵

$$\boldsymbol{R}=\begin{bmatrix}\cos\frac{3\pi}{4} & -\sin\frac{3\pi}{4} & 0\\ \sin\frac{3\pi}{4} & \cos\frac{3\pi}{4} & 0\\ 0 & 0 & 1\end{bmatrix}$$

$$\boldsymbol{M}=\begin{bmatrix}1 & 0 & 20\\0 & 1 & 30\\0 & 0 & 1\end{bmatrix}$$

MATLAB 程序如下：

```
% 刚体的平面运动
close all
x=[0, 4, 6, 10, 8, 5, 3.5, 6.1, 6.5, 3.2, 2, 0; 0, 14, 14, 0, 0, 11, 6, 6, 4.5,
4.5, 0, 0, ones(1, 12)]
                    % 构造刚体矩阵
M=[1, 0, -30; 0, 1, 15; 0, 0, 1]      % 构造平移矩阵
```

```
Y1=M*X                    % 计算平移结果
plot(x(1,:), x(2,:));     % 绘制原刚体
hold on
axis equal
fill(Y1(1,:), Y1(2,:), 'red');     % 绘制平移后刚体
R=[cos(pi/3), -sin(pi/3), 0; sin(pi/3), cos(pi/3), 0; 0, 0, 1];
                          % 构造旋转矩阵
Y2=R*X;
fill(Y2(1,:), Y2(2,:), 'blue');    % 绘制旋转后刚体
M=[1, 0, 20; 0, 1, 30; 0, 0, 1];
R=[cos(3*pi/4), -sin(3*pi/4), 0; sin(3*pi/4), cos(3*pi/4), 0; 0, 0, 1];
Y3=M*R*X
fill(Y3(1,:), Y3(2,:), 'black')    % 绘制旋转及平移后刚体
grid on
hold off
```

绘制图形如图 5.3 所示.

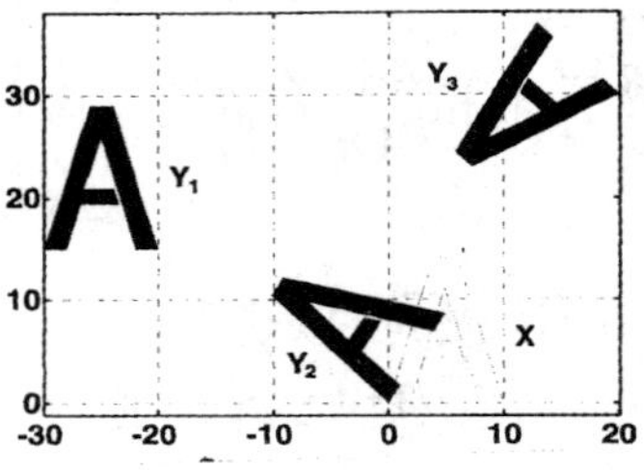

图 5.3 绘制图形

应用三 在动漫技术中的应用.

计算机动漫是一项新兴的极具竞争力的产业,线性代数在其中具有基础性的作用. 比如把任何一个空间物体用多个多角锥体合成,把物体的动作分别用各个锥体的位置变化来表述. 再把这些锥体在两个时间点之间的位移进行插补,使得动作可以用较小的步长连续地实现. 最后要把立体的形象投影到屏幕的平面上. 这个过程中几乎每一个环节都和线性代数相关. 实际问题很复杂,我们在这里只举一个最简单的三角形平面运动的插补问题加以说明.

设一个三角形三个顶点的初始坐标为(−1, 1), (1, 1), (0, 2),现在要把它移动到(2, 3), (2, 5), (1, 4)的位置上,问:

(1) 应该用什么样的线性变换矩阵通过矩阵乘法来实现?

(2) 如果希望通过 N 次连续的小变换来完成,问这样的小变换矩阵具备什么形式?

(3) 画出相应的图形和连续变化的动画.

解　这是一个平面运动问题，要用矩阵描述它，必须采用三维的齐次坐标，那就是在 x，y 两维坐标所描述的图形节点坐标矩阵下方加上一全1行，因此三角形开始和最后的齐次坐标矩阵分别为

$$\boldsymbol{x}=\begin{bmatrix}-1 & 1 & 0 & -1\\ 1 & 1 & 2 & 1\\ 1 & 1 & 1 & 1\end{bmatrix},\quad \boldsymbol{y}_2=\begin{bmatrix}2 & 2 & 1 & 2\\ 3 & 5 & 4 & 3\\ 1 & 1 & 1 & 1\end{bmatrix}$$

(1) 将刚体的位移看作一个线性变换，设变换矩阵为 $\boldsymbol{K}_0$，则 $\boldsymbol{y}_2=\boldsymbol{K}_0 * \boldsymbol{x}$，故 $\boldsymbol{K}_0=\boldsymbol{y}_2/\boldsymbol{x}$.

(2) 将 $\boldsymbol{K}_0$ 看作一系列(N 次)小变换 $\boldsymbol{K}$ 的连乘积，$\boldsymbol{K}$^N=$\boldsymbol{K}_0$，则可通过对 $\boldsymbol{K}_0$ 开 N 次方求得.

根据上述思路，程序的核心语句如下：

```
x=[-1，1，0，-1；1，1，2，1；ones(1，4)]  %将起始处三角形坐标改为三维齐次坐标
y2=[2，2，1，2；3，5，4，3；ones(1，4)]  %将结尾处三角形坐标改为三维齐次坐标
K0=y2/x
N=input('分 N 份，输入 N=')
K=(K0)^(1/N)；
…
```

加上相应的绘图程序和人机交互语句，即构成程序 ea712；运行程序并按提示输入 $N=8$ 时，执行的结果如下：

$$\boldsymbol{K}_0=\begin{bmatrix}0 & -1 & 3\\ 1 & 0 & 4\\ 0 & 0 & 1\end{bmatrix},\quad \boldsymbol{K}=\begin{bmatrix}0.9808 & -0.1951 & 0.6732\\ 0.1951 & 0.9808 & 0.1648\\ 0 & 0 & 1.0000\end{bmatrix}$$

所得的图形如图5.4所示.

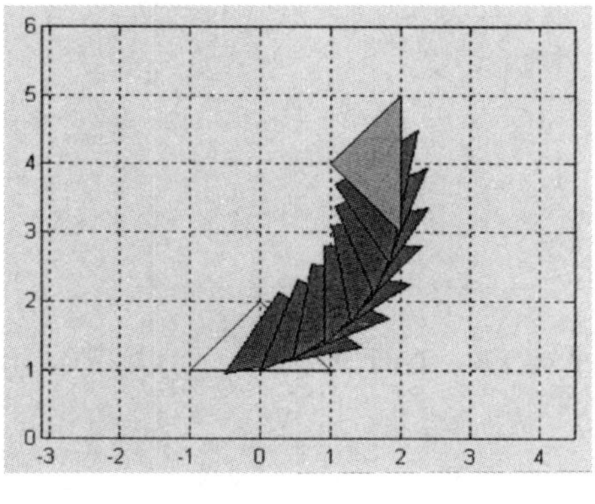

图5.4　三角形位置移动分解为连续多次位移

教学视频

5-1 矩阵的四个子空间　　5-2 线性变换与矩阵　　5-3 线性变换应用案例

习 题 5

一、填空题

1. 设 $\boldsymbol{A}$ 为 n 阶矩阵，$\boldsymbol{V}$ 是线性空间 $\{\boldsymbol{Ax} \mid \boldsymbol{x} \in \mathbf{R}^n\}$，则 $\boldsymbol{V}$ 的维数是__________.

2. 全体 2 阶实对称矩阵构成 $\mathbf{R}^{2\times 2}$ 的子空间的基为________；维数是__________.

3. $\mathbf{R}^3$ 中的向量 $\boldsymbol{\alpha}=(1, 2, 3)$ 在基 $\boldsymbol{\alpha}_1=(1, 0, 0)$，$\boldsymbol{\alpha}_2=(1, 1, 0)$，$\boldsymbol{\alpha}_3=(1, 1, 1)$ 下的坐标为__________.

4. 设 T 是线性空间 $\boldsymbol{V}$ 上的线性变换，若 $\boldsymbol{\alpha}_1$，$\boldsymbol{\alpha}_2$，$\boldsymbol{\alpha}_3$ 是 $\boldsymbol{V}$ 中的线性相关向量组，则 $T(\boldsymbol{\alpha}_1)$，$T(\boldsymbol{\alpha}_2)$，$T(\boldsymbol{\alpha}_3)$ 一定是__________.

5. $\mathbf{R}^3$ 上的线性变换

$$T[(x_1, x_2, x_3)^{\mathrm{T}}] = (x_1+x_2, x_2+x_3, x_3+x_1)^{\mathrm{T}}$$

在自然基 $\boldsymbol{\varepsilon}_1=(1, 0, 0)^{\mathrm{T}}$，$\boldsymbol{\varepsilon}_2=(0, 1, 0)^{\mathrm{T}}$，$\boldsymbol{\varepsilon}_3=(0, 0, 1)^{\mathrm{T}}$ 下的矩阵为__________.

6. 在 $\mathbf{R}[x]_3$ 中的线性变换

$$T(f(x)) = f(x) + xf'(x)$$

的特征值为__________.

7. $\mathbf{R}^3$ 上的线性变换

$$T[(x_1, x_2, x_3)^{\mathrm{T}}] = (x_1+x_2+x_3, 2x_1+x_2, x_2+x_3)^{\mathrm{T}}$$

则 T 的值域与核的维数分别为__________，__________.

8. 已知线性变换 T 在基 $\boldsymbol{\alpha}_1$，$\boldsymbol{\alpha}_2$ 下的矩阵为 $\begin{bmatrix} 1 & 0 \\ 0 & 2 \end{bmatrix}$，则 T 在基 $\boldsymbol{\alpha}_2$，$\boldsymbol{\alpha}_1$ 下的矩阵为__________.

9. 在 $\mathbf{R}^2$ 中，已知由基 $\boldsymbol{\alpha}_1$，$\boldsymbol{\alpha}_2$ 到基 $\boldsymbol{\beta}_1$，$\boldsymbol{\beta}_2$ 的过渡矩阵为 $\begin{bmatrix} 1 & 2 \\ 3 & 5 \end{bmatrix}$，那么从基 $\boldsymbol{\beta}_1$，$\boldsymbol{\beta}_2$ 到 $\boldsymbol{\alpha}_1$，$\boldsymbol{\alpha}_2$ 的过渡矩阵为__________.

10. 在三维线性空间 $\mathbf{V}$ 上的线性变换 T，在基 $\boldsymbol{\alpha}_1$，$\boldsymbol{\alpha}_2$，$\boldsymbol{\alpha}_3$ 下的矩阵为 $\mathbf{A}=\begin{bmatrix}1 & 2\\3 & 4\end{bmatrix}$，那么 $\boldsymbol{\alpha}=\boldsymbol{\alpha}_1+\boldsymbol{\alpha}_2+\boldsymbol{\alpha}_3$ 的像 $T(\boldsymbol{\alpha})$在基 $\boldsymbol{\alpha}_1$，$\boldsymbol{\alpha}_2$，$\boldsymbol{\alpha}_3$ 下的坐标为__________.

二、选择题

1. 线性空间 $\mathbf{V}=\{f(x)\,|\,f'(x)=f(x)，f(x)$是可微函数$\}$，则 $\mathbf{V}$ 的基为(　　).

A. 0　　B. e^x　　C. 0，e^x　　D. ce^x

2. 线性空间 $\mathbf{V}=\{\mathbf{A}\,|\,\mathbf{A}$ 为二阶实上三角矩阵$\}$，则 $\mathbf{V}$ 的维数为(　　).

A. 0　　B. 1　　C. 2　　D. 3

3. $\mathbf{R}[x]_2$ 中向量 $1+2x$ 在基 1，$x-2$ 下的坐标为(　　).

A. $(-3, 2)^{\mathrm{T}}$　　B. $(2, -3)^{\mathrm{T}}$　　C. $(1, 2)^{\mathrm{T}}$　　D. $(2, 1)^{\mathrm{T}}$

4. 设 $\mathbf{R}^2$ 中两组基为 $\boldsymbol{\alpha}_1=(1, 0)^{\mathrm{T}}$，$\boldsymbol{\alpha}_2=(1, 1)^{\mathrm{T}}$ 与 $\boldsymbol{\beta}_1=(2, 1)^{\mathrm{T}}$，$\boldsymbol{\beta}_2=(1, 2)^{\mathrm{T}}$，从基 $\boldsymbol{\alpha}_1$，$\boldsymbol{\alpha}_2$ 到基 $\boldsymbol{\beta}_1$，$\boldsymbol{\beta}_2$ 的过渡矩阵为(　　).

A. $\begin{bmatrix}-1 & 1\\2 & 1\end{bmatrix}$　　B. $\begin{bmatrix}\frac{2}{3} & \frac{1}{3}\\-\frac{1}{3} & \frac{1}{3}\end{bmatrix}$　　C. $\begin{bmatrix}1 & -1\\1 & 2\end{bmatrix}$　　D. $\begin{bmatrix}-\frac{1}{3} & \frac{1}{3}\\\frac{2}{3} & \frac{1}{3}\end{bmatrix}$

5. $\mathbf{R}^3$ 上的线性变换 $T(x_1, x_2, x_3)^{\mathrm{T}}=(x_1-x_2, x_2-x_3, x_3-x_1)^{\mathrm{T}}$，则 T 在自然基 $\boldsymbol{\varepsilon}_1=(1, 0, 0)^{\mathrm{T}}$，$\boldsymbol{\varepsilon}_2=(0, 1, 0)^{\mathrm{T}}$，$\boldsymbol{\varepsilon}_3=(0, 0, 1)^{\mathrm{T}}$ 下的矩阵为(　　).

A. $\begin{bmatrix}1 & -1 & 0\\0 & 1 & -1\\-1 & 0 & 1\end{bmatrix}$　　B. $\begin{bmatrix}-1 & 1 & 0\\0 & -1 & 1\\1 & 0 & -1\end{bmatrix}$

C. $\begin{bmatrix}1 & 1 & 0\\0 & 1 & 1\\1 & 0 & 1\end{bmatrix}$　　D. $\begin{bmatrix}1 & 0 & -1\\-1 & 1 & 0\\0 & -1 & 1\end{bmatrix}$

6. 在 $\mathbf{R}[x]_3$ 上的线性变换 $T(f(x))=f(x)+(x-2)f'(x)$的特征值为(　　).

A. 1，2，3　　B. 2，3，4　　C. -1，0，1　　D. -2，-1，0

7. 设 $\mathbf{A}=\begin{bmatrix}1 & 1 & 1\\3 & 2 & 1\\4 & 3 & 2\end{bmatrix}$，则 $\dim(\mathrm{Im}(T_{\mathbf{A}}))=$(　　).

A. 1　　B. 2　　C. 3　　D. 4

8. 设 $\mathbf{A}=\begin{bmatrix}1 & 1 & 1\\1 & 2 & 3\\1 & 4 & 9\end{bmatrix}$，则 $\mathrm{Ker}(T_{\mathbf{A}})$的维数为(　　).

A. 0　　B. 1　　C. 3　　D. 4

9. 由矩阵 $\mathbf{A}=\begin{bmatrix}1 & 0\\0 & -1\end{bmatrix}$的全体实多项式组成的集合是 $\mathbf{R}^{2\times 2}$ 的一个子空间，这个子空

间的基为(　　).

A. $\boldsymbol{E}$, $\boldsymbol{A}$　　B. $\boldsymbol{E}$, $\boldsymbol{A}$, $\boldsymbol{A}^2$　　C. $\boldsymbol{E}$　　D. $\boldsymbol{A}$

10. 线性空间 $\boldsymbol{V}=\{\{a_n\}\mid a_{n+1}=2a_n, a_n\in\mathbf{R}\}$ 的维数为(　　).

A. 0　　B. 1　　C. 2　　D. 3

三、判断题

判断下列集合对指定的运算是否构成线性空间.

1. $\boldsymbol{V}_1=\{(a_{ij})_{2\times 3}\mid a_{11}+2a_{21}=0\}$，对于矩阵的加法和数乘运算.(　　)

2. 设 $\boldsymbol{A}$ 为 n 阶矩阵，$\boldsymbol{V}_2=\{p(\boldsymbol{A})\mid. p(x)\in\mathbf{R}[x]\}$，对于矩阵的线性运算.(　　)

3. $\boldsymbol{V}_3=\{f(x)\mid f(1)=0, f(x)\in\mathbf{R}[x]\}$，对于多项式的加法和数与多项式的乘法.(　　)

4. $\boldsymbol{V}_4=\{\boldsymbol{x}\mid\boldsymbol{Ax}=\boldsymbol{0}$ 且 $\boldsymbol{Bx}=\boldsymbol{0}, \boldsymbol{A}, \boldsymbol{B}\in\mathbf{R}^{m\times n}\}$，对于向量的加法与数乘运算.(　　)

5. $\boldsymbol{V}_5=\{(x_1, x_2, x_3)\mid x_1+x_2+x_3=1\}$，对于向量的加法与数乘运算.(　　)

四、计算与证明

1. 在 $\boldsymbol{C}[-1, 1]$上，判别 1, $\sin^2 x$, $\cos 2x$ 的线性相关性.

2. 验证集合

$$\{(a_{ij})_{2\times 2}\in\mathbf{R}^{2\times 2}\mid a_{11}+a_{22}=0\}$$

是 $\mathbf{R}^{2\times 2}$ 的子空间，并求它的维数与一组基.

3. 求下列向量组生成的线性空间的维数与基.

(1) $\boldsymbol{\alpha}_1=(-1, 3, 4, 7)^{\mathrm{T}}$, $\boldsymbol{\alpha}_2=(2, 1, -1, 0)^{\mathrm{T}}$, $\boldsymbol{\alpha}_3=(1, 2, 1, 3)^{\mathrm{T}}$, $\boldsymbol{\alpha}_4=(-4, 1, 5, 6)^{\mathrm{T}}$；

(2) $\boldsymbol{\alpha}_1=(1, 4, 1, 0, 2)^{\mathrm{T}}$, $\boldsymbol{\alpha}_2=(2, 5, -1, -3, 2)^{\mathrm{T}}$, $\boldsymbol{\alpha}_3=(1, 0, -3, -1, 1)^{\mathrm{T}}$, $\boldsymbol{\alpha}_4=(0, 5, 5, -1, 0)^{\mathrm{T}}$.

4. 在 $\mathbf{R}^3$ 中，$\boldsymbol{\alpha}_1=(1, 0, 1)^{\mathrm{T}}$, $\boldsymbol{\alpha}_2=(0, 1, 0)^{\mathrm{T}}$, $\boldsymbol{\alpha}_3=(1, 2, 2)^{\mathrm{T}}$, $\boldsymbol{\beta}=(1, 3, 0)^{\mathrm{T}}$，验证 $\boldsymbol{\alpha}_1$, $\boldsymbol{\alpha}_2$, $\boldsymbol{\alpha}_3$ 是一组基，并求 $\boldsymbol{\beta}$ 在基 $\boldsymbol{\alpha}_1$, $\boldsymbol{\alpha}_2$, $\boldsymbol{\alpha}_3$ 下的坐标.

5. 设 $\mathbf{R}^3$ 中两组基为

$$\boldsymbol{\alpha}_1=(1, 1, 1)^{\mathrm{T}}, \boldsymbol{\alpha}_2=(1, 0, 1)^{\mathrm{T}}, \boldsymbol{\alpha}_3=(0, 1, 1)^{\mathrm{T}}$$

$$\boldsymbol{\beta}_1=(0, 1, 1)^{\mathrm{T}}, \boldsymbol{\beta}_2=(-1, 1, 0)^{\mathrm{T}}, \boldsymbol{\beta}_3=(1, 2, 1)^{\mathrm{T}}$$

(1) 求从基 $\boldsymbol{\alpha}_1$, $\boldsymbol{\alpha}_2$, $\boldsymbol{\alpha}_3$ 到基 $\boldsymbol{\beta}_1$, $\boldsymbol{\beta}_2$, $\boldsymbol{\beta}_3$ 的过渡矩阵；

(2) 求 $\boldsymbol{\alpha}=(1, 2, 3)^{\mathrm{T}}$ 在这两组基下的坐标.

6. 在 $\mathbf{R}[x]_4$ 中的两组基分别为Ⅰ: 1, x, x^2, x^3 和Ⅱ: 1, $1+x$, $1+x+x^2$, $1+x+x^2+x^3$.

(1) 求由基Ⅰ到基Ⅱ的过渡矩阵；

(2) 求多项式 $1+2x+3x^2+4x^3$ 在基Ⅱ下的坐标；

(3) 多项式 $f(x)$在基Ⅱ下的坐标为$(1, 2, 3, 4)^{\mathrm{T}}$，求它在基Ⅰ下的坐标.

7. 在 $\mathbf{R}^{2\times 2}$ 中的两组基分别为

$$\boldsymbol{E}_{11}=\begin{bmatrix}1 & 0\\0 & 0\end{bmatrix}, \boldsymbol{E}_{12}=\begin{bmatrix}0 & 1\\0 & 0\end{bmatrix}$$

$$\boldsymbol{E}_{21}=\begin{bmatrix}0&0\\1&0\end{bmatrix},\ \boldsymbol{E}_{22}=\begin{bmatrix}0&0\\0&1\end{bmatrix}$$

和

$$\boldsymbol{M}_1=\begin{bmatrix}1&1\\1&0\end{bmatrix},\ \boldsymbol{M}_2=\begin{bmatrix}1&1\\0&1\end{bmatrix}$$

$$\boldsymbol{M}_3=\begin{bmatrix}1&0\\1&1\end{bmatrix},\ \boldsymbol{M}_4=\begin{bmatrix}0&1\\1&1\end{bmatrix}$$

求从基 $\boldsymbol{E}_{11}$，$\boldsymbol{E}_{12}$，$\boldsymbol{E}_{21}$，$\boldsymbol{E}_{22}$ 到基 $\boldsymbol{M}_1$，$\boldsymbol{M}_2$，$\boldsymbol{M}_3$，$\boldsymbol{M}_4$ 的过渡矩阵且求矩阵 $\boldsymbol{A}=\begin{bmatrix}4&3\\2&1\end{bmatrix}$在这两组下的坐标.

8. 判断下列线性空间上所定义的变换是否为线性变换.

(1) $\mathbf{V}$ 是一线性空间，$\boldsymbol{\alpha}_0$ 为 $\mathbf{V}$ 中一个固定向量，定义 $T(\boldsymbol{\alpha})=\boldsymbol{\alpha}+\boldsymbol{\alpha}_0$，$\forall\boldsymbol{\alpha}\in V$；

(2) $\mathbf{V}$ 是一线性空间，$\boldsymbol{\alpha}_0$ 为 $\mathbf{V}$ 中一个给定的非零向量，定义 $T(\boldsymbol{\alpha})=\boldsymbol{\alpha}_0$，$\forall\boldsymbol{\alpha}\in V$；

(3) 在 $\mathbf{R}^3$ 中，定义 $T(x_1, x_2, x_3)=(x_3, x_1, x_2)$；

(4) 在 $\mathbf{R}[x]$中，定义 $T(f(x))=f(x+1)$；$\forall f(x)\in\mathbf{R}[x]$；

(5) 在 $\mathbf{R}[x]_n$ 中，定义 $T(f(x))=f(0)$；$\forall f(x)\in\mathbf{R}[x]_n$；

(6) 在 $\mathbf{R}^{n\times n}$中，定义

$$T(\boldsymbol{X})=\boldsymbol{AX}-\boldsymbol{XB},\ \forall\boldsymbol{X}\in\mathbf{R}^{n\times n}$$

其中 $\boldsymbol{A}$，$\boldsymbol{B}\in\mathbf{R}^{n\times n}$为给定矩阵；

(7) 在 $\mathbf{R}^{n\times n}$中，定义 $T(\boldsymbol{X})=\boldsymbol{X}^3$，$\forall\boldsymbol{X}\in\mathbf{R}^{n\times n}$.

9. 求 $\mathbf{R}^3$ 中的投影变换在自然基 $\boldsymbol{\varepsilon}_1=(1, 0, 0)^{\mathrm{T}}$，$\boldsymbol{\varepsilon}_2=(0, 1, 0)^{\mathrm{T}}$，$\boldsymbol{\varepsilon}_3=(0, 0, 1)^{\mathrm{T}}$ 下的矩阵.

10. 设 $\mathbf{R}^3$ 上的线性变换

$$T[(x_1, x_2, x_3)^{\mathrm{T}}]=(x_1+x_2+x_3, x_1+2x_2+3x_3, x_1+4x_2+9x_3)^{\mathrm{T}}$$

(1) 求 T 在自然基 $\boldsymbol{\varepsilon}_1=(1, 0, 0)^{\mathrm{T}}$，$\boldsymbol{\varepsilon}_2=(0, 1, 0)^{\mathrm{T}}$，$\boldsymbol{\varepsilon}_3=(0, 0, 1)^{\mathrm{T}}$ 下的矩阵；

(2) 求 T 在 $\boldsymbol{\alpha}_1=(1, 1, 1)^{\mathrm{T}}$，$\boldsymbol{\alpha}_2=(0, 1, 1)^{\mathrm{T}}$，$\boldsymbol{\alpha}_3=(0, 0, 1)^{\mathrm{T}}$ 下的矩阵.

11. 设 $\mathbf{R}^3$ 上的线性变换 T 由下列关系确定

$$T(\boldsymbol{\alpha}_1)=\boldsymbol{\beta}_1,\ T(\boldsymbol{\alpha}_2)=\boldsymbol{\beta}_2,\ T(\boldsymbol{\alpha}_3)=\boldsymbol{\beta}_3$$

其中

$$\boldsymbol{\alpha}_1=(-1, 0, 2)^{\mathrm{T}},\ \boldsymbol{\alpha}_2=(0, 1, 1)^{\mathrm{T}},\ \boldsymbol{\alpha}_3=(-3, -1, 0)^{\mathrm{T}}$$

$$\boldsymbol{\beta}_1=(-5, 0, 3)^{\mathrm{T}},\ \boldsymbol{\beta}_2=(0, -1, 6),\ \boldsymbol{\beta}_3=(-5, -1, 9)^{\mathrm{T}}$$

求：(1) T 在自然基下的矩阵 $\boldsymbol{A}$；

(2) 求 $\mathbf{R}^3$ 中向量 $\boldsymbol{\alpha}=(2, 2, 3)^{\mathrm{T}}$ 在 T 下的像.

12. 已知 $\mathbf{R}^3$ 中线性变换 T 在基 $\boldsymbol{\alpha}_1=(-1, 1, 1)^{\mathrm{T}}$，$\boldsymbol{\alpha}_2=(1, 0, -1)^{\mathrm{T}}$，$\boldsymbol{\alpha}_3=(0, 1, 1)^{\mathrm{T}}$ 下的矩阵是

$$A=\begin{bmatrix}1&0&1\\1&1&0\\-1&2&1\end{bmatrix}$$

求 T 在自然基 $\boldsymbol{\varepsilon}_1=(1,0,0)^{\mathrm{T}}$，$\boldsymbol{\varepsilon}_2=(0,1,0)^{\mathrm{T}}$，$\boldsymbol{\varepsilon}_3=(0,0,1)^{\mathrm{T}}$ 下的矩阵.

13. 设 3 维线性空间 $\boldsymbol{V}$ 上的线性变换在基 $\boldsymbol{\alpha}_1$，$\boldsymbol{\alpha}_2$，$\boldsymbol{\alpha}_3$ 下的矩阵为

$$A=\begin{bmatrix}1&2&2\\2&1&2\\2&2&1\end{bmatrix}$$

试求 T 的特征值与特征向量.

14. 设 T 是 $\mathbf{R}^2$ 上一个线性变换

$$T(x_1,x_2)=(3x_1+4x_2,5x_1+2x_2)$$

试在 $\mathbf{R}^2$ 中选取一组基，使 T 在该组基下的矩阵为对角矩阵.

五、应用题

1. 设 G 是一个等腰直角三角形刚体，

(1) 构造 G 的刚体矩阵 $\boldsymbol{X}$；

(2) 先对 G 逆时针旋转 60°，然后向下移动 10，再向右移动 20；

(3) 先对 G 向下移动 10，然后向右移动 20，再对 G 逆时针旋转 60°.

2. 用矩阵 $\boldsymbol{A}=\begin{bmatrix}1&0.25\\0&1\end{bmatrix}$ 画出 5.6 节例 2 中字母 A 的斜体字母.

附录 1

2016—2018 级线性代数期末试题及参考答案

西安电子科技大学(2018 级)

考试时间 120 分钟

试　　题

题号	一	二	三	四	五	六	七	八	总分
分数									

1. 考试形式：闭卷□√　开卷□；2. 本试卷共八大题，满分 100 分

班级______学号______姓名______任课老师______

一、单项选择题(每小题 3 分，共 15 分)

1. 设 $\boldsymbol{A}$ 为 n 阶矩阵，且有 $\boldsymbol{A}^2=\boldsymbol{A}$ 成立，则下列命题中一定正确的是(　　).

A. $|\boldsymbol{A}|=\boldsymbol{O}$　　　　B. $\boldsymbol{A}=\boldsymbol{E}$

C. $\boldsymbol{A}=\boldsymbol{O}$ 或 $\boldsymbol{A}=\boldsymbol{E}$　　　　D. 若 $\boldsymbol{A}$ 可逆，则 $\boldsymbol{A}=\boldsymbol{E}$

2. 若向量组 $\boldsymbol{\alpha}, \boldsymbol{\beta}, \boldsymbol{\gamma}$ 线性无关，$\boldsymbol{\alpha}, \boldsymbol{\beta}, \boldsymbol{\delta}$ 线性相关，则(　　).

A. $\boldsymbol{\alpha}$ 必可由 $\boldsymbol{\beta}, \boldsymbol{\gamma}, \boldsymbol{\delta}$ 线性表示　　　　B. $\boldsymbol{\beta}$ 必不可由 $\boldsymbol{\alpha}, \boldsymbol{\beta}, \boldsymbol{\delta}$ 线性表示

C. $\boldsymbol{\delta}$ 必可由 $\boldsymbol{\alpha}, \boldsymbol{\beta}, \boldsymbol{\gamma}$ 线性表示　　　　D. $\boldsymbol{\delta}$ 必不可由 $\boldsymbol{\alpha}, \boldsymbol{\beta}, \boldsymbol{\gamma}$ 线性表示

3. 设 $\boldsymbol{A}$ 为 $m\times s$ 阶矩阵，$\boldsymbol{B}$ 为 $s\times n$ 阶矩阵，则线性方程组 $\boldsymbol{ABx}=0$ 与线性方程组 $\boldsymbol{Bx}=0$ 同解的充分条件为(　　).

A. $R(\boldsymbol{A})=s$　　B. $R(\boldsymbol{B})=s$　　C. $R(\boldsymbol{B})=m$　　D. $R(\boldsymbol{B})=n$

4. 若矩阵 $\boldsymbol{A}$ 相似于矩阵 $\boldsymbol{B}$，则下列结论不正确的是(　　).

A. $\boldsymbol{A}$ 和 $\boldsymbol{B}$ 有相同的特征多项式　　　　B. $\det(\boldsymbol{A})=\det(\boldsymbol{B})$

C. $\boldsymbol{A}$ 与 $\boldsymbol{B}$ 有相同的特征值和特征向量　　　　D. $\mathrm{tr}(\boldsymbol{A})=\mathrm{tr}(\boldsymbol{B})$

5. 设 $\boldsymbol{A}$ 是 3 阶矩阵，它有特征值为 1，−1，2，则下列齐次线性方程组中只有零解的是(　　).

A. $(\boldsymbol{A}-2\boldsymbol{E})x=0$　　　　B. $(\boldsymbol{A}+2\boldsymbol{E})x=0$

C. $(\boldsymbol{A}+\boldsymbol{E})x=0$　　　　D. $(\boldsymbol{A}-\boldsymbol{E})x=0$

二、填空题(每小题4分,共20分)

1. 已知矩阵$\boldsymbol{A}=\begin{bmatrix}1&2&3\\4&x&6\\3&2&1\end{bmatrix}$的行向量组线性相关,则$x=$________.

2. 设n阶方阵$\boldsymbol{A}$的秩为$n-1$,则其伴随矩阵$\boldsymbol{A}^*$的秩为________.

3. 已知$\boldsymbol{A}=\frac{1}{3}\begin{bmatrix}1&2&2\\2&-2&1\\2&1&-2\end{bmatrix}$,且三维向量$\boldsymbol{x}$的长度为5,则$\|\boldsymbol{A}^{\mathrm{T}}x\|=$________.

4. 设n阶矩阵$\boldsymbol{A}$满足$\boldsymbol{A}^3=\boldsymbol{O}$,则$|2\boldsymbol{E}+\boldsymbol{A}|=$________.

5. 设矩阵$\boldsymbol{A}=\begin{bmatrix}5&2&0\\2&1&0\\0&0&1\end{bmatrix}$,则$\boldsymbol{A}^{-1}=$________.

三、(10分)计算$n+1$阶行列式

$$D_{n+1}=\begin{vmatrix}1&a_1&a_2&\cdots&a_n\\a_1&1&0&\cdots&0\\a_2&0&2&\cdots&0\\\vdots&\vdots&\vdots&\ddots&\vdots\\a_n&0&0&\cdots&n\end{vmatrix}$$

四、(15分) 设$\boldsymbol{A}=\begin{pmatrix}\lambda&1&1\\0&\lambda+1&0\\1&1&\lambda\end{pmatrix}$,$\boldsymbol{b}=\begin{pmatrix}1\\1\\a\end{pmatrix}$. 已知线性方程组$\boldsymbol{Ax}=\boldsymbol{b}$存在两个不同解.

(1) 求λ,a的值;(2) 求出该方程组的通解.

五、(10分) 求下列向量组$\boldsymbol{\alpha}_1=(1,-2,0,3)$,$\boldsymbol{\alpha}_2=(2,-5,-3,6)$,$\boldsymbol{\alpha}_3=(0,1,3,0)$,$\boldsymbol{\alpha}_4=(2,-1,4,-7)$,$\boldsymbol{\alpha}_5=(1,-6,-7,16)$的一个极大线性无关组和秩,并将其余向量用该极大线性无关组线性表示.

六、(15分) 已知二次型$f(x_1,x_2,x_3)=x_1^2+ax_2^2+x_3^2+2bx_1x_2+2x_1x_3+2x_2x_3$经正交变换化为标准形$f(x_1,x_2,x_3)=y_2^2+4y_3^2$,求参数$a$,$b$及所用的正交变换矩阵.

七、(7分) 证明:若任何三维向量都可由三维向量组$\boldsymbol{\alpha}_1$,$\boldsymbol{\alpha}_2$,$\boldsymbol{\alpha}_3$线性表示,则向量组$\boldsymbol{\alpha}_1$,$\boldsymbol{\alpha}_2$,$\boldsymbol{\alpha}_3$线性无关.

八、(8分) 由人口普查获知,某地区现有农村人口300万,城市人口100万,每年有20%的农村居民移居城市,有10%的城市居民移居农村,假设该地区人口总数不变,且上述人口迁移规律也不变。设第n年后该地区农村人口和城市人口分别为a_n万和b_n万,而现在该地区农村和城市人口分别为a_0万和b_0万.

(1) 试求一年后该地区农村人口和城市人口数量a_1与b_1;

(2) 试建立第$n+1$年与第n年之间及第n年与现在人口数量的矩阵关系式.

2018 级线性代数期末试题参考答案

一、1. D; 2. C; 3. A; 4. C; 5. B.

二、1. $x=5$; 2. $\boldsymbol{A}^*$ 的秩为 1; 3. $\|\boldsymbol{A}^{\mathrm{T}}x\|=5$;

4. $|2\boldsymbol{E}+\boldsymbol{A}|=2^n$; 5. $\boldsymbol{A}^{-1}=\begin{bmatrix}1&-2&0\\-2&5&0\\0&0&1\end{bmatrix}$.

三、**解** 将第 2 列至第 $n+1$ 列分别乘以 $-a_1$,$-\dfrac{a_2}{2}$,…,$-\dfrac{a_n}{n}$ 加到第一列,得

$$D_{n+1}=\begin{vmatrix}1-\sum\limits_{i=1}^{n}\dfrac{a_i^2}{i} & a_1 & a_2 & \cdots & a_n\\ 0 & 1 & 0 & \cdots & 0\\ 0 & 0 & 2 & \cdots & 0\\ \vdots & \vdots & \vdots & \ddots & \vdots\\ 0 & 0 & 0 & \cdots & n\end{vmatrix}$$

从而 $D_{n+1}=\left(1-\sum\limits_{i=1}^{n}\dfrac{a_i^2}{i}\right)n!$.

四、**解** (1) 对方程组的增广矩阵进行初等行变换

$$\begin{bmatrix}\lambda&1&1&1\\0&\lambda+1&0&1\\1&1&\lambda&a\end{bmatrix}\longrightarrow\begin{bmatrix}1&1&\lambda&a\\0&2&1-\lambda^2&2-a\lambda\\0&0&(1-\lambda^2)(1+\lambda)/2&(1-a\lambda)+(\lambda-1)(2-a\lambda)/2\end{bmatrix}$$

由于 $\boldsymbol{Ax}=\boldsymbol{b}$ 不止一个解,故 $(1-\lambda^2)(1+\lambda)/2=0$,即 $\lambda=1$ 或 $\lambda=-1$.

同理,$(1-a\lambda)+(\lambda-1)(2-a\lambda)/2=0$,代入 $\lambda=1$ 可得 $a=1$.

当 $\lambda=-1$ 时,$(1-a\lambda)+(\lambda-1)(2-a\lambda)/2\neq0$,所以 $\lambda=a=1$.

(2) 将 $\lambda=a=1$ 代入方程组得通解:x_1 任意,$x_2=\dfrac{1}{2}$,$x_3=\dfrac{1}{2}-x_1$.

注:因为基础解系不唯一,所以其他等价的通解形式同样给分。

五、**解** 令 $\boldsymbol{A}=(\boldsymbol{\alpha}_1^{\mathrm{T}},\boldsymbol{\alpha}_2^{\mathrm{T}},\boldsymbol{\alpha}_3^{\mathrm{T}},\boldsymbol{\alpha}_4^{\mathrm{T}},\boldsymbol{\alpha}_5^{\mathrm{T}})\xrightarrow{\text{初等行变换}}\begin{pmatrix}1&2&0&2&1\\0&1&-1&-3&4\\0&0&0&1&-1\\0&0&0&0&0\end{pmatrix}=\boldsymbol{B}$

$$\xrightarrow{\text{初等行变换}}\begin{pmatrix}1&0&2&0&1\\0&1&-1&0&1\\0&0&0&1&-1\\0&0&0&0&0\end{pmatrix}=\boldsymbol{C}$$

从而，向量组的一个极大线性无关组为 $\boldsymbol{\alpha}_1, \boldsymbol{\alpha}_2, \boldsymbol{\alpha}_4$，秩为 3.

$$\boldsymbol{\alpha}_3 = 2\boldsymbol{\alpha}_1 - \boldsymbol{\alpha}_2, \boldsymbol{\alpha}_5 = \boldsymbol{\alpha}_1 + \boldsymbol{\alpha}_2 - \boldsymbol{\alpha}_4$$

六、**解** 由题意知 f 的矩阵 $\boldsymbol{A}$ 的特征值为 0，1，4.

因为 $\mathrm{tr}(\boldsymbol{A})=1+a+1=5$，且 $|\boldsymbol{A}|=\begin{vmatrix} 1 & b & 1 \\ b & a & 1 \\ 1 & 1 & 1 \end{vmatrix}=2b-b^2-1=0$，解得 $a=3$，$b=1$.

所以 $\boldsymbol{A}=\begin{bmatrix} 1 & 1 & 1 \\ 1 & 3 & 1 \\ 1 & 1 & 1 \end{bmatrix}$.

$\boldsymbol{A}$ 的特征值 0，1，4 对应的特征向量分别为 $\boldsymbol{x}_1=\begin{pmatrix} -1 \\ 0 \\ 1 \end{pmatrix}$，$\boldsymbol{x}_2=\begin{pmatrix} 1 \\ -1 \\ 1 \end{pmatrix}$，$\boldsymbol{x}_3=\begin{pmatrix} 1 \\ 2 \\ 1 \end{pmatrix}$.

正交化得 $\boldsymbol{P}_1=\frac{1}{\sqrt{2}}(-1, 0, 1)^{\mathrm{T}}$，$\boldsymbol{P}_2=\frac{1}{\sqrt{3}}(1, -1, 1)^{\mathrm{T}}$，$\boldsymbol{P}_3=\frac{1}{\sqrt{6}}(1, 2, 1)^{\mathrm{T}}$.

所用的正交变换矩阵为

$$\boldsymbol{Q}=(\boldsymbol{P}_1, \boldsymbol{P}_2, \boldsymbol{P}_3)=\begin{bmatrix} -\frac{1}{\sqrt{2}} & \frac{1}{\sqrt{3}} & \frac{1}{\sqrt{6}} \\ 0 & -\frac{1}{\sqrt{3}} & \frac{2}{\sqrt{6}} \\ \frac{1}{\sqrt{2}} & \frac{1}{\sqrt{3}} & \frac{1}{\sqrt{6}} \end{bmatrix}$$

七、**证明** 若任何三维向量都可由 $\boldsymbol{\alpha}_1, \boldsymbol{\alpha}_2, \boldsymbol{\alpha}_3$ 线性表示，则基本单位向量 $\boldsymbol{\varepsilon}_1, \boldsymbol{\varepsilon}_2, \boldsymbol{\varepsilon}_3$ 可由 $\boldsymbol{\alpha}_1, \boldsymbol{\alpha}_2, \boldsymbol{\alpha}_3$ 线性表示.

显然，$\boldsymbol{\alpha}_1, \boldsymbol{\alpha}_2, \boldsymbol{\alpha}_3$ 可由基本单位向量 $\boldsymbol{\varepsilon}_1, \boldsymbol{\varepsilon}_2, \boldsymbol{\varepsilon}_3$ 线性表示，从而向量组 $\boldsymbol{\alpha}_1, \boldsymbol{\alpha}_2, \boldsymbol{\alpha}_3$ 与基本单位向量 $\boldsymbol{\varepsilon}_1, \boldsymbol{\varepsilon}_2, \boldsymbol{\varepsilon}_3$ 等价，故向量组 $\boldsymbol{\alpha}_1, \boldsymbol{\alpha}_2, \boldsymbol{\alpha}_3$ 的秩与 $\boldsymbol{\varepsilon}_1, \boldsymbol{\varepsilon}_2, \boldsymbol{\varepsilon}_3$ 的秩相等，也是3，向量组 $\boldsymbol{\alpha}_1, \boldsymbol{\alpha}_2, \boldsymbol{\alpha}_3$ 所含向量的个数与其秩相等，故线性无关.

八、**解** (1) 一年后农村人口和城市人口数量为

$$\begin{cases} a_1 = 0.8a_0 + 0.1b_0 = 250 \\ b_1 = 0.2a_0 + 0.9b_0 = 150 \end{cases}$$

(2) 矩阵关系式 $\boldsymbol{x}_{n+1}=\begin{bmatrix} a_{n+1} \\ b_{n+1} \end{bmatrix}=\begin{bmatrix} 0.8 & 0.1 \\ 0.2 & 0.9 \end{bmatrix}\boldsymbol{x}_n$，则

$$\boldsymbol{x}_n = \begin{bmatrix} a_n \\ b_n \end{bmatrix}=\begin{bmatrix} 0.8 & 0.1 \\ 0.2 & 0.9 \end{bmatrix}^n \boldsymbol{x}_0$$

西安电子科技大学(2017 级)

考试时间 120 分钟

试　　题

题号	一	二	三	四	五	六	七	八	总分
分数									

1. 考试形式：闭卷□√　开卷□；2. 本试卷共八大题，满分 100 分

班级______学号______姓名______任课老师______

一、填空题(每小题 3 分，共 18 分)

1. 行列式$\begin{vmatrix} -3 & 0 & 4 \\ 5 & 0 & 3 \\ 2 & -2 & 1 \end{vmatrix}$中元素 3 的代数余子式是______.

2. 设 $\boldsymbol{A}$ 为正交矩阵，$\boldsymbol{\alpha}_j$ 是 $\boldsymbol{A}$ 的第 j 列，则 $\boldsymbol{\alpha}_j$ 与 $\boldsymbol{\alpha}_j$ 的内积为______.

3. 已知向量组 $\boldsymbol{\alpha}_1=(3, 2, 1)$，$\boldsymbol{\alpha}_2=(2, 4, 1)$，$\boldsymbol{\alpha}_3=(1, -2, a)$线性相关，则 $a=$______.

4. 向量空间 $\mathbf{V}=\{x=(x_1, x_2, 0) \mid x_1, x_2 \in \mathbf{R}\}$的维数为______.

5. 若线性方程组$\begin{cases} x_1+x_2=a_1 \\ x_2+x_3=a_2 \\ x_3+x_4=a_3 \\ x_4+x_1=a_4 \end{cases}$有解，则常数 a_1，a_2，a_3，a_4 应满足条件______.

6. 设 $f=x_1^2+x_2^2+5x_3^2+2tx_1x_2-2x_1x_3+4x_2x_3$ 为正定二次型，则 t 取值______.

二、选择题(每小题 3 分，共 12 分)

1. 设矩阵 $\boldsymbol{A}$，$\boldsymbol{B}$ 相似，则必有(　　).

A. $R(\boldsymbol{A})=R(\boldsymbol{B})$且$|\boldsymbol{A}|=|\boldsymbol{B}|$　　B. $\boldsymbol{A}$，$\boldsymbol{B}$ 有相同的特征向量

C. $\boldsymbol{A}$，$\boldsymbol{B}$ 均与同一个对角阵相似　　D. $\boldsymbol{A}-\lambda\boldsymbol{E}=\boldsymbol{B}-\lambda\boldsymbol{E}$

2. 设 3 元非齐次线性方程组 $\boldsymbol{Ax}=\boldsymbol{b}$ 的两个解为 $\boldsymbol{\alpha}=(1, 0, 2)^{\mathrm{T}}$，$\boldsymbol{\beta}=(1, -1, 3)^{\mathrm{T}}$，$\boldsymbol{A}$ 的秩是 2，则对于任意常数 k，k_1，k_2，方程组 $\boldsymbol{Ax}=\boldsymbol{0}$ 的通解可表示为(　　).

A. $k_1(1, 0, 2)^{\mathrm{T}}+k_2(1, -1, 3)^{\mathrm{T}}$　　B. $(1, 0, 2)^{\mathrm{T}}+k(1, -1, 3)^{\mathrm{T}}$

C. $k(0, 1, -1)^{\mathrm{T}}$　　D. $k(2, -1, 5)^{\mathrm{T}}$

3. 若 λ 为 4 阶矩阵 $\boldsymbol{A}$ 的 3 重特征根，则 $\boldsymbol{A}$ 对应于 λ 的线性无关的特征向量最多有(　　).

A. 3 个　　B. 1 个　　C. 2 个　　D. 4 个

4. 向量 $\boldsymbol{\alpha}=(-4, 2, 6)$在 $\mathbf{R}^3$ 中的基 $\boldsymbol{\alpha}_1=(2, 1, 0)$，$\boldsymbol{\alpha}_2=(0, 1, 2)$，$\boldsymbol{\alpha}_3=(-2, 1, 2)$

下的坐标为(　　).

A. $(2,1,-1)^T$　B. $(-1,2,1)^T$　C. $(3,2,-1)^T$　D. $(1,2,1)^T$

三、(10分)　设矩阵 $\boldsymbol{A}=\begin{pmatrix}2&1&0\\1&2&0\\0&0&1\end{pmatrix}$，矩阵 $\boldsymbol{B}$ 满足 $\boldsymbol{ABA}^*=2\boldsymbol{BA}^*-2\boldsymbol{E}$，其中 $\boldsymbol{E}$ 为3阶单位矩阵，$\boldsymbol{A}^*$ 为 $\boldsymbol{A}$ 的伴随矩阵，求 $|\boldsymbol{B}|$.

四、(10分)　求向量组 $\boldsymbol{\beta}_1=\begin{pmatrix}1\\2\\3\\1\end{pmatrix}$，$\boldsymbol{\beta}_2=\begin{pmatrix}0\\1\\2\\-2\end{pmatrix}$，$\boldsymbol{\beta}_3=\begin{pmatrix}2\\1\\0\\8\end{pmatrix}$的秩与所有极大无关组.

五、(10分)　设 $\boldsymbol{\alpha}$，$\boldsymbol{\beta}$ 为3维列向量，矩阵 $\boldsymbol{A}=\boldsymbol{\alpha\alpha}^T+\boldsymbol{\beta\beta}^T$，证明：

(1) 秩 $R(\boldsymbol{A})\leqslant 2$；(2) 若 $\boldsymbol{\alpha}$，$\boldsymbol{\beta}$ 线性相关，则 $R(\boldsymbol{A})<2$.

六、(15分)　设

$$\boldsymbol{A}=\begin{pmatrix}1&a&0&0\\0&1&a&0\\0&0&1&a\\a&0&0&1\end{pmatrix},\ \boldsymbol{b}=\begin{pmatrix}1\\-1\\0\\0\end{pmatrix}$$

(1) 求 $|\boldsymbol{A}|$；(2)已知线性方程组 $\boldsymbol{Ax}=\boldsymbol{b}$ 有无穷多解，求 a 及其通解.

七、(15分)　已知二次型 $f=x_1^2+x_3^2+2x_1x_2-2x_2x_3$，

(1) 求一个正交变换将其化成标准形；

(2) 进一步将标准形化为规范形.

八、(10分)　某商业区内有快餐店A与快餐店B。据统计，每年快餐店A保有上一年老顾客的40%，而60%顾客转移到快餐店B；每年快餐店B保有上一年老顾客的55%，45%顾客转移到快餐店A. 假设快餐店A与B的初始市场份额分别为0.4与0.6.

(1) 分析第1年的市场分配情况；

(2) 建立第 n 年的市场分配数学模型；

(3) 写出计算第10年市场分配的MATLAB程序.

2017级线性代数期末试题参考答案

一、1. -6； 2. 1； 3. $a=0$； 4. 2； 5. $a_1+a_3=a_2+a_4$； 6. $\frac{-4}{5}<t<0$.

二、1. A； 2. C； 3. A； 4. B.

三、**解** 因为 $\boldsymbol{A}^*=|\boldsymbol{A}|\boldsymbol{A}^{-1}$.

由 $\boldsymbol{ABA}^*=2\boldsymbol{BA}^*-2\boldsymbol{E}\Rightarrow(\boldsymbol{A}-2\boldsymbol{E})\boldsymbol{B}\left(\frac{1}{-2}\boldsymbol{A}^*\right)=\boldsymbol{E}\Rightarrow\boldsymbol{B}$，$\boldsymbol{A}-2\boldsymbol{E}$，$\boldsymbol{A}^*$ 均可逆.

所以 $\boldsymbol{B}=(\boldsymbol{A}-2\boldsymbol{E})^{-1}\left(\frac{1}{-2}\boldsymbol{A}^*\right)^{-1}=(\boldsymbol{A}-2\boldsymbol{E})^{-1}\frac{-2}{|\boldsymbol{A}|}\boldsymbol{A}$，又 $|\boldsymbol{A}|=3$，$|\boldsymbol{A}-2\boldsymbol{E}|=1$.

则 $|\boldsymbol{B}|=\left|(\boldsymbol{A}-2\boldsymbol{E})^{-1}\frac{-2}{|\boldsymbol{A}|}\boldsymbol{A}\right|=\left(\frac{-2}{|\boldsymbol{A}|}\right)^3\frac{1}{|\boldsymbol{A}-2\boldsymbol{E}|}|\boldsymbol{A}|=\frac{-8}{9}$.

四、**解** 令

$$\boldsymbol{A}=[\boldsymbol{\beta}_1\ \ \boldsymbol{\beta}_2\ \ \boldsymbol{\beta}_3]=\begin{bmatrix}1&0&2\\2&1&1\\3&2&0\\1&-2&8\end{bmatrix}\xrightarrow{\text{初等行变换}}\begin{bmatrix}1&0&2\\0&1&-3\\0&2&-6\\0&-2&6\end{bmatrix}$$

$$\xrightarrow{\text{初等行变换}}\begin{bmatrix}1&0&2\\0&1&-3\\0&0&0\\0&0&0\end{bmatrix}=\boldsymbol{B}$$

令 $\boldsymbol{B}=(\boldsymbol{\gamma}_1,\boldsymbol{\gamma}_2,\boldsymbol{\gamma}_3)$，$R(\boldsymbol{B})=2$，则 $\boldsymbol{\gamma}_1$，$\boldsymbol{\gamma}_2$ 与 $\boldsymbol{\gamma}_1$，$\boldsymbol{\gamma}_2$ 为向量组 $\boldsymbol{\gamma}_1$，$\boldsymbol{\gamma}_2$，$\boldsymbol{\gamma}_3$ 的极大无关组，所以 $R(\boldsymbol{A})=2$，即向量组 $\boldsymbol{\beta}_1$，$\boldsymbol{\beta}_2$，$\boldsymbol{\beta}_3$ 的秩为2，所有极大无关组为 $\boldsymbol{\beta}_1$，$\boldsymbol{\beta}_2$ 与 $\boldsymbol{\beta}_1$，$\boldsymbol{\beta}_3$.

五、**证法1** (1) $R(\boldsymbol{A})=R(\boldsymbol{\alpha\alpha}^{\mathrm T}+\boldsymbol{\beta\beta}^{\mathrm T})\leqslant R(\boldsymbol{\alpha\alpha}^{\mathrm T})+R(\boldsymbol{\beta\beta}^{\mathrm T})\leqslant R(\boldsymbol{\alpha})+R(\boldsymbol{\beta})\leqslant 2$.

(2) 由于 $\boldsymbol{\alpha}$，$\boldsymbol{\beta}$ 线性相关，不妨设 $\boldsymbol{\beta}=\lambda\boldsymbol{\alpha}$，则 $\boldsymbol{\beta}^{\mathrm T}=\lambda\boldsymbol{\alpha}^{\mathrm T}$，$\boldsymbol{\beta\beta}^{\mathrm T}=\lambda^2\boldsymbol{\alpha\alpha}^{\mathrm T}$，得 $\boldsymbol{A}=\boldsymbol{\alpha\alpha}^{\mathrm T}+\boldsymbol{\beta\beta}^{\mathrm T}=(1+\lambda^2)\boldsymbol{\alpha\alpha}^{\mathrm T}$，所以 $R(\boldsymbol{A})=R((1+\lambda^2)\boldsymbol{\alpha\alpha}^{\mathrm T})=R(\boldsymbol{\alpha\alpha}^{\mathrm T})\leqslant 1<2$.

证法2 设 $\boldsymbol{\alpha}=\begin{pmatrix}a_1\\a_2\\a_3\end{pmatrix}$，$\boldsymbol{\beta}=\begin{pmatrix}b_1\\b_2\\b_3\end{pmatrix}$，则 $\boldsymbol{\alpha\alpha}^{\mathrm T}=(a_1\boldsymbol{\alpha},a_2\boldsymbol{\alpha},a_3\boldsymbol{\alpha})$，$\boldsymbol{\beta\beta}^{\mathrm T}=(b_1\boldsymbol{\beta},b_2\boldsymbol{\beta},b_3\boldsymbol{\beta})$.

$\boldsymbol{A}=(a_1\boldsymbol{\alpha}+b_1\boldsymbol{\beta},a_2\boldsymbol{\alpha}+b_2\boldsymbol{\beta},a_3\boldsymbol{\alpha}+b_3\boldsymbol{\beta})=(\boldsymbol{\alpha},\boldsymbol{\beta})\begin{pmatrix}a_1&a_2&a_3\\b_1&b_2&b_3\end{pmatrix}$.

(1) $R(\boldsymbol{A})\leqslant R(\alpha,\beta)\leqslant 2$.

(2) $\boldsymbol{\alpha}$，$\boldsymbol{\beta}$ 线性相关时，$R(\boldsymbol{\alpha},\boldsymbol{\beta})<2$，从而 $R(\boldsymbol{A})<2$.

六、**解** (1) $|\boldsymbol{A}|=\begin{vmatrix}1&a&0&0\\0&1&a&0\\0&0&1&a\\a&0&0&1\end{vmatrix}=1-a^4$.

(2) 增广矩阵 $\widetilde{\boldsymbol{A}}=\begin{pmatrix}1 & a & 0 & 0 & 1\\0 & 1 & a & 0 & -1\\0 & 0 & 1 & a & 0\\a & 0 & 0 & 1 & 0\end{pmatrix}\xrightarrow{\text{初等行变换}}\begin{pmatrix}1 & a & 0 & 0 & 1\\0 & 1 & a & 0 & -1\\0 & 0 & 1 & a & 0\\0 & 0 & 0 & 1-a^4 & -a-a^2\end{pmatrix}$

要使方程组 $\boldsymbol{Ax}=\boldsymbol{b}$ 有无穷多解，则 $1-a^4=0$ 及 $-a-a^2=0$，解得 $a=-1$.

由同解方程组 $\begin{cases}x_1-x_2=1\\x_2-x_3=-1\\x_3-x_4=0\end{cases}\Leftrightarrow\begin{cases}x_1=x_4\\x_2=-1+x_4\\x_3=x_4\\x_4=x_4\end{cases}$

所以，$\boldsymbol{Ax}=\boldsymbol{b}$ 通解 $\begin{pmatrix}x_1\\x_2\\x_3\\x_4\end{pmatrix}=c\begin{pmatrix}1\\1\\1\\1\end{pmatrix}+\begin{pmatrix}0\\-1\\0\\0\end{pmatrix}$，这里取 $x_4=c$，c 为任意常数.

七、**解** 二次型矩阵 $\boldsymbol{A}=\begin{pmatrix}1 & 1 & 0\\1 & 0 & -1\\0 & -1 & 1\end{pmatrix}$，求得 $\boldsymbol{A}$ 的特征值为 $\lambda_1=2$，$\lambda_2=1$，$\lambda_3=-1$.

当 $\lambda_1=2$，解方程组 $(\boldsymbol{A}-2\boldsymbol{E})\boldsymbol{x}=0$ 得单位特征向量 $\boldsymbol{p}_1=\frac{1}{\sqrt{3}}(1,1,-1)^{\mathrm{T}}$.

当 $\lambda_2=1$，解方程组 $(\boldsymbol{A}-\boldsymbol{E})\boldsymbol{x}=0$ 得单位特征向量 $\boldsymbol{p}_2=\frac{1}{\sqrt{2}}(1,0,1)^{\mathrm{T}}$.

当 $\lambda_3=-1$，解方程组 $(\boldsymbol{A}+\boldsymbol{E})\boldsymbol{x}=0$ 得单位特征向量 $\boldsymbol{p}_3=\frac{1}{\sqrt{6}}(-1,2,1)^{\mathrm{T}}$.

于是有正交矩阵 $\boldsymbol{P}=(\boldsymbol{p}_1,\boldsymbol{p}_2,\boldsymbol{p}_3)$，作正交变换 $\boldsymbol{x}=\boldsymbol{Py}$，则得到二次型标准形 $f=2y_1^2+y_2^2-y_3^2$.

再令 $y_1=\frac{1}{\sqrt{2}}z_1$，$y_2=z_2$，$y_3=z_3$，即取 $\boldsymbol{Q}=\begin{pmatrix}\frac{1}{\sqrt{2}} & 0 & 0\\0 & 1 & 0\\0 & 0 & 1\end{pmatrix}$，作变换 $\boldsymbol{y}=\boldsymbol{Qz}$，则得到规范形 $f=z_1^2+z_2^2-z_3^2$.

八、**解** 设第 k 年快餐店 A 与 B 的市场份额分别为 x_k，y_k，市场分配表示为 $\boldsymbol{D}_k=\begin{pmatrix}x_k\\y_k\end{pmatrix}$，$\boldsymbol{D}_0=\begin{pmatrix}0.4\\0.6\end{pmatrix}$，则

(1) 第 1 年市场分配 $\boldsymbol{D}_1=\begin{pmatrix}x_1\\y_1\end{pmatrix}=\begin{pmatrix}0.4 & 0.45\\0.6 & 0.55\end{pmatrix}\boldsymbol{D}_0=\begin{pmatrix}0.43\\0.57\end{pmatrix}$……4 分.

(2) 第 n 年市场分配 $\boldsymbol{D}_n=\begin{pmatrix}x_n\\y_n\end{pmatrix}=\begin{pmatrix}0.4 & 0.45\\0.6 & 0.55\end{pmatrix}^n\boldsymbol{D}_0$.

MATLAB 程序如下：

```
L=[0.4,0.45;0.6,0.55],D0=[0.4;0.6]
D10=L^10*D0
```

西安电子科技大学(2016级)

考试时间 120 分钟

试　　题

题号	一	二	三	四	五	六	七	八	总分
分数									

1. 考试形式：闭卷□√　开卷□；2. 本试卷共八大题，满分100分

班级______学号______姓名______任课老师______

一、填空题(每小题3分，共15分)

1. 设$\boldsymbol{A}$为n阶矩阵，且$|\boldsymbol{A}|=-2$，则$\left||\boldsymbol{A}|\boldsymbol{A}\right|=$______.

2. 设向量组$\boldsymbol{\alpha}_1=(\lambda,1,1)$，$\boldsymbol{\alpha}_2=(1,-2,1)$，$\boldsymbol{\alpha}_3=(1,1,-2)$线性无关，则$\lambda$______.

3. 设3阶矩阵$\boldsymbol{A}=\begin{pmatrix} a & b & b \\ b & a & b \\ b & b & a \end{pmatrix}(a\neq b)$，$R(\boldsymbol{A}^*)=1$，则$a$，$b$满足______.

4. 设α，β是非齐次线性方程组$\boldsymbol{Ax}=\boldsymbol{b}$的解，则$\boldsymbol{A}(5\alpha-4\beta)=$______.

5. 设二次型$f=x_1^2+ax_2^2+3x_3^2+2x_1x_2$，则当$a=$______时，其秩为2.

二、选择题(每小题3分，共15分)

1. 设矩阵$\boldsymbol{A}$是3阶实矩阵，对任意列向量$\boldsymbol{x}\in\mathbf{R}^3$，有$\boldsymbol{x}^{\mathrm{T}}\boldsymbol{Ax}=\boldsymbol{0}$，则(　　).

A. $A=0$　　B. $|\boldsymbol{A}|>0$　　C. $|\boldsymbol{A}|<0$　　D. $|\boldsymbol{A}|=0$

2. 已知矩阵$\boldsymbol{A}=\begin{pmatrix} 1 & 1 & 1 \\ 1 & 1 & 1 \\ 1 & 1 & 1 \end{pmatrix}$，$\boldsymbol{B}=\begin{pmatrix} 3 & 0 & 0 \\ 0 & 0 & 0 \\ 0 & 0 & 0 \end{pmatrix}$，则$\boldsymbol{A}$与$\boldsymbol{B}$(　　).

A. 合同且相似　　B. 合同但不相似

C. 不合同但相似　　D. 不合同也不相似

3. 以向量$\boldsymbol{\alpha}=(1\ 2)^{\mathrm{T}}$，$\boldsymbol{\beta}=(3\ 4)^{\mathrm{T}}$模为边长的平行四边形面积为(　　).

A. 3　　B. 1　　C. 2　　D. 4

4. 设$\boldsymbol{A}$为5阶方阵，若秩$(\boldsymbol{A})=3$，则齐次线性方程组$\boldsymbol{Ax}=\boldsymbol{0}$的基础解系中包含的解向量的个数是(　　).

A. 2　　B. 3　　C. 4　　D. 5

5. 4阶矩阵$\boldsymbol{A}$的特征值为1，1，2，3，则矩阵$\boldsymbol{A}$(　　).

A. 不能对角化　B. 能对角化　C. 可能对角化　D. 可逆

三、(10 分) 计算行列式

$$D_n=\begin{vmatrix} a & 0 & 0 & \cdots & 0 & 1 \\ 0 & a & 0 & \cdots & 0 & 0 \\ 0 & 0 & a & \cdots & 0 & 0 \\ \vdots & \vdots & \vdots & & \vdots & \vdots \\ 0 & 0 & 0 & \cdots & a & 0 \\ 1 & 0 & 0 & \cdots & 0 & a \end{vmatrix}$$

四、(10 分) 设 $\boldsymbol{A}$ 为实对称矩阵，且满足阵 $\boldsymbol{A}^2-4\boldsymbol{A}+3\boldsymbol{E}=\boldsymbol{O}$，证明：$\boldsymbol{A}$ 为正定矩阵.

五、(15 分) 已知 3 阶矩阵 $\boldsymbol{A}$ 与 3 维列向量 $\boldsymbol{\alpha}$，满足 $\boldsymbol{\alpha}$，$\boldsymbol{A\alpha}$，$\boldsymbol{A}^2\boldsymbol{\alpha}$ 线性无关，$\boldsymbol{A}^3\boldsymbol{\alpha}=3\boldsymbol{A\alpha}-2\boldsymbol{A}^2\boldsymbol{\alpha}$.

(1) 求矩阵 $\boldsymbol{B}$，使得 $\boldsymbol{A}=\boldsymbol{PBP}^{-1}$，其中 $\boldsymbol{P}=(\boldsymbol{\alpha},\boldsymbol{A\alpha},\boldsymbol{A}^2\boldsymbol{\alpha})$.

(2) 计算 $|\boldsymbol{A}+\boldsymbol{E}|$.

六、(15 分) 问 a，b 取何值时，下列线性方程组无解？有解？有无穷多解时求其通解.

$$\begin{cases} x_1+2x_2+3x_3=6 \\ 2x_1+3x_2+x_3=-1 \\ x_1+x_2+ax_3=-7 \\ 3x_1+5x_2+4x_3=b \end{cases}$$

七、(10 分) 已知 $\mathbf{R}^3$ 中两组基如下：

$$\boldsymbol{\alpha}_1=(1,1,1)^{\mathrm{T}},\ \boldsymbol{\alpha}_2=(1,0,-1)^{\mathrm{T}},\ \boldsymbol{\alpha}_3=(1,0,1)^{\mathrm{T}}$$

$$\boldsymbol{\beta}_1=(1,2,1)^{\mathrm{T}},\ \boldsymbol{\beta}_2=(2,3,4)^{\mathrm{T}},\ \boldsymbol{\beta}_3=(3,4,3)^{\mathrm{T}}$$

(1) 求由基 $\boldsymbol{\alpha}_1$，$\boldsymbol{\alpha}_2$，$\boldsymbol{\alpha}_3$ 到 $\boldsymbol{\beta}_1$，$\boldsymbol{\beta}_2$，$\boldsymbol{\beta}_3$ 的过渡矩阵；

(2) 求 $\boldsymbol{\alpha}_2$ 在基 $\boldsymbol{\alpha}_1$，$\boldsymbol{\alpha}_2$，$\boldsymbol{\alpha}_3$ 下的坐标.

八、(10 分) 在生命科学中，脱氧核糖核酸(DNA)是遗传的主要物质基础。在 DNA 分子中有 4 种碱基，分别是腺嘌呤(Adenine，记为 A)、鸟嘌呤(Guanine，记为 G)、胞嘧啶(Cytosine，记为 C)和胸腺嘧啶(Thymine，记为 T)，A、G 统称为嘌呤，C、T 统称为嘧啶。在基因突变的过程中，常常是一个碱基对被另一个碱基对代替，具体又分 2 种：转换和颠换。转换是指 DNA 分子中的嘌呤被嘌呤或嘧啶被嘧啶替换。颠换是指 DNA 分子中的嘌呤被嘧啶或嘧啶被嘌呤替换。一般情况下，转换发生的概率要比颠换发生的概率大。假定不发生基因突变的概率是 4/8，而转换发生一次(A→G，G→A，C→T or T→C)的概率是 2/8，颠换发生一次(A→T or C，G→T or C，C→A or G，T→A or G)的概率是 1/8.(注：根据发生转换或颠换次数的不同，最终转移概率的和为 1)。如果一条 DNA 序列经过一次基因变化产生新的序列中，碱基 A、G、T 和 C 出现的频率为(3/8，3/8，1/8，1/8)，那么求原始 DNA 序列中碱基 A、G、T 和 C 出现的频率分别为多少？

2016级线性代数期末试题参考答案

一、1. $(-2)^{n+1}$；　2. $\lambda\neq-2$；　3. $a+2b=0$；　4. b；　5. $a=1$.

二、1. D；　2. A；　3. C；　4. A；　5. D.

三、**解**

$$D_n=\begin{vmatrix} a & 0 & 0 & \cdots & 0 & 1\\ 0 & a & 0 & \cdots & 0 & 0\\ 0 & 0 & a & \cdots & 0 & 0\\ \vdots & \vdots & \vdots & & \vdots & \vdots\\ 0 & 0 & 0 & \cdots & a & 0\\ 1 & 0 & 0 & \cdots & 0 & a\end{vmatrix}$$

$$\xlongequal{\text{按最后一行展开}} a\begin{vmatrix} a & 0 & \cdots & 0 & 0\\ 0 & a & \cdots & 0 & 0\\ \vdots & \vdots & & \vdots & \vdots\\ 0 & 0 & \cdots & a & 0\\ 0 & 0 & \cdots & 0 & a\end{vmatrix}+(-1)^{n-1}\begin{vmatrix} 0 & 0 & \cdots & 0 & 1\\ a & 0 & \cdots & 0 & 0\\ \vdots & \vdots & & \vdots & \vdots\\ 0 & 0 & \cdots & 0 & 0\\ 0 & 0 & \cdots & a & 0\end{vmatrix}_{n-1}$$

$$=a^n+(-1)^{n+1}\begin{vmatrix} a & 0 & \cdots & 0 & 1\\ a & 0 & \cdots & 0 & 0\\ \vdots & \vdots & & \vdots & \vdots\\ 0 & 0 & \cdots & 0 & 0\\ 0 & 0 & \cdots & a & 0\end{vmatrix}_{n-1}$$

$$\xlongequal{\text{按第一行展开}} a^n+(-1)^{n+1}(-1)^n a^{n-2}=a^{n-2}(a^2-1)$$

四、**证明**　设λ为矩阵$\boldsymbol{A}$的任一特征值，$\boldsymbol{\alpha}$为对应的特征向量，则由$\boldsymbol{A\alpha}=\lambda\boldsymbol{\alpha}$，有$\boldsymbol{A}^2\boldsymbol{\alpha}-4\boldsymbol{A\alpha}+3\boldsymbol{E\alpha}=\lambda^2\boldsymbol{\alpha}-4\lambda\boldsymbol{\alpha}+3\boldsymbol{\alpha}=(\lambda^2-4\lambda+3)\boldsymbol{\alpha}=0$.

又$\boldsymbol{\alpha}\neq0$，所以$\lambda^2-4\lambda+3=(\lambda-3)(\lambda-1)=0$，得$\lambda=3$或$\lambda=1$，即$\boldsymbol{A}$的特征值全为正数，从而$\boldsymbol{A}$是正定矩阵.

五、**解**　(1) 记$\beta=\boldsymbol{A\alpha}$，$\gamma=\boldsymbol{A}^2\boldsymbol{\alpha}$，则$\boldsymbol{A}^3\boldsymbol{\alpha}=3\boldsymbol{A\alpha}-2\boldsymbol{A}^2\boldsymbol{\alpha}=3\beta-2\gamma$.

于是，一方面$\boldsymbol{AP}=\boldsymbol{A}(\boldsymbol{\alpha},\boldsymbol{A\alpha},\boldsymbol{A}^2\boldsymbol{\alpha})=\boldsymbol{A}(\boldsymbol{\alpha},\beta,\gamma)$，另一方面$\boldsymbol{AP}=(\boldsymbol{A\alpha},\boldsymbol{A}^2\boldsymbol{\alpha},\boldsymbol{A}^3\boldsymbol{\alpha})=$

$$(\beta,\gamma,3\beta-2\gamma)=(\boldsymbol{\alpha},\beta,\gamma)\begin{pmatrix}0&0&0\\1&0&3\\0&1&-2\end{pmatrix}=\boldsymbol{P}\begin{pmatrix}0&0&0\\1&0&3\\0&1&-2\end{pmatrix}.$$

因此$\boldsymbol{AP}=\boldsymbol{P}\begin{pmatrix}0&0&0\\1&0&3\\0&1&-2\end{pmatrix}$，由$\boldsymbol{\alpha}$，$\boldsymbol{A\alpha}$，$\boldsymbol{A}^2\boldsymbol{\alpha}$线性无关知$P$可逆. 取$\boldsymbol{B}=\begin{pmatrix}0&0&0\\1&0&3\\0&1&-2\end{pmatrix}$，则

$\boldsymbol{A}=\boldsymbol{P}\boldsymbol{B}\boldsymbol{P}^{-1}$.

(2) $|\boldsymbol{A}+\boldsymbol{E}|=|\boldsymbol{P}\boldsymbol{B}\boldsymbol{P}^{-1}+\boldsymbol{E}|=|\boldsymbol{P}\boldsymbol{B}\boldsymbol{P}^{-1}+\boldsymbol{P}\boldsymbol{P}^{-1}|=|\boldsymbol{P}(\boldsymbol{B}+\boldsymbol{E})\boldsymbol{P}^{-1}|=|\boldsymbol{B}+\boldsymbol{E}|=-4$.

六、解　增广矩阵 $\widetilde{\boldsymbol{A}}=\begin{pmatrix}1&2&3&6\\2&3&1&-1\\1&1&a&-7\\3&5&4&b\end{pmatrix}\xrightarrow{\text{初等行变换}}\begin{pmatrix}1&2&3&6\\0&1&5&13\\0&0&a+2&0\\0&0&0&b-5\end{pmatrix}$

当 $b\neq5$ 时无解；当 $b=5$ 时，$a\neq-2$ 有唯一解；当 $b=5$ 时，$a=-2$ 有无穷多解.

当 $b=5$，$a=-2$ 时，由同解方程组 $\begin{cases}x_1+2x_2+3x_3=6\\x_2+5x_3=13\end{cases}\Leftrightarrow\begin{cases}x_1=-20+7x_3\\x_2=13-5x_3\\x_3=x_3\end{cases}$.

所以，通解 $\begin{pmatrix}x_1\\x_2\\x_3\end{pmatrix}=c\begin{pmatrix}7\\-5\\1\end{pmatrix}+\begin{pmatrix}-20\\13\\0\end{pmatrix}$，这里取 $x_3=c$，c 为任意常数.

七、解　设 $\boldsymbol{e}_1,\boldsymbol{e}_2,\boldsymbol{e}_3$ 为 3 维基本单位向量组，则

$$(\boldsymbol{\alpha}_1,\boldsymbol{\alpha}_2,\boldsymbol{\alpha}_3)=(\boldsymbol{e}_1,\boldsymbol{e}_2,\boldsymbol{e}_3)\begin{pmatrix}1&1&1\\1&0&0\\1&-1&1\end{pmatrix}\Rightarrow(\boldsymbol{e}_1,\boldsymbol{e}_2,\boldsymbol{e}_3)=(\boldsymbol{\alpha}_1,\boldsymbol{\alpha}_2,\boldsymbol{\alpha}_3)\begin{pmatrix}1&1&1\\1&0&0\\1&-1&1\end{pmatrix}^{-1}$$

$$(\boldsymbol{\beta}_1,\boldsymbol{\beta}_2,\boldsymbol{\beta}_3)=(\boldsymbol{e}_1,\boldsymbol{e}_2,\boldsymbol{e}_3)\begin{pmatrix}1&2&3\\2&3&4\\1&4&3\end{pmatrix}=(\boldsymbol{\alpha}_1,\boldsymbol{\alpha}_2,\boldsymbol{\alpha}_3)\begin{pmatrix}1&1&1\\1&0&0\\1&-1&1\end{pmatrix}^{-1}\begin{pmatrix}1&2&3\\2&3&4\\1&4&3\end{pmatrix}$$

所以由基 $\boldsymbol{\alpha}_1,\boldsymbol{\alpha}_2,\boldsymbol{\alpha}_3$ 到 $\boldsymbol{\beta}_1,\boldsymbol{\beta}_2,\boldsymbol{\beta}_3$ 的过渡矩阵为

$$\boldsymbol{P}=\begin{pmatrix}1&1&1\\1&0&0\\1&-1&1\end{pmatrix}^{-1}\begin{pmatrix}1&2&3\\2&3&4\\1&4&3\end{pmatrix}=\begin{pmatrix}0&1&0\\\frac{1}{2}&0&-\frac{1}{2}\\\frac{1}{2}&-1&\frac{1}{2}\end{pmatrix}\begin{pmatrix}1&2&3\\2&3&4\\1&4&3\end{pmatrix}=\begin{pmatrix}2&3&4\\0&-1&0\\-1&0&-1\end{pmatrix}$$

$$\boldsymbol{\alpha}_2=(\boldsymbol{e}_1,\boldsymbol{e}_2,\boldsymbol{e}_3)\begin{pmatrix}1\\0\\-1\end{pmatrix}=(\boldsymbol{\alpha}_1,\boldsymbol{\alpha}_2,\boldsymbol{\alpha}_3)\begin{pmatrix}1&1&1\\1&0&0\\1&-1&1\end{pmatrix}^{-1}\begin{pmatrix}1\\0\\-1\end{pmatrix}=(\boldsymbol{\alpha}_1,\boldsymbol{\alpha}_2,\boldsymbol{\alpha}_3)\begin{pmatrix}0\\1\\0\end{pmatrix}$$

即 $\boldsymbol{\alpha}_2$ 在基 $\boldsymbol{\alpha}_1,\boldsymbol{\alpha}_2,\boldsymbol{\alpha}_3$ 下的坐标为 $(0,1,0)^{\mathrm{T}}$.

八、**解** 设原始DNA序列中碱基A、G、T和C出现的频率分别为 x_1，x_2，x_3，x_4，则依据题意，有

$$\begin{bmatrix} 4/8 & 2/8 & 1/8 & 1/8 \\ 2/8 & 4/8 & 1/8 & 1/8 \\ 1/8 & 1/8 & 4/8 & 2/8 \\ 1/8 & 1/8 & 2/8 & 4/8 \end{bmatrix} \begin{bmatrix} x_1 \\ x_2 \\ x_3 \\ x_4 \end{bmatrix} = \begin{bmatrix} 3/8 \\ 3/8 \\ 1/8 \\ 1/8 \end{bmatrix}$$

解之得$(x_1, x_2, x_3, x_4)^{\mathrm{T}}=(0.5, 0.5, 0, 0)^{\mathrm{T}}$. 故原始DNA序列中碱基A、G、T和C出现的频率分别为0.5、0.5、0、0.

从本题可以看出，原始DNA序列中没有嘧啶碱基，而发生基因突变后产生了嘧啶碱基，说明基因突变对生物序列有影响，进而影响到生物结构及其功能.

附录 2

线性代数软件实践

1. MATLAB 简介

(1) MATLAB 是矩阵实验室(Matrix Laboratory)的简称，是美国 MathWorks 公司出品的商业数学软件，用于算法开发、数据可视化、数据分析以及数值计算的高级技术计算语言和交互式环境，主要包括 MATLAB 和 Simulink 两大部分.

MATLAB 由一系列工具组成. 这些工具方便用户使用 MATLAB 的函数和文件，其中许多工具采用的是图形用户界面，包括 MATLAB 桌面和命令窗口、历史命令窗口、编辑器和调试器、路径搜索和用于用户浏览帮助、工作空间、文件的浏览器. 随着 MATLAB 的商业化以及软件本身的不断升级，MATLAB 的用户界面也越来越精致，更加接近 Windows 的标准界面，人机交互性更强，操作更简单. 而且新版本的 MATLAB 提供了完整的联机查询帮助系统，极大地方便了用户的使用. 简单的编程环境提供了比较完备的调试系统，程序不必经过编译就可以直接运行，而且能够及时地报告出现的错误及进行出错原因分析.

(2) MATLAB 基本用法.

在 Windows 桌面双击 MATLAB 图标，会出现 MATLAB 命令窗口(Command Window)，在一段提示信息后，出现系统提示符“>>”，如附图 1 所示. MATLAB 是一个交互系统，您可以在提示符后键入各种命令，通过上下箭头可以调出以前输入的命令，用滚动条可以查看以前的命令及其输出信息.

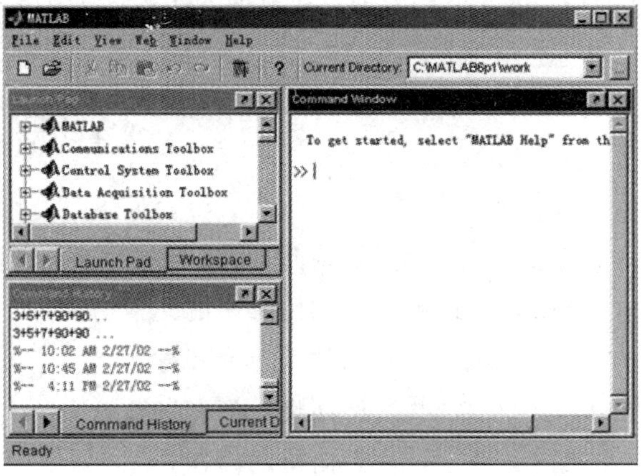

附图 1

(3) help 求助命令和联机帮助.

如果对一条命令的用法有疑问的话，help 求助命令很有用，它对 MATLAB 大部分命令提供了联机求助信息.

可以从 help 菜单中选择相应的菜单，打开求助信息窗口查询某条命令，也可以直接用 help 命令. 键入 help，得到 help 列表文件，键入"help 指定项目"，如：

① 键入 help eig，则提供特征值函数的使用信息.

② 键入 help [，显示如何使用方括号等.

③ 键入 help help，显示如何利用 help 本身的功能.

④ 键入 lookfor＜关键字＞，可以从 m 文件的 help 中查找有关的关键字.

(4) 退出和存入工作空间.

① 退出 MATLAB 可键入 quit 或 exit 或选择相应的菜单. 中止 MATLAB 运行会引起工作空间中变量的丢失，因此在退出前，应键入 save 命令，保存工作空间中的变量以便以后使用.

② 键入 save，可将所有变量作为文件存入磁盘 MATLAB. mat 中，下次 MATLAB 启动时，键入 load 可将变量从 MATLAB. mat 中重新调出. save 和 load 后边可以跟文件名或指定的变量名，如仅有 save 时，只能存入 MATLAB. mat 中. 而 save temp 命令可将当前系统中的变量存入 temp. mat 中，命令格式为

save temp x，仅仅存入 x 变量.

save temp X Y Z，则存入 X、Y、Z 变量.

load temp 可重新从 temp. mat 文件中提出变量，load 也可读 ASCII 数据文件.

2. 向量及矩阵的生成

(1) 向量的生成.

① 直接输入：如 a=[1，2，5，3].

② 利用冒号表达式生成：如 b=[2：2：10]，此时[ ]可省略，步长为 1 时，步长可省略。第 1 个数为首元素的值，第 2 个数为步长或差值，第 3 个数为尾元素的限值，不能超过这个值. 如 b=2：2：11 等价于 b=[2：2：10].

③ 线性等分向量生成：y=linspace(x1，x2，n)，生成 n 维向量，使得 y(1)=x1，y(n)=x2. 如 y=linspace(1，100，6).

例

```
x=[1，2，3，4，5]              %以向量(数组)方式给 x 赋值
y=(x(3)+x(5))/2 * x(4)         %调用 x 中的元素
z=sqrt(x)                      %每个元素开方
t=x'                           %向量 x 的转置赋给 t
u=dot(x，t)                    %向量的内积
V=x * t
```

(2) 矩阵的建立.

① 直接输入法. 最简单的建立矩阵的方法是从键盘直接输入矩阵的元素. 规则如下:

矩阵元素必须用[ ]括住;

矩阵元素必须用逗号或空格分隔;

在[ ]内矩阵的行与行之间必须用分号分隔.

例如输入:

```
A=[1 2 3 ;4 5 6 ;7 8 0]
```

系统输出:

```
A=
    1   2   3
    4   5   6
    7   8   0
```

表示系统已经接收并处理了命令, 在当前工作区内建立了矩阵 A. 大的矩阵可以分行输入, 用回车键代替分号, 如:

$$A=\begin{bmatrix}1 & 2 & 3\\4 & 5 & 6\\7 & 8 & 0\end{bmatrix}$$

结果和上式一样, 也是

```
A=
    1   2   3
    4   5   6
    7   8   0
```

MATLAB 的矩阵元素可以是任何 MATLAB 表达式, 只要是赋过值的变量, 不管是否在屏幕上显示过, 都存储在工作空间中, 以后可随时显示或调用. 变量名尽可能不要重复, 否则会覆盖. 如:

```
x=[ -1.3 sqrt(3)  (1+2+3)*4/5]
```

结果为

```
x=
    -1.3000   1.7321   4.8000
```

在括号中加注下标, 可取出单独的矩阵元素, 如:

```
x(5)=abs(x(1))
```

结果为

```
x=
    -1.3000   1.7321   4.8000   0   1.3000
```

【注】 结果中自动产生了向量的第 5 个元素, 中间未定义的元素自动初始为零. 大的

矩阵可把小的矩阵作为其元素来完成，如：

A=[A；[10 11 12]]

结果为

```
A=
    1    2    3
    4    5    6
    7    8    0
    10   11   12
```

小矩阵可用“：”从大矩阵中抽取出来，如：

A=A(1：3，：)；

即从 A 中取前三行和所有的列，重新组成新的 A.

② 通过函数产生. MATLAB 提供了一批产生矩阵的函数.

函数	定　　义	函数	定　　义
zeros	产生一个零矩阵	diag	产生一个对角矩阵
ones	生成全 1 矩阵	tril	取一个矩阵的下三角
eye	生成单位矩阵	triu	取一个矩阵的上三角
magic	生成魔术方阵	pascal	生成 PASCAL 矩阵

例如：

```
ones(3)
ans==
    1  1  1
    1  1  1
    1  1  1
eye(3)
ans==
    1  0  0
    0  1  0
    0  0  1
```

除了以上产生标准矩阵的函数外，MATLAB 还提供了产生随机(向量)矩阵的函数 rand 和 randn，及产生均匀级数的函数 linspace，产生对数级数的函数 logspace 和产生网格的函数 meshgrid 等.

“：”冒号可以用来产生简易的表格，为了产生纵向表格形式，首先用冒号“：”产生行向量，再进行转置，计算函数值的列，然后形成有两列的矩阵. 例如命令：

x=(0.0：0.2：1.0)′；

```
y=exp(-x).*sin(x);
[x y]
```

产生结果为

```
ans=
    0         0
    0.2000    0.1627
    0.4000    0.2610
    0.6000    0.3099
    0.8000    0.3223
```

③ 通过后缀为.m的命令文件产生. 如文件 data.m，其中包括正文：

$$A=\begin{bmatrix}1 & 2 & 3\\ 4 & 5 & 6\\ 7 & 8 & 0\end{bmatrix}$$

则用 data 命令执行 data.m，可以产生名为 A 的矩阵.

3. MATLAB 矩阵运算

(1) 加和减.

如矩阵 A 和 B 的维数相同，则 A+B 与 A-B 表示矩阵 A 与 B 的和与差. 如果矩阵 A 和 B 的维数不匹配，MATLAB 会给出相应的错误提示信息. 如：

```
A=                  B=
    1  2  3             1  4  7
    4  5  6             2  5  8
    7  8  0             3  6  0
```

C=A+B 返回：

```
C =
     2    6   10
     6   10   14
    10   14    0
```

如果运算对象是个标量(即 1×1 矩阵)，可和其他矩阵进行加减运算. 例如：

```
x=   -1          y=x-1=-2
      0                -1
      2                 1
```

(2) 矩阵乘法.

矩阵乘法用“ * ”符号表示，当 A 矩阵的列数与 B 矩阵的行数相等时，二者可以进行乘法运算，否则是错误的. 计算方法和线性代数中所介绍的完全相同.

如：A=[1　2；3　4]；B[5　6；7　8]；C=A*B.

结果为

$$C=\begin{pmatrix}1 & 2\\3 & 4\end{pmatrix}\times\begin{pmatrix}5 & 6\\7 & 8\end{pmatrix}=\begin{pmatrix}1\times5+2\times7 & 1\times6+2\times8\\3\times5+4\times7 & 3\times6+4\times8\end{pmatrix}=\begin{pmatrix}19 & 22\\43 & 50\end{pmatrix}$$

即 MATLAB 返回:

```
C=

    19    22

    43    50
```

如果 A 或 B 是标量，则 A * B 返回标量 A(或 B)乘上矩阵 B(或 A)的每一个元素所得的矩阵.

(3) 矩阵除法.

在 MATLAB 中有两种矩阵除法符号:“\”(即左除)和“/”(即右除). 如果 A 矩阵是非奇异方阵，则 A\B 是 A 的逆矩阵乘 B，即 inv(A) * B；而 B/A 是 B 乘 A 的逆矩阵，即 B * inv(A). 具体计算时可不用逆矩阵而直接计算.

通常:

x=A\B 就是 A * x=B 的解;

x=B/A 就是 x * A=B 的解.

当 B 矩阵与 A 矩阵行数相等时可进行左除. 如果 A 是方阵，用高斯消元法分解因数. 解方程 A * x(:, j)=B(:, j)，式中的(:, j)表示 B 矩阵的第 j 列，返回的结果 x 具有与 B 矩阵相同的阶数，如果 A 是奇异矩阵将给出警告信息.

如果 A 矩阵不是方阵，可由以列为基准的 Householder 正交分解法分解，这种分解法可以解决最小二乘法中的欠定方程或超定方程，结果是 m×n 的 x 矩阵. m 是 A 矩阵的列数，n 是 B 矩阵的列数. 每个矩阵的列向量最多有 k 个非零元素，k 是 A 的有效秩.

右除 B/A 可由 B/A=(A′\B′)左除来实现.

(4) 矩阵乘方.

A^P 意思是 A 的 P 次方. 如果 A 是一个方阵，P 是一个大于 1 的整数，则 A^P 表示 A 的 P 次幂，即 A 自乘 P 次. 如果 P 不是整数，计算涉及到特征值和特征向量的问题，如已经求得[V, D]=eig(A)，则

A^P=V * D.^P/V(注: 这里的.^表示数组乘方，或点乘方)

如果 B 是方阵，a 是标量，a^B 就是一个按特征值与特征向量的升幂排列的 B 次方程阵. 如果 a 和 B 都是矩阵，则 a^B 是错误的.

(5) 矩阵的超越函数.

在 MATLAB 中解释 exp(A)和 sqrt(A)时曾涉及级数运算，此运算定义在 A 的单个元素上. MATLAB 可以计算矩阵的超越函数，如矩阵指数、矩阵对数等.

一个超越函数可以作为矩阵函数来解释，例如将“m”加在函数名的后边而成 expm(A)和 sqrtm(A)，当 MATLAB 运行时，有下列三种函数定义:

expm　　矩阵指数

logm　　矩阵对数

sqrtm　　矩阵开方

所列各项可以加在多种 m 文件中或使用 funm 实现. 详见应用库中 sqrtm. m，logm. m，funm. m 文件和命令手册.

4. 数组运算

数组运算由线性代数的矩阵运算符“ * ”“/”“\”“^”前加一点来表示，即为“. * ”“. /”“. \”“. ^”. 注意：没有“. +”“. −”运算.

(1) 数组的加和减.

数组的加、减运算与矩阵运算相同，所以“+”“−”既可被矩阵接受又可被数组接受.

(2) 数组的乘和除.

数组的乘用符号. * 表示，如果 A 与 B 矩阵具有相同阶数，则 A. * B 表示 A 和 B 单个元素之间的对应相乘. 例如有矩阵 x=[1　2　3]和 y=[4　5　6].

计算 z=x. * y

结果 z=4　10　18

数组的左除(. \)与数组的右除(. /)，读者自行举例加以体会.

(3) 数组乘方.

数组乘方用符号. ^ 表示.

例如键入：

x=[1　2　3]

y=[4　5　6]

则 z=x. ^ y=[1^4　2^5　3^6]=[1　32　729].

① 如指数是个标量，例如 x. ^ 2，x 同上，则

z=x. ^ 2=[1^2　2^2　3^2]=[1　4　9]

② 如底是标量，例如 2 . ^ [x　y] ，x、y 同上，则

z =2 . ^ [x　y]=[2^1　2^2　2^3　2^4　2^5　2^6]

=[2　4　8　16　32　64]

从此例可以看出 MATLAB 算法的微妙特性，虽然看上去与其他乘方没什么不同，但在 2 和“.”之间的空格很重要，如果不这样做，解释程序会把“.”看成是 2 的小数点. MATLAB 看到符号“^”时，就会当作矩阵的幂来运算，这种情况就会出错，因为指数矩阵不是方阵.

5. 矩阵函数

MATLAB 的数学能力大部分是从它的矩阵函数派生出来的，其中一部分装入 MATLAB 本身处理中，它从外部的 MATLAB 建立的 M 文件库中得到，还有一些由个别用户为自己的特殊用途加进去的. 其他功能函数在求助程序或命令手册中都可找到. 手册

中备有为 MATLAB 提供数学基础的 LINPACK 和 EISPACK 软件包，提供了以下五种情况的分解函数或变换函数：三角分解；正交变换；奇异值分解；特征值变换；秩.

(1) 三角分解.

最基本的分解为 LU 分解，矩阵分解为两个基本三角矩阵形成的方阵，三角矩阵有上三角矩阵和下三角矩阵. 计算算法用高斯变量消去法.

从 lu 函数中可以得到分解出的上三角与下三角矩阵，函数 inv 得到矩阵的逆矩阵，函数 det 得到矩阵的行列式. 解线性方程组的结果由方阵的“\”和“/”矩阵除法来得到.

例如：

$$A=\begin{bmatrix}1 & 2 & 3\\4 & 5 & 6\\7 & 8 & 0\end{bmatrix}$$

LU 分解，用 MATLAB 的多重赋值语句：

```
[L, U]=lu(A)
```

得出

```
L =
    0.1429    1.0000         0
    0.5714    0.5000    1.0000
    1.0000         0         0
U =
    7.0000    8.0000         0
         0    0.8571    3.0000
         0         0    4.5000
```

注：L 是下三角矩阵的置换，U 是上三角矩阵的正交变换，分解作如下运算，检测计算结果只需计算 L * U 即可.

求逆由下式给出：x=inv(A)

```
x =
   -1.7778    0.8889   -0.1111
    1.5556   -0.7778    0.2222
   -0.1111    0.2222   -0.1111
```

从 LU 分解得到的行列式的值是精确的，d=det(U) * det(L)的值可由下式给出：

```
d=det(A)
d =
    27
```

直接由三角分解计算行列式：d det(L) * det(U)

```
d =
```

27.0000

为什么两种 d 的显示格式不一样呢？当 MATLAB 做 det(A)运算时，所有 A 的元素都是整数，所以结果为整数. 但是用 LU 分解计算 d 时，L、U 的元素是实数，所以 MATLAB 产生的 d 也是实数.

例如：线性联立方程取

$$b=\begin{bmatrix}1\\3\\5\end{bmatrix}$$

解 Ax=b 方程，用 MATLAB 矩阵除得到

x=A\b

结果为

x=

0.3333

0.3333

0.0000

由于 A=L * U，所以 x 也可以由以下两个式子计算：y=L\b，x=U\y，得到相同的 x 值，中间值 y 为

y =

5.0000

0.2857

0.0000

MATLAB 中与此相关的函数还有 rcond、chol 和 rref，其基本算法与 LU 分解密切相关. chol 函数对正定矩阵进行 cholesky 分解，产生一个上三角矩阵，以使 R′ * R=X. rref 用具有部分主元的高斯—约当消去法产生矩阵 A 的化简梯形形式. 虽然计算量很少，但它是很有趣的理论线性代数，为了教学的要求，也包括在 MATLAB 中.

(2) 正交变换.

QR 分解用于矩阵的正交—三角分解. 它将矩阵分解为实正交矩阵或复西矩阵与上三角矩阵的积，对方阵和长方阵都很有用.

例如

$$A=\begin{bmatrix}1&2&3\\4&5&6\\7&8&9\\10&11&12\end{bmatrix}$$

是一个降秩矩阵，中间列是其他两列的平均，我们对它进行 QR 分解如下：

[Q, R]=qr(A)

```
Q =
   -0.0776   -0.8331    0.5444    0.0605
   -0.3105   -0.4512   -0.7709    0.3251
   -0.5433   -0.0694   -0.0913   -0.8317
   -0.7762    0.3124    0.3178    0.4461
R =
  -12.8841  -14.5916  -16.2992
         0   -1.0413   -2.0826
         0         0    0.0000
         0         0         0
```

可以验证 Q*R 就是原来的 A 矩阵. 由 R 的下三角都给出 0，并且 R(3，3)=0.0000，说明矩阵 R 与原来矩阵 A 都不是满秩的.

(3) 奇异值分解.

在 MATLAB 中三重赋值语句：

[U，S，V]=svd(A)

在奇异值分解中产生三个因数：

A=U*S*V′

U 矩阵和 V 矩阵是正交矩阵，S 矩阵是对角矩阵，svd(A)函数恰好返回 S 的对角元素，而且就是 A 的奇异值(其定义为：矩阵 A′*A 的特征值的算术平方根). 注意 A 矩阵可以不是方矩阵.

奇异值分解可被其他几种函数使用，包括广义逆矩阵 pinv(A)、秩 rank(A)、欧几里得矩阵范数 norm(A，2)和条件数 cond(A).

(4) 特征值分解.

如果 A 是 n×n 矩阵，若 λ 满足 Ax=λx，则称 λ 为 A 的特征值，x 为相应的特征向量.

函数 eig(A)返回特征值列向量，如果 A 是实对称的，特征值为实数，特征值也可能为复数. 例如：

$$A=\begin{bmatrix} 0 & 1 \\ -1 & 0 \end{bmatrix}$$

eig(A)

产生结果

```
ans=
    0 + 1.0000i
    0 - 1.0000i
```

如果还要求求出特征向量，则可以用 eig(A)函数的第二个返回值得到：

[x，D]=eig(A)

D 的对角元素是特征值，x 的列是相应的特征向量，以使 A * x=x * D.

计算特征值的中间结果有以下两种形式：

① Hessenberg 形式为 hess(A)；

② Schur 形式为 schur(A).

Schur 形式用来计算矩阵的超越函数，诸如 sqrtm(A)和 logm(A).

如果 A 和 B 是方阵，函数 eig(A, B)返回一个包含一般特征值的向量来解方程

Ax=λBx

双赋值获得特征向量

[X, D]=eig(A, B)

产生特征值为对角矩阵 D. 满秩矩阵 X 的列相应于特征向量，使 A * X=B * X * D，中间结果由 qz(A, B)提供.

(5) 秩.

MATLAB 计算矩阵 A 的秩的函数为 rank(A). 与秩的计算相关的函数还有 rref(A)、orth(A)、null(A)和广义逆矩阵 pinv(A)等.

利用 rref(A)计算 A 的秩为非 0 行的个数. rref 方法是几个定秩算法中最快的一个，但结果并不可靠和完善. pinv(A)是基于奇异值的算法，该算法消耗时间多，但比较可靠. 其他函数的详细用法可利用 help 求助.

6. 线性方程组

(1) 基本命令.

① RowReduce[A](求 A 的行约化矩阵).

② LinearSolve[A, B] (计算满足 AX=B 的一个解，A 为方阵).

③ NullSpace[A](计算方程组 AX=O 的基础解系向量表，A 为方阵).

(2) 简单操作过程.

① 求齐次线性方程组的解空间. 给定线性齐次方程组 AX=O(A 为 m×n 阶矩阵，X 为 n 维列向量)该方程组必定有解. 如果 A 的秩等于 n 则只有零解，如果 A 的秩小于 n 则有非零解，且所有解构成一个向量空间. 在 Mathematica 中可利用 NullSpace 给出齐次方程组的解空间的一个基.

例 1 求解方程组

$$\begin{cases} x_1+x_2-2x_3-x_4=0 \\ 3x_1-2x_2-x_3+2x_4=0 \\ 5x_2+7x_3+3x_4=0 \\ 2x_1-3x_2-5x_3-x_4=0 \end{cases}$$

```
a=[1, 2, 3; 4, 5, 6; 7, 8, 0]          %矩阵输入(a 为 3 阶方阵)
b=[366; 804; 351]                      %列矩阵输入
det(a)                                 %方阵行列式
```

```
inv(a)                              %方阵的逆
x=a\b                               %ax=b方程组的解
y=inv(a)*b                          %与x相同
disp([a, b, x]);                    %显示矩阵
In[1]:=A={{1, 1, -2, -1}, {3, -2, -1, 2}, {0, 5, 7, 3},
          {2, -3, -5, -1}};
NullSpace[A];
Out[1]={{-2, 1, -2, 3}}         %说明向量(-2, 1, -2, 3)是解空间的基
```

例 2 求解方程组

$$\begin{cases} x_1+x_2+2x_3-x_4=0 \\ 3x_1-2x_2-3x_3+2x_4=0 \\ 5x_2+7x_3+3x_4=0 \\ 2x_1-3x_2-5x_3-x_4=0 \end{cases}$$

```
In[1]:=A={{1, 1, 2, -1}, {3, -2, -3, 2}, {0, 5, 7, 3},
          {2, -3, -5, -1}};
NullSpace[A];
Out[1]={ }       %解空间的基是空集，说明方程组只有零解
```

② 非齐次线性方程组的特解. 使用命令 LinearSolve[A, b]，即可解出线性方程组 AX=b 的一个特解.

例 3 求线性方程组

$$\begin{cases} x_1+x_2-2x_3-x_4=4 \\ 3x_1-2x_2-x_3+2x_4=2 \\ 5x_2+7x_3+3x_4=-2 \\ 2x_1-3x_2-5x_3-x_4=4 \end{cases}$$

的特解.

```
In[1]:=A={{1, 1, -2, -1}, {3, -2, -1, 2}, {0, 5, 7, 3},
          {2, -3, -5, -1}};
b={4, 2, -2, 4};
LinearSolve[A, b];
Out[1]={1, 1, -1, 0}        %只是方程组的一个特解
```

例 4 求线性方程组

$$\begin{cases} x_1+x_2-2x_3-x_4=4 \\ 3x_1-2x_2-x_3+2x_4=2 \\ 5x_2+7x_3+3x_4=2 \\ 2x_1-3x_2-5x_3-x_4=4 \end{cases}$$

的特解.

```
In[1]:=A={{1, 1, -2, -1}, {3, -2, -1, 2}, {0, 5, 7, 3},
        {2, -3, -5, -1}};
 b={4, 2, 2, 4};
 LinearSolve[A, b]
```

Out[1]=LinearSolve: : nosol: Linear equation encountered which has no solution(说明原方程组无解)

③ 求方程组的通解. 使用命令 Solve 可以求非齐次线性方程组的通解.

例 5 解方程组

$$\begin{cases} x_1-x_2+2x_3+x_4=1 \\ 2x_1-x_2+x_3+2x_4=3 \\ x_1-x_3+x_4=2 \\ 3x_1-x_2+x_4=5 \end{cases}$$

```
In[1]:=Solve[{x-y+2z+w ==1, 2x-y+z+2w==3, x-z+w==2,
      3x-y+w==5}, {x, y, z, w}];
Out[1]={{x->2-w+z, y=1+3z}}
```

即 $x_1=2-x_4+x_3$, $x_2=1+3x_3$, 非齐次线性方程的一个特解为(2, 1, 0, 0), 对应的齐次线性方程组的基础解系为(1, 3, 1, 0), (-1, 0, 0, 1).

例 6 解方程组

$$\begin{cases} x_1-2x_2+3x_3-4x_4=4 \\ x_2-x_3+x_4=3 \\ x_1+3x_3+x_4=1 \\ -7x_2+3x_3+x_4=3 \end{cases}$$

```
In[1]:=Solve[{x-2y+3z-4w==4, y-z+w==-3, x+3z+w==1,
      -7y+3z+w==-3}, {x, y, z, w}];
Out[1]={{x->-8, y->3, z->6, w->0}}        %说明原方程组有唯一解
```

附录 3

习题参考答案

习题 1 参考答案

习题 2 参考答案

习题 3 参考答案

习题 4 参考答案

习题 5 参考答案